Gordon M. Barrow

Physikalische Chemie

Teil I: Einführung in die Gastheorie, Quantentheorie, Thermodynamik

in der Übersetzung und Bearbeitung von G. W. Herzog

Lehrbuch für
Chemiker, Verfahrenstechniker, Physiker
ab 3. Semester

Mit 67 Abbildungen und 35 Tabellen

3., neubearbeitete Auflage

 Bohmann-Verlag · Heidelberg, Wien

  Vieweg · Braunschweig

uni—text

Titel der amerikanischen Originalausgabe:
Physical Chemistry
Copyright © 1961, 1966, 1973 by McGraw-Hill, Inc., New York

1974

© der deutschen Ausgabe by Bohmann-Verlag, Wien 1969, 1971, 1974
Alle Rechte an der deutschen Ausgabe vorbehalten

Die Vervielfältigung und Übertragung einzelner Textabschnitte, Zeichnungen oder Bilder, auch für Zwecke der Unterrichtsgestaltung, gestattet das Urheberrecht nur, wenn sie mit dem Verlag vorher vereinbart wurden. Im Einzelfall muß über die Zahlung einer Gebühr für die Nutzung fremden geistigen Eigentums entschieden werden. Das gilt für die Vervielfältigung durch alle Verfahren einschließlich Speicherung und jede Übertragung auf Papier, Transparente, Filme, Bänder, Platten und andere Medien.

Satz: Friedr. Vieweg + Sohn, Braunschweig
Druck: E. Hunold, Braunschweig
Buchbinder: W. Langelüddecke, Braunschweig
Umschlaggestaltung: Peter Kohlhase, Lübeck
Printed in West-Germany

ISBN 3 528 23512 8

Vorwort des Übersetzers

In kurzer Zeit entwickelte sich die *Physical Chemistry* des Amerikaners *Gordon M. Barrow* zu einem Standardwerk in den englisch sprechenden Ländern. Bald nach Erscheinen wurde dieses einführende Lehrbuch, das in der Hauptsache für Chemiestudenten der Anfangssemester gedacht ist, in mehrere Sprachen übersetzt. Der klare Aufbau, die leicht verständliche Darstellung und der nach dem neuesten Stand ausgesuchte Stoff machten den Entschluß leicht, das Buch auch ins Deutsche zu übertragen. Aus technischen Gründen geschieht dies in Form von drei Bänden. Teil 1, der jetzt vorliegt, umfaßt im wesentlichen die Kapitel 1 bis 9 der Originalausgabe.

Nach der empirischen Beschreibung der Gaseigenschaften und ihrer molekularen theoretischen Deutung folgt eine Einführung in den atomaren Aufbau der Moleküle, wobei die wichtigsten Aspekte der quantenmechanischen Darstellung molekularer Eigenschaften zur Sprache kommen. Anschließend werden die Grundlagen zur statistischen Beschreibung makroskopischer Eigenschaften behandelt, die sich auf den Erkenntnissen der Physik molekularer Systeme gründen und sich in der statistischen Interpretation und Berechnung thermodynamischer Eigenschaften äußern. Letztere sind besonders für den Chemiker von großer Bedeutung.

An einigen Stellen schien es mir notwendig, den Originaltext zu ergänzen: So wurde die Einführung in die Quantenmechanik um eine Zusammenfassung der quantenmechanischen Postulate erweitert. Ferner wurde das Kapitel über die Statistik ausgebaut, um eine geschlossenere Darstellung der Interpretation thermodynamischer Eigenschaften zu erreichen. Bei der thermodynamischen Beschreibung makroskopischer Systeme wurde außerdem ein Abschnitt über die Eigenschaften von Zustandsfunktionen hinzugenommen. Sämtliche Ergänzungen und Änderungen hatten den Zweck, die theoretischen Grundlagen auf eine noch breitere Basis zu stellen.

Wie es der heutigen Tendenz in der Physikalischen Chemie entspricht, steht die molekulare Deutung makroskopischer Eigenschaften auch in diesem Buch im Vordergrund. Denn, um mit den Worten *Gordon M. Barrows* zu sprechen: Physikalische Chemie ist heute das Studium der molekularen Bausteine makroskopisch in Erscheinung tretender Materie. Dies führt einerseits zu immer mehr Kenntnissen über die atomaren und molekularen Bausteine, andererseits aber auch zu immer mehr Kenntnissen über die aus diesen Bausteinen zusammengesetzte Materie.

Für wertvolle Anregungen sowie die Durchsicht des Manuskriptes schulde ich Dr. *H. T. Spath* (Institut für Physikalische Chemie der TH Graz) großen Dank. Außerdem sei dem Verlag Friedr. Vieweg & Sohn, Braunschweig, für die liebevolle Betreuung des Manuskriptes gedankt.

Göttingen, im Februar 1969 *Gerhard W. Herzog*

Vorwort zur 3. Auflage

Das positive Echo, das die deutschsprachige Ausgabe der Physical Chemistry von G. M. Barrow bisher fand, machte die Herausgabe einer 3. Auflage notwendig. Es zeigte aber auch, daß am grundsätzlichen Aufbau dieses Lehrbuches (siehe Vorwort zur 1. Auflage) nichts geändert werden sollte. In diesem Sinne wurde die Bearbeitung der 3. Auflage vorgenommen. Sie beschränkt sich auf die Umstellung des bisher verwendeten cgs-Einheitensystems auf das SI-Einheitensystem, auf die Änderung einiger Abschnitte in Anlehnung an die 3. Auflage der Originalausgabe (1973) und Verbesserungen von unklaren Textstellen sowie Fehlern. Hierzu möchte ich besonders für die zahlreichen Zuschriften mit Verbesserungsvorschlägen danken, die mir eine wesentliche Hilfe bedeuteten.

Graz, im Juni 1974 *Gerhard W. Herzog*

Verzeichnis der Symbole

(nach Sachgebieten geordnet)

Gastheorie und Thermodynamik

a	Aktivität	R	Gaskonstante
c	molare Konzentration	S	Entropie
C	Wärmekapazität	ΔS	Reaktionsentropie
C	Molwärme	t	Temperatur in °C
d	Dichte	T	absolute Temperatur in K
f	Fugazität	U	innere Energie
F	freie Energie	ΔU	Reaktionsenergie
ΔF	freie Reaktionsenergie	V	Volumen
G	freie Enthalpie	$\bar{V}$	Molvolumen
ΔG	freie Reaktionsenthalpie	w	Arbeit
H	Enthalpie	z	Realfaktor
ΔH	Reaktionsenthalpie	Z	Stoßzahl
K	Gleichgewichtskonstante	∂	partielles Differential
M	Masse	d	totales oder exaktes Differential
M	Molmasse	δ	Variation bzw. nichtexaktes Differential
n	Molzahl	Δ	Symbol für Differenz bzw. für Änderung von Ausgangs- in Endzustand
p	Druck	α	Ausdehnungskoeffizient
q	Wärme	χ	Kompressibilität
		η	Viskosität
		λ	mittlere freie Weglänge
		γ	Aktivitätskoeffizient

klassische Mechanik und Moleküle

E	Gesamtenergie
ϵ	Molekülenergie
ϵ_0	Dielektrizitätskonstante des Vakuums
F	Kraft
I	Trägheitsmoment
l	Drehimpuls
m	Molekülmasse
M	Gesamtmasse eines Systems
p	Bahnimpuls
t	Zeit
T	kinetische Energie
u	Molekülgeschwindigkeit
v	Bahngeschwindigkeit
V	potentielle Energie
σ	Moleküldurchmesser
ω	Winkelgeschwindigkeit
μ	reduzierte Masse

Quantenmechanik und Spektroskopie

c	Lichtgeschwindigkeit
e	Elementarladung
h	Plancksches Wirkungsquantum
H	Hamiltonoperator
J	Rotationsquantenzahl
j	Gesamtdrehimpuls
l	Bahndrehimpuls
l	Drehimpulsquantenzahl
m	magnetische Quantenzahl
n	Hauptquantenzahl
s	Spindrehimpuls
s	Spinquantenzahl
v	Schwingungsquantenzahl
λ	Wellenlänge
ν	Frequenz
$\bar{\nu}$	Wellenzahl
Ψ, ψ	Wellenfunktionen
ϕ, φ	

Statistik

f	Verteilung bzw. Verteilungsfunktion
g	Entartungsfaktor
k	Boltzmannkonstante
N	Zahl der Moleküle eines Systems
N_A	Avogadrosche oder Loschmidtsche Zahl
Q	Molekülzustandssumme
q	um Volumen reduzierte Molekülzustandssumme
W	Wahrscheinlichkeit
x	Molenbruch
Z	Systemzustandssumme

Zur Symbolik

Nichtmolare Größen sind steil gedruckt, molare Größen sind kursiv gedruckt.
Vektoren und Operatoren sind fett gedruckt, mittlere Größen (Mittelwerte) sind mit einem Querbalken versehen.
Extensive Größen haben generell Großbuchstaben, intensive Größen Kleinbuchstaben als Symbole.

Einheitensystem

Es wird generell das SI-System verwendet (siehe Tabellenanhang), ausgenommen die Druckeinheit Pa bzw. bar. Es wird weiterverwendet die SI-fremde Druckeinheit atm bzw. Torr.

Inhaltsverzeichnis

1. Die empirischen Gasgesetze   1

    1.1.   Das Boyle-Mariottesche Gesetz   1
    1.2.   Das Gay-Lussacsche Gesetz   4
    1.3.   Das kombinierte Gasgesetz   6
    1.4.   Der Avogadrosche Satz und das ideale Gasgesetz   7
    1.5.   Die Gaskonstante   9
    1.6.   Das Daltonsche Partialdruckgesetz   10
    1.7.   Das nichtideale Verhalten der Gase   12
    1.8.   Die Kondensation der Gase und der kritische Punkt   14
    1.9.   Das Theorem der übereinstimmenden Zustände   15
    1.10. Das Gasthermometer   17
    1.11. Das Grahamsche Gesetz   19
    1.12. Die Viskosität der Gase   20
    Rechenbeispiele   22

2. Die kinetische Gastheorie   25

    2.1.   Das kinetische Modell der Gase   25
    2.2.   Druck eines Gases   26
    2.3.   Mittlere molekulare Geschwindigkeit, mittlere kinetische Energie und Temperatur   28
    2.4.   Numerische Werte für die mittlere kinetische Energie und die mittlere Geschwindigkeit von Gasmolekülen   30
    2.5.   Der Begriff des Freiheitsgrades   32
    2.6.   Die Maxwell-Boltzmannsche Geschwindigkeitsverteilung   33
    2.7.   Die mittlere freie Weglänge und die Stoßzahlen   41
    2.8.   Das kinetische Modell der Viskosität von Gasen   43
    2.9.   Numerische Berechnung der mittleren freien Weglänge und der Stoßzahlen   46
    2.10. Die van der Waalssche Zustandsgleichung   48
    2.11. Die van der Waalssche Zustandsgleichung und der kritische Punkt   51
    2.12. Die van der Waalssche Zustandsgleichung und das Theorem der übereinstimmenden Zustände   53
    Rechenbeispiele   54

3. Einführung in den Aufbau der Atome und Moleküle   57

    3.1.   Das Atom   57
    3.2.   Die Wellennatur und korpuskulare Natur des Lichtes   59
    3.3.   Atomspektroskopie   63
    3.4.   Das Bohrsche Atommodell   67
    3.5.   Wellennatur der Materie   72
    3.6.   Konzept der Quantenmechanik   74
    3.7.   Teilchen in einem eindimensionalen Potentialtopf   77
    3.8.   Teilchen in einem dreidimensionalen Potentialtopf   82
    3.9.   Translationsenergie   85
    3.10. Rotationsenergie   87
    3.11. Schwingungsenergie   90
    Rechenbeispiele   94

4. Maxwell-Boltzmannstatistik 97

- 4.1. Boltzmannverteilung 97
- 4.2. Ableitung der Boltzmannverteilung 99
- 4.3. Boltzmannverteilung und Temperatur 104
- 4.4. Die Fermi-Dirac- und Bose-Einsteinstatistik 106
- 4.5. Zustandssumme 110
- 4.6. Quantenstatistische Interpretation der Translationsenergie 112
- 4.7. Zustandssumme der Translation und mittlere Translationsenergie 118
- 4.8. Zustandssumme der Rotation und mittlere Rotationsenergie 119
- 4.9. Zustandssumme der Schwingung und mittlere Schwingungsenergie 120
- 4.10. Mittlere Gesamtenergie eines idealen Gases 124
- Rechenbeispiele 125

5. Erster Hauptsatz der Thermodynamik 126

- 5.1. Die Thermodynamik 126
- 5.2. Eigenschaften der Zustandsfunktionen und das Volumen als Zustandsfunktion 127
- 5.3. Äquivalenz von Wärme und Arbeit 129
- 5.4. Erhaltungssatz der Energie 131
- 5.5. Der erste Hauptsatz 132
- 5.6. Illustrationen zu den Begriffen der Wärme, Arbeit und inneren Energie 134
- 5.7. Volumenarbeit 136
- 5.8. Innere Energie eines idealen Gases 138
- 5.9. Zwei numerische Beispiele zur Anwendung des 1. Hauptsatzes 140
- 5.10. Prozesse bei konstantem Volumen 141
- 5.11. Prozesse bei konstantem Druck und die Enthalpie 142
- 5.12. Differenz der Molwärmen C_p und C_v 143
- 5.13. Joule-Thomsonkoeffizient 145
- 5.14. Adiabatische Prozesse 147
- 5.15. Statistische Interpretation der inneren Energie und der Enthalpie 149
- 5.16. Statistische Berechnung der inneren Energie und der Enthalpie 150
- 5.17. Statistische Interpretation und Berechnung der Molwärmen 152
- Rechenbeispiele 156

6. Thermochemie 158

- 6.1. Messung von Reaktionswärmen 158
- 6.2. Reaktionsenergie und Reaktionsenthalpie 160
- 6.3. Zusammenhang zwischen Reaktionsenergie und Reaktionsenthalpie 161
- 6.4. Thermochemische Reaktionsgleichung 162
- 6.5. Indirekte Bestimmung der Reaktionswärme 163
- 6.6. Standardbildungsenthalpie 165
- 6.7. Standardbildungsenthalpie von Ionen in wäßriger Lösung 167
- 6.8. Temperaturabhängigkeit der Reaktionsenergie und Reaktionsenthalpie 168
- 6.9. Statistische Berechnung der Reaktionsenthalpie 173
- 6.10. Bindungsenergie 176
- Rechenbeispiele 178

7. Zweiter und dritter Hauptsatz der Thermodynamik — 181

- 7.1. Der zweite Hauptsatz — 181
- 7.2. Der Carnotsche Kreisprozeß — 182
- 7.3. Wirkungsgrad bei der Umwandlung von Wärme in Arbeit — 185
- 7.4. Entropie — 187
- 7.5. Entropieänderungen bei reversiblen Prozessen — 190
- 7.6. Entropieänderungen bei irreversiblen Prozessen — 194
- 7.7. Molekulare Interpretation der Entropie — 196
- 7.8. Unerreichbarkeit des absoluten Nullpunktes — 199
- 7.9. Entropie und dritter Hauptsatz — 201
- Rechenbeispiele — 205

8. Freie Energie und freie Enthalpie — 208

- 8.1. Definitionsgleichungen der freien Energie und freien Enthalpie — 208
- 8.2. Beispiel zur numerischen Berechnung der Änderung der freien Enthalpie — 210
- 8.3. Standardwerte der freien Enthalpie — 212
- 8.4. Druck- und Temperaturabhängigkeit der freien Energie und freien Enthalpie — 213
- 8.5. Druckabhängigkeit der freien Enthalpie von realen Gasen — 214
- 8.6. Standarddruck realer Gase — 219
- 8.7. Gleichgewichtskonstante — 220
- 8.8. Gleichgewichtskonstante bei realem Verhalten gasförmiger Reaktionsteilnehmer — 223
- 8.9. Temperaturabhängigkeit der Gleichgewichtskonstanten — 224
- 8.10. Druckabhängigkeit der Energie bzw. Enthalpie — 228
- Rechenbeispiele — 229

9. Statistische Interpretation und Berechnung der Entropie, der freien Enthalpie und der Gleichgewichtskonstanten — 232

- 9.1. Molekulare Deutung der Entropie — 232
- 9.2. Statistische Berechnung der Entropie eines idealen Gases — 236
- 9.3. Mischungsentropie — 239
- 9.4. Statistische Deutung der freien Energie und freien Enthalpie — 242
- 9.5. Statistische Deutung des chemischen Gleichgewichtes — 243
- 9.6. Statistische Berechnung der Gleichgewichtskonstanten — 246
- Rechenbeispiele — 250

Anhang

- I. Bestimmung der Integrale vom Typ $\int_{x=0}^{\infty} x^n e^{-ax^2} dx$ — 252
- II. Ersatz von Summen durch Integrale — 253
- III. Die Stirlingsche Näherungsformel — 254
- IV. Die Methode der Lagrangeschen Multiplikatoren — 255
- V. Kombinationen ohne und mit Wiederholung — 256
- VI. Tabellenanhang — 257

Einführende Literatur — 267

Kapitel 1

Die empirischen Gasgesetze

Die Untersuchung der Gaseigenschaften bietet eine ideale Einführung in die Physikalische Chemie. Die wichtigsten Erkenntnisse, die sich dabei gewinnen lassen, umfassen Informationen über die molekulare Natur der Gase und darüber hinaus über die Natur der Moleküle selbst und vermitteln so einen ersten Einblick in den molekularen Aufbau der Materie. Solche Informationen erhält man schon ohne Zuhilfenahme umfassender Theorien und Experimente, die erst in den späteren Kapiteln behandelt werden. Die Herleitung einiger detaillierter Vorstellungen über den molekularen Aufbau der Materie erfolgt aus einfachen experimentellen Ergebnissen (Kapitel 1) und aus einer ebenso einfachen Theorie der Gase (Kapitel 2), die als ein schönes Beispiel für die Geschlossenheit wissenschaftlicher Erkenntnis verstanden werden sollte.

Um molekulare Gaseigenschaften zu untersuchen, muß man vorerst einige experimentelle Ergebnisse zusammenstellen und ihre Aussagen in Form empirischer Gesetze zusammenfassen, den sogenannten Gasgesetzen; sie bilden das Thema des ersten Kapitels. Ihr Verstehen in der Sprache der molekularen Natur der Gase steht im Mittelpunkt des zweiten Kapitels. Das führt zu ersten Aussagen über das molekulare Geschehen der Materie.

Eine experimentelle und theoretische Behandlung ist selten so getrennt wie bei den Gasen durchführbar. Bereits beim Studium der beiden ersten Kapitel erkennt man aber, daß beide Aspekte wissenschaftlicher Forschung untrennbar miteinander verknüpft sind. Nur beide zusammen führen zu einem gründlichen Verständnis dieser scheinbar so schwer erfaßbaren Welt der Moleküle. Die Trennung in ein empirisches und ein theoretisches Kapitel bringt es mit sich, daß die historische Reihenfolge der Entdeckungen kaum gewahrt werden kann. Allerdings gingen die meisten der im ersten Kapitel vermittelten Ergebnisse, auch historisch gesehen, den theoretischen Ableitungen des zweiten Kapitels voraus. Der Grundstein zur Vorstellung des molekularen Aufbaues der Materie war zwar schon während des 19. Jahrhunderts gelegt worden, doch nahm diese Vorstellung erst zu Beginn des 20. Jahrhunderts konkrete Formen an.

1.1. Das Boyle-Mariottesche Gesetz

Schon im Jahre 1664 führte *Boyle* eine Reihe von Versuchen durch, bei denen er die Abhängigkeit des Volumens einer bestimmten Menge Luft vom Druck bestimmte. Boyles Eifer zu solchen wissenschaftlich-experimentellen Beobachtungen trug viel zur Entwicklung naturwissenschaftlichen Denkens bei. Unabhängig von *Boyle* nahm einige Jahre später *Mariotte* ähnliche Untersuchungen vor und fand die gleiche gesetzmäßige Abhängigkeit des Volumens vom Druck.

Die Apparatur, die *Boyle* benutzte, war denkbar einfach gebaut. Sie bestand aus einem einfachen, U-förmig gebogenen Glasrohr, das an einem Ende zugeschmolzen war (Bild 1.1). Durch die verbleibende Öffnung wurde Quecksilber eingefüllt, so daß am

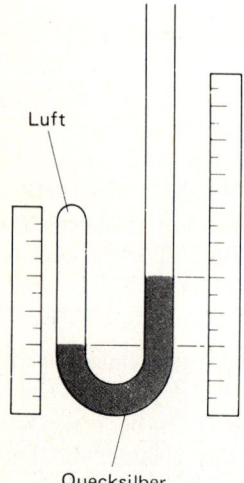

Bild 1.1
Apparatur zur Messung der Druckabhängigkeit des Volumens einer bestimmten Menge Luft nach *Boyle*

zugeschmolzenen Ende eine bestimmte Menge Luft eingeschlossen wurde. *Boyle* maß dann das Volumen der eingeschlossenen Luft nach Zugabe verschiedener Mengen Quecksilber. Seine Meßergebnisse bestanden aus der gemessenen Höhe der Luftsäule (proportional zum Volumen der Luft) und aus der gemessenen Höhendifferenz der beiden Quecksilbersäulen. Diese Höhendifferenz addierte er zur Höhe des Quecksilbers, die dem Atmosphärendruck entspricht. In Tabelle 1.1 sind einige seiner Meßdaten angegeben.

Tabelle 1.1: Druckabhängigkeit des Volumens einer bestimmten Luftmenge nach *Boyle*

(1) Höhe der Luftsäule cm ($\hat{=}$ Volumen)	(2) Höhendifferenz der Hg-Säulen cm	(3) Höhendifferenz + Atmosphärendruck cm ($\hat{=}$ Druck)	(4) Produkt der Spalten (1) und (3) cm^2 ($\hat{=}$ Druck · Volumen)
12	0	73,7	884,4
10	14,9	88,6	876,0
8	38,3	112,0	896,0
6	72,3	146,0	876,0
4	147,3	221,1	884,4
3	223,1	296,8	890,4

1.1. Das Boyle-Mariottesche Gesetz

Qualitativ ergibt sich sofort, daß das Volumen der eingeschlossenen Luft abnimmt, wenn der auf sie ausgeübte Druck zunimmt. Eine solche Abhängigkeit zwingt zur Überlegung, ob eine einfache Beziehung zwischen dem Druck p und dem Volumen V besteht. Diese Überlegung führt zu dem Ansatz:

$$p \sim \frac{1}{V} \quad \text{oder, anders geschrieben,} \tag{1}$$

$$p = \frac{const}{V} \quad \text{bzw.} \tag{2}$$

$$pV = const \, . \tag{3}$$

Ob die Boyleschen Meßergebnisse dem Ansatz genügen, kann sehr leicht an Hand von Gl. (3) geprüft werden. In der letzten Spalte von Tabelle 1.1 sind die Werte für das Produkt aus Volumen und Druck angeführt. Die Wahl der Einheiten ist nicht entscheidend, da es nur auf die Konstanz des Resultates ankommt. Man sieht, daß innerhalb der experimentellen Fehlergrenze der Wert des Produktes konstant ist. *Boyle* konnte daher den Schluß ziehen: Das Volumen der Luft ist indirekt proportional dem Druck. Später durchgeführte Versuche ergaben allerdings, daß diese funktionelle Abhängigkeit nur bei konstanter Temperatur des Gases gilt. Außerdem stellte man fest, daß nicht nur Luft, sondern auch andere Gase bzw. Gasgemische ein solches Verhalten zeigen. Das *Boyle-Mariottesche Gesetz* läßt sich daher wie folgt formulieren: *Das Volumen einer bestimmten Gasmenge ist bei konstanter Temperatur indirekt proportional dem Druck.*

Prozesse, die bei konstanter Temperatur ablaufen, heißen *isotherme* Prozesse. Die Druck-Volumen-Abhängigkeit, die man bei der experimentellen Demonstration des Boyle-Mariotteschen Gesetzes findet, kann man graphisch sehr übersichtlich in einem p,V-Diagramm darstellen. Die hyperbolischen Kurven p(V), die man für jede Temperatur erhält (Bild 1.2), heißen Isothermen.

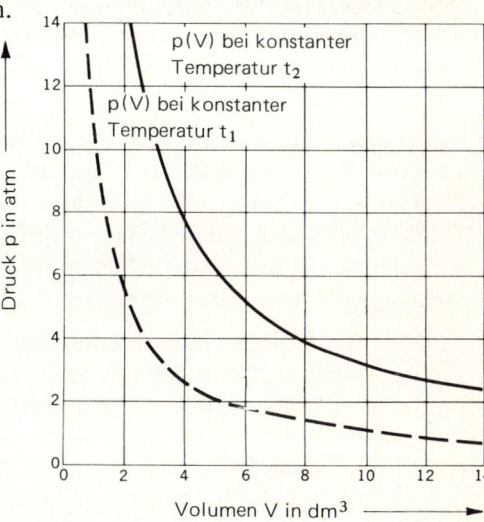

Bild 1.2
Isothermen eines Gases, das dem Boyle-Mariotteschen Gesetz: pV = const gehorcht (Temperatur $t_2 > t_1$)

Nach dem Boyle-Mariotteschen Gesetz ändern sich Druck und Volumen einer gegebenen Gasmenge bei konstanter Temperatur so, daß das Produkt pV immer konstant bleibt. Da es sich bei isothermen Prozessen stets um solche Prozesse handelt, bei denen ein Gas von einem Anfangsdruck p_1 und einem Anfangsvolumen V_1 auf einen Enddruck p_2 und ein Endvolumen V_2 gebracht wird, kann man dieses Gesetz mathematisch auch anders ausdrücken:

$$p_1 V_1 = p_2 V_2 \ . \tag{4}$$

Genauere Messungen, als sie *Boyle* und *Mariotte* zur damaligen Zeit durchführen konnten, bewiesen allerdings, daß das Boyle-Mariottesche Gesetz ein Grenzgesetz ist und nur in gewissen Druckbereichen das Verhalten der Gase richtig beschreibt. Die Einfachheit dieses Gesetzes sollte daher nicht zur Ansicht verleiten, daß es ohne Einschränkungen allgemein gültig ist. Zunächst ist es zweckmäßig, nur Gase unter solchen Bedingungen zu betrachten, bei denen das Volumen-Druck-Verhalten durch das Boyle-Mariottesche Gesetz ausreichend beschrieben werden kann. Gase, die dieses Gesetz befolgen, nennt man *ideale* Gase. Das Boyle-Mariottesche Gesetz stellt somit ein erstes Kriterium für das *ideale* Verhalten eines Gases dar.

1.2. Das Gay-Lussacsche Gesetz

Mehr als ein Jahrhundert verging, bis das Gegenstück zum Boyle-Mariotteschen Gesetz, die Beziehung zwischen dem Volumen und der Temperatur, entdeckt wurde. Der Grund für diesen langen Zeitraum liegt in den Schwierigkeiten, die der Begriff der Temperatur im Vergleich zum Druck mit sich brachte. Obwohl qualitativ zwischen *heiß* und *kalt* leicht zu unterscheiden ist, war es nicht einfach, Vorrichtungen zur quantitativen Messung des *Wärmegrades* zu ersinnen. Erst gegen Ende des 18. Jahrhunderts wurde allgemein die Eigenschaft von Flüssigkeiten, sich linear mit der Temperatur auszudehnen, zur Temperaturmessung herangezogen. Damit gab es das *Thermometer*.

In *Europa* wurde eine gewisse Übereinstimmung insofern erzielt, als man den Nullpunkt der Temperaturskala durch den Gefrierpunkt des Wassers und die 100-Grad-Marke durch den Siedepunkt des Wassers festlegte. Der Vorschlag dazu stammte von *Celsius* (1742), nach dem auch diese 100-Grad-Einteilung benannt ist. Erst das Thermometer mit der so definierten Temperaturskala ermöglichte dann systematische Untersuchungen der Temperaturabhängigkeit des Volumens von Gasen.

Die ersten derartigen Untersuchungen stammen von *Charles* (1787) und *Gay-Lussac* (1808). Sie fanden, daß sich das Volumen eines Gases bei konstantem Druck linear mit der Temperatur ändert (Bild 1.3). Der mathematische Ausdruck für diese lineare Beziehung lautet:

$$V = V_0 + \frac{V_0}{273} t \ . \tag{5}$$

1.2. Das Gay-Lussacsche Gesetz

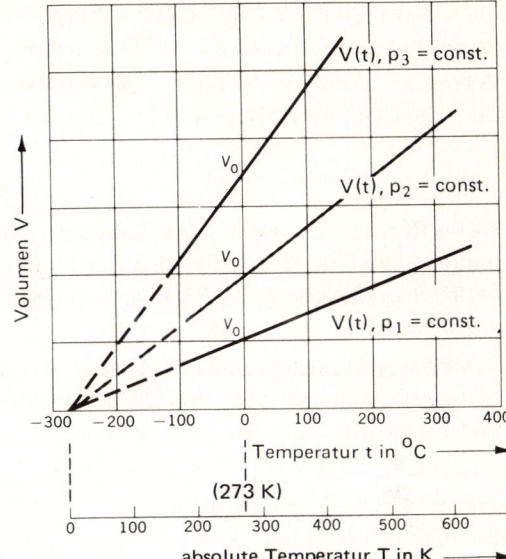

Bild 1.3
Temperaturabhängigkeit des Volumens einer bestimmten Gasmenge bei drei verschiedenen konstanten Drücken ($p_1 > p_2 > p_3$) nach dem Gay-Lussacschen Gesetz: $V \sim t$; Steigung der Geraden $V(t) : \dfrac{V_0}{273}$

V_0 ist das Volumen einer bestimmten Gasmenge bei 0 °C und einem bestimmten konstanten Druck. V ist das Volumen bei einer beliebigen Temperatur t °C. Der Faktor $\dfrac{V_0}{273}$ ergibt sich empirisch; er stellt die Steigung der experimentell ermittelten Geraden $V(t)$ dar.

Eine graphische oder analytische Extrapolation von $V(t)$ zu tieferen Temperaturen führt zu einer wichtigen Feststellung: Alle Geraden $V(t)$, die zu verschiedenen konstanten Drücken gehören, treffen einander im Punkt (−273; 0). Aus diesem Grund ist es vernünftiger, eine neue Temperaturskala einzuführen und die Temperatur von diesem Punkt ausgehend zu messen. Behält man die Intervalle der 100-Grad-Skala bei und verschiebt nur den Nullpunkt nach −273 °C, so ergibt sich die *absolute* Temperaturskala. Verwendet man den zur Zeit genauesten Wert für den absoluten Nullpunkt (Abschnitt 1.10), so gilt folgende Beziehung zwischen beiden Temperaturskalen:

$$T = t + 273{,}15 \; . \tag{6}$$

Eine Temperatur T auf dieser neuen Skala trägt die Bezeichnung K (Kelvin).

Aus Gl. (5) für die Temperaturabhängigkeit des Volumens und Gl. (6) folgt:

$$V = V_0 \frac{(273{,}15 + t)}{273{,}15} \tag{7}$$

und

$$V = V_0 \frac{T}{T_0} \; . \tag{8}$$

Auf der absoluten Temperaturskala entsprechen $T_0 = 273{,}15$ K der Temperatur 0 °C bei einem Volumen V_0 und $T = (273{,}15 + t)$ K einer Temperatur von t °C bei einem Volumen V. Da das Verhältnis $\frac{V_0}{T_0}$ für eine bestimmte Gasmenge bei gleichbleibendem Druck konstant ist, erhält man:

$$V \sim T; \quad \frac{V}{T} = \text{const}. \tag{9}$$

Dieses Resultat, aus Bild 1.3 direkt ablesbar, wird *Gay-Lussacsches Gesetz* genannt; mitunter heißt es auch Charlessches Gesetz. Es lautet in Worten: *Das Volumen einer bestimmten Gasmenge ist bei konstantem Druck der absoluten Temperatur direkt proportional.*

Dem Gay-Lussacschen und Boyle-Mariotteschen Gesetz gehorchen Gase mehr oder weniger gut. Die Befolgung des Gay-Lussacschen Gesetzes durch ein Gas stellt ein weiteres Kriterium für sein ideales Verhalten dar.

Die Temperatur, bei der sich die extrapolierten Geraden V(t) bzw. V(T) schneiden, beträgt $-273{,}15$ °C oder 0 K. Später wird gezeigt, daß diese Temperatur einem echten, absoluten Temperaturnullpunkt entspricht. Zunächst genügt es, wenn man diese Temperatur als den Nullpunkt einer gewöhnlichen Temperaturskala auffaßt. Man sollte sich auch keine Gedanken darüber machen, ob eine solche Extrapolation, die auf ein Gasvolumen von V = 0 führt, überhaupt zulässig ist. Gase kondensieren zu Flüssigkeiten und erstarren, bevor sie den absoluten Nullpunkt erreichen. Ein Verhalten in Übereinstimmung mit dem Gay-Lussacschen Gesetz ist daher bei tiefen Temperaturen von vornherein nicht zu erwarten.

1.3. Das kombinierte Gasgesetz

Die Gasgesetze von *Boyle-Mariotte* und *Gay-Lussac* lassen sich zu einem einzigen Gesetz vereinigen, das die Abhängigkeit des Gasvolumens von der Temperatur *und* dem Druck angibt.

Gegeben sei eine bestimmte Gasmenge mit dem Volumen V_1 und dem Druck p_1 bei der Temperatur T_1. Gesucht ist die Beziehung, welche die Berechnung des Volumens V_2 gestattet, wenn der Druck und die Temperatur des Gases auf p_2 und T_2 geändert werden. Man kann diese Beziehung aus den beiden Gasgesetzen ableiten, indem man die Gesamtänderung in zwei Schritten durchführt:

1. Schritt: Bei konstanter Temperatur T_1 wird der Druck von p_1 auf p_2 geändert:

$p_1, T_1, V_1 \rightarrow p_2, T_1, V_x$.

2. Schritt: Man hält den Druck p_2 konstant und ändert die Temperatur von T_1 auf T_2:

$p_2, T_1, V_x \rightarrow p_2, T_2, V_2$.

1.4. Der Avogadrosche Satz und das ideale Gasgesetz

V_x ist das resultierende Volumen nach dem ersten Schritt. Hierbei ist die Temperatur konstant; durch Anwendung des Boyle-Mariotteschen Gesetzes erhält man:

$$V_x = V_1 \frac{p_1}{p_2} \quad . \tag{10}$$

Der zweite Schritt wird bei konstantem Druck durchgeführt und ergibt nach Anwendung des Gay-Lussacschen Gesetzes:

$$V_2 = V_x \frac{T_2}{T_1} \quad . \tag{11}$$

Eliminiert man V_x aus beiden Gleichungen, so folgt für den gesamten Prozeß

$$V_2 = V_1 \frac{p_1}{p_2} \frac{T_2}{T_1} \tag{12}$$

oder

$$\frac{p_1 V_1}{T_1} = \frac{p_2 V_2}{T_2} \quad . \tag{13}$$

Da Temperatur und Druck bei einer vorgegebenen Gasmenge beliebig variiert werden können, muß außerdem gelten:

$$\frac{pV}{T} = \text{const} \quad . \tag{14}$$

Gl. (13) bzw. (14) ist das Ergebnis der Kombination des Boyle-Mariotteschen und Gay-Lussacschen Gesetzes. Damit können Gasprobleme behandelt werden, in denen sowohl Druck- als auch Temperaturänderungen vorkommen.

1.4. Der Avogadrosche Satz und das ideale Gasgesetz

Die Beziehungen der Abschnitte 1.1 bis 1.3 zeigten, wie Druck und Temperatur das Volumen einer bestimmten Gasmenge beeinflussen. Eine wertvolle Verallgemeinerung des kombinierten Gasgesetzes, das all diese Beziehungen in einem Ausdruck vereinigt, ist durchführbar, wenn man den Avogadroschen Satz hinzuzieht. Diesen Satz — ursprünglich war er nur eine Hypothese — sprach *Avogadro* 1811 erstmals aus. Er gilt heute als gesichert und lautet: *Gleiche Volumina verschiedener Gase enthalten unter gleichen äußeren Bedingungen dieselbe Anzahl von Molekülen.* Diese Erkenntnis über den molekularen Aufbau eines Gases rechtfertigt die Erweiterung des kombinierten Gasgesetzes. Man weiß, daß 1 *mol* eines Gases bzw. einer jeden chemischen Verbindung $6{,}0222 \cdot 10^{23}$ Moleküle enthält. Diese Zahl ist unter den Namen Avogadrosche Zahl N_A und Loschmidtsche Zahl N_L bekannt. *Avogadro* selbst hat nie den Versuch unternommen, diese Zahl zu bestimmen. In Verbindung mit dem Begriff des Moles lautet der Avogadrosche

Satz: *Die Volumina von je 1 mol irgendwelcher Gase sind bei gleicher Temperatur und gleichem Druck gleich groß.* Experimentell findet man, daß dieses Volumen bei 0 °C und 1 atm (= 1,01325 · 10⁵ Nm⁻²) 22,414 dm³ beträgt.

Der Satz in dieser erweiterten Fassung dient nun zur Verallgemeinerung des kombinierten Gasgesetzes nach Gl. (14). Da das Gasvolumen bei einer bestimmten Temperatur und einem bestimmten Druck proportional der Gasmenge, d.h. proportional der Masse oder der Molzahl ist, läßt sich Gl. (14) erweitern:

$$\frac{pV}{T} = n \cdot \text{const}' . \tag{15}$$

n ist die Anzahl der Mole (*Molzahl*), die neue Konstante (const′) bezieht sich auf 1 mol des betreffenden Gases. n ist durch $n = \frac{M}{M}$ definiert, wobei M die Masse und *M* die *Molmasse* (SI-Einheit: kg mol⁻¹) eines Gases bedeuten. Die Molmasse ist die Masse von N_A Molekülen und ist numerisch identisch mit dem *Atom-* bzw. *Molekulargewicht*. Das Atom- oder Molekulargewicht selbst ist eine dimensionslose Zahl, die angibt wieviel mal schwerer ein Atom oder Molekül als ein Zwölftel der Masse des Kohlenstoffisotops C¹² (Standardatom) ist.

Die Konstante (const′) ist in jeder Beziehung eine sehr wichtige Größe. Sie heißt *Gaskonstante* und wird mit *R* bezeichnet. Das Verhalten aller Gase, die die Gesetze von *Boyle-Mariotte* und *Gay-Lussac* und den Satz von *Avogadro* befolgen, läßt sich nun durch eine einzige Beziehung ausdrücken:

$$pV = nRT . \tag{16}$$

R besitzt für alle Gase denselben Wert.

Führt man die *molare Konzentration* $c = \frac{n}{V}$ und das *Molvolumen* $V = \frac{V}{n}$ ein, so kann man Gl. (16) auch wie folgt schreiben:

$$p = cRT , \tag{17}$$
$$p\overline{V} = RT . \tag{18}$$

Erfüllen Gase die Gln. (16) bis (18), dann handelt es sich um sogenannte *ideale* Gase. Deshalb bezeichnet man diese Beziehungen auch als *ideales Gasgesetz*. Es ist das Grenzgesetz einer allgemeinen Beziehung:

$$V = f(p, T) . \tag{19}$$

Eine solche Beziehung heißt allgemein *thermische Zustandsgleichung*. Durch sie ist der Zusammenhang des Volumens eines reinen, homogenen Stoffes, also auch eines Gases, mit dem Druck und der Temperatur eindeutig festgelegt: *Zu jedem bestimmten Druck und zu jeder bestimmten Temperatur gibt es ein und nur ein ganz bestimmtes Volumen.* Dabei ist es gleichgültig, auf welchem *Weg* dieser *Zustand*, charakterisiert durch das Volumen, erreicht worden ist. Funktionen die diese Eigenschaft erfüllen, werden *Zustandsfunktionen* genannt. Das Volumen ist eine solche Zustandsfunktion. Es ist eine eindeutige Funktion der *Zustandsvariablen* p und T. Die allgemeine Definition einer Zustandsfunktion erfolgt im Zusammenhang mit der Definition thermodynamischer Eigenschaften (siehe Kapitel 5). Unter einer *Zustandsänderung* versteht man jede durch eine Änderung der Zustandsvariablen p und T hervorgerufene Änderung der Zustandsfunktion *V*. Meist werden Zustandsänderungen der Einfachheit halber nur durch Änderung einer Variablen, bei gleichzeitigem Konstanthalten der anderen Variablen, durchgeführt. Änderungen bei konstanter Temperatur (siehe Abschnitt 1.1) heißen *isotherme* und Änderungen bei konstantem Druck (siehe Abschnitt 1.2) *isobare* Änderungen oder Prozesse.

Das ideale Gasgesetz theoretisch abzuleiten, ist ein wichtiges Ziel der Kinetischen Gastheorie im nächsten Kapitel. Die Gaskonstante R, die in diesem Gesetz auftritt, spielt in vielen Problemen der Physikalischen Chemie eine so fundamentale Rolle, daß ihrer numerischen Berechnung ein eigener Abschnitt gewidmet wird.

1.5. Die Gaskonstante

Ein numerischer Wert für die Gaskonstante R ergibt sich sofort aus Gl. (16), wenn man berücksichtigt, daß das Molvolumen eines idealen Gases bei 1 atm und 0 °C 22,414 dm³ bzw. 0,022414 m³ beträgt. Setzt man diese Daten in Gl. (16) ein, so erhält man für R die Werte:

$$R = \frac{pV}{nT} = \frac{1 \cdot 22,414}{1 \cdot 273,15} = 0,08205 \text{ dm}^3 \text{ atm K}^{-1} \text{mol}^{-1}$$

bzw.

$R = 8,205 \cdot 10^{-5} \text{ m}^3 \text{ atm K}^{-1} \text{mol}^{-1}$.

Diese beiden Werte für R werden bei Berechnungen von Gasvolumina sehr oft gebraucht, so daß es sich lohnt, sie im Kopf zu behalten. Verwendet man sie in Verbindung mit Gl. (16), so ist bei der Wahl der Einheiten zu beachten, daß der Druck in atm, die Temperatur in K und das Volumen in derjenigen Einheit eingesetzt werden, die der Gaskonstanten entspricht.

Die Gaskonstante tritt aber nicht nur bei Volumenberechnungen auf, sie spielt auch eine sehr wichtige Rolle bei allen Prozessen, die mit der Energie molekularer Systeme verknüpft sind. Dies wird verständlich, wenn man bedenkt, daß die Gaskonstante die Dimension [Energie · Temperatur^{-1} · Stoffmenge^{-1}] besitzt. Drückt man nämlich den Druck in der Dimension [Kraft · Fläche^{-1}] und das Volumen in der Dimension [Fläche · Länge] aus, so ergibt sich für das Produkt pV die Dimension einer Energie:

[pV] = [Kraft · Fläche^{-1} · Fläche · Länge] = [Kraft · Länge].

R hat daher die Dimension [Energie · Temperatur^{-1} · Stoffmenge^{-1}]. Je nach der Wahl der Energieeinheit kann R verschiedene Zahlenwerte annehmen.

Im internationalen Einheitensystem (siehe Tabellenanhang) besitzt der Druck die Einheit Newton m^{-2} (1 N = 1 m kg s^{-2}); um Gl. (16) verwenden zu können, muß der

Druck 1 atm in dieser Einheit eingesetzt werden. Der Druck 1 atm entspricht definitionsgemäß dem Gewicht einer 760 mm hohen Quecksilbersäule von 1 cm^2 Querschnitt bei 0 °C. Man bezeichnet die Angabe der Drücke in mm Hg auch sehr oft mit *Torr*:

1 atm = 760 mm Hg = 760 Torr.

Da die Dichte des Quecksilbers bei 0 °C 13 596 kg m^{-3} beträgt, ergibt sich die Masse einer 760 mm hohen Quecksilbersäule von 1 m^2 Querschnitt zu 0,76 · 13 596 kg. Das Gewicht dieser Säule beträgt daher, bezogen auf den Querschnitt 1 m^2, 9,807 · 0,76 · 13 596 Nm^{-2} (Erdbeschleunigung: 9,807 ms^{-2}). 1 atm entspricht somit einem Druck von 1,013 · 10^5 Nm^{-2}. Mit diesem Wert für den Druck und dem Wert von 0,022414 m^3 für das Molvolumen eines idealen Gases bekommt man dann für R:

$R = 8,314$ Nm K^{-1} mol^{-1}

oder da 1 Nm = 1 J (Joule)

$R = 8,314$ J K^{-1} mol^{-1}.

Es empfiehlt sich, für zukünftige Arbeiten diesen Wert für R zu merken. Bei Volumenberechnungen ist es aber oft einfacher, in den Einheiten zu rechnen, in denen Druck und Volumen angegeben sind.

In der Chemie war früher die meistverwendete Energieeinheit die *Kalorie*. Diese Einheit wurde als diejenige Wärmemenge definiert, die man braucht, um die Temperatur von 1 g Wasser von 14,5 °C auf 15,5 °C zu erhöhen:

1 cal = 4,184 J ;

$R = 1,9872$ cal K^{-1} mol^{-1}.

1.6. Das Daltonsche Partialdruckgesetz

Ein anderes empirisches Gesetz, das die Eigenschaften idealer Gase betrifft, wurde von *Cavendish* (1781) und *Dalton* (1810) gefunden. Es resultiert aus Beobachtungen des Druckes von *Gasmischungen*. Das Ergebnis dieser Beobachtungen zeigt, daß der Gesamtdruck einer Gasmischung gleich groß wie die Summe der Partialdrücke der Gaskomponenten ist. Dieses empirische Ergebnis wird als *Daltonsches Partialdruckgesetz* bezeichnet.

Unter dem Partialdruck versteht man dabei den Druck einer *Komponente* der Gasmischung, den diese ausüben würde, befände sie sich *allein* in demselben Behälter. Der Gesamtdruck p einer Gasmischung ist dann die Summe aller Partialdrücke p_i der (z) Komponenten:

$$p = p_1 + p_2 + \ldots p_i + \ldots p_z = \sum_{i=1}^{z} p_i \ . \tag{20}$$

1.6. Das Daltonsche Partialdruckgesetz

Man darf daher auch auf jede Komponente das ideale Gasgesetz anwenden:

$$p = \frac{n_1 RT}{V} + \frac{n_2 RT}{V} + \ldots \frac{n_i RT}{V} + \ldots \frac{n_z RT}{V} = \frac{RT}{V} \sum_{i=1}^{z} n_i \, . \tag{21}$$

Für die Summe der Molzahlen n_i der z Komponenten kann man weiterhin die Gesamtmolzahl n der Gasmischung einführen:

$$n = \sum_{i=1}^{z} n_i \, . \tag{22}$$

Man erhält dann aus Gl. (21):

$$p = \frac{nRT}{V} \, . \tag{23}$$

Dieses Ergebnis bedeutet, daß das ideale Gasgesetz auch für Mischungen idealer Gase gilt. Der Grund dafür ist die Tatsache, daß das Boyle-Mariottesche Gesetz und Gay-Lussacsche Gesetz unabhängig vom speziellen Typ der Moleküle sind.

Arbeitet man mit Gasmischungen, so muß man sehr oft den Bruchteil einer Gaskomponente im Vergleich zur gesamten Mischung formulieren. Dies ist auf zweierlei Weise möglich:

1. Durch Definition des Bruchteiles eines Partialdruckes p_i zum Gesamtdruck p: p_i/p und

2. durch Definition des Bruchteiles einer Molzahl n_i bezogen auf die Gesamtmolzahl n: n_i/n.

Der Bruch n_i/n wird *Molenbruch* (x_i) genannt, er ist identisch mit dem Bruch p_i/p; es gilt nämlich:

$$\frac{p_i}{p} = \frac{n_i \left(\frac{RT}{V}\right)}{n \left(\frac{RT}{V}\right)} = \frac{n_i}{n} \equiv x_i \, . \tag{24}$$

Die Summe der Brüche p_i/p und die Summe der Molenbrüche n_i/n müssen definitionsgemäß gleich 1 sein:

$$\sum_{i=1}^{z} x_i \equiv \sum_{i=1}^{z} \frac{n_i}{n} = \sum_{i=1}^{z} \frac{p_i}{p} = 1 \, . \tag{25}$$

Dieses voneinander *unabhängige Verhalten* der einzelnen Gaskomponenten ist eines der ersten Argumente für die Vorstellung der molekularen Natur der Materie.

1.7. Das nichtideale Verhalten der Gase

Die Gesetze von *Boyle-Mariotte* und *Gay-Lussac* und der Satz von *Avogadro* führten zu der verallgemeinerten Aussage, daß pV = nRT ist. Untersucht man jedoch das Verhalten von Gasen bei höheren Drücken oder führt man sehr genaue Messungen sogar schon bei gewöhnlichen Drücken durch, so beobachtet man Abweichungen von diesen idealen Gasgesetzen. Alle bisher behandelten Gesetze sind somit Grenzgesetze. Gase, die Abweichungen von diesen Grenzgesetzen aufweisen, bezeichnet man als *reale* oder *nichtideale* Gase. In erster Näherung lassen sich trotzdem viele Gase, zumindest in gewissen Druck- und Temperaturbereichen, als ideale Gase behandeln.

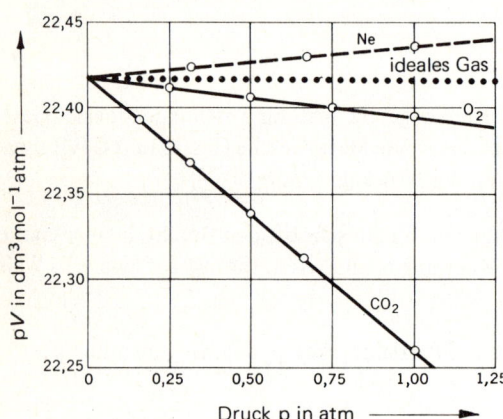

Bild 1.4
Meßergebnisse für pV von CO_2, O_2 und Ne in Abhängigkeit vom Druck bei 0 °C. (*L. P. Hammett:* Introduction to the Study of Physical Chemistry, McGraw Hill Book Co., New York, 1952)

Sehr genaue Messungen (Bild 1.4) bei geringen Drücken liefern als Ergebnis *Abweichungen* vom idealen Verhalten. Das ideale Gasgesetz pV = nRT gilt in seiner ursprünglichen Form nicht mehr, sondern muß dem realen Verhalten durch Erweiterungen angepaßt werden. Man kann schreiben:

$$pV = RT + b'p \tag{26}$$

oder

$$pV = RT(1 + bp). \tag{27}$$

b' und b sind charakteristische Konstanten des Gases und hängen von der Temperatur ab. Solche Gleichungen sind *Zustandsgleichungen* für nichtideale Gase.

Messungen bei sehr hohen Drücken (Bild 1.5) zeigen, daß auch die Gln. (26) und (27) noch nicht ausreichen, um das Verhalten in größeren Druckbereichen zu beschreiben. Sehr oft muß man daher eine Zustandsgleichung folgender Art verwenden:

$$pV = RT + Bp + Cp^2 + \dots . \tag{28}$$

1.7. Das nichtideale Verhalten der Gase

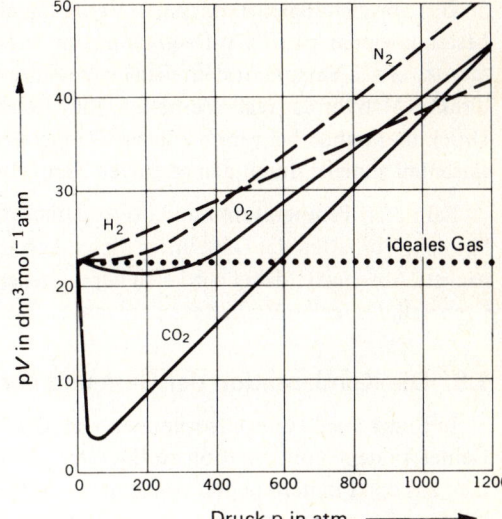

Bild 1.5
Druckabhängigkeit des Produktes pV von verschiedenen Gasen bei 0 °C

ideales Gas: $pV \neq f(p)$
reales Gas: $pV = f(p)$

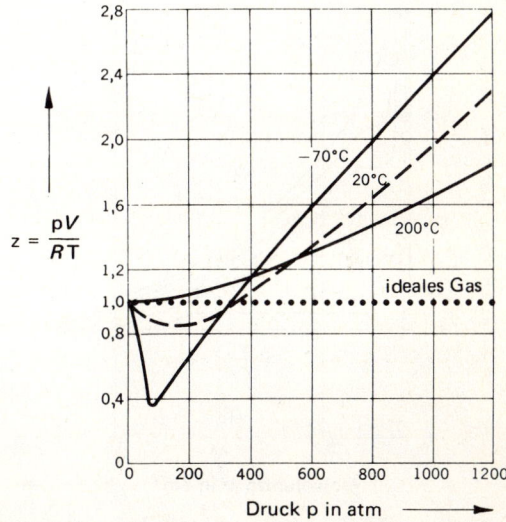

Bild 1.6
Druckabhängigkeit des Realfaktors z von Methan bei drei verschiedenen Temperaturen (*H. M. Kvalnes, V. L. Gaddy:* J. Am. Chem. Soc. **53**, 394 (1931))

Diese Gleichung ist als *Virialgleichung* bekannt; die Koeffizienten B, C, ... heißen *Virialkoeffizienten*. Sie hängen von der *Art* des Gases und von der Temperatur ab. Prinzipiell könnten aber auch Zustandsgleichungen völlig anderer Form verwendet werden; sie müssen nur den Zustand (Volumen) des Gases eindeutig als Funktion der Temperatur und des Druckes wiedergeben.

Die Abweichungen vom idealen Verhalten eines Gases (Bilder 1.4, 1.5) kommen am besten in einem pV/RT, p-Diagramm zum Ausdruck. $\frac{pV}{RT} = z$ ist der sogenannte *Realfaktor*. $z = 1$ entspricht dem idealen Verhalten. Die Abweichungen von $z = 1$ sind ein direktes Maß für das reale Verhalten. Bild 1.6 zeigt die Abhängigkeit des Faktors z vom Druck für Methan bei verschiedenen Temperaturen. In Tabellenwerken wird der Realitätsanteil zumeist durch den additiven Term $(B/RT)p$ angegeben.

Bei tiefen Temperaturen und hohen Drücken kondensieren Gase zu Flüssigkeiten. Mit dem Verhalten der Gase unter diesen extremen Bedingungen beschäftigt sich der nächste Abschnitt; dabei wird sich herausstellen, daß man die Kondensation als den Grenzfall des realen Verhaltens der Gase auffassen kann.

1.8. Die Kondensation der Gase und der kritische Punkt

In Bild 1.7 sind einige Isothermen von CO_2 dargestellt; sie erstrecken sich bis in das Gebiet, in dem Kondensation zu flüssigem CO_2 eintritt. Die Daten zu diesem Bild stammen aus den Pionierarbeiten von *Andrews* (1869). Man erkennt, daß die Isothermen bei höheren Temperaturen nur geringe Abweichungen von der hyperbolischen Kurvenform, die man für ideale Gase erwartet, aufweisen. Die Isothermen bei tiefen Temperaturen,

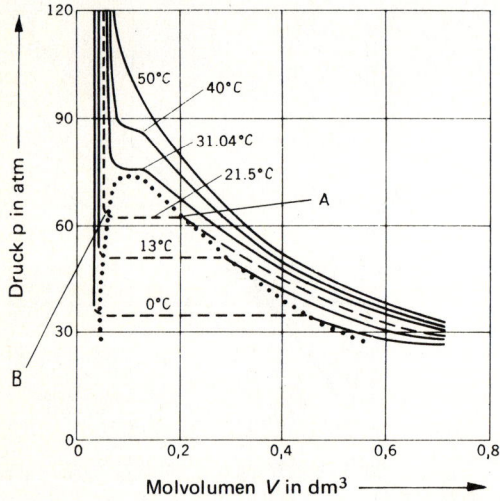

Bild 1.7
Isothermen von CO_2 in der Nähe des kritischen Punktes (*E. D. Eastman, G. K. Rollefson:* Physical Chemistry, McGraw Hill Book Co., New York, 1947)

niederen Drücken und großen Volumina zeigen ein annähernd ideales Verhalten. Erhöht man bei diesen Temperaturen den Druck (siehe z.B. die in Bild 1.7 gestrichelt gezeichnete Isotherme), so nimmt das Volumen in erster Näherung nach dem Boyle-Mariotteschen Gesetz ab. Erreicht der Druck einen bestimmten Wert (Punkt A), dann beginnt das Gas zu kondensieren. Nun läßt sich das Volumen bei konstantem Druck solange verkleinern, bis das gesamte Gas kondensiert ist. Der Druck bleibt während dieser Phasenumwandlung konstant. Er entspricht dem Dampfdruck des flüssigen CO_2 bei dieser

Temperatur. Ist die Phasenumwandlung beendet (Punkt B), so hat eine weitere Druckerhöhung nur mehr eine sehr geringe Volumsverkleinerung zur Folge, da sich Flüssigkeiten erfahrungsgemäß schwer zusammendrücken lassen. Dieses Verhalten äußert sich in dem sehr steilen Anstieg der Isotherme.

Das Gebiet unter der in Bild 1.7 punktiert gezeichneten Kurve entspricht dem *Koexistenzgebiet* von Flüssigkeit und Gas. Rechts davon liegt Gas und links davon Flüssigkeit vor.

Bei der Untersuchung realer Gase interessiert besonders die Isotherme, die die punktierte Kurve berührt (*kritische Isotherme*). Ihre Temperatur ist die *kritische Temperatur*; sie ist die höchste Temperatur, bei der ein Gas noch verflüssigt werden kann. Der Wendepunkt der kritischen Isotherme ist der sogenannte *kritische Punkt*. Das zugehörige Molvolumen und der zugehörige Druck sind das *kritische Volumen* und der *kritische Druck*. Tabelle 1.2 führt die kritischen Daten einiger Gase an.

Tabelle 1.2: Daten des kritischen Druckes p_k, des kritischen Molvolumens V_k und der kritischen Temperatur T_k

Gas	p_k atm	V_k $m^3 mol^{-1}$	T_k K
N_2	33,5	0,0900	126,1
O_2	49,7	0,0744	153,4
CO	35,0	0,0900	134,0
CO_2	73,0	0,0957	304,3
NH_3	111,5	0,0724	405,6
H_2O	217,7	0,0450	647,2
CH_4	45,6	0,0988	190,2
Ar	48,0	0,0771	150,7
H_2	12,8	0,0650	33,3
He	2,26	0,0576	5,3
$n-C_5H_{12}$	33,0	0,3102	470,3
CH_3OH	78,5	0,1177	513,1
C_6H_6	47,9	0,2564	561,6

1.9. Das Theorem der übereinstimmenden Zustände

Zwischenmolekulare Wechselwirkungen, die für das Verhalten realer Gase bestimmend sind, müssen auch für die Lage des kritischen Punktes verantwortlich gemacht werden. Aufgrund dieser, später noch zu begründenden Erkenntnis, ist bei einer Betrachtung des Isothermenverlaufes (Bild 1.7) zu erwarten, daß Gase im allgemeinen ein um so idealeres Verhalten zeigen, je weiter entfernt vom kritischen Punkt sie untersucht werden.

Man kann daher versuchen, die Zustandsgleichungen realer Gase mit den kritischen Daten so zu verknüpfen, daß eine einzige Zustandsgleichung das Verhalten möglichst vieler Gase richtig beschreibt. Dazu führt man in die Zustandsgleichungen $V = f(p, T)$ das *reduzierte* Molvolumen V_r und die *reduzierten* Zustandsvariablen p_r und T_r ein und erhält dann *eine reduzierte Zustandsgleichung* $V_r = f(p_r, T_r)$. V_r, p_r und T_r werden auf folgende Weise definiert:

$$V_r = \frac{V}{V_k}, \quad p_r = \frac{p}{p_k}, \quad T_r = \frac{T}{T_k}. \tag{29}$$

V_k, p_k und T_k sind die kritischen Daten. Sind diese bekannt, dann wird die Beschreibung des Verhaltens realer Gase durch eine reduzierte Zustandsgleichung ebenso einfach wie die Beschreibung des Verhaltens idealer Gase durch das ideale Gasgesetz. Die Begründung für das Einführen der reduzierten Variablen folgt im Abschnitt 2.12 im Anschluß an die Ableitung der van der Waalschen Zustandsgleichung.

Ob sich das Einführen der reduzierten Variablen lohnt, erkennt man am besten an Hand eines z, p_r-Diagrammes für verschiedene Gase (Bild 1.8). Man kann feststellen, daß eine einzige reduzierte Zustandsgleichung existieren sollte, die das reale Verhalten vieler Gase gleich gut beschreibt.

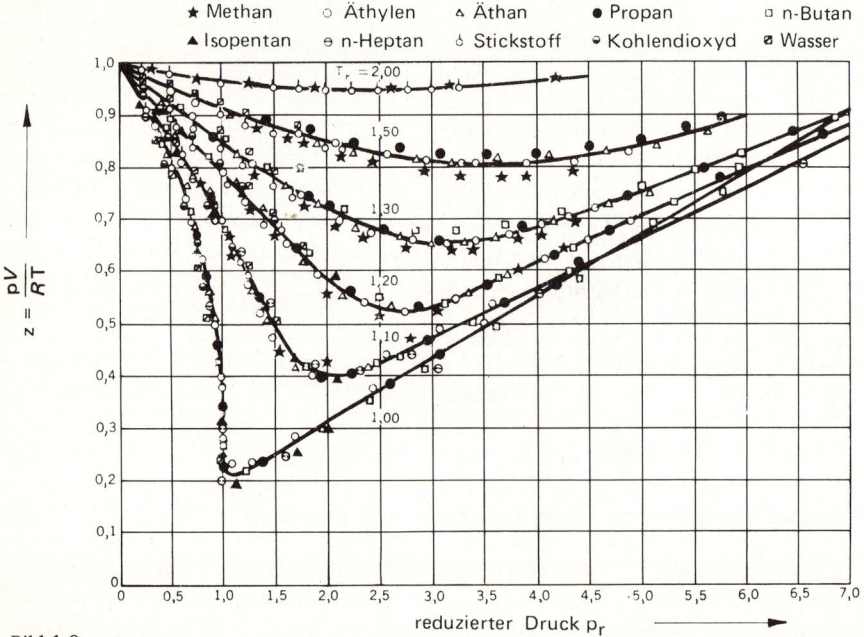

Bild 1.8
Abhängigkeit des Realfaktors z vom reduzierten Druck p_r von einigen Gasen bei verschiedenen reduzierten Temperaturen T_r (*Goup-Jen Su:* Ind. Eng. Chem. 38, 803 (1946))

Der Zustand eines realen Gases, charakterisiert durch V_r, sollte somit eine eindeutige Funktion der reduzierten Temperatur und des reduzierten Druckes sein und durch *eine* im Prinzip für alle Gase geltende reduzierte Zustandsgleichung beschrieben werden können. Dies ist der Inhalt des *Theorems der übereinstimmenden Zustände*.

Dieses Theorem ermöglicht eine beträchtliche Vereinfachung der Behandlung realer Gase. Eine derartige Beschreibung aller Gase durch eine einzige, reduzierte Zustandsgleichung sollte jedoch nicht darüber hinwegtäuschen, daß in ihr der spezielle Aufbau der Moleküle eines jeden Gases durch die kritischen Daten implizit enthalten ist.

1.10. Das Gasthermometer

Die Versuche von *Charles* und *Gay-Lussac* (Abschnitt 1.2) zeigen an sich nur, daß die thermische Ausdehnung eines Gases bei konstantem Druck proportional zur Ausdehnung des Quecksilbers oder einer anderen Flüssigkeit in einem Glasrohr ist — eine sehr verblüffende Feststellung, die eigentlich nicht erwartet werden konnte. Es ist ein Zufall, daß sich Flüssigkeiten linear mit der Temperatur ausdehnen. Es gibt aber auch Ausnahmen mit ausgeprägten Anomalien (z.B. Wasser); diese Flüssigkeiten besitzen dann keineswegs einen linearen Ausdehnungskoeffizienten. Die in Abschnitt 1.2 eingeführte Temperaturskala basiert also auf einer willkürlichen, wenn auch glücklich gewählten *spezifischen* Eigenschaft einer Flüssigkeit.

Ein etwas anspruchsvolleres Temperaturkonzept benutzt die Ausdehnung von Gasen zur Definition der Temperaturskala. Reale Gase haben ähnliche spezifische Ausdehnungseigenschaften wie Flüssigkeiten und sind deshalb nicht direkt zur Definition heranziehbar. Läßt man jedoch den Druck eines realen Gases gegen Null gehen, so findet ein Übergang vom realen zum idealen Verhalten statt (Bilder 1.4 bis 1.6); einer Verwendung von Gasen zur Definition einer Temperaturskala steht dann nichts mehr im Wege. Der Ausdehnungskoeffizient ist unter diesen Bedingungen keine spezifische Eigenschaft mehr.

Bild 1.9 zeigt schematisch den Aufbau eines Gasthermometers. Das Volumen einer bestimmten Gasmenge dehnt sich nach dem Gesetz von *Gay-Lussac* linear mit der Temperatur aus:

$$V = V_0 \left(1 + \frac{1}{273{,}15} t \right) . \tag{30}$$

V_0 ist das Volumen bei einem Bezugspunkt, z.B. dem Gefrierpunkt des Wassers. Die Temperaturskala könnte nun so festgelegt werden, daß zwischen dem Gefrierpunkt und dem Siedepunkt des Wassers (bei 1 atm) ein Intervall von 100 K liegt (vgl. Abschnitt 1.2). Die Temperatur $t = 0\,°C$ ist dann durch das Gasvolumen V_0 und die Temperatur $t = 100\,°C$ durch

$$V_{100} = V_0 \left(1 + \frac{1}{273{,}15} \cdot 100 \right) = 1{,}3661\, V_0 \tag{31}$$

2 Barrow I

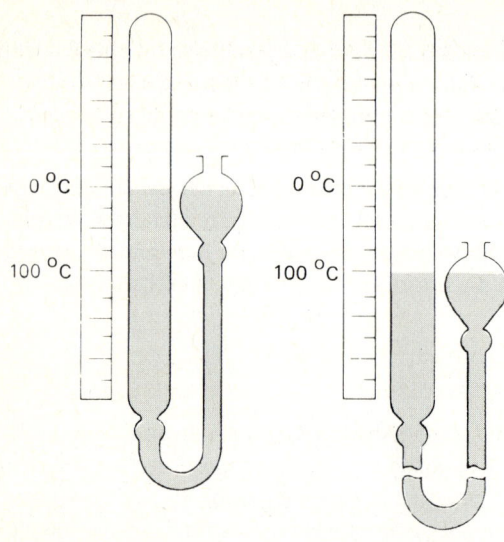

festgelegt. 1 K wäre demnach durch die Temperaturänderung definiert, bei der sich ein Gas um 1/273,15 seines Volumens bei 0 °C ausdehnt.

Bild 1.9
Schematische Darstellung des Gasthermometers

beim Gefrierpunkt des Wassers (1 atm)

beim Siedepunkt des Wassers (1 atm)

Bei dieser Definition der Temperaturskala wurden zwei willkürliche Bezugspunkte (Gefrierpunkt und Siedepunkt des Wassers bei 1 atm) verwendet. Zweckmäßiger ist es, einen Bezugspunkt durch den absoluten Nullpunkt festzulegen und den zweiten frei zu wählen. Aus experimentellen Gründen nimmt man als zweiten Bezugspunkt den ersten Tripelpunkt des Wassers, bei dem Wasser, Eis und Wasserdampf miteinander im Gleichgewicht stehen: Er liegt bei 273,1600 K. Der Gefrierpunkt des Wassers (bei 1 atm) liegt um 0,010 K tiefer als der Tripelpunkt und ist experimentell schwieriger zu realisieren.

Mit der Wahl des Tripelpunktes als zweiten Bezugspunkt ist die absolute Temperatur durch $T = 273{,}16 + t$ definiert. Durch Umformung von Gl. (30) erhält man:

$$\frac{V}{V_{Tr}} - 1 = \frac{t}{273{,}16} \quad . \tag{32}$$

Dabei wurden statt V_0 das Volumen V_{Tr} am Tripelpunkt und statt 273,15 der Faktor 273,16 eingesetzt. Für eine beliebige Temperatur T folgt dann:

$$\frac{V_T}{V_{Tr}} = \frac{T}{273{,}16} \tag{33}$$

bzw.

$$T = 273{,}16 \frac{V_T}{V_{Tr}} \quad . \tag{34}$$

Gl. (34) definiert die absolute Temperatur durch das Verhältnis des Volumens bei dieser Temperatur zum Volumen beim Tripelpunkt des Wassers. Nachdem diese Definitionsgleichung aber nur für ideale Gase gilt, hat man das Volumenverhältnis durch den Grenzwert zu ersetzen, den es besitzt, wenn der Gasdruck gegen Null geht. Da sich leichter ein Grenzwert von pV als von V bestimmen läßt, definiert man die absolute Temperatur noch besser durch folgenden Grenzwert:

$$T = 273{,}1600 \; \frac{\lim\limits_{p \to 0} (pV)_T}{\lim\limits_{p \to 0} (pV)_{Tr}} \tag{35}$$

Dies ist die heute übliche Definition der absoluten Temperatur.

1.11. Das Grahamsche Gesetz

In den beiden letzten Abschnitten dieses Kapitels werden zwei Eigenschaften der Gase behandelt, die besonders dann sehr interessant sind, wenn man die Natur der Gase von ihrem molekularen Aufbau her betrachten will. Die erste Eigenschaft betrifft die Ausströmungsgeschwindigkeit von Gasen.

Strömt aus einem Behälter durch eine Öffnung Gas aus, so ist die Ausströmungsgeschwindigkeit unter gewissen Bedingungen eine charakteristische Eigenschaft der Gase. Da eine experimentelle und theoretische Behandlung der absoluten Ausströmungsgeschwindigkeiten mit einigen Schwierigkeiten verbunden ist, beschränkt man sich gewöhnlich auf die Betrachtung der relativen Geschwindigkeiten.

1829 führte *Graham* (später auch *Bunsen*) Messungen der relativen Ausströmungsgeschwindigkeiten von verschiedenen Gasen durch. *Graham* fand, daß sich die Ausströmungsgeschwindigkeiten bei konstanter Temperatur und konstantem Druckabfall indirekt proportional zu den Quadratwurzeln der Dichten verhalten. Bezeichnet man die Ausströmungsgeschwindigkeiten mit v und die Dichten der Gase mit d, so gilt für zwei Gase 1 und 2:

$$\frac{v_1}{v_2} = \sqrt{\frac{d_2}{d_1}} \;. \tag{36}$$

Eine zweckmäßigere Form dieses Gesetzes ergibt sich bei Anwendung des idealen Gasgesetzes $pV = nRT$. Da die Dichte durch $d = \frac{M}{V}$ definiert ist, erhält man für sie den Ausdruck:

$$d = \frac{M}{V} = \frac{Mp}{RT} \;. \tag{37}$$

Das Dichteverhältnis zweier Gase bei gleichem Druck und gleicher Temperatur ist daher gleich dem Verhältnis der Molmassen bzw. Molekulargewichte. Das *Ausströmungsgesetz* lautet dann:

$$\frac{v_1}{v_2} = \sqrt{\frac{M_2}{M_1}} \tag{38}$$

Ein anschauliches Beispiel hierfür liefert die Beobachtung, daß ein System gegenüber Luft mit einem mittleren Molekulargewicht von ungefähr 28,8 genügend dicht sein kann, während es gegenüber Wasserstoff (Molekulargewicht 2,016) oder Helium (Atomgewicht 4,003) undicht ist.

Die *mittlere* Molmasse bzw. das *mittlere* Molekulargewicht wird allgemein durch den Mittelwert der Molmassen bzw. Molekulargewichte M_i aller beteiligten (z) Gaskomponenten definiert:

$$\overline{M} = \frac{n_1 M_1 + \ldots n_i M_i + \ldots n_z M_z}{n_1 + \ldots + n_i + \ldots n_z} = \frac{\sum_{i=1}^{z} n_i M_i}{\sum_{i=1}^{z} n_i} \,. \tag{39}$$

Für Luft berechnet man nach dieser Mittelwertbildung eine mittlere Molmasse von etwa $0,0288 \text{ kgmol}^{-1}$.

Das Grahamsche Gesetz beleuchtet eine Eigenschaft der Gase, zu deren Verständnis einmal mehr die kinetische Gastheorie (Kapitel 2) benötigt wird.

1.12. Die Viskosität der Gase

Wenn ein Gas oder eine Flüssigkeit durch ein Rohr strömen soll, muß eine treibende Kraft vorhanden sein, um die Reibungskraft zu überwinden. Diese treibende Kraft muß der Reibungskraft entgegengerichtet sein; sie hängt von der Viskosität (Zähigkeit) des Gases bzw. der Flüssigkeit ab.

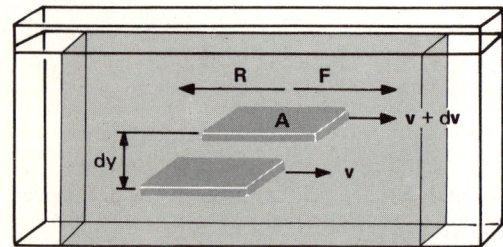

Bild 1.10
Schematische Darstellung der Strömungsverhältnisse zweier Flüssigkeitsschichten in einem Rohr

Eine quantitative Definition des Begriffes *Viskosität* liefert Bild 1.10, das die Strömungsverhältnisse einer Flüssigkeit beschreibt: Zwei Flüssigkeitsschichten im Abstand dy voneinander sollen sich mit der Geschwindigkeit **v** und **v** + d**v** in der angegebenen Strömungsrichtung bewegen. Der Gradient der Geschwindigkeit senkrecht zur Strömungsrichtung ist dann durch dv/dy gegeben. Die treibende Kraft **F**, dem Betrag nach gleich der Reibungskraft **R**, ist proportional dem Geschwindigkeitsgradienten dv/dy und proportional der Fläche A beider Flüssigkeitsschichten. Durch die Proportionali-

1.12. Die Viskosität der Gase

tätskonstante η ist dann der Viskositätskoeffizient oder einfach die Viskosität wie folgt definiert:

$$F = \eta A \frac{dv}{dy}. \tag{40}$$

Die Viskosität ist nach Gl. (40) die Kraft, die man benötigt, um eine dünne Gas- oder Flüssigkeitsschicht von der Größe der Einheitsfläche mit einer um $1\,\text{m s}^{-1}$ größeren Geschwindigkeit als eine 1 m davon entfernte Schicht fließen zu lassen. Dickflüssige Stoffe haben hohe Viskositäten, dünnflüssige haben niedere Viskositäten.

Praktisch bestimmt man die Viskosität durch Messung der Geschwindigkeit, mit der Gase und Flüssigkeiten durch ein zylindrisches Rohr strömen. Später wird gezeigt, wie man mit Hilfe von Gl. (40) eine Beziehung zwischen der Durchflußgeschwindigkeit V/t und der Viskosität bei gegebenem Rohrdurchmesser $2R$ und gegebener Druckdifferenz $(p_2 - p_1)$ über die Rohrlänge l herstellen kann. Das Ergebnis (*Hagen-Poiseuillesches Gesetz*) sei hier vorweggenommen:

$$\frac{V}{t} = \frac{\pi(p_2 - p_1)R^4}{8\eta l}. \tag{41}$$

Die Durchflußgeschwindigkeit ist die Gas- oder Flüssigkeitsmenge, die pro Zeiteinheit durch das Rohr bei einem Druckgefälle von $1\,\text{Nm}^{-2}$ strömt. Sie besitzt die Dimension [Volumen · Zeit^{-1}]. Wenn alle Parameter in Gl. (41) bekannt sind und die Durchflußgeschwindigkeit gemessen worden ist, dann ist die Viskosität berechenbar. Tabelle 1.3 enthält die Werte für die Viskosität einiger Gase, angegeben in der SI-Einheit Nsm^{-2}.

Tabelle 1.3: Viskositäten verschiedener Gase bei 25 °C
(*S. Dushman*: Scientific Foundations of Vacuum Technique, John Wiley & Sons Inc., New York, 1949)

Gas	Viskosität Ns m^{-2}	Gas	Viskosität Ns m^{-2}
N_2	$1{,}78 \cdot 10^{-5}$	CO	$1{,}76 \cdot 10^{-5}$
O_2	2,08	CO_2	1,50
H_2	0,90	HJ	1,72
Ar	2,27	He	1,97
H_2O	0,98	Hg	2,50

Rechenbeispiele

1. Ein Gas besitzt bei 742 Torr ein Volumen von 250 cm^3. Welches Volumen hat es bei 10 Torr, wenn die Temperatur nicht geändert wird?

2. Zeichnen Sie die Isothermen bei 25 °C und 300 °C für ein ideales Gas, das bei 25 °C und 1 atm ein Volumen von 100 cm^3 besitzt.

3. Zeichnen Sie das Molvolumen eines idealen Gases in Abhängigkeit von der absoluten Temperatur in einem Bereich von 0 K bis 400 K bei Drücken von 0,2 atm, 1 atm, 5 atm.

4. Welches Volumen hat ein ideales Gas bei einer Temperatur von 0 °C, wenn sein Volumen bei 100 °C 3,64 dm^3 beträgt und der Druck konstant bleibt?

5. Das Volumen eines Gases bei 24 °C und 735 Torr beläuft sich auf 0,763 dm^3. Wie groß ist das Volumen des Gases bei 0 °C und 1 atm? (0,678 dm^3)

6. Berechnen Sie die Konzentration eines idealen Gases in mol dm^{-3} und Moleküle pro cm^3 bei 25 °C und a) 1 atm und b) 10^{-6} Torr.
Dieser Druck entspricht dem mit einer Quecksilberdiffusionspumpe erreichbaren Vakuum.

7. Ein Kolben von 500 cm^3 Inhalt wiegt im evakuierten Zustand 38,7340 g und, wenn er mit Luft von 1 atm bei 24 °C gefüllt ist, 39,3135 g. Die Luft soll sich bei diesem Druck wie ein ideales Gas verhalten. Berechnen Sie die mittlere Molmasse der Luft.

8. Durch Umformung von $pV = nRT$ mit $n = \frac{M}{M}$ und $d = \frac{M}{V}$ erhält man $M = \frac{d}{p}RT$. Die Dichte eines idealen Gases beträgt bei 25 °C und 2 atm 2,76 kg m^{-3}. Wie groß ist die Molmasse dieses Gases?

9. Nebenstehende Werte wurden für die Dichte von CO_2 bei 10 °C und verschiedenen Drücken gemessen:
Durch geeignete graphische Extrapolation soll mit Hilfe des Ausdrucks $M = \frac{d}{p}RT$ das Molekulargewicht von CO_2 bestimmt werden.

p atm	d kg m^{-3}
0,68	1,29
2,72	5,25
8,14	16,32

10. In einem Gaskolben von 2,83 dm^3 Inhalt werden 0,174 g H_2 und 1,365 g N_2 bei 0 °C gemischt. Beide Gase sollen sich ideal verhalten. Wie groß sind die Partialdrücke von H_2 und N_2 und wie groß ist der gesamte Gasdruck?

11. Eine künstliche Luftprobe wurde durch Mischung von 79 cm^3 N_2 und 21 cm^3 O_2 bei 25 °C und 1 atm hergestellt. Wie groß ist das Volumen dieser Luft, wenn sie mit 5,37 atm zusammengedrückt wird und die Temperatur dabei konstant bleibt? Wie groß ist der Molenbruch der beiden Komponenten? Berechnen Sie außerdem die mittlere Molmasse bzw. das mittlere Molekulargewicht dieser Luft und vergleichen Sie das Ergebnis mit dem in Beispiel 7 ermittelten Wert.

12. Ein Rohr mit einer undichten Stelle ermöglicht bei einem Druckgefälle von 1 atm das Ausströmen von 0,53 dm^3 N_2/min. Wie groß sind die Mengenverhältnisse folgender, unter denselben Bedingungen ausströmender Gase: He, CCl_4-Dampf und UF_6?

13. Folgende Werte für die Ausströmzeiten verschiedener Gase im Vergleich zu Luft hat *Graham* gemessen:

Gas	Luft	O_2	CO	CH_4	CO_2
Zeit	1,000	1,053	0,987	0,765	1,218

Wie gut erfüllen diese Daten das Grahamsche Gesetz?

Rechenbeispiele

14. Die Virialgleichung von Methan bei 20 °C ist gegeben:

$$\frac{pV}{RT} = 1 - 2{,}0236 \cdot 10^{-3} p + 3{,}273 \cdot 10^{-6} p^2 + 43{,}59 \cdot 10^{-12} p^4.$$

a) Zeigen Sie, daß bis zu einigen atm Druck die Steigung der Kurve z(p), wie in Bild 1.6, im wesentlichen konstant ist.

b) Berechnen Sie den Druck für das Minimum der Kurve z(p) und beweisen Sie, daß es überhaupt ein Minimum gibt. Wie groß ist der Wert von z in diesem Punkt, verglichen mit dem eines idealen Gases?

c) Bei welchen zwei Drücken ist z = 1 ? Zeichnen Sie z(p) bis zu 1000 atm.

15. Die Änderung des Volumens von Gasen, Flüssigkeiten und Festkörpern mit der Temperatur und dem Druck wird meist durch den Ausdehnungskoeffizienten

$$\alpha = \frac{1}{V^\circ} \left(\frac{\partial V}{\partial T} \right)_p$$

und die Kompressibilität

$$\chi = - \frac{1}{V^\circ} \left(\frac{\partial V}{\partial p} \right)_T$$

angegeben, wobei V° das Volumen bei 0 °C ist.

a) Berechnen Sie α und χ für ein ideales Gas bei 0 °C und 1 atm.

b) Berechnen Sie α und χ für ein ideales Gas bei 0 °C und 100 atm.

c) Bei welchem Druck besitzt ein ideales Gas eine Kompressibilität von $\chi = 10^{-5} \text{atm}^{-1}$? Dies ist die Größenordnung der Kompressibilität von Flüssigkeiten.

16. Bei 100 °C und 1 atm beträgt die Dichte des Wasserdampfes 0,005 97 g cm^{-3}. Wie groß ist das Molvolumen verglichen mit dem eines idealen Gases? Wie groß ist unter diesen Bedingungen der Realfaktor z?

17. Für die −50 °C-Isotherme von Argon wurden folgende Daten ermittelt:

$\frac{p}{\text{atm}}$	8,99	17,65	26,01	34,10	41,92	49,50	56,86	64,02
$\frac{V}{\text{dm}^3\,\text{mol}^{-1}}$	2,00	1,00	0,667	0,500	0,400	0,333	0,286	0,250

Die kritische Temperatur von Argon ist 151 K, der kritische Druck 48 atm. Zeichnen Sie z in Abhängigkeit vom reduzierten Druck und vergleichen Sie das Ergebnis mit den Kurven in Bild 1.8.

18. Man nehme an, daß der Gefrierpunkt und der Siedepunkt von Äthylalkohol, −116 °C und 78,5 °C bei 1 atm, als Bezugspunkte für eine Temperaturskala verwendet wurden. Zwischen beiden Bezugspunkten wurden 1/1000-K-Intervalle festgelegt. Wie groß ist dann der Ausdehnungskoeffizient eines idealen Gases und wo liegt auf dieser Temperaturskala der absolute Nullpunkt?

(α = 0,001 23 K^{-1}; −812 K)

19. Zeigen Sie an Hand von Bild 1.7, daß es möglich ist, Gase von einem Gebiet links des Zweiphasengebietes in ein Gebiet rechts davon zu bringen, ohne einen sichtbaren Phasenübergang durchzuführen. Schließen Sie daraus, daß die Bezeichnungen Gas und Flüssigkeit nur sinnvoll sind, wenn zwei verschiedene Phasen zusammen auftreten.

20. Skizzieren Sie die Isothermen für 1 mol Wasser im Temperaturbereich von 25 °C bis 400 °C. Verwenden Sie die folgenden Daten, die man Handbüchern entnehmen kann, als Hilfsmittel und kennzeichnen Sie die mit Hilfe dieser Daten gezeichneten Teile der Skizze:
a) Die kritischen Daten haben die Werte: T_k = 374 °C, p_k = 218 atm, d_k (kritische Dichte) = 0,4 kg dm^3.
b) Der Siedepunkt des Wassers liegt bei 100 °C (1 atm).
c) Der Wasserdampf verhält sich im Gleichgewicht mit flüssigem Wasser fast wie ein ideales Gas.
d) Der Dampfdruck des Wassers beträgt 23 Torr bei 25 °C; der Wasserdampf verhält sich unter diesen Bedingungen ideal.
e) Die Dichte des Wassers beläuft sich auf 1 g cm^{-3}; sie ist gegenüber Druck- und Temperaturänderungen nicht sehr empfindlich.

21. Wieviel ml 0,964 molare Salzsäure benötigt man, um NH$_4$OH zu neutralisieren, das durch Absorption von 2 dm^3 NH$_3$ bei 0,98 atm und 25 °C in 250 ml Wasser hergestellt worden ist.

22. Gasförmiges NH$_4$Cl steht im Gleichgewicht mit festem NH$_4$Cl. Die Dichte bei 596,9 K und 0,253 atm beträgt 0,1373 g/dm^3 (*W. H. Rodebush, J. C. Michalek,* J. Am. Chem. Soc. **51**, 748 (1929). Wie liegt NH$_4$Cl unter diesen Bedingungen in der Dampfphase vor?

23. Die Kurve von T_r = 1,00 in Bild 1.8 fällt in ihrem Anfangsteil nahezu senkrecht ab. Erklären Sie dies an Hand der kritischen Isotherme von Bild 1.7.

Kapitel 2
Die kinetische Gastheorie

2.1. Das kinetische Modell der Gase

Kapitel 1 behandelte die physikalischen Eigenschaften der Gase unter rein empirischen Gesichtspunkten. Fragen nach der physikalischen Ursache, warum z.B. Gase den idealen Gasgesetzen gehorchen, wurden nicht gestellt. Ziel dieses Kapitels ist es, solche Fragen mit Hilfe der kinetischen Gastheorie zu beantworten. Diese Theorie dient nicht nur der Interpretation empirischer Gasgesetze; sie soll außerdem den ersten Einblick in den molekularen Aufbau der Materie im allgemeinen und der Gase im speziellen geben.

Es ist grundsätzlich nicht möglich, aus empirischen Gesetzen allein auf die Natur der Materie, d.h. auf ihren Aufbau, zu schließen. Hierzu sind Modellvorstellungen notwendig. Die Gesamtheit aller Vorstellungen über ein bestimmtes Objekt liefert die Grundlage für ein *Modell,* das empirische Ergebnisse physikalisch zu deuten vermag. Ein Modell sollte so beschaffen sein, daß aus ihm möglichst viele mit der Erfahrung übereinstimmende Aussagen nicht nur theoretisch abgeleitet, geschlossen dargestellt und interpretiert, sondern darüber hinaus auch neue Erkenntnisse gewonnen werden können. Meist stellen Modelle zwar grobe Vereinfachungen der Wirklichkeit dar, doch lassen sie sich fast immer so wählen, daß sie den wesentlichsten Anforderungen genügen. Ein absolut richtiges Modell gibt es deshalb nicht. Je weniger Annahmen oder Postulate es benötigt, je umfassender seine Aussagen sind und je besser diese Aussagen mit den experimentellen Erfahrungen übereinstimmen, desto besser ist das Modell.

Modellvorstellungen sind in den Naturwissenschaften, so auch in der Chemie, nichts Außergewöhnliches. Sie sind ein wertvolles und oft verwendetes Hilfsmittel für das Verständnis experimenteller Beobachtungen unter verallgemeinerten Gesichtspunkten.

Auch der kinetischen Gastheorie liegen solche Modellvorstellungen zugrunde. Sie ermöglichen die theoretische Ableitung der empirischen Gasgesetze durch ein sehr einfaches Gasmodell. Danach besteht ein Gas aus einer großen Anzahl von Teilchen (Moleküle), die sich regellos bewegen und gegeneinander sowie gegen die Behälterwand stoßen können.

Der Begriff des Moleküls entstand allmählich aus den bei den Untersuchungen chemischer Verbindungen und Reaktionen gewonnenen Erkenntnissen. Erst im 18. Jahrhundert setzte sich die Ansicht durch, daß chemische Verbindungen aus Molekülen und diese wiederum aus Atomen aufgebaut sind. Aussagen über Größe, Form und über andere Eigenschaften der Moleküle konnten aus chemischen Untersuchungen allein allerdings nicht gewonnen werden. Im Gegensatz dazu liefert die kinetische Gastheorie auf der Grundlage des vorgeschlagenen Gasmodells genügend Informationen über diese spezifischen Eigenschaften. Die Arbeiten von *Boltzmann, Maxwell* und *Clausius* (Ende des 19. Jahrhunderts) waren ausschlaggebend für die Entwicklung der kinetischen Gastheorie.

Das vorliegende Kapitel behandelt die Ableitung einiger spezifischer Gaseigenschaften aus der Gastheorie. Die Ableitungen werden jedoch nur in vereinfachter Form wiedergegeben. Die Integration über die willkürlichen Flugrichtungen der Moleküle z.B. entfällt aus mathematischen Grünen; diesbezügliche Korrekturen werden, wenn nötig, nachträglich angebracht. Die exakte mathematische Behandlung liefert nämlich keine weiteren neuen Erkenntnisse, weshalb sie umgangen werden kann.

Das kinetische Gasmodell (es ist ein Modell der Punktmechanik) basiert auf drei Postulaten:

1. Ein Gas besteht aus einer großen Anzahl von Molekülen oder Atomen, deren Abmessungen sehr klein sind gegen ihre mittlere Entfernung voneinander und gegen die Behälterdimensionen.

2. Die Moleküle befinden sich in völlig regelloser, translatorischer Bewegung.

3. Die Zusammenstöße zwischen den Molekülen wie auch zwischen den Molekülen und der Behälterwand sind streng elastisch; Energie- und Impulsänderungen unterliegen den Erhaltungssätzen der klassischen Mechanik.

2.2. Druck eines Gases

Der Druck, den ein Gas auf die Behälterwand ausübt, ist eine Folge der Molekülstöße auf die Wand. Es soll nun der Druck berechnet werden, den N Moleküle in einem kubischen Behälter mit der Seitenlänge l auf eine Seitenfläche ausüben, wenn ein Molekül die Masse m besitzt. Die kubische Geometrie des Behälters ist keine notwendige Bedingung; sie dient nur zur leichteren mathematischen Behandlung.

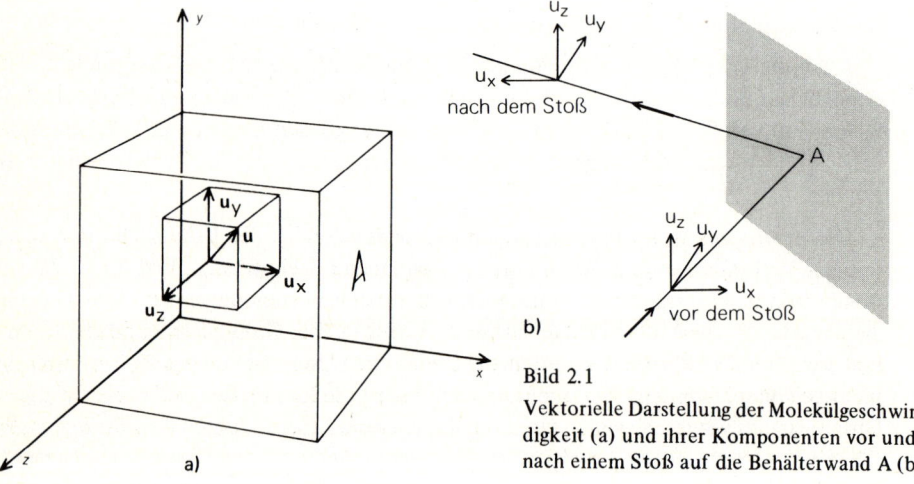

Bild 2.1
Vektorielle Darstellung der Molekülgeschwindigkeit (a) und ihrer Komponenten vor und nach einem Stoß auf die Behälterwand A (b)

2.2. Druck eines Gases

Zur Berechnung betrachtet man am zweckmäßigsten vorerst nur ein Molekül, dessen Geschwindigkeit durch den Vektor **u** mit den Komponenten u_x, u_y, u_z gegeben ist. Die Behälterkanten sollen in den Achsenrichtungen des kartesischen Koordinatensystems liegen (Bild 2.1).

Trifft das herausgegriffene Molekül auf eine Behälterwand (z.B. auf die Behälterwand A in Bild 2.1), so wird es gemäß Postulat 3 elastisch reflektiert. Es überträgt während des Stoßes nach den Gesetzen der Mechanik einen Impuls auf die starre Wand, während dabei die kinetische Energie des Moleküls erhalten bleibt. Die Kraft, die es dadurch auf die Behälterwand ausübt, ist nach dem Newtonschen Axiom gleich dem in der Zeiteinheit übertragenen Impuls:

$$\mathbf{F} = \frac{d}{dt}(m\mathbf{u}) \ . \tag{1}$$

$m\mathbf{u}$ ist der Impuls des Moleküls; seine Komponenten sind mu_x, mu_y, mu_z.

Betrachtet man nur die Impulskomponente in der x-Richtung, so beträgt diese vor dem Stoß mu_x und nach dem Stoß auf Grund des Impulserhaltungssatzes $-mu_x$. Die Änderung dieser Impulskomponente während des Stoßes beläuft sich somit auf $2mu_x$.

Bei mehreren Stößen pro Zeiteinheit auf die Wand A ist die gesamte Impulsänderung proportional der Zahl aller Stöße. Da das Molekül in der Zeiteinheit eine Strecke von $|u_x|$ und eine Entfernung von $2l$ zwischen zwei Stößen auf die Wand A zurücklegt, beträgt die Zahl der Stöße pro Zeiteinheit auf die Wand A insgesamt $|u_x|/2l$. $|u_x|$ ist der Betrag der Geschwindigkeitskomponente $\mathbf{u_x}$ und wird im folgenden mit u_x bezeichnet.

Der Betrag der gesamten Impulsänderung der x-Komponente pro Zeiteinheit ist daher:

$$F_x = 2mu_x \frac{u_x}{2l} \qquad (F_x = |\mathbf{F_x}|) \ . \tag{2}$$

Dies ist die Kraft, die ein Molekül auf die Wand A durch Stöße ausübt. Da der Druck durch Kraft pro Flächeneinheit definiert ist, hat der Druck auf die Fläche A die Größe:

$$p = \frac{mu_x^2}{l^3} = \frac{mu_x^2}{V} \ . \tag{3}$$

$V = l^3$ ist das Volumen des Behälters. Da der Druck auf alle Behälterwände gleich groß ist, entspricht Gl. (3) gleichzeitig dem Druck eines Moleküls.

Nimmt man nun N Moleküle, so liefert jedes einzelne Molekül einen der Gl. (3) entsprechenden Beitrag zum Gesamtdruck. Dabei müssen allerdings Wechselwirkungen zwischen den Molekülen ausgeschlossen sein. Beschränken sich solche Wechselwirkungen auf zufällige Zusammenstöße, ändert sich aus Impulserhaltungsgründen am abgeleiteten Resultat nichts.

Die Moleküle besitzen aber auf Grund dieser Zusammenstöße keine einheitliche Geschwindigkeit u_x, sondern vielmehr eine Geschwindigkeitsverteilung. Man kann daher nicht einfach den Druck eines Moleküls mit N multiplizieren, um den Gesamtdruck zu erhalten. Man muß mittlere Geschwindigkeiten einführen und über das Geschwindigkeitsquadrat u_x^2 mitteln; eine Mittelung über die Geschwindigkeit u_x würde bei einer großen Anzahl von Molekülen Null ergeben. Es treten nämlich in gleichem Maße positive wie negative Werte für u_x auf.

Mit dem mittleren Geschwindigkeitsquadrat ergibt sich dann der Druck p, den N Moleküle auf die Seitenwände des Behälters mit dem Volumen V ausüben:

$$p = N \frac{m\overline{u_x^2}}{V} \quad . \tag{4}$$

Da
$$u^2 = u_x^2 + u_y^2 + u_z^2 \tag{5}$$

und für eine große Anzahl von Molekülen in regelloser Bewegung

$$\overline{u_x^2} = \overline{u_y^2} = \overline{u_z^2} \tag{6}$$

gilt, ergibt sich:

$$\overline{u^2} = 3\,\overline{u_x^2} \quad . \tag{7}$$

u^2 und $\overline{u^2}$ sind skalare Größen und stellen die Beträge der Quadrate der molekularen Geschwindigkeit dar. Mit Gl. (7) erhält man aus Gl. (4) eine Beziehung zwischen p und $\overline{u^2}$:

$$p = \frac{1}{3} \frac{N}{V} m\overline{u^2} \tag{8}$$

bzw.

$$pV = \frac{1}{3} N m\overline{u^2} \quad . \tag{9}$$

Gl. (9) ist das Resultat der Ableitung des Gasdruckes mit Hilfe des kinetischen Gasmodells. Ein Vergleich dieses Resultates mit dem empirisch gefundenen, idealen Gasgesetz erfolgt am besten erst nach Einführung des Begriffes der mittleren kinetischen Energie.

2.3. Mittlere molekulare Geschwindigkeit, mittlere kinetische Energie und Temperatur

Anschaulicher wird das Ergebnis der kinetischen Gastheorie, repräsentiert durch Gl. (9), durch den Begriff der mittleren kinetischen Energie. Die mittlere kinetische Energie $\bar{\epsilon}$ eines Moleküls (Translationsenergie), das ein mittleres Geschwindigkeitsquadrat $\overline{u^2}$ besitzt, ist nach den Gesetzen der Mechanik durch

$$\bar{\epsilon} = \frac{1}{2} m \overline{u^2} \tag{10}$$

2.3. Mittlere molekulare Geschwindigkeit, mittlere kinetische Energie und Temperatur

gegeben. Kombiniert man Gl. (10) mit Gl. (9), so findet man:

$$pV = \frac{2}{3} N \bar{\epsilon} \qquad (11)$$

bzw.

$$pV = \frac{2}{3} \bar{E} \qquad (N\bar{\epsilon} = \bar{E}) \; , \qquad (12)$$

wenn man mit $\bar{E}$ die mittlere Energie von N Gasmolekülen bezeichnet.

Da sich die empirischen Ergebnisse des Kapitels 1 nur durch molare Größen ausdrücken ließen, ist eine weitere Umformung notwendig. *Molare* Größen beziehen sich immer auf *makroskopisch* beobachtbare Eigenschaften einer Gesamtheit von N_A Molekülen. Die Größen aber, die man aus dem kinetischen Gasmodell ableitet, sind *molekulare* Größen und beziehen sich auf die Eigenschaften einer beliebigen Zahl von N einzelnen Molekülen. Dabei gilt die Relation:

$$N = n N_A \; . \qquad (13)$$

N ist hier die Zahl der Moleküle eines Systems, n die Molzahl und N_A die Avogadrosche Zahl. Berücksichtigt man diese Relation, so folgt:

$$\bar{E} = \bar{\epsilon} N = \bar{\epsilon} n N_A = n \bar{E} \qquad (\bar{E} = \bar{\epsilon} N_A) \qquad (14)$$

und mit Gl. (12)

$$pV = \frac{2}{3} n \bar{E} \; . \qquad (15)$$

$\bar{E}$ bezeichnet nun die mittlere kinetische Energie von 1 mol Gas.

Gl. (15) ist nun sinnvoll mit dem idealen Gasgesetz pV = nRT vergleichbar. Es muß gelten:

$$\bar{E} = \frac{3}{2} RT \; . \qquad (16)$$

Der Vergleich fordert, daß die kinetische Energie der Gasmoleküle direkt proportional der absoluten Temperatur T ist. Da die Mechanik aber den Begriff der Temperatur nicht kennt, kann die kinetische Gastheorie über die Temperaturabhängigkeit der Gaseigenschaften von sich aus nichts aussagen. Die Temperatur selbst wurde in Kapitel 1 definitionsgemäß eingeführt und gewinnt erst durch den soeben durchgeführten Vergleich eine anschauliche Bedeutung: Je größer die Temperatur ist, desto schneller bewegen sich die Moleküle eines Gases. Auch die Existenz eines absoluten Nullpunktes wird verständlich: Beim absoluten Nullpunkt nimmt die kinetische Energie (Translationsenergie) der Moleküle auf Null ab; negative Temperaturen können nicht auftreten, da die kinetische Energie eine quadratische Funktion von **u** ist.

Die durch den Vergleich gewonnene Beziehung (16) bietet die Möglichkeit, die mechanisch-molekularen Eigenschaften mit den makroskopisch-molaren Eigenschaften eines Gases zu verknüpfen. Das kinetische Gasmodell schafft somit ganz neue Perspektiven zur bisherigen empirischen Betrachtungsweise der Gase.

Akzeptiert man wegen der experimentellen Erfahrung Gl. (16), so ist die theoretische Ableitung des idealen Gasgesetzes und damit auch des Boyle-Mariotteschen und Gay-Lussacschen Gesetzes bereits vollzogen. Den Avogadroschen Satz kann man gaskinetisch wie folgt herleiten:

$pV = nRT$ muß für jedes Gas gelten, d.h. von der Molmasse und anderen spezifischen Eigenschaften der Gasmoleküle (Art des Gases) unabhängig sein, wenn diese den Postulaten des Gasmodells genügen. Gl. (15) kann aber nur dann gelten, wenn bei gleicher Temperatur und gleichem Druck gleich große Volumina dieselbe Anzahl von Molekülen enthalten. Das Daltonsche Gesetz steckt bereits im Postulat 3 des Gasmodells, da dieses ja zwischenmolekulare Wechselwirkungen ausschließt. Jede Komponente einer Gasmischung muß daher den Druck ausüben, den sie auch bewirkt, wenn sie sich allein in demselben Behälter befindet.

2.4. Numerische Werte für die mittlere kinetische Energie und die mittlere Geschwindigkeit von Gasmolekülen

Wie zu Beginn der beiden ersten Kapitel festgestellt, sollte die kinetische Gastheorie ein anschauliches Bild der molekularen Gaseigenschaften vermitteln. Es wurde bereits gezeigt, daß die Postulate der kinetischen Gastheorie ausreichen, um quantitative Aussagen zu gewinnen.

Eine wichtige quantitative Aussage liefert Gl. (16), wonach die mittlere kinetische Energie eines Gases gleich $\frac{3}{2}RT$ ist. Mit $R = 8{,}314\ \mathrm{J\,K^{-1}\,mol^{-1}}$ (Abschnitt 1.5) und $T = 298\ \mathrm{K}$ erhält man:

$$\bar{E} = \frac{3}{2}RT = \frac{3}{2} \cdot 8{,}314 \cdot 298{,}16 = 3718\ \mathrm{J\,mol^{-1}} = 3{,}718\ \mathrm{kJ\,mol^{-1}}.$$

1 mol ideales Gas besitzt somit bei Zimmertemperatur (25 °C) eine mittlere kinetische Energie von etwa 3,7 kJ. Die mittlere kinetische Energie eines Gasmoleküls beträgt dann

$$\bar{\epsilon} = \frac{\bar{E}}{N_A} = \frac{3}{2}\frac{RT}{N_A} = \frac{3718}{6{,}022 \cdot 10^{23}} = 6{,}17 \cdot 10^{-21}\ \mathrm{J}. \tag{17}$$

Bei der Behandlung molekularer Energie führt man zweckmäßig eine neue Konstante, die sogenannte *Boltzmannkonstante* k, ein:

$$k = \frac{R}{N_A}. \tag{18}$$

2.4. Numerische Werte

Die Boltzmannkonstante entspricht der Gaskonstanten für ein Molekül. Analog zu Gl. (16) gilt daher auch:

$$\bar{\epsilon} = \frac{3}{2} kT \ . \tag{19}$$

In SI-Einheiten besitzt k den Wert:

$$k = \frac{8{,}314}{6{,}022 \cdot 10^{23}} = 1{,}3806 \cdot 10^{-23} \, \mathrm{J\,K^{-1}} \ .$$

Obwohl mittlere Energien eine große Bedeutung besitzen, kann man sich unter ihren Absolutwerten sicher nicht viel vorstellen. Leichter abzuschätzen sind die mittleren Geschwindigkeiten der Moleküle. Da die mittlere kinetische Energie von 1 mol Gas durch

$$\bar{E} = \frac{1}{2}(N_A m)\overline{u^2} = \frac{1}{2} M \overline{u^2} \tag{20}$$

gegeben ist, bekommt man mit Gl. (16) für das mittlere Geschwindigkeitsquadrat

$$\overline{u^2} = 3 \, \frac{RT}{M} \tag{21}$$

und für die mittlere quadratische Geschwindigkeit der Gasmoleküle:

$$\sqrt{\overline{u^2}} = \sqrt{3 \, \frac{RT}{M}} \ . \tag{22}$$

Man beachte, daß die Größe $\sqrt{\overline{u^2}}$ nicht mit der mittleren Geschwindigkeit $\bar{u}$ identisch ist. In Abschnitt 2.6 wird bewiesen, daß $\sqrt{\overline{u^2}}$ größer als $\bar{u}$ ist.

Als Beispiel soll $\sqrt{\overline{u^2}}$ für N_2 bei 25 °C numerisch ermittelt werden. Rechnet man in SI-Einheiten, so ergibt sich für $\sqrt{\overline{u^2}}$:

$$\sqrt{\overline{u^2}} = \sqrt{\frac{3 \cdot 8{,}314 \cdot 298{,}16}{0{,}02801}} = 5{,}15 \cdot 10^2 \, \mathrm{m\,s^{-1}} \quad (= 1854 \text{ km/h}).$$

In Tabelle 2.1 sind weitere Daten für die mittlere quadratische Geschwindigkeit einiger einfach gebauter Moleküle angegeben.

Man entnimmt der Tabelle, daß die mittlere kinetische Energie verschiedener Moleküle bei derselben Temperatur zwar gleich groß ist, daß aber leichte Moleküle eine größere und schwere Moleküle eine kleinere Geschwindigkeit besitzen.

Die Angabe der mittleren quadratischen Geschwindigkeit in km/h ist natürlich nicht üblich; sie soll nur zum Vergleich mit geläufigen Geschwindigkeiten anregen und dadurch das Vertrautwerden mit der Größenordnung von Molekülgeschwindigkeiten erleichtern.

Wie bereits einmal erwähnt, besitzen Gasmoleküle auf Grund ihrer Zusammenstöße eine Geschwindigkeitsverteilung. Diese Geschwindigkeitsverteilung wird in Abschnitt 2.6 diskutiert.

Tabelle 2.1: Molekulargewicht und mittlere quadratische Geschwindigkeit verschiedener Gasmoleküle bei 25 °C

Gas	M	$\sqrt{\overline{u^2}}$	
		$\mathrm{m\,s^{-1}}$	km/h
H_2	2,016	$1{,}92 \cdot 10^3$	6 920
He	4,003	1,37	4 930
H_2O	18,016	0,64	2 310
N_2	28,014	0,51	1 840
O_2	32,00	0,48	1 720
CO_2	44,01	0,41	1 490
Cl_2	70,91	0,32	1 170
HJ	127,9	0,24	860
Hg	200,6	0,19	705

2.5. Der Begriff des Freiheitsgrades

Die mittlere kinetische Energie, die die Moleküle wegen ihrer translatorischen Bewegung besitzen, beträgt nach Gl. (19):

$$\overline{\epsilon} = \frac{1}{2} m \overline{u^2} = \frac{3}{2} kT \ . \tag{23}$$

Wie setzt sich diese Energie aus den Quadraten der Geschwindigkeitskomponenten $\overline{u_x^2}$, $\overline{u_y^2}$, $\overline{u_z^2}$ zusammen?

Da der Betrag des mittleren Geschwindigkeitsquadrates durch

$$\overline{u^2} = \overline{u_x^2} + \overline{u_y^2} + \overline{u_z^2} \tag{24}$$

gegeben ist, erhält man durch Multiplikation von Gl. (24) mit $\frac{1}{2}$ m:

$$\frac{1}{2} m \overline{u^2} = \frac{1}{2} \left(m\overline{u_x^2} + m\overline{u_y^2} + m\overline{u_z^2} \right) \tag{25}$$

und

$$\overline{\epsilon} = \overline{\epsilon}_x + \overline{\epsilon}_y + \overline{\epsilon}_z \ . \tag{26}$$

Die gesamte Translationsenergie läßt sich daher als die Summe der Energiebeiträge auffassen, die von den einzelnen Geschwindigkeitskomponenten herrühren. Man sei sich aber bewußt, daß die kinetische Energie im Gegensatz zur Geschwindigkeit eine skalare Größe ist. Auch u^2 ist eine skalare Größe und geht durch Skalar-Produktbildung zweier Vektoren, in diesem Falle durch $(\mathbf{u} \cdot \mathbf{u})$, hervor. Da keine Raumrichtung bevorzugt sein kann, muß neben Gl. (26) auch gelten:

$$\overline{\epsilon}_x = \overline{\epsilon}_y = \overline{\epsilon}_z \tag{27}$$

und $\quad\overline{\epsilon}_x = \overline{\epsilon}_y = \overline{\epsilon}_z = \frac{1}{2}kT$. (28)

Die mittlere Energie beträgt somit für jede Raumrichtung, in der sich ein Molekül frei bewegen kann, im Durchschnitt $\frac{1}{2}kT$ pro Molekül und $\frac{1}{2}RT$ pro mol Gas. Diese Bewegungsfreiheiten in den drei Raumrichtungen werden *Freiheitsgrade* genannt. In Worten lautet Gl. (28): *Die mittlere kinetische Energie eines Moleküls beträgt pro Freiheitsgrad $\frac{1}{2}$ kT (Gleichverteilungssatz).*

Diese Aussage ist viel wichtiger und weitreichender als im Moment erkennbar. Bisher war nur die Rede von translatorischer Bewegung. Es gibt aber auch andere Bewegungsformen; außer der Translation gibt es z.B. noch die Rotation und Schwingung von mehratomigen Molekülen, die ebenfalls Beiträge zur Energie eines Moleküls liefern. Diese Bewegungsformen besitzen wiederum Freiheitsgrade und man könnte vermuten, daß auch jedem Rotations- und Schwingungsfreiheitsgrad eine mittlere kinetische Energie von $\frac{1}{2}$ kT zuzuordnen ist.

2.6. Die Maxwell-Boltzmannsche Geschwindigkeitsverteilung

Es war wiederholt davon die Rede, daß Gasmoleküle keine einheitliche Geschwindigkeit besitzen, da sie miteinander zusammenstoßen und dabei kinetische Energie und Impuls übertragen. Diese Energie- und Impulsübertragung führt zum Auftreten eines Spektrums der Geschwindigkeit bzw. der kinetischen Energie. Aufgabe dieses Abschnitts ist die statistische Beschreibung eines solchen Geschwindigkeitsspektrums bzw. der Geschwindigkeitsverteilung. Gefragt ist die Größe des Bruchteils der Moleküle, die eine bestimmte Geschwindigkeit bzw. Energie haben. Der Ausgangspunkt für die Beantwortung dieser Frage ist die *Boltzmannverteilung*: Sie besagt, daß die Zahl der Moleküle, die eine bestimmte Energie besitzen, proportional einem Exponentialausdruck ist, dessen Exponent das Verhältnis dieser Energie zu kT bildet. Eine Ableitung der Boltzmannverteilung erfolgt zweckmäßigerweise erst nach Einführung der quantenmechanischen Grundlagen (Abschnitt 4.2).

Zur Ableitung der Geschwindigkeitsverteilung versucht man am besten zuerst eine Verteilungsfunktion für die Translation in einer Raumrichtung (z.B. in x-Richtung) zu finden. Man stelle sich hierzu ein eindimensionales Gas vor, dessen N Moleküle nur einen Freiheitsgrad besitzen, d.h. sich nur in einer Richtung regellos hin- und herbewegen können. Nach *Boltzmann* ist dann der Bruchteil der Moleküle, deren Geschwindigkeitsbeträge im Intervall zwischen u_x und $u_x + du_x$ liegen, wobei u_x alle Werte von $-\infty$ bis $+\infty$ annehmen kann, proportional $e^{-\frac{1}{2}\frac{mu_x^2}{kT}}$ und du_x :

$$\frac{dN}{N} = A\, e^{-\frac{1}{2}\frac{mu_x^2}{kT}}\, du_x \ . \tag{29}$$

A ist eine Proportionalitätskonstante. $\frac{dN}{N}\frac{1}{du_x}$ ist dann definitionsgemäß der Bruchteil der Moleküle im Geschwindigkeitsintervall du_x bei einer bestimmten Geschwindigkeit u_x und ein Maß für die Dichte der in diesem Intervall vorkommenden Moleküle mit der Geschwindigkeit u_x.

Aus Gl. (29) ist schon qualitativ ablesbar, wie die Form der Verteilungsfunktion $f(u_x) = \frac{dN}{N}\frac{1}{du_x}$ auszusehen hat. Da u_x nur quadratisch auftritt, muß die Verteilung symmetrisch bezüglich der $\frac{dN}{N}\frac{1}{du_x}$-Achse sein. Außerdem muß ihre häufigste (wahrscheinlichste) Geschwindigkeit Null sein; d.h. die Verteilungsfunktion muß an der Stelle $u_x = 0$ ein Maximum besitzen. Für große positive und negative u_x-Werte muß die Funktion exponentiell mit u_x^2 abfallen.

Die Konstante A ist so zu wählen, daß die Zahl aller Moleküle, die über den gesamten Geschwindigkeitsbereich verteilt sind, gleich N ist (*Normierung*). A ist also ein Normierungsfaktor, der an der Form der Verteilungsfunktion nichts ändert. Der mathematische Ausdruck für diese Normierungsbedingung lautet:

$$\int_{u_x = -\infty}^{u_x = +\infty} dN = N \qquad (30)$$

oder

$$\int_{u_x = -\infty}^{u_x = +\infty} \frac{dN}{N} = 1 \ . \qquad (31)$$

Mit Gl. (29) erhält man dann:

$$\int_{u_x = -\infty}^{u_x = +\infty} A\, e^{-\frac{1}{2}\frac{mu_x^2}{kT}}\, du_x = 1 \ . \qquad (32)$$

Da A von u_x unabhängig ist, kann A explizit ausgedrückt werden:

$$A = \frac{1}{\displaystyle\int_{u_x = -\infty}^{u_x = +\infty} e^{-\frac{1}{2}\frac{mu_x^2}{kT}}\, du_x} \ . \qquad (33)$$

Substituiert man $\frac{1}{2}\frac{mu_x^2}{kT} = z^2$ und $du_x = \sqrt{\frac{2kT}{m}}\, dz$, so bekommt man für den Nenner in Gl. (33) das bestimmte Integral:

$$\sqrt{\frac{2kT}{m}} \int_{z = -\infty}^{z = +\infty} e^{-z^2}\, dz \ . \qquad (34)$$

2.6. Die Maxwell-Boltzmannsche Geschwindigkeitsverteilung

Das Integral

$$\int_{z=-\infty}^{z=+\infty} e^{-z^2}\, dz$$

ist in Anhang I angeführt und besitzt den Wert $\sqrt{\pi}$. Für A erhält man damit:

$$A = \sqrt{\frac{m}{2\pi kT}} \; . \tag{35}$$

Die normierte Verteilungsfunktion (Dichtefunktion) $f(u_x)$ für die eindimensionale Geschwindigkeitsverteilung eines Gases (N Moleküle) lautet somit:

$$f(u_x) = \frac{dN}{N}\frac{1}{du_x} = \sqrt{\frac{m}{2\pi kT}}\; e^{-\frac{1}{2}\frac{mu_x^2}{kT}} \; . \tag{36}$$

Die Verteilungsfunktionen von N_2 für zwei verschiedene Temperaturen zeigt Bild 2.2. Man erkennt die bereits qualitativ diskutierte Form. Außerdem sieht man, daß die Verteilungsfunktion bei höheren Temperaturen, bei gleichbleibender Fläche unter der Kurve, breiter wird. Die Darstellung in Bild 2.2 besitzt auch eine Energieskala, allerdings nur für positive Werte, da die kinetische Energie nur positiv sein kann.

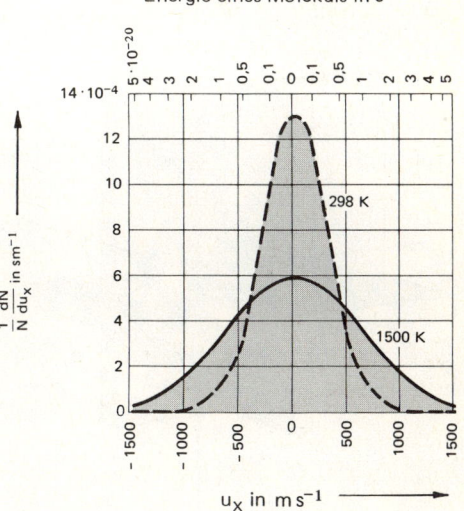

Bild 2.2
Eindimensionale Geschwindigkeitsverteilung von N_2-Molekülen bei 298 K und 1500 K

Der Übergang von dieser eindimensionalen Verteilung zu einer zwei- und dreidimensionalen bringt keine allzugroßen Schwierigkeiten mehr mit sich. Die graphischen Darstellungen der Geschwindigkeitsvektoren in den Bildern 2.3 bis 2.5 und die bildlichen Darstellungen der Elemente du_x, $du_x\,du_y\,du_z$ sowie $4\pi u^2\,du$ erleichtern die folgende Ableitung. Jeder Punkt in diesen Darstellungen soll ein Molekül mit seinem zugehörigen Geschwindigkeitsvektor im Geschwindigkeitsraum repräsentieren.

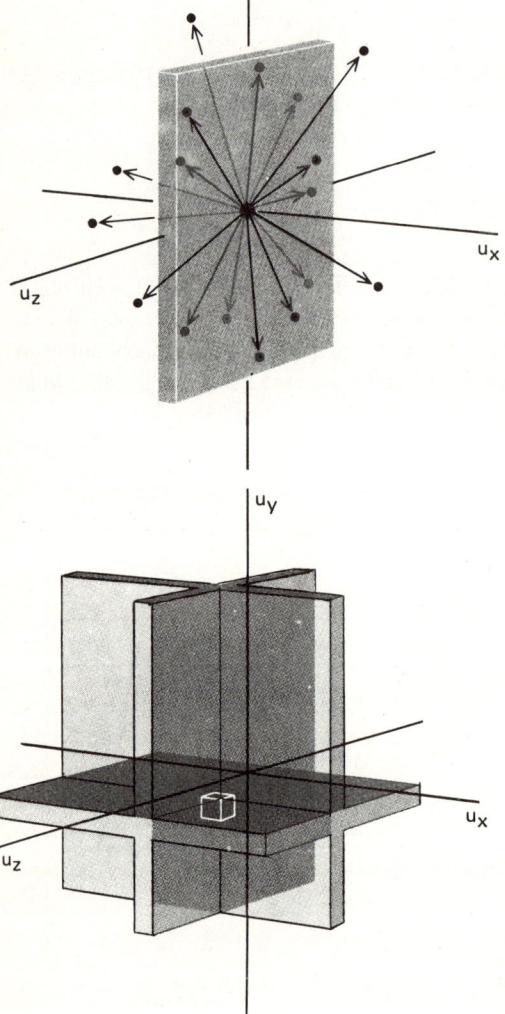

Bild 2.3
Darstellung der Molekülgeschwindigkeiten durch Vektoren und des Elementes du_x einer eindimensionalen Verteilung im Geschwindigkeitsraum

Bild 2.4
Darstellung des Volumenelementes $du_x\,du_y\,du_z$

2.6. Die Maxwell-Boltzmannsche Geschwindigkeitsverteilung

Bei der Ableitung der eindimensionalen Geschwindigkeitsverteilung wurde nach der Dichte der Punkte gefragt, die es zwischen u_x und $u_x + du_x$ bei einer Geschwindigkeit u_x gibt. Man erkennt in Bild 2.3, daß die Dichte abnimmt, wenn man das Element du_x vom Ursprung weg verschiebt. In gleicher Weise sind die Verteilungen in der y- und z-Richtung bildlich vorstellbar. Alle drei Verteilungen können nun zu einer einzigen Gesamtverteilung vereinigt werden. Sie bestimmt den Bruchteil der Moleküle, die die Beträge u_x, u_y, u_z der Geschwindigkeitskomponenten in den Intervallen von u_x bis $u_x + du_x$, u_y bis $u_y + du_y$ und u_z bis $u_z + du_z$ besitzen. Dies ist gleichbedeutend mit der Dichte der Punkte in dem in Bild 2.4 gezeichneten Volumselement $du_x\, du_y\, du_z$.

Analytisch ergibt sich dieser Bruchteil durch eine Produktbildung der drei Verteilungsfunktionen. Diese Produktbildung folgt aus einer Wahrscheinlichkeitsbetrachtung. Danach ist die Wahrscheinlichkeit, daß die Beträge der drei Geschwindigkeitskomponenten gleichzeitig innerhalb der Intervalle u_x bis $u_x + du_x$, u_y bis $u_y + du_y$, u_z bis $u_z + du_z$ liegen, durch das Produkt der Einzelwahrscheinlichkeiten gegeben (*sowohl als auch*-Wahrscheinlichkeit):

$$\frac{dN}{N} = \left(\sqrt{\frac{m}{2\pi kT}}\, e^{-\frac{1}{2}\frac{mu_x^2}{kT}}\, du_x\right) \left(\sqrt{\frac{m}{2\pi kT}}\, e^{-\frac{1}{2}\frac{mu_y^2}{kT}}\, du_y\right)$$
$$\left(\sqrt{\frac{m}{2\pi kT}}\, e^{-\frac{1}{2}\frac{mu_z^2}{kT}}\, du_z\right). \tag{37}$$

Die Verteilungsfunktion $f(u_x, u_y, u_z)$ hat dann die Form:

$$f(u_x, u_y, u_z) = \frac{dN}{N}\frac{1}{du_x\,du_y\,du_z} = \left(\frac{m}{2\pi kT}\right)^{\frac{3}{2}} e^{-\frac{1}{2}\frac{m}{kT}(u_x^2 + u_y^2 + u_z^2)}. \tag{38}$$

Gesucht wird aber in Wirklichkeit nicht die Gesamtverteilung der Geschwindigkeitskomponenten, sondern die Verteilung der Geschwindigkeit **u**, deren Absolutbetrag durch

$$u^2 = u_x^2 + u_y^2 + u_z^2 \tag{39}$$

gegeben ist. Gesucht ist also der Bruchteil der Moleküle, die eine Absolutgeschwindigkeit $|u|$ im Intervall von u bis $u + du$ in einer beliebigen Raumrichtung besitzen. Man ist daher an keine bestimmten Werte der Komponenten u_x, u_y, u_z gebunden; es muß lediglich Gl. (39) erfüllt sein. Da Gl. (39) analytisch die Gleichung einer Kugel darstellt (Radius der Kugel: u), folgt unmittelbar, daß die Summe der Produkte $du_x\,du_y\,du_z$ unter Berücksichtigung sämtlicher zulässiger Werte von u_x, u_y, u_z den Rauminhalt $4\pi u^2\, du$ einer Kugelschale mit dem Innendurchmesser $2u$ und dem Außendurchmesser $2(u + du)$ ausfüllen muß (Bild 2.5). Dieses Raumelement tritt an die Stelle von $du_x\,du_y\,du_z$ in Gl. (38). Ersetzt man außerdem $u_x^2 + u_y^2 + u_z^2$ durch u^2, so erhält man:

$$f(u) = \frac{dN}{N}\frac{1}{du} = 4\pi \left(\frac{m}{2\pi kT}\right)^{\frac{3}{2}} e^{-\frac{1}{2}\frac{mu^2}{kT}}\, u^2. \tag{40}$$

Gl. (40) ist der gesuchte analytische Ausdruck für die Maxwell-Boltzmannsche Geschwindigkeitsverteilung von Gasmolekülen.

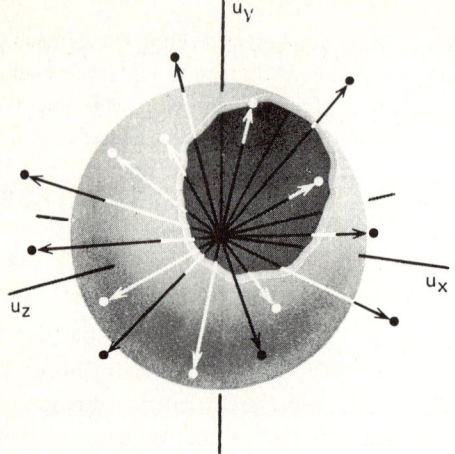

Bild 2.5
Darstellung der Geschwindigkeitsvektoren und des Volumenelementes $4\pi u^2 \, du$ (Kugelschale)

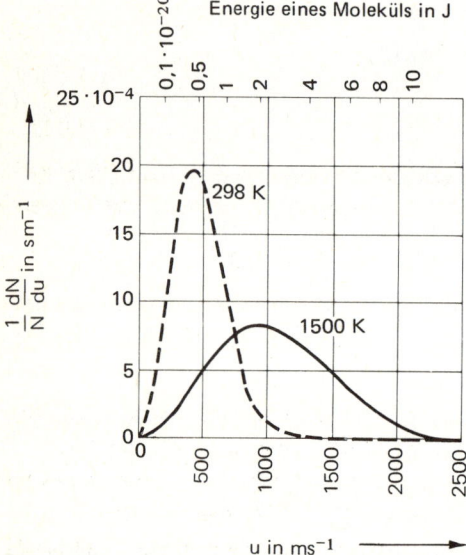

Bild 2.6
Geschwindigkeitsverteilung von N_2-Molekülen bei 298 K und 1500 K

In Bild 2.6 ist eine solche Verteilung für N_2 bei zwei verschiedenen Temperaturen graphisch dargestellt. Charakteristisch ist, daß, im Gegensatz zur eindimensionalen Verteilung, die Geschwindigkeit nur positive Werte annehmen kann, und daher auch die häufigste Geschwindigkeit natürlich nicht mehr den Wert Null besitzt. Bemerkenswert und von großer Bedeutung für die Kinetik chemischer Reaktionen ist die Tatsache, daß mit steigender Temperatur eine starke Zunahme des Bruchteils der Moleküle mit größeren Geschwindigkeiten auftritt.

2.6. Die Maxwell-Boltzmannsche Geschwindigkeitsverteilung

Die Kenntnis der Verteilungsfunktion f(u) gestattet die Berechnung verschiedener Mittelwerte, z.B. des mittleren Geschwindigkeitsquadrates $\overline{u^2}$. Man hat somit einen Weg, um unabhängig von gaskinetischen Vorstellungen $\overline{u^2}$ und daraus $\sqrt{\overline{u^2}}$ berechnen zu können.

Der statistische Mittelwert einer beliebigen, makroskopisch beobachtbaren Größe (Eigenschaft) wird ganz allgemein auf folgende Weise gebildet:

Ein System bestehe aus N Molekülen, wovon N_1 Moleküle den Eigenschaftswert X_1, N_2 den Eigenschaftswert X_2, N_i Moleküle den Eigenschaftswert X_i und N_n Moleküle den Eigenschaftswert X_n besitzen. Gibt f_i den Bruchteil N_i/N der Moleküle an, die den Eigenschaftswert X_i besitzen, so ist der Eigenschaftswert X des gesamten Systems $X = N \sum_{i=1}^{n} f_i X_i$. Da die gesamte Molekülzahl N gleich $N = \sum_{i=1}^{n} N_i = N \sum_{i=1}^{n} f_i$ ist, findet man für den Mittelwert $\overline{X}$:

$$\overline{X} = \frac{X}{N} = \frac{\sum_{i=1}^{n} X_i f_i}{\sum_{i=1}^{n} f_i} \quad . \tag{41}$$

Die Summen sind über alle vorkommenden Werte i von i = 1 bis i = n zu bilden.

Sind die Abstände der Eigenschaftswerte X_i im Vergleich zum gesamten Bereich, in dem X_i variiert, sehr klein, so darf man die Summen durch Integrale ersetzen und definiert den Mittelwert durch:

$$\overline{X} = \frac{\int_X X f(X) dX}{\int_X f(X) dX} \quad . \tag{42}$$

Die Integrale hat man über den gesamten Bereich von X zu erstrecken. Ist die Verteilungsfunktion f(X) bereits normiert, so hat das Integral im Nenner von Gl. (42) den Wert 1. Ist dies nicht der Fall, dann besitzt das Integral den Wert N und $1/\int_X f(X) dX$ wird mit dem bereits bekannten Normierungsfaktor A identisch.

Nach dieser Vorschrift soll der Mittelwert von u^2, also das mittlere Geschwindigkeitsquadrat $\overline{u^2}$ gebildet werden. Da u voraussetzungsgemäß alle Werte von 0 bis $+\infty$ haben kann und auch die Abstände aufeinanderfolgender Wert von u beliebig klein sind, kann Gl. (42) zur Berechnung des Mittelwertes herangezogen werden. Setzt man für X in Gl. (42) $X = u^2$, für $dX = 2u\,du$ und für $f(X) = f(u^2) = \frac{f(u)}{2u}$, und berücksichtigt, daß f(u) bereits normiert ist (Gl. (40)), so folgt:

$$\overline{u^2} = \int_{u=0}^{+\infty} u^2 f(u) du = 4\pi \left(\frac{m}{2\pi kT}\right)^{\frac{3}{2}} \int_{u=0}^{+\infty} u^4 e^{-\frac{1}{2}\frac{mu^2}{kT}} du \quad . \tag{43}$$

Man erhält schließlich:

$$\overline{u^2} = 4\pi \left(\frac{m}{2\pi kT}\right)^{\frac{3}{2}} \left(\frac{2 kT}{m}\right)^{\frac{5}{2}} \frac{3}{8}\sqrt{\pi} = \frac{3 kT}{m} = \frac{3RT}{M}.\tag{44}$$

Dieses Ergebnis ist mit dem gaskinetisch abgeleiteten Ausdruck für das mittlere Geschwindigkeitsquadrat identisch.

Auf gleiche Weise bekommt man für die mittlere Geschwindigkeit $\overline{u}$:

$$\overline{u} = \sqrt{\frac{8 kT}{\pi m}} = \sqrt{\frac{8 RT}{\pi M}}.\tag{45}$$

Außerdem kann man noch die wahrscheinlichste, d.h. die am häufigsten auftretende Geschwindigkeit $\hat{u}$ berechnen. Sie ist die beim Maximum der Verteilungsfunktion auftretende Geschwindigkeit. Man findet sie durch Differenzieren der Verteilungsfunktion nach u, Nullsetzen der Ableitung und Auflösung nach u:

$$\hat{u} = \sqrt{\frac{2 kT}{m}} = \sqrt{\frac{2RT}{M}} \tag{46}$$

Die drei soeben abgeleiteten Geschwindigkeiten stehen zueinander im Verhältnis:

$$\sqrt{\overline{u^2}} : \overline{u} : \hat{u} = 1 : \sqrt{\frac{8}{3\pi}} : \sqrt{\frac{2}{3}}$$
$$= 1 : 0{,}92 : 0{,}82 \tag{47}$$

Es genügt die Kenntnis einer dieser drei Geschwindigkeiten, wenn bei einem speziellen Problem nach irgendeiner charakteristischen Geschwindigkeit gefragt wird. Werden darüber hinausgehende Informationen verlangt, muß die Verteilungsfunktion analytisch oder graphisch aufgestellt und ausgewertet werden.

Mit der Einführung der Boltzmannverteilung haben sich mehr Erkenntnisse über die Geschwindigkeiten der Gasmoleküle gewinnen lassen, als dies allein aus dem Vergleich des kinetischen Modelles mit den empirischen Gasgesetzen möglich war. Eine Berechnung des mittleren Geschwindigkeitsquadrates zeigte, daß dieses statistische Modell der Geschwindigkeitsverteilung mit den Aussagen der kinetischen Gastheorie übereinstimmt. Dabei ergab sich, daß *nur die Verwendung* von $\sqrt{\overline{u^2}}$ mit der Erfahrung übereinstimmende Resultate ergibt.

Die Ableitung der Geschwindigkeitsverteilung stellt ein *statistisches Problem* dar, wobei die spezifischen Eigenschaften der Gasmoleküle keine Rolle spielen. Man fragt bei statistischen Problemen immer nach *Mittelwerten* gewisser Moleküleigenschaften; erfahrungsgemäß kann man niemals einem speziellen Molekül aus einer Gesamtheit von Molekülen einen bestimmten Wert der Eigenschaft zuordnen. Es läßt sich vielmehr nur mit einer gewissen Wahrscheinlichkeit behaupten, daß das spezielle Molekül diesen Wert besitzt.

2.7. Die mittlere freie Weglänge und die Stoßzahlen

Der kinetischen Ableitung des Gasdruckes in Abschnitt 2.2 lag die Vorstellung zugrunde, daß die Moleküle zwischen den Behälterwänden hin- und herreflektiert werden und der durch sie auf die Wand übertragene Impuls die Ursache des Gasdruckes ist. Ein Molekül stößt aber in Wirklichkeit, zumindest bei normalen Drücken, sehr oft mit anderen Molekülen zusammen, bevor es auf die Behälterwand auftrifft. Es ist nachweisbar, daß diese zwischenmolekularen Zusammenstöße die Ableitung des Gasdrucks in keiner Weise berühren, da der Gesamtimpuls aller stoßenden Moleküle auf Grund des Impulssatzes erhalten bleibt. Das bedeutet aber, daß man aus solchen Ableitungen nichts über die Zusammenstöße der Moleküle erfahren kann.

Drei Fragen drängen sich im Zusammenhang mit der Diskussion solcher zwischenmolekularer Zusammenstöße auf:

1. Wie weit kann sich im Durchschnitt ein Molekül frei bewegen, ohne einen Zusammenstoß mit einem anderen zu erleiden?

2. Wie viele Zusammenstöße erfährt ein Molekül pro Sekunde im Durchschnitt?

3. Wie viele Zusammenstöße finden insgesamt in 1 m^3 Gas pro Sekunde statt?

Alle drei Fragen können auf eine grundlegende molekulare Eigenschaft der Moleküle zurückgeführt und befriedigend beantwortet werden. Diese Eigenschaft ist der *Durchmesser* der Moleküle. Dies bedeutet, daß man die Gasmoleküle geometrisch als starre Kugeln auffaßt. Der Moleküldurchmesser wird im folgenden mit σ bezeichnet.

Man betrachte in Bild 2.7 das Molekül A, das sich in der dort angegebenen Richtung bewegt. Wenn seine mittlere molekulare Geschwindigkeit $\bar{u}$ ms^{-1} beträgt, bewegt es sich

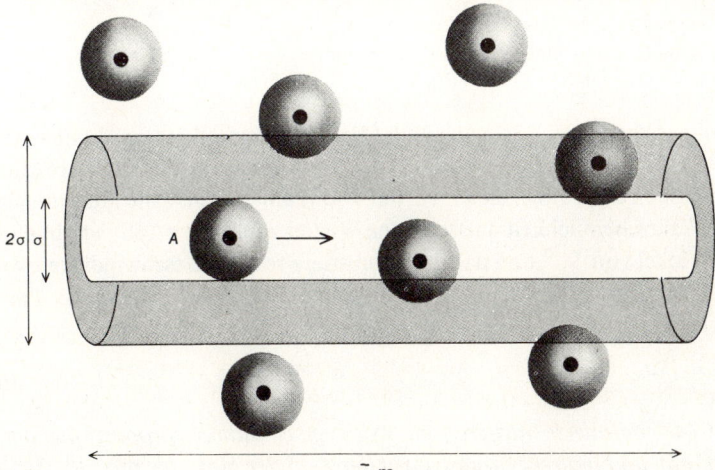

Bild 2.7. Stoßquerschnitt und pro Sekunde zurückgelegter Weg eines Moleküles A; der Moleküldurchmesser σ ist im Vergleich zur Entfernung der Moleküle untereinander vergrößert gezeichnet

in einer Sekunde $\bar{u}$ m weit. Verharren die anderen Moleküle in den angegebenen Positionen, so stößt das Molekül A in einer Sekunde mit all den Molekülen zusammen, deren Schwerpunkte sich innerhalb des in Bild 2.7 gezeichneten Zylinders befinden. Das Volumen dieses Zylinders, dessen Radius gleich dem Moleküldurchmesser σ und dessen Höhe gleich $\bar{u}$ ist, beträgt $\sigma^2 \pi \bar{u}$. Die Zahl der Moleküle in diesem Zylinder ist $\sigma^2 \pi \bar{u} \frac{N}{V}$, wenn $\frac{N}{V}$ die Zahl der Moleküle pro m³ ist. Die *mittlere freie Weglänge* λ, das ist die Entfernung zwischen zwei Zusammenstößen, beträgt dann:

$$\lambda = \frac{\bar{u}}{\pi \sigma^2 \bar{u} \frac{N}{V}} = \frac{1}{\pi \sigma^2} \frac{V}{N}, \qquad (48)$$

da $\pi \sigma^2 \bar{u} \frac{N}{V}$ die Zahl der Zusammenstöße auf der Strecke $\bar{u}$ ist.

Folgende Überlegung beweist, daß dieses Resultat für die mittlere freie Weglänge nicht ganz richtig sein kann. Die Forderung des Modells, daß sich nur das Molekül A bewegen soll, bedeutet, daß die relative Geschwindigkeit der zusammenstoßenden Moleküle gleich der mittleren Geschwindigkeit $\bar{u}$ ist. Dies trifft aber nicht zu. In Wirklichkeit bewegen sich alle Moleküle völlig regellos und alle möglichen Arten von Zusammenstößen (Bild 2.8) sind gleich wahrscheinlich. Es existiert daher auch eine *Verteilung der relativen*

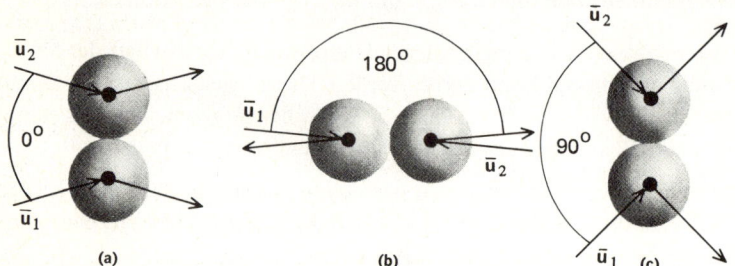

Bild 2.8. Grenzfälle molekularer Stöße; relative Geschwindigkeit: = 0 bei einem Stoßwinkel von 0° (a), = $2\bar{u}$ bei einem Stoßwinkel von 180° (b), (c) = $\sqrt{2}\,\bar{u}$ bei einem Stoßwinkel von 90°

Geschwindigkeiten. Diese kann Werte von Null (dieser Extremfall entspricht einem Winkel zwischen zwei Molekülbahnen von 0°) bis $2\bar{u}$ (dieser Extremfall entspricht einem Winkel zwischen zwei Molekülbahnen von 180°) annehmen. Eine Mittelung über alle mit gleicher Wahrscheinlichkeit auftretenden Winkel von 0° bis 180° ergibt einen repräsentativen Winkel von 90° und daher eine mittlere relative Geschwindigkeit von $\sqrt{2}\,\bar{u}$ (vektorielle Addition). Für die Zahl der Zusammenstöße auf der Strecke $\bar{u}$ m ist daher in Gl. (48) $\sqrt{2}\,\pi \sigma^2 \bar{u} \frac{N}{V}$ zu setzen. Die Substitution ergibt:

$$\lambda = \frac{1}{\sqrt{2}\,\pi \sigma^2} \frac{V}{N}. \qquad (49)$$

Die durch Gl. (48) definierte mittlere freie Weglänge ist indirekt proportional dem Stoßquerschnitt $\pi \sigma^2$ und indirekt proportional der Zahl der Moleküle pro m³. Sie ist daher im wesentlichen eine Funktion des Moleküldurchmessers σ. Die Frage 1 ist damit ausreichend beantwortet.

Die *Stoßzahl* Z_1, das ist die Zahl der Zusammenstöße, die ein Molekül pro Sekunde erleidet, ist gleich der Zahl der Moleküle im Zylinder mit dem Radius σ und der Höhe $\sqrt{2}\,\bar{u}$:

$$Z_1 = \left(\sqrt{2}\,\bar{u}\right)(\pi\sigma^2)\frac{N}{V} = \sqrt{2}\,\pi\sigma^2\bar{u}\,\frac{N}{V}\quad. \tag{50}$$

Damit ist auch die Frage 2 beantwortet; in Worten: *Die Zahl der Zusammenstöße, die ein Molekül pro Sekunde erleidet, ist proportional dem Stoßquerschnitt $\pi\sigma^2$, der relativen mittleren Geschwindigkeit $\sqrt{2}\,\bar{u}$ und der Zahl der Moleküle pro m^3*.

Die *Stoßzahl* Z_{11}, das ist die gesamte Zahl der Zusammenstöße in 1 m³ Gas pro Sekunde, läßt sich sehr leicht mit Hilfe von Z_1 ableiten. Da sich in 1 m³ Gas $\frac{N}{V}$ Moleküle befinden und jedes dieser Moleküle Z_1 Zusammenstöße erfährt, ist die gesamte Stoßzahl pro m³ und Sekunde $\frac{1}{2}Z_1\frac{N}{V}$. Der Faktor $\frac{1}{2}$ ist notwendig, damit nicht alle Stöße doppelt gezählt werden:

$$Z_{11} = \frac{1}{2}\sqrt{2}\,\pi\sigma^2\,\bar{u}\left(\frac{N}{V}\right)^2 = \frac{1}{\sqrt{2}}\,\pi\sigma^2\bar{u}\left(\frac{N}{V}\right)^2\quad. \tag{51}$$

Als Antwort auf die Frage 3 ergibt sich also: *Die gesamte Stoßzahl pro m^3 Gas und Sekunde ist proportional dem Stoßquerschnitt $\pi\sigma^2$, der mittleren relativen Geschwindigkeit $\sqrt{2}\,\bar{u}$ und dem Quadrat der Zahl der Moleküle pro m^3*.

Bei Kenntnis der mittleren Geschwindigkeit, der Zahl der Moleküle pro m³ und des Moleküldurchmessers können Z_1, Z_{11} und λ numerisch berechnet werden. Methoden zur Bestimmung der Zahl der Moleküle und der mittleren Geschwindigkeit sind bereits bekannt; zur Bestimmung des Moleküldurchmessers gibt es eine große Zahl von Möglichkeiten, wovon bisher noch keine zur Sprache kam. Da man einen Zusammenhang zwischen der Viskosität und dem Moleküldurchmesser auf Grund gaskinetischer Überlegungen herstellen kann, ist es aus didaktischen Gründen am vernünftigsten, eine Bestimmungsmethode zu diskutieren, die auf diesem Zusammenhang beruht.

2.8. Das kinetische Modell der Viskosität von Gasen

Auf den ersten Blick scheint die kinetische Gastheorie die Viskosität der Gase nicht erklären zu können, da die Moleküle auf Grund des Gasmodells sehr weit voneinander entfernt sind und keinerlei Wechselwirkung zwischen ihnen existiert. Beim genauen Betrachten zweier Schichten eines strömenden Gases kommt man jedoch zu der Erkenntnis, daß die kinetische Gastheorie sehr wohl einen Zusammenhang zwischen der Viskosität und den molekularen Eigenschaften der Gasmoleküle herzustellen vermag.

Betrachtet man nämlich zwei mit verschiedener Geschwindigkeit strömende Gasschichten, so stellt man fest, daß die Moleküle der schneller strömenden Schicht in Strömungsrichtung eine größere Geschwindigkeitskomponente besitzen als die Moleküle in der langsamer strömenden Schicht. Infolge ihrer regellosen Bewegung werden aber Moleküle von der einen Schicht in die andere gelangen und umgekehrt und dabei Impulse übertragen. Die Moleküle aus der schneller strömenden Schicht, die in die langsamer strömende gelangen, werden ihren überschüssigen Impuls an deren Moleküle abgeben und diese Schicht zu beschleunigen versuchen. In gleicher Weise werden Moleküle die in die schneller strömende Schicht gelangen, Impuls aufnehmen und diese zu verzögern versuchen. Das Ergebnis wäre ein Ausgleich der beiden Strömungsgeschwindigkeiten. Um diesen Ausgleich herbeizuführen, ist aber eine Kraft und damit eine Übertragung von kinetischer Energie notwendig. Diese Kraft ist identisch mit der Reibungskraft; sie ist damit für das viskose Verhalten der Gase verantwortlich (vgl. Abschnitt 1.12).

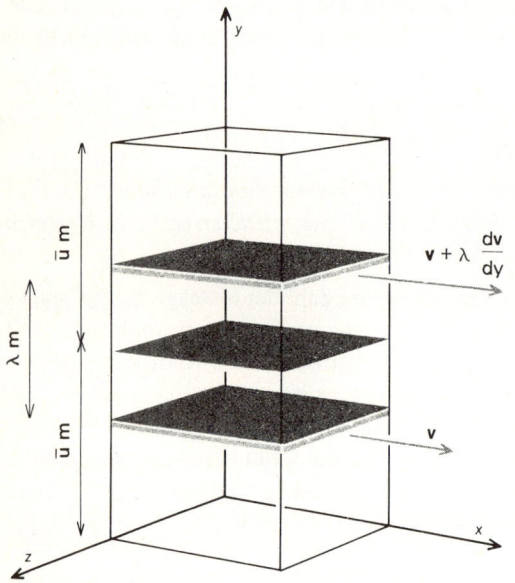

Bild 2.9
Zwei Schichten eines in der x-Richtung strömenden Gases mit einem Geschwindigkeitsgradienten dv/dy in der y-Richtung

Die Ableitung eines Ausdrucks für die Viskosität erfolgt an Hand von Bild 2.9. Die zwei Gasschichten seien um den Betrag der freien Weglänge λ voneinander entfernt. Das Gas ströme mit einer Geschwindigkeit v in Richtung der x-Achse und besitze senkrecht zur Flußrichtung einen Geschwindigkeitsgradienten dv/dy. Da die beiden Schichten λ m voneinander entfernt sind, wird im Durchschnitt gerade ein Molekül, das in die andere Schicht gelangt, mit einem dort befindlichen zusammenstoßen. In guter Näherung kann man annehmen, daß im Mittel jedes dritte Molekül eine Geschwindigkeitskomponente v_y besitzt. Nur jedes dritte Molekül vermag demnach in die andere Schicht zu gelangen und einen Impuls auf die Moleküle der anderen Schicht zu übertragen. Der Impuls, den ein Molekül überträgt, beläuft sich auf $m\lambda \frac{dv}{dy}$.

2.8. Das kinetische Modell der Viskosität von Gasen

Die Kraft zwischen beiden Schichten ist dann durch den gesamten übertragenen Impuls pro Zeiteinheit gegeben. Wie viele Impulsübertragungen erfolgen in der Zeiteinheit? Jedes Molekül, das den in Bild 2.9 eingezeichneten Querschnitt passiert, überträgt einen Impuls von $m\lambda \frac{dv}{dy}$. Die Zahl der Moleküle, die den Querschnitt in beiden Richtungen pro Sekunde passieren, ist gleich der Zahl der Moleküle, die die obere und untere Schicht wegen ihrer Geschwindigkeitskomponenten v_y verlassen können. Beträgt die Dicke beider Schichten gerade $\bar{u}$ m, so fliegen pro Sekunde $\frac{1}{6} \bar{u} \frac{N}{V}$ Moleküle von der einen Schicht in die andere und gleich viele in umgekehrter Richtung. Der gesamte Molekülaustausch beträgt daher $\frac{1}{3} \bar{u} \frac{N}{V}$ Moleküle pro Sekunde.

Pro Sekunde wird somit ein Gesamtimpuls von $\frac{1}{3} \bar{u} \frac{N}{V} m\lambda \frac{dv}{dy}$ übertragen. Dies entspricht der Reibungskraft R, die die beiden Schichten aufeinander ausüben:

$$R = \frac{1}{3} \bar{u} \, m\lambda \, \frac{N}{V} \frac{dv}{dy} \, . \tag{52}$$

Sie ist dem Vektor v entgegengerichtet und wirkt einer treibenden Kraft F entgegen (vgl. Abschnitt 1.12).

Die Viskosität (η) wurde bereits in Kapitel 1 durch folgende Gleichung definiert:

$$F = \eta \, A \, \frac{dv}{dy} \, .$$

Ein Vergleich dieser Definitionsgleichung mit Gl. (52) liefert bezogen auf die Flächeneinheit ($A = 1 \text{ m}^2$) für die Viskosität den Ausdruck:

$$\eta = \frac{1}{3} \bar{u} \, m\lambda \, \frac{N}{V} \, . \tag{53}$$

Berücksichtigt man bei einem detaillierteren Modell die molekulare Geschwindigkeitsverteilung, so erhält man den von Gl. (53) nicht wesentlich verschiedenen Ausdruck:

$$\eta = \frac{1}{2} \bar{u} \, m\lambda \, \frac{N}{V} \, . \tag{54}$$

Setzt man in diesen Ausdruck für λ Gl. (49) ein, so gewinnt man eine Beziehung zwischen der Viskosität und dem Stoßquerschnitt bzw. dem Moleküldurchmesser:

$$\eta = \frac{\bar{u} \, m}{2\sqrt{2} \, \pi\sigma^2} \, . \tag{55}$$

Diese Beziehung gestattet bei Kenntnis der Molekülmasse m und der mittleren Geschwindigkeit $\bar{u}$ eine Bestimmung des Moleküldurchmessers σ aus Viskositätsmessungen. Methoden zur Bestimmung von $\bar{u}$ und m sind bereits bekannt; m folgt aus der Molmasse und $\bar{u}$ wurde in Abschnitt 2.6 statistisch abgeleitet:

$$\bar{u} = \sqrt{\frac{8RT}{\pi M}} \, . \tag{56}$$

Auf einige interessante Aspekte, die Gl. (55) betreffen, sei hingewiesen. Während für ein bestimmtes Gas m und σ Konstante sind, ändert sich ū mit der Quadratwurzel von T. Gl. (55) verlangt also, daß die Viskosität von Gasen (nicht von Flüssigkeiten) nur von der Temperatur, nicht aber vom Druck abhängt. Dies ist ein sehr bemerkenswertes Ergebnis. Man könnte sich nämlich vorstellen, daß die Viskosität mit zunehmendem Druck ansteigt. Dies ist aber, wie empirisch feststellbar, nicht der Fall. Dieses Verhalten der Viskosität wurde von *Maxwell* aufgrund derartiger gaskinetischer Überlegungen vorausgesagt und erst nachträglich experimentell bestätigt. Freilich muß einschränkend gesagt werden, daß bei hohen, ebenso wie bei sehr niedrigen Drücken (Abschnitt 2.9) dieses gaskinetische Modell der Viskosität versagt: Das vorausgesetzte zwanglose Stoßspiel der Moleküle ist gestört.

2.9. Numerische Berechnung der mittleren freien Weglänge und der Stoßzahlen

Als Beispiel für eine numerische Berechnung werden die mittlere freie Weglänge λ und die Stoßzahlen Z_1 und Z_{11} für N_2 bei 1 atm und 25 °C ermittelt.

Mit Hilfe von Gl. (55) wird zuerst der Moleküldurchmesser aus der Viskosität berechnet: Tabelle 1.3 kann man für die Viskosität von N_2 unter den angegebenen Bedingungen einen Wert von $\eta = 1{,}78 \cdot 10^{-5}\,\text{Nsm}^{-2}$ entnehmen. Da die Zahl der Moleküle pro m³ bei 1 atm und 25 °C

$$\frac{N}{V} = \frac{6{,}022 \cdot 10^{23} \cdot 273{,}16}{0{,}022414 \cdot 298{,}16} = 2{,}462 \cdot 10^{25}\,\text{Moleküle m}^{-3},$$

die mittlere molekulare Geschwindigkeit nach Gl. (56)

$$\bar{u} = \sqrt{\frac{8 \cdot 8{,}314 \cdot 298{,}16}{\pi\, 0{,}02801}} = 4{,}75 \cdot 10^2\,\text{ms}^{-1}$$

und die Masse eines Moleküls

$$m = \frac{0{,}02801}{6{,}022 \cdot 10^{23}} = 4{,}65 \cdot 10^{-26}\,\text{kg}$$

betragen, folgt für den Moleküldurchmesser aus Gl. (55):

$$\sigma = \sqrt{\frac{\bar{u}\,m}{\sqrt{2}\,\pi\, 2\eta}} = 3{,}74 \cdot 10^{-10}\,\text{m}.$$

Mit diesem Wert für den Durchmesser eines N_2-Moleküls lassen sich aus den Gln. (49) bis (51) die mittlere freie Weglänge und die Stoßzahlen berechnen:

$$\lambda = \frac{V}{\sqrt{2}\,\pi\sigma^2 N} = 6{,}50 \cdot 10^{-8}\,\text{m},$$

$$Z_1 = \sqrt{2}\,\pi\sigma^2\,\bar{u}\,\frac{N}{V} = 7{,}31 \cdot 10^9\,\text{Stöße s}^{-1},$$

$$Z_{11} = \frac{1}{\sqrt{2}}\,\pi\sigma^2\,\bar{u}\left(\frac{N}{V}\right)^2 = 8{,}99 \cdot 10^{34}\,\text{Stöße m}^{-3}\,\text{s}^{-1}.$$

2.9. Numerische Berechnung der mittleren freien Weglänge und der Stoßzahlen

In Tabelle 2.2 sind die Daten für einige einfach gebaute Moleküle angegeben. Sie stellen das quantitativ-numerische Ergebnis dar, das man aus der Gastheorie über den molekularen Aufbau der Gase erhalten kann. Man gewinnt dadurch die erste Vorstellung von der Größenordnung der Dimensionen atomarer und molekularer Systeme.

Tabelle 2.2: Der Moleküldurchmesser σ, die mittlere freie Weglänge λ und die Stoßzahlen Z_1 und Z_{11} von einigen Gasmolekülen bei 25 °C und 1 atm

Gas	σ Å	λ m	Z_1 Stöße s^{-1}	Z_{11} Stöße m^{-3}s^{-1}
N_2	3,74	$6,50 \cdot 10^{-8}$	$7,3 \cdot 10^9$	$9,0 \cdot 10^{34}$
O_2	3,57	7,14	6,1	7,5
CO_2	4,56	4,41	8,6	10,6
HJ	3,50	7,46	3,0	3,7
H_2	2,73	12,3	14,4	17,7
He	2,18	19,0	6,6	8,1

Eine Diskussion der in Tabelle 2.2 zusammengestellten Daten kann von Nutzen sein, um mit den Größenordnungen vertraut zu werden. Als erstes sollen die Daten der Moleküldurchmesser diskutiert werden. Die Größenordnung von 10^{-10} m bestätigt das Postulat des kinetischen Gasmodells, wonach die Moleküldimensionen sehr viel kleiner als die Behälterdimensionen sein sollen. Die Größenordnung von 10^{-10} m ist für Atome und Moleküle charakteristisch und berechtigte die Einführung einer neuen Längeneinheit. Diese Einheit wird mit Å (Ångstroem) bezeichnet; sie ist durch

$$1 \text{ Å} = 10^{-10} \text{ m } (= 0,1 \text{ nm})$$

festgelegt. Alle in Tabelle 2.2 angeführten Moleküle sind sehr einfach gebaut, so daß ihre Durchmesser nicht sehr variieren. So besitzen z.B. He und H_2 Durchmesser von etwa 2 Å; Moleküle mit mehr Atomen oder Elektronen, wie CO_2 und Cl_2, haben einen Durchmesser von 3 Å bis 4 Å. Es sei hier nochmals erwähnt, daß es andere, genauere Methoden zur Bestimmung der Moleküldurchmesser gibt.

Da allen Methoden zur experimentellen Bestimmung der Moleküldurchmesser ein spezielles Modell zugrunde liegt, ist jeder derartig bestimmte Durchmesser ein Spiegelbild seiner Bestimmungsmethode. Die Methode der Durchmesserbestimmung aus der Viskosität basiert auf dem Modell der kinetischen Gastheorie, und dieses Modell verlangt, daß die Moleküle als starre Kugeln aufgefaßt werden. Es gibt aber sicher sehr viele Moleküle, die sich durch starre Kugeln schlecht approximieren lassen. Die Folge ist, daß man nach jeder Methode verschiedene Werte findet. Man sollte daher nie vergessen, sich bei der Angabe eines Wertes für einen Moleküldurchmesser die spezielle Bestimmungsmethode vor Augen zu halten. Bei einfachen Molekülen geben die gaskinetisch bestimmten Durchmesser trotz dieser Schwierigkeiten ein vernünftiges Bild der realen Verhältnisse wieder. Um aber Informationen über die Form und Gestalt von Molekülen zu erhalten, sind anspruchsvollere Methoden notwendig.

Die quantitativ-numerischen Ergebnisse über die mittlere freie Weglänge und über die Stoßzahlen sind von großer Bedeutung bei der Untersuchung chemischer Reaktionsgeschwindigkeiten und ähnlicher Prozesse, die mit Energieübertragungen von Molekül zu Molekül verbunden sind.

Die mittlere freie Weglänge eines Gases ist bei 1 atm, obwohl sie etwa hundertmal größer als der Moleküldurchmesser ist, klein gegen die üblichen Behälterdimensionen. Die Moleküle stoßen daher sehr oft miteinander zusammen, bevor sie auf die Behälterwand auftreffen. Es ist in dieser Hinsicht sehr instruktiv, die mittlere freie Weglänge für ein Gas bei niederen Drücken zu berechnen. Da das mit konventionellen Mitteln erreichbare Vakuum 10^{-5} Torr beträgt, soll die mittlere freie Weglänge für diesen Druck von $\frac{10^{-5}}{760} = 1{,}32 \cdot 10^{-8}$ atm bestimmt werden. Für 0 °C erhält man für $\frac{N}{V}$ den Wert:

$$\frac{N}{V} = \frac{6{,}022 \cdot 10^{23} \cdot 1{,}32 \cdot 10^{-8}}{0{,}022414} = 3{,}55 \cdot 10^{17} \text{ Moleküle m}^{-3}.$$

Mit $\sigma = 3{,}74$ Å für N_2 berechnet man aus Gl. (49):

$$\lambda = 4{,}50 \text{ m}.$$

Bei einem Druck von 10^{-5} Torr hat sich also das molekulare Bild wesentlich geändert. Die Moleküle werden sehr oft von Behälterwand zu Behälterwand reflektiert, bevor sie miteinander zusammenstoßen. Diese Tatsache hat auch eine praktische Bedeutung, welche bei der Planung einer Hochvakuumeinrichtung beachtet werden sollte: Die Moleküle lassen sich nur langsam durch eine Vakuumverbindung mit einem üblichen Rohrdurchmesser absaugen. Um schnelleres Absaugen zu gewährleisten, müssen möglichst große Rohrdurchmesser verwendet werden.

Abschließend sollen noch die Stoßzahlen Z_1 und Z_{11} diskutiert werden. Die sehr große Zahl der Zusammenstöße, die ein Gasmolekül bei normalem Gasdruck erleidet, vermittelt einen Eindruck, mit welch großer Schnelligkeit das molekulare Bild eines Gases wechselt. Die Stoßzahlen hängen auch vom Druck ab, weil Z_1 proportional $\frac{N}{V}$ und Z_{11} proportional $(\frac{N}{V})^2$ ist. Da die Stoßzahl Z_{11} quadratisch von $\frac{N}{V}$ abhängt, reagiert sie auch auf Druckänderungen viel empfindlicher als Z_1.

Bei allen aus der kinetischen Gastheorie gewonnenen Erkenntnissen über das molekulare Bild der Gase ist zu beachten, daß die in der Tabelle 2.2 angegebenen Daten Mittelwerte von Eigenschaften darstellen. Es ist eine der wichtigsten Eigenarten der kinetischen Gastheorie, daß sie nur Informationen über Mittelwerte gewisser Moleküleigenschaften liefert.

2.10. Die van der Waalssche Zustandsgleichung

Das Modell der kinetischen Gastheorie beschreibt zwar das Verhalten idealer Gase richtig, versagt aber, wenn es reale Gase beschreiben soll. Um es trotzdem verwenden

2.10. Die van der Waalssche Zustandsgleichung

zu können, muß es in einigen Punkten erweitert werden. 1873 zeigte *van der Waals*, daß im wesentlichen zwei Aspekte zusätzlich zu berücksichtigen sind:

1. Das *effektive Eigenvolumen* (Kovolumen) der Gasmoleküle und
2. die *zwischenmolekularen Anziehungskräfte*.

Diese Aspekte kann man durch nachträgliche Korrekturen in das ideale Gasgesetz (pV = nRT) einbauen. Befinden sich n mol Gas in einem Behälter mit dem Volumen V, so ist der Raum, der den Molekülen zur Verfügung steht, nur dann mit V identisch, wenn das Eigenvolumen der Moleküle vernachlässigbar klein ist. Ist das nicht der Fall, so muß es vom Behältervolumen abgezogen werden. Dieses Eigenvolumen ist aber nicht mit dem tatsächlichen Volumen der Moleküle identisch, sondern größer; es wird effektives Eigenvolumen genannt. Bezeichnet man das effektive Eigenvolumen von N_A Molekülen (1 mol) mit b, so kann man für das korrigierte, ideale Gasgesetz schreiben:

$$p(V - nb) = nRT. \tag{58}$$

b besitzt für jedes Gas einen charakteristischen Wert, der dem nichtidealen Verhalten der Gase so anzupassen ist, daß Gl. (58) eine möglichst gute Näherung darstellt.

Wie b mit dem tatsächlichen Eigenvolumen der Moleküle zusammenhängt, erkennt man am einfachsten an Hand des Bildes 2.10. Die Moleküle werden wiederum als starre Kugeln mit dem Durchmesser σ aufgefaßt. Das halbe Volumen der Kugel mit dem Radius σ entspricht dann dem effektiven Volumen eines Moleküls, da es diesen Raum *effektiv* beansprucht. Das effektive Volumen pro Molekülpaar beträgt $\frac{4}{3}\pi\sigma^3$ und pro Molekül $\frac{1}{2}(\frac{4}{3}\pi\sigma^3) = 4[\frac{4}{3}\pi(\frac{\sigma}{2})^3]$. Das tatsächliche Eigenvolumen eines Moleküls beträgt hingegen $\frac{4}{3}\pi(\frac{\sigma}{2})^3$. Das effektive Eigenvolumen ist also viermal größer als das tatsächliche Eigenvolumen. N_A Moleküle beanspruchen daher ein Volumen von:

$$b = 4 N_A \left[\frac{4}{3}\pi\left(\frac{\sigma}{2}\right)^3\right]. \tag{59}$$

Man neigt leicht dazu, diesem Ausdruck zuviel Gewicht beizumessen und mit Hilfe bekannter Moleküldurchmesser b berechnen zu wollen. Für praktische Zwecke ist es jedoch viel sinnvoller, b so zu wählen, daß Gl. (58) den realen Zustand eines Gases möglichst gut beschreibt. Dieses Vorgehen macht Gl. (58) zu einer *halbempirischen* Gleichung: Ihre Form resultiert zwar aus einer theoretischen Überlegung, doch wird die Konstante b den realen Verhältnissen angepaßt, d.h. experimentell bestimmt.

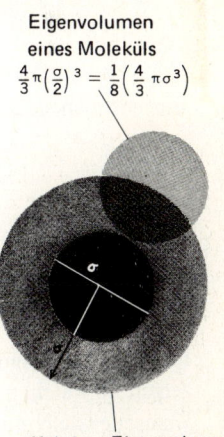

Eigenvolumen eines Moleküls
$\frac{4}{3}\pi\left(\frac{\sigma}{2}\right)^3 = \frac{1}{8}\left(\frac{4}{3}\pi\sigma^3\right)$

effektives Eigenvolumen pro Molekülpaar
$\frac{4}{3}\pi\sigma^3$

Bild 2.10
Effektives Eigenvolumen eines Molekülpaares

Halbempirische Gleichungen werden in der Chemie sehr oft verwendet; sie werden den tatsächlichen Verhältnissen meist eher gerecht als rein theoretisch abgeleitete Gleichungen.

Die zweite van der Waalssche Korrektur betrifft die zwischenmolekularen Wechselwirkungen realer Gase. Daß solche Wechselwirkungen existieren, erkennt man allein schon aus der Tatsache, daß alle Gase bei genügend tiefen Temperaturen kondensieren. Dabei muß die kinetische Energie der Moleküle durch Anziehungskräfte überwunden werden. Die Existenz solcher Wechselwirkungskräfte ist also plausibel. Exakte Angaben über ihre Ursache und über ihre Behandlungsmöglichkeit sind aber schwer zu machen. Relativ einfach ist hingegen eine weitere halbempirische Korrektur von Gl. (58). Sie ist wieder den realen Verhältnissen möglichst gut anzupassen.

Das ideale Gasgesetz vernachlässigte, wie schon betont, die zwischenmolekularen Anziehungskräfte. Diese heben sich zwar im Inneren eines gasgefüllten Behälters auf, was allein aus Symmetrieüberlegungen hervorgeht. Ein gegen die Behälterwand stoßendes Molekül wird dagegen etwas ins Innere zurückgezogen, wenn Anziehungskräfte zwischen Behälterwand und stoßendem Molekül vernachlässigt werden können. Ein reales Gas übt demnach im Vergleich zu einem idealen Gas auf die Behälterwand einen geringeren Druck aus. Die Druckdifferenz muß proportional $\left(\frac{n}{V}\right)^2$ angesetzt werden: Sind nämlich n Mole Gas in dem Behältervolumen V vorhanden, so ist die Zahl der rückziehenden Moleküle proportional $\frac{n}{V}$; die Zahl der an die Behälterwand stoßenden Moleküle ist aber selbst proportional $\frac{n}{V}$. D.h. die gesamte Wechselwirkungskraft ist proportional $\left(\frac{n}{V}\right)^2$. Da der Druck auf die Behälterwand demnach um $a\left(\frac{n}{V}\right)^2$ vermindert ist (a ist die Proportionalitätskonstante), muß zur Korrektur $a\left(\frac{n}{V}\right)^2$ zu dem gemessenen Druck p addiert werden.

Mit beiden Korrekturen erhält man die *van der Waalssche Zustandsgleichung*:

$$\left[p + a\left(\frac{n}{V}\right)^2\right](V - nb) = nRT. \tag{60}$$

Bezieht man sie auf 1 mol Gas, so lautet sie:

$$\left(p + \frac{a}{V^2}\right)(V - b) = RT. \tag{61}$$

Der praktische Wert dieser Zustandsgleichung steht und fällt mit der Wahl passender Werte für a und b. Sie sind für jedes Gas verschieden und hängen außerdem von der Temperatur ab. Obwohl man eine vollkommene Übereinstimmung zwischen den beobachteten und berechneten Daten für den Zustand eines Gases kaum bekommt, ist der Fortschritt gegenüber dem idealen Gasgesetz doch beträchtlich. Bild 2.11 und Tabelle 2.3 zeigen, in welchem Ausmaß eine solche Verbesserung zu erreichen ist. Die van der Waalsche Gleichung stellt jedoch nicht nur gegenüber dem idealen Gasgesetz eine Verbesserung dar, sondern auch gegenüber jeder anderen empirischen Zustandsgleichung mit zwei konstanten Parametern.

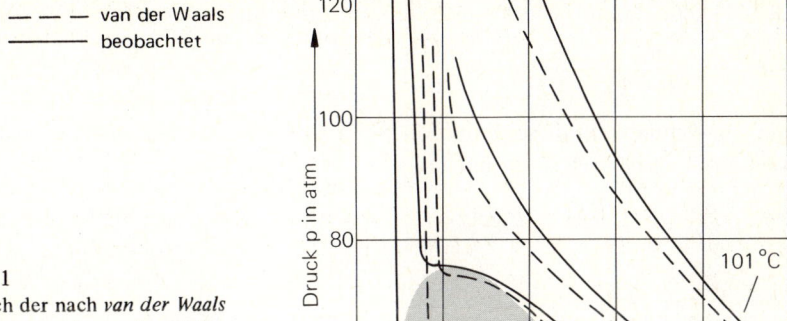

Bild 2.11
Vergleich der nach *van der Waals* berechneten und experimentell beobachteten Isothermen von CO_2 in der Nähe des kritischen Punktes

*) flüssig-gasförmig

Tabelle 2.3: Das Molvolumen V von CO_2 bei verschiedenen Drücken p und der Temperatur 320 K; V wurde nach der van der Waalsschen Zustandsgleichung und nach dem allgemeinen Gasgesetz berechnet

p atm	V $dm^3 mol^{-1}$		
	beobachtet	van der Waals	ideal
1	26,2	26,2	26,3
10	2,52	2,53	2,63
40	0,54	0,55	0,66
100	0,098	0,10	0,26

2.11. Die van der Waalssche Zustandsgleichung und der kritische Punkt

Betrachtet man Bild 2.11, dann erkennt man, daß die van der Waalssche Zustandsgleichung das Verhalten der Gase in der Nähe des Zweiphasengebietes recht gut beschreibt. Auf Grund ihrer mathematischen Form besitzt die Funktion p(V) bei konstanter Temperatur zwei Extremwerte, da sie analytisch eine Gleichung 3. Grades darstellt. Für den Spezialfall der kritischen Temperatur existiert eine horizontale Wendetangente dort, wo die drei Wurzeln der Gleichung zusammenfallen. Es erweist sich nun, daß die Daten dieses Wendepunktes, der mit dem kritischen Punkt identisch ist, mit den van der Waalsschen Konstanten a und b verknüpft werden können.

Gl. (61) kann durch Umformen auf die explizite Form p(V) gebracht werden:

$$p = \frac{RT}{(V-b)} - \frac{a}{V^2}. \tag{62}$$

Um den Wendepunkt dieser Funktion p(V) zu bestimmen, hat man die erste und zweite Ableitung nach V zu bilden:

$$\frac{dp}{dV} = -\frac{RT}{(V-b)^2} + \frac{2a}{V^3}, \tag{63}$$

$$\frac{d^2p}{dV^2} = \frac{2RT}{(V-b)^3} - \frac{6a}{V^4}. \tag{64}$$

Am kritischen Punkt sind die beiden Ableitungen Null. Es gilt:

$$p_k = \frac{RT_k}{V_k - b} - \frac{a}{V_k^2}, \tag{65}$$

$$0 = -\frac{RT_k}{(V_k - b)^2} + \frac{2a}{V_k^3}, \tag{66}$$

$$0 = \frac{2RT_k}{(V_k - b)^3} - \frac{6a}{V_k^4}. \tag{67}$$

Diese drei Gleichungen können nach a, b und R aufgelöst werden und ergeben:

$$a = 3 p_k V_k^2, \tag{68}$$

$$b = \frac{1}{3} V_k, \tag{69}$$

$$R = \frac{8 p_k V_k}{3 T_k}. \tag{70}$$

Auf diese Weise findet man *spezifische* Werte für a, b und R. Es ist das aber nicht der einzige und beste Weg, diese Konstanten zu bestimmen.

Entnimmt man der Tabelle 1.2 die kritischen Daten, so kann man die van der Waalsschen Konstanten für verschiedene Gase berechnen. Die so ermittelten Werte für a und b sind in Tabelle 2.4 zusammengestellt; sie enthält auch die Werte für die Moleküldurchmesser, die man nach Gl. (59) aus b berechnen kann. Mit diesen Daten wird das Verhalten der Gase in der Nähe des Zweiphasengebietes recht gut beschrieben. Will man das Verhalten in einem anderen Teil des p, V-Diagramms beschreiben, muß man zur Bestimmung von a und b andere Methoden verwenden. Trotzdem stimmen die Werte für die Moleküldurchmesser mit den aus Viskositätsmessungen bestimmten Werten mehr oder weniger gut überein.

Tabelle 2.4: Werte für die van der Waalsschen Konstanten a, b und R und den Moleküldurchmesser σ von verschiedenen Gasen

Gas	a atm dm^{6}mol^{-2}	b dm^{3}mol^{-1}	R dm^3 atm K^{-1} mol^{-1}	σ Å
N_2	0,81	0,0300	0,064	2,88
O_2	0,82	0,0248	0,064	2,71
CO	0,85	0,0300	0,063	2,88
CO_2	2,01	0,0319	0,061	2,94
NH_3	1,75	0,0241	0,053	2,67
H_2O	1,32	0,0150	0,040	2,29
CH_4	1,33	0,0329	0,063	2,97
Ar	0,86	0,0257	0,065	2,74
H_2	0,162	0,0217	0,067	2,58
He	0,022	0,0192	0,065	2,48
n–C_5H_{12}	0,52	0,1034	0,058	4,35
CH_3OH	3,26	0,0392	0,048	3,15
C_6H_6	0,44	0,0855	0,058	4,08

Man könnte nun eine Diskussion der Werte für a anschließen, doch scheint es sinnvoller, diese auf ein späteres Kapitel zu verschieben, in dem speziell zwischenmolekulare Wechselwirkungen zur Sprache kommen.

Trotz der ersichtlichen Vorteile, die eine Beschreibung realer Gase mit der van der Waalschen Zustandsgleichung mit sich bringt, wird im weiteren Verlauf wiederholt auf das einfache ideale Gasgesetz zurückgegriffen. Die Abweichungen von diesem Grenzgesetz sind bei niederen Drücken und höheren Temperaturen für viele Probleme nicht maßgebend. Es kann dann, wenn auch nur in erster Näherung, für alle Gase ohne spezifische Konstanten verwendet werden.

2.12. Die van der Waalssche Zustandsgleichung und das Theorem der übereinstimmenden Zustände

Die graphische Darstellung der empirischen Daten in Bild 1.8 zeigt, daß das Verhalten sehr vieler Gase, wie es dem Theorem der übereinstimmenden Zustände entspricht, fast gleich ist. Es wäre interessant festzustellen, ob die van der Waalssche Zustandsgleichung mit diesem Theorem konsistent ist.

Führt man eine Substitution der Konstanten a, b und R mit den Ausdrücken (68) bis (70) in Gl. (61) durch, so treten Terme der Art p/p_k, T/T_k und V/V_k auf, die mit den in Abschnitt 1.9 eingeführten reduzierten Zustandsvariablen p_r, T_r und dem reduzierten Molvolumen identisch sind. Man erhält mit diesen reduzierten Variablen die Zustandsgleichung:

$$\left(p_r + \frac{3}{V_r^2}\right)\left(V_r - \frac{1}{3}\right) = \frac{8}{3} T_r. \tag{71}$$

In dieser Form genügt die van der Waalssche Gleichung vollkommen dem Theorem der übereinstimmenden Zustände. Sie besitzt keine individuellen Konstanten mehr und besagt, daß sich das Verhalten aller Gase durch eine *einzige Zustandsgleichung* beschreiben lassen sollte.

Rechenbeispiele

1. Berechnen Sie den Druck, den 10^{23} Gasmoleküle in einem Behälter von 1 dm³ Inhalt ausüben, wenn ein Gasmolekül die Masse 10^{-22} g besitzt. Wie groß ist die mittlere kinetische Energie dieser Moleküle? Wie hoch ist die Temperatur dieses Gases? ($\sqrt{u^2} = 10^3$ ms^{-1}; p = 33 atm; E = 5020 J; T = 2420 K)

2. Ein Gaskolben von 1 dm³ Inhalt enthält $1{,}03 \cdot 10^{23}$ H_2-Moleküle. Wie groß ist die mittlere quadratische Geschwindigkeit der Moleküle und die Temperatur, wenn der Druck des Gases 6,34 Torr beträgt?

3. Ein Behälter vom Volumen 1 mm³ ist mit Luft gefüllt und wird bei 25 °C auf 10^{-6} Torr evakuiert. Wie viele Moleküle befinden sich nach dem Evakuieren noch in dem Behälter?

($3{,}24 \cdot 10^7$ Moleküle)

4. Berechnen Sie die mittlere kinetische Energie, die mittlere Geschwindigkeit und den Impuls der Moleküle von He und Hg bei 25 °C. Vergleichen Sie die berechneten Ergebnisse miteinander.

5. Ein Gas besteht aus N_1 Molekülen der Masse m_1 und N_2 Molekülen der Masse m_2. Führen Sie für dieses Gasgemisch eine analoge Ableitung des Gasdrucks wie in Abschnitt 2.2 und 2.3 (Ergebnis: $pV = \frac{1}{3} Nm\overline{u^2}$ und $pV = nRT$) durch und stellen Sie fest, welche Annahmen notwendig sind, um das gleiche Ergebnis zu erhalten.

6. Wie groß ist die mittlere quadratische Geschwindigkeit von He-Atomen bei 10 K, 100 K und 1000 K in den Einheiten m s^{-1} und km/h. Welche Werte erhält man, wenn der Druck 10^{-5} Torr beträgt?

7. Die kinetische Gastheorie schreibt jedem Molekül eine mittlere kinetische Energie von $\frac{3}{2} kT$ zu. Welche mittlere quadratische Geschwindigkeit besitzen danach Gasteilchen der Masse 10^{-12} g bei Zimmertemperatur? Vergleichen Sie das Ergebnis mit den Geschwindigkeiten der Tabelle 2.1.

($\sqrt{u^2}$ = 0,0035 m s^{-1})

8. Wieviel Wärme muß man 3,45 g Neon in einem 10-Liter-Kolben zuführen, um dieses von 0 °C auf 100 °C zu erhitzen? Wie verhalten sich die mittleren quadratischen Geschwindigkeiten der Neonatome bei diesen Temperaturen?

9. Um wieviel K steigt die Temperatur von 1 mol flüssigem Wasser, wenn man diesem die gleiche Energie zuführt, die der kinetischen Energie von 1 mol Wasserdampf bei 25 °C entspricht? (49 K)

Rechenbeispiele

10. Folgende Daten für die Schallgeschwindigkeit in Luft sind gegeben:

Temperatur °C	20	100	500	1 000
Schallgeschwindigkeit m s^{-1}	344	386	553	700

Vergleichen Sie diese Daten mit der mittleren quadratischen Geschwindigkeit von N_2-Molekülen bei denselben Temperaturen.

11. Verwenden Sie den in Tabelle 2.4 angegebenen Wert des Moleküldurchmessers zur Berechnung der mittleren freien Weglänge und der Stoßzahlen Z_1 und Z_{11} von Argonatomen bei 0 °C und 1 atm. Welche Werte für diese Parameter erhält man bei 1 000 °C und 1 atm sowie bei 0 °C und 100 atom?

12. Leiten Sie einen Ausdruck ab, der die mittlere freie Weglänge als Funktion des Moleküldurchmessers, der Temperatur und des Druckes angibt. Zeichnen Sie in einem Diagramm die Abhängigkeit der mittleren freien Weglänge vom Druck für N_2 bei 0 °C in einem Bereich von 10^{-6} Torr bis 760 Torr.

13. Verwenden Sie den Ausdruck (45) für die mittlere Geschwindigkeit von Gasmolekülen und leiten Sie Ausdrücke für Z_1 und Z_{11} als Funktion von σ, M, p und T ab. Zeigen Sie graphisch, wie für N_2 bei 0 °C Z_1 und Z_{11} vom Druck in einem Bereich von 10^{-6} Torr bis 760 Torr abhängen.

14. Ein Gasbehälter vom Volumen V, in dem sich N Moleküle befinden, besitzt eine Basisfläche von 1 cm^2 und die Höhe V cm. Leiten Sie einen Ausdruck für die Zahl der Moleküle ab, die pro Sekunde auf eine Seitenwand auftreffen. Diese Seitenwand wird dann entfernt und durch den Absaugstutzen einer ideal arbeitenden Vakuumpumpe ersetzt. Wie lautet der Ausdruck für die Evakuierungsgeschwindigkeit in der Einheit Moleküle s^{-1}?

15. Das Verhältnis der Zahl der Moleküle, die eine mittlere Geschwindigkeit $3\bar{u}$ besitzen, zur Zahl der Moleküle, die nur die einfache mittlere Geschwindigkeit $\bar{u}$ besitzen, soll ein Maß für den Bruchteil schneller Moleküle sein. Berechnen Sie diesen Bruchteil für ein Gas bei 25 °C und 40 °C.
$$(3{,}46 \cdot 10^{-4}; \ 5{,}46 \cdot 10^{-4})$$

16. Zeichnen Sie die ein- und dreidimensionale Geschwindigkeitsverteilung für H_2-Moleküle bei 0 °C. Zeichnen Sie die Geschwindigkeitsverteilungen in Energieverteilungen um.

17. Zeigen Sie graphisch, daß die Energieverteilungen des Beispiels 16 mit der mittleren Translationsenergie von $\frac{1}{2}$ kT pro Freiheitsgrad konsistent sind. Bestimmen Sie außerdem graphisch die mittlere und die häufigste Geschwindigkeit. Vergleichen Sie das Ergebnis mit den berechneten Daten.

18. Bestimmen Sie durch eine graphische Integration der eindimensionalen Boltzmannschen Verteilungsfunktion die mittlere Translationsenergie eines Moleküls.

19. Zeigen Sie mit Hilfe der Verteilungsfunktionen, daß die häufigste Geschwindigkeit eines eindimensionalen Gases Null ist und den durch Gl. (46) gegebenen Wert für ein dreidimensionales Gas besitzt.

20. Leiten Sie durch eine Mittelwertbildung den Ausdruck (45) für die mittlere Geschwindigkeit ab.

21. Kann man auf Grund des Modells der kinetischen Gastheorie das Grahamsche Gesetz verstehen?

22. Vergleichen Sie die Werte des Volumens von 20 g HCl bei 100 °C und 50 atm, die man nach dem idealen Gasgesetz und nach der van der Waalsschen Zustandsgleichung berechnet.
$$(V_{ideal} = 0{,}335 \text{ dm}^3; \ V_{v.d.W.} = 0{,}281 \text{ dm}^3)$$

23. Zeigen Sie, daß sich bei genügend tiefen Drücken die van der Waalssche Zustandsgleichung durch Einführung des idealen Gasgesetzes auf $pV = RT(1 + Bp)$ reduzieren läßt. Verwenden Sie diese Näherung zur Berechnung des Virialkoeffizienten von Methan bei 20 °C. Vergleichen Sie das Ergebnis mit dem Virialkoeffizienten des Beispiels 14 in Kapitel 1.
$$(B = -0{,}002 \, 11 \text{ atm}^{-1})$$

24. Zeichnen Sie die Isothermen von CO_2 bei 320 K
a) mit Hilfe des idealen Gasgesetzes und
b) mit Hilfe der van der Waalsschen Zustandsgleichung.
Verwenden Sie dazu die in Tabelle 2.3 angegebenen Daten.

25. Der experimentell beobachtete Druck von 5 mol N_2 in einem 1-Liter-Gaskolben beträgt bei 250 K 98,4 atm. Welchen Druck berechnet man
a) nach dem idealen Gasgesetz und
b) nach der van der Waalsschen Zustandsgleichung.

26. Berechnen Sie nach der van der Waalsschen Zustandsgleichung den Druck, den man auf N_2 ausüben müßte, um das Gesamtvolumen auf den vierfachen Wert des effektiven Eigenvolumens bei 25 °C und 1000 °C zu reduzieren. $\quad$ (p_{25} = 151 atm; p_{1000} = 835 atm)

27. Zeichnen Sie in einem Diagramm die Druckabhängigkeit des Molvolumens von H_2O bei 100 °C, die man nach der van der Waalsschen Zustandsgleichung erhält. Vergleichen Sie diese Abhängigkeit mit der experimentell beobachteten, der folgende Daten zugrunde liegen:
a) Bei 100 °C beträgt die Dichte des Wassers 0,958 kg dm^{-3} und die des Wasserdampfes 0,000597 kg dm^{-3}.
b) Bei niederen Drücken verhält sich der Wasserdampf ideal.
c) Flüssiges Wasser läßt sich durch eine Drucksteigerung von 100 atm um 0,04 Vol.-% zusammendrücken.

28. Berechnen Sie mit Hilfe der van der Waalsschen Zustandsgleichung und der kritischen Daten den Durchmesser des n-Pentan-Moleküls. Vergleichen Sie das Ergebnis mit dem Wert des Durchmessers, den man aus Viskositätsmessungen erhält. $\quad$ (4,34 Å)

29. Leiten Sie die Gln. (68) bis (70) aus den Gln. (65) bis (67) ab.

30. Wie groß ist das effektive Eigenvolumen b von N_2 bei 1 atm und 25 °C und am kritischen Punkt?

Kapitel 3

Einführung in den Aufbau der Atome und Moleküle

Die kinetische Gastheorie liefert zwar sehr viele statistische Aussagen über Eigenschaften der Moleküle, sie kann aber über den Aufbau und die Struktur der Moleküle keine Angaben machen. Diese lassen sich erst dann gewinnen, wenn man die Moleküle mit Hilfe atomtheoretischer Modelle deuten kann.

Moleküle besitzen sehr kleine Abmessungen und sie sind aus noch viel kleineren Atomen aufgebaut; deshalb sind sie unserem normalen Erfahrungsbereich nicht zugänglich. Trotzdem konnte ihr Aufbau innerhalb weniger Jahre (1890–1930) prinzipiell geklärt werden. Dies ist um so erstaunlicher, als man bis zum Ende des 19. Jahrhunderts überhaupt keine konkreten Vorstellungen darüber hatte. Im Verlaufe der Entwicklung solcher Vorstellungen mußte man feststellen, daß die bereits existierenden naturwissenschaftlichen Theorien unter einem völlig neuen Blickwinkel betrachtet werden müssen – die Mechanik entwickelte sich zur *Quantenmechanik* weiter.

Die Einführung in den Aufbau der Atome und Moleküle erfolgt in Anlehnung an die historische Entwicklung des Atommodells. Es werden die wichtigsten Erkenntnisse über die Natur des Lichtes bzw. der elektromagnetischen Strahlung behandelt, soweit sie zum Verstehen der Atomspektren notwendig sind. Diese stellen nämlich das wichtigste Kriterium für die Gültigkeit einer Atomtheorie dar. Eine Einführung in die quantenmechanische Behandlung atomarer Systeme beschließt dieses Kapitel.

3.1. Das Atom

Gegen Ende des 19. Jahrhunderts war bereits eine große Anzahl organischer und anorganischer Verbindungen untersucht und ihre chemische Zusammensetzung bekannt. Daß man diesen chemischen Verbindungen die richtige Zusammensetzung zuordnen konnte, ist letzten Endes auf die Avogadrosche Hypothese zurückzuführen. Man war sogar in der Lage, Aussagen über das Bindungsverhalten einzelner Atome zu machen. So wurde z.B. festgestellt, daß ein C-Atom insgesamt vier Atome in tetraedrischer Anordnung binden kann. Mit Hilfe der kinetischen Gastheorie erhielt man zusätzliche Angaben über die Größe der Moleküle und über einige andere Eigenschaften. Trotz dieser Erfolge, die die Chemie bis dahin zu verzeichnen hatte, blieb der Aufbau der Atome und Moleküle völlig rätselhaft. Erst als man das *Elektron* entdeckt hatte und seine Masse und Ladung messen konnte, begann sich das Rätsel *Atom* zu lösen. Zwar wußte man, daß die Materie elektrische Eigenschaften besitzt, erkannte aber erst durch diese Entdeckung, daß die Elektronen als Bestandteile der Atome das chemische Verhalten prägen.

Das Elektron besitzt die Ladung

$$e = 1{,}6021 \cdot 10^{-19}\,\text{C} \tag{1}$$

und die Masse

$$m_e = 9{,}109 \cdot 10^{-31}\,\text{kg}. \tag{2}$$

Sehr instruktiv ist ein Vergleich der Elektronenmasse mit der mittleren Masse eines H-Atoms (mittleres Atomgewicht, gebildet aus den natürlich vorkommenden H-Isotopen: 1,008):

$$m_H = \frac{0{,}001\,008}{6{,}023 \cdot 10^{23}} = 1{,}67 \cdot 10^{-27}\,\text{kg}, \tag{3}$$

$$\frac{m_H}{m_e} = \frac{1837}{1}. \tag{4}$$

Danach ist die Masse des leichtesten aller Atome etwa 2000 mal größer als die Masse eines Elektrons.

1910 untersuchte *Rutherford* die Streuung von α-Teilchen beim Durchgang von Materie. Zu diesem Zweck richtete er einen Strahl von α-Teilchen auf einen dünnen Metallfilm. α-Teilchen sind Heliumkerne, die beim Zerfall radioaktiver Substanzen auftreten; sie waren zu jener Zeit durch die Untersuchungen von *Curie* bereits als schnelle, Materie durchdringende Elementarteilchen bekannt. Der Großteil der α-Teilchen ging durch den Metallfilm, ohne abgelenkt zu werden. Daneben beobachtete aber *Rutherford* auch α-Teilchen, die eine Ablenkung mit Streuwinkeln bis zu 180° erfuhren. Um diese befriedigend deuten zu können, postulierte *Rutherford*, daß der Hauptteil der Masse eines Atoms in sehr kleinen Kernen hoher Dichte konzentriert ist. Nur solche positiv geladenen Kerne erklärten das Auftreten so großer Streuwinkel. Um quantitative Übereinstimmung zu erzielen, mußte diesen Kernen ein Durchmesser von etwa $10^{-15}\,\text{m}$ zugeordnet werden. Wie man heute weiß, bestehen Kerne aus Protonen und Neutronen. Der Wert von $10^{-15}\,\text{m}$ für den Kerndurchmesser stand nun dem Wert von $10^{-10}\,\text{m}$ für Atomdurchmesser gegenüber. *Rutherford* schloß daraus, daß ein Atom aus einem positiv geladenen Kern bestehen muß, um den wie auf Planetenbahnen Elektronen kreisen.

Dieses Rutherfordsche Atommodell bedeutete einen großen Schritt vorwärts bei der Erforschung des Atomaufbaus. Es besaß jedoch auch Mängel. So konnte es z.B. nicht erklären, warum die kreisenden Elektronen nicht strahlen und vom Kern angezogen werden. Obwohl die elektrostatische Anziehungskraft und die Zentrifugalkraft der Elektronen einander die Waage halten, müßten die um den Kern kreisenden Elektronen nach den Gesetzen der Elektrodynamik Energie durch Strahlung verlieren. Denn mit der Schwingung einer elektrischen Ladung — und eine solche stellt die periodische Bewegung eines kreisenden Elektrons dar — ist die energieverbrauchende Ausstrahlung einer elektromagnetischen Welle in den Raum verbunden.

Dessen ungeachtet besitzt das Rutherfordsche Modell insofern einen großen Wert, als sich das Postulat der Kerne als richtig erwies. Es versagt jedoch in bezug auf die Elektroneneigenschaften und kann deshalb die experimentellen Ergebnisse der Atomspektroskopie, die das Kriterium für ein Atommodell darstellen, in keiner Weise erklären.

3.2. Die Wellennatur und korpuskulare Natur des Lichtes

Die meisten Kenntnisse, die man vom Aufbau der Materie besitzt, stammen aus Experimenten, bei denen Licht — oder allgemein Strahlung — und Materie in Wechselwirkung stehen. Die Atomspektroskopie lieferte so die notwendige Unterstützung bei der Entwicklung der Atomtheorie. Bevor jedoch auf die experimentelle Methode der Spektroskopie näher eingegangen wird, sollen die wesentlichsten Eigenschaften des Lichtes kurz diskutiert werden.

Einige physikalische Erscheinungen, die mit der Wechselwirkung von Licht und Materie zusammenhängen, lassen sich mit Hilfe der Wellennatur des Lichtes beschreiben, andere nur mit Hilfe seiner korpuskularen Natur.

Sichtbares Licht ist ein Beispiel für eine elektromagnetische Strahlung. Andere Beispiele sind die Röntgenstrahlung, die UV(Ultraviolett)- und UR(Ultrarot)-Strahlung, Radiowellen etc. Alle diese Strahlungen haben eines gemeinsam: Sie können als elektromagnetische Wellen, die sich mit Lichtgeschwindigkeit fortpflanzen und sich nur in ihrer Frequenz unterscheiden, aufgefaßt werden. Diese Wellen bestehen aus oszillierenden elektrischen und magnetischen Feldern, deren Feldvektoren stets aufeinander senkrecht stehen. Sie breiten sich senkrecht zu beiden Feldrichtungen mit oszillierenden Amplituden aus.

Die elektromagnetischen Wellen besitzen eine *Ausbreitungsgeschwindigkeit* c, die durch die *Wellenlänge* λ und die *Frequenz* ν gegeben ist. Der funktionelle Zusammenhang zwischen diesen drei Größen kann nach Bild 3.1 leicht abgeleitet werden: Die Sinuskurven entsprechen den Amplituden des elektrischen oder magnetischen Feldes der Strahlung als Funktion des Abstandes von der Lichtquelle zu einer bestimmten Zeit t. Die Wellenbewegung nach rechts erfolgt mit der Geschwindigkeit c; sie ist in Bild 3.1 durch einige Sinuskurven nach bestimmten Zeitintervallen dargestellt. Man stelle sich nun einen Beobachter im Abstand c m von der Lichtquelle vor, der die Strahlung 1 s lang beobachtet. Da die Ausbreitungsgeschwindigkeit c ms^{-1} beträgt, sieht er während dieses Zeitraums alle Wellenberge und Wellentäler passieren, die sich anfänglich zwischen ihm und der Lichtquelle befunden haben. Ist die Länge einer Welle (Periode) λ m, so gibt es $\frac{c}{\lambda}$ Wellen auf dieser Strecke. Der Beobachter zählt somit $\frac{c}{\lambda}$ Wellen pro Sekunde. Dies entspricht einer Frequenz der Wellenbewegung von

$$\nu = \frac{c}{\lambda}. \tag{5}$$

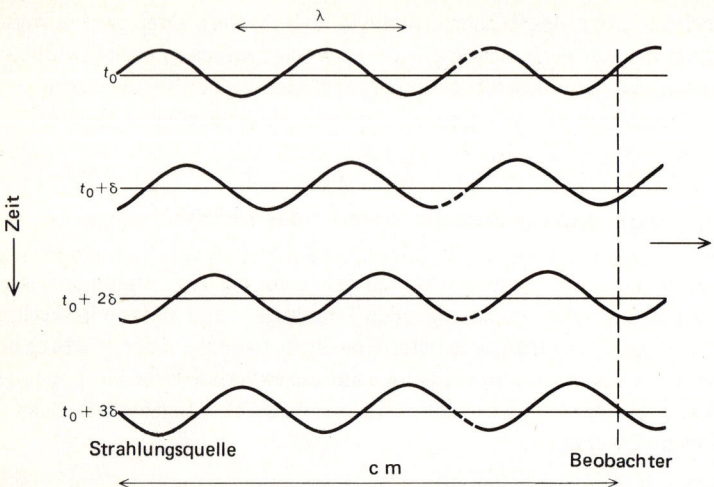

Bild 3.1. Momentaufnahmen des elektrischen bzw. magnetischen Feldes einer elektromagnetischen Strahlung nach bestimmten Zeitintervallen

Die Ausbreitungsgeschwindigkeit der elektromagnetischen Strahlung ist im Vakuum unabhängig von der Frequenz; sie beläuft sich auf

$$c = 2{,}9979 \cdot 10^8 \,\text{ms}^{-1}. \tag{6}$$

Elektromagnetische Strahlungen haben verschiedene Frequenz- und Wellenlängenbereiche. Sichtbares Licht besitzt einen Wellenlängenbereich von etwa 400 nm bis 750 nm. Gelbes Licht hat z.B. eine Wellenlänge von etwa 580 nm; seine Frequenz beträgt daher

$$\nu = \frac{c}{\lambda} = \frac{3 \cdot 10^8}{5{,}8 \cdot 10^{-7}} = 5{,}2 \cdot 10^{14} \,\text{s}^{-1}. \tag{7}$$

Man beschreibt eine Strahlung entweder durch die Angabe der Frequenz oder durch die Angabe der Wellenlänge. Im SI-System ist die Einheit der Frequenz s^{-1} und die der Wellenlänge m. Im deutschsprachigen Raum verwendet man für die Einheit s^{-1} meist die Bezeichnung Hz (*Hertz*).

Man definiert oft eine andere Frequenzangabe, indem man die Frequenz auf die konstante Lichtgeschwindigkeit c bezieht:

$$\frac{\nu}{c} = \bar{\nu} = \frac{1}{\lambda}. \tag{8}$$

3.2. Die Wellennatur und korpuskulare Natur des Lichtes

Wird λ in m angegeben, besitzt die Frequenz $\bar{\nu}$, die sogenannte *Wellenzahl*, die Einheit m^{-1}. Die Wellenzahl ist die Zahl der Wellen pro m Länge. Für das gelbe Licht beträgt die Wellenzahl $\bar{\nu}$:

$$\bar{\nu} = \frac{1}{\lambda} = \frac{1}{5{,}8 \cdot 10^{-7}} = 170000 \, \text{m}^{-1}. \tag{9}$$

Man halte sich immer vor Augen, daß die Wellenzahl ein Frequenzmaß ist.

In diesem Zusammenhang sei auch auf die in der Spektroskopie sehr oft verwendete Energieeinheit eV (*Elektronenvolt*) hingewiesen. 1 eV entspricht der kinetischen Energie eines Elektrons mit der Ladung e, die es beim Durchlaufen eines Spannungsabfalls von 1 Volt bekommt:

$$1 \, \text{eV} = 1{,}602 \cdot 10^{-19} \, \text{J} \tag{10}$$

oder

$$1 \, \text{eV} = 96{,}48 \, \text{kJ mol}^{-1} \approx 100 \, \text{kJ mol}^{-1}. \tag{11}$$

In Tabelle 3.1 sind die charakteristischen Wellenlängen und Frequenzen für einige Strahlungen aufgeführt.

Tabelle 3.1: Größenordnung der Wellenlänge λ, der Frequenz ν, der Wellenzahl $\bar{\nu}$ und der Energie hν elektromagnetischer Strahlungen

Strahlung	λ		ν	$\bar{\nu}$	hν	
	m	nm	s^{-1}	m^{-1}	J	eV
Röntgen	$1 \cdot 10^{-10}$	0,1	$3 \cdot 10^{18}$		$2 \cdot 10^{-15}$	
Ultra-Violett	$2 \cdot 10^{-7}$	200	$1{,}5 \cdot 10^{15}$	$5 \cdot 10^{6}$	$1 \cdot 10^{-18}$	6,2
Sichtbares Licht	$5 \cdot 10^{-7}$	500	$0{,}6 \cdot 10^{15}$	$2 \cdot 10^{6}$	$4 \cdot 10^{-19}$	2,48
Ultra-Rot	$1 \cdot 10^{-5}$	10000	$3 \cdot 10^{13}$	$1 \cdot 10^{5}$	$2 \cdot 10^{-20}$	1,24
Mikrowellen	$1 \cdot 10^{-2}$		$3 \cdot 10^{10}$	$1 \cdot 10^{2}$	$2 \cdot 10^{-23}$	
Radiowellen	$3 \cdot 10^{3}$		$1 \cdot 10^{5}$		$7 \cdot 10^{-29}$	

Die Modellvorstellung der Strahlung als eine elektromagnetische Wellenbewegung beschreibt z.B. ausreichend die Erscheinungen der Beugung und Interferenz. Zur Beschreibung manch anderer Erscheinungen, z.B. des Compton-Effektes oder des lichtelektrischen Effektes, versagt aber diese Vorstellung vollkommen, und man muß auf ein grundsätzlich anderes Modell des Lichtes zurückgreifen. Dieses Modell sieht in der Strahlung fliegende Teilchen oder Korpuskeln; sie geht ursprünglich auf *Newton* zurück.

Beide Modelle der Strahlung hatten zu Beginn des 20. Jahrhunderts ihre Anhänger, und der Streit zwischen ihnen, welches Modell nun das wahre sei, dauerte bis in die zwanziger Jahre. Dann erkannte man, daß sowohl die Wellen- als auch die Korpuskeltheorie gleichberechtigt waren. Man spricht deshalb auch vom Dualismus des Lichtes (Welle-Korpuskel). Einen experimentellen Beweis für die duale Natur des Lichtes stellen einerseits der Compton-Effekt und der lichtelektrische Effekt und andererseits die Interferenzerscheinungen dar. Die beiden erstgenannten Effekte können physikalisch nur verstanden werden, wenn man das Licht als einen Strahl korpuskularer *Photonen* oder *Quanten* beschreibt. Zur Beschreibung der Interferenzerscheinungen benötigt man aber die Wellennatur des Lichtes. Man gerät in Konflikte, wollte man das Licht nur als Korpuskelstrahl oder nur als elektromagnetische Welle auffassen. Die experimentelle Erfahrung entschied also nicht zu Gunsten einer Auffassung, sondern, und das ist das Verblüffende, bestätigte beide Modelle.

Eine solche experimentelle Entscheidung kam gänzlich unerwartet, da naturwissenschaftliche Experimente bis dahin immer zu Gunsten *einer* Theorie aussagten, wenn sich zwei Theorien gegenseitig logisch ausschlossen. Die Konsequenz dieses Dualismus des Lichtes war die Entwicklung einer neuen Logik und Denkweise in der Naturwissenschaft. Quantitative Zusammenhänge zwischen den beiden Modellen wurden erstmals von *Planck* und *Einstein* zu Beginn des 20. Jahrhunderts abgeleitet.

Einen der kühnsten Schritte in der Geschichte der Naturwissenschaft mit weitreichenden Konsequenzen unternahm *Planck* im Jahre 1900. Zu dieser Zeit versuchte er, eine Theorie für die abgegebene Energie eines schwarzen Strahlers in Abhängigkeit von der Frequenz der emittierten Strahlung zu finden. Alle bisherigen Theorien zur Erklärung der Energieverteilung, welche die von den oszillierenden Molekülen eines schwarzen Strahlers abgegebene Energie besitzt, ergaben unbefriedigende Resultate.

Planck nahm an, daß ein schwarzer Körper aus lauter harmonischen Oszillatoren (schwingungs- und strahlungsfähige Moleküle) aufgebaut ist. Nach klassischen Vorstellungen absorbieren oder emittieren solche Oszillatoren Strahlung ihrer Eigenfrequenz, wobei Absorption und Emission kontinuierlich erfolgen. Nach *Planck* erfolgen nun diese Vorgänge *nicht kontinuierlich* sondern *quantenhaft*. Die Energie der absorbierten oder emittierten Strahlung, und folglich auch die Energie der Oszillatoren, muß daher ein ganzzahliges Vielfaches eines Energiequants sein. Die Größe dieses Quants ist proportional der Eigenfrequenz ν_0 der Oszillatoren:

$$E = h\nu_0 \ . \tag{12}$$

Die Proportionalitätskonstante h, die als Plancksche Konstante oder als *Plancksches Wirkungsquantum* bekannt ist, besitzt den Wert $6{,}6256 \cdot 10^{-34}$ Js. Sie besitzt die Dimension einer Wirkung [Energie · Zeit]. Das heißt, die eigentliche gequantelte Größe hat die Dimension einer Wirkung, die gequantelte Energie ist hingegen nur eine Folge davon.

Einstein erkannte in dem Planckschen Ausdruck (12) das Bindeglied zwischen den beiden Modellvorstellungen des Lichtes: Der Energiebetrag E ist mit der Energie eines korpuskularen Strahlungsquants identisch, wenn man die Eigenfrequenz ν_0 durch die beliebige Frequenz ν einer Strahlung ersetzt:

$$E = h\nu \quad . \tag{13}$$

Gelbes Licht besitzt z.B. nach der Wellentheorie eine Frequenz von etwa $5,2 \cdot 10^{14}$ Hz und besteht nach der Korpuskeltheorie aus einem Strahl von Quanten oder Photonen, wobei jedes Photon eine Energie von

$$E = h\nu = 6,6 \cdot 10^{-34} \cdot 5,2 \cdot 10^{14} = 3,4 \cdot 10^{-19} J \ (= 2,12 \text{ eV}) \tag{14}$$

besitzt. Nach den Gesetzen der Mechanik haben dann auch die Photonen alle Teilcheneigenschaften, die man korpuskularen Teilchen zuordnet.

Der Ausdruck (12) stellt mehr als eine gewöhnliche Beziehung zwischen Energie und Frequenz dar. Er ist gewissermaßen der Ausdruck für den Bruch mit den klassischen Theorien und der Ausgangspunkt für eine völlig neue Phase in der Entwicklungsgeschichte der Naturwissenschaften. Seit Newtons Zeiten bestand die Vorstellung, daß die Energieänderungen eines jeden Systems kontinuierlich erfolgen. Sie basierte auf den Gesetzen der klassischen Mechanik und der Bruch damit machte, zumindest für den atomaren Bereich, die Entwicklung einer neuen Mechanik, der sogenannten *Quantenmechanik* erforderlich.

3.3. Atomspektroskopie

Die experimentellen Befunde, das Kriterium für eine Theorie des Atomaufbaus, resultieren aus Beobachtungen der Wechselwirkung zwischen Strahlung und Atomen. Es gibt zwei prinzipielle Möglichkeiten zur Beobachtung dieser Wechselwirkung:

1. Man beobachtet die Strahlung, die angeregte Atome emittieren (*Emissionsspektroskopie*), oder

2. man beobachtet die Strahlung, die Atome absorbieren (*Absorptionsspektroskopie*).

Von größerer Bedeutung für den Atomaufbau ist die Emissionspektroskopie. Man betrachtet hierbei die Emission in Abhängigkeit von der Frequenz der emittierten Strahlung.

Zur Ermittlung der Frequenzabhängigkeit muß die Strahlung spektral zerlegt werden. Im Gebiet der UV-, UR- und sichtbaren Strahlung verwendet man zur Zerlegung aus Quarz bzw. Glas gefertigte Prismen oder auch Gitter. Die optische Anordnung eines

Prismenspektrographen zeigt Bild 3.2. Da der Brechungsindex des Prismas von der Frequenz der Strahlung abhängt (*Dispersion*), erfahren Strahlungsanteile mit verschiedenen Frequenzen eine verschieden starke Brechung; sie können somit räumlich getrennt werden. Das Spektrum der so zerlegten Strahlung ist dann entweder photographisch oder durch einen elektronischen Detektor registrierbar.

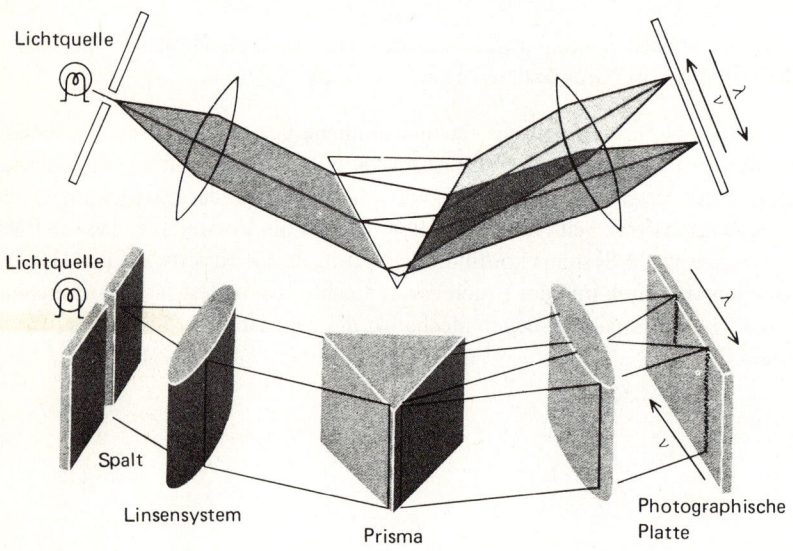

Bild 3.2. Schematische Anordnung der Optik eines Prismenspektrographen

Zur Untersuchung von Spektren außerhalb der genannten Strahlungsbereiche müssen ganz anders gebaute Spektralapparate verwendet werden, um eine Zerlegung zu erreichen. Da aber die Spektren der Atome im UV-, UR- und im sichtbaren Gebiet liegen, genügen zu ihrer Beobachtung Prismenapparate.

In der zweiten Hälfte des 19. Jahrhunderts wurden bereits sehr viele Emissionsspektren von Atomen aufgenommen. Diese Spektren (*Linienspektren*), zeigten ganz spezifische Frequenzen der emittierten Strahlung. Die meisten Atome besitzen allerdings sehr kompliziert aufgebaute Spektren (Bild 3.3a). Glücklicherweise haben einige Atome, unter anderem die Alkaliatome und das Wasserstoffatom, viel einfachere Spektren. Das Spektrum des H-Atoms zeigt Bild 3.3b. Die Überlegungen, die man dann anstellte, beschränkten sich anfangs auf eine Interpretation des H-Atomspektrums, da dieses das einfachste bekannte Spektrum war.

3.3. Atomspektroskopie

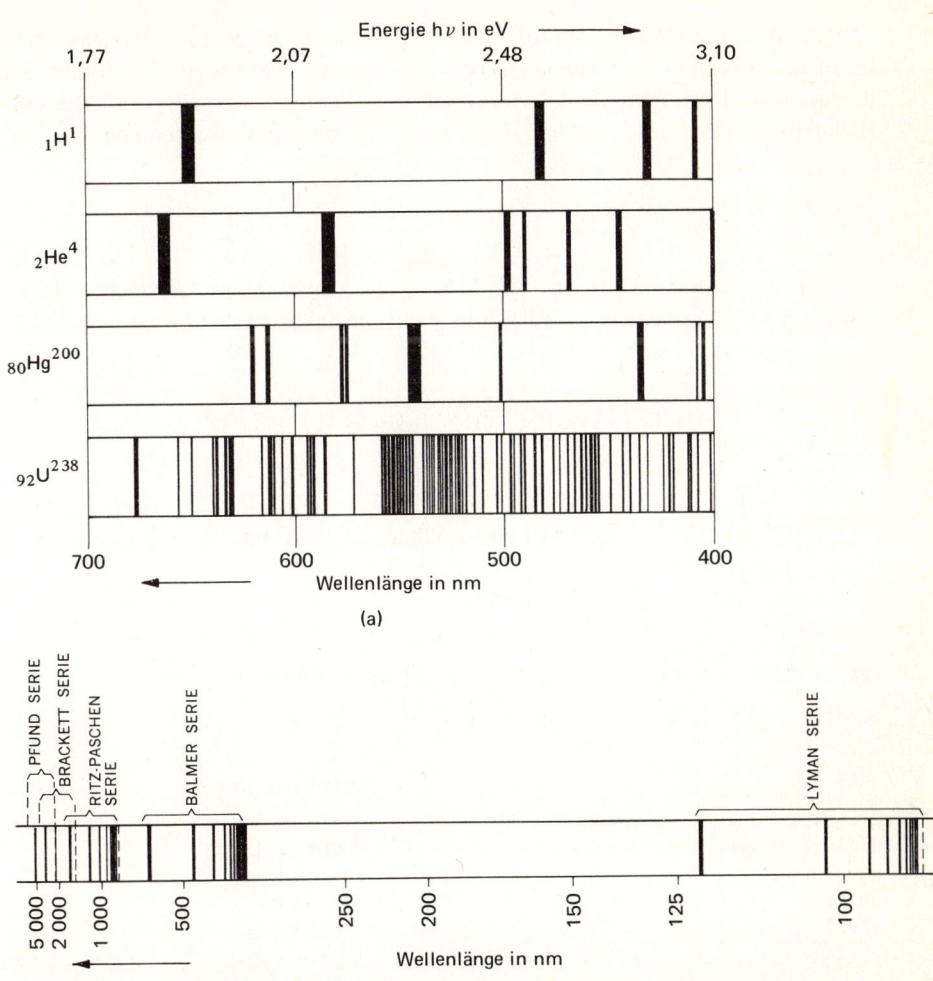

Bild 3.3. Spektren einiger Atome mit verschiedener Atomzahl im sichtbaren Gebiet (a): Spektrum des H-Atoms (b) (*G. Herzberg*: Atomic Spectra and Atomic Structure, Dover Publications, New York, 1944)

Lange Zeit bevor man den Aufbau der Atome verstand, erkannte man, daß die von angeregten Atomen emittierte Strahlung eine spezifische Eigenschaft der Atome ist. Die Kenntnis der Spektren war jedoch solange ohne jeden Wert, wie keine Beziehung zwischen den einzelnen Linien eines Spektrums gefunden werden konnte. Die Suche nach einer solchen Beziehung erfolgte rein empirisch und ohne jede theoretische Vorstellungen.

Viele fruchtlose Versuche wurden unternommen, um die beobachteten Spektrallinien als harmonische Schwingungen oder Oberschwingungen einer Grundschwingung darzustellen. 1885 fand schließlich *Balmer,* daß die Frequenzen einiger H-Atomlinien (Balmerserie) durch folgende empirische Beziehung dargestellt werden können:

$$\bar{\nu} = 1{,}09677 \cdot 10^7 \left(\frac{1}{2^2} - \frac{1}{n_1^2}\right) \text{ m}^{-1} \ . \tag{15}$$

n_1 besitzt ganzzahlige Werte: $n_1 = 3, 4, 5, \ldots$ Bald darauf konnte *Rydberg* zeigen, daß sich Gl. (15) verallgemeinern läßt und dann alle beobachteten Frequenzen der Spektrallinien korreliert:

$$\bar{\nu} = 1{,}09677 \cdot 10^7 \left(\frac{1}{n_2^2} - \frac{1}{n_1^2}\right) \text{ m}^{-1} \quad (n_1 > n_2). \tag{16}$$

Variiert man in Gl. (16) n_1 und n_2 in passender Weise (Tabelle 3.2), so bekommt man die Wellenzahlen für alle beobachteten Spektrallinien des H-Atoms. Die Linien können in Serien (benannt nach ihren Entdeckern) zusammengefaßt werden, wenn man für jede Serie einen konstanten Wert für n_2 wählt.

Tabelle 3.2: Serien des H-Atomspektrums und die Konstanten n_1 und n_2 der Rydberggleichung: $\bar{\nu} = 1{,}09677 \cdot 10^7 \left(\frac{1}{n_2^2} - \frac{1}{n_1^2}\right) \text{ m}^{-1}$

Serie	n_2	n_1	Spektralbereich
Lyman	1	2, 3, 4, ...	UV
Balmer	2	3, 4, 5, ...	Sichtbares Licht
Paschen	3	4, 5, 6, ...	UR
Brackett	4	5, 6, 7, ...	UR
Pfund	5	6, 7, 8, ...	UR

Von großer Bedeutung für die Spektroskopie war die Erkenntnis, daß auch bei der Strahlungsemission von Atomen die Energie nur in Form von Quanten abgegeben wird. Kombiniert man daher Gl. (13) mit der Rydbergformel (16), so erhält man einen Ausdruck, der das Plancksche Postulat diskreter Energiezustände implizit enthält:

$$\Delta E = 2{,}18 \cdot 10^{-18} \left(\frac{1}{n_2^2} - \frac{1}{n_1^2}\right) \text{ J} = 13{,}6 \left(\frac{1}{n_2^2} - \frac{1}{n_1^2}\right) \text{eV} \ . \tag{17}$$

Dieses Ergebnis besagt, daß das Elektron des H-Atoms, das für die Wechselwirkung mit der Strahlung verantwortlich gemacht werden muß, seine Energie nur um ganz bestimmte feste Beträge ändern kann.

Der nächste Schritt, den man bei Kenntnis der Rutherfordschen Atomvorstellungen machen muß, ist der nach der Suche eines H-Atommodells, das das genannte Verhalten des Elektrons richtig beschreibt. Man muß also das Rutherfordsche Modell, Gl. (17) entsprechend abändern. Das erste Modell, das diesen Anforderungen entsprach, kam von *Bohr*. Das zweite ist umfassender und allgemeiner und stammt von *Schrödinger* und *Heisenberg*.

3.4. Das Bohrsche Atommodell

1913 schlug *Bohr* ein Modell für das H-Atom vor, das auf den Rutherfordschen Vorstellungen beruhte, aber einige zusätzliche Postulate bezüglich des Elektrons enthielt. Das Ergebnis dieses Atommodells stand in völliger Übereinstimmung mit der Rydbergformel und konnte das Zustandekommen des H-Atomspektrums quantitativ deuten. Vielen modernen Vorstellungen über den Aufbau der Atome und Moleküle liegt dieses Bohrsche Modell zu Grunde. Obwohl es nur das Spektrum des H-Atoms, nicht aber die Spektren der anderen Atome zu erklären vermag, lohnt es sich, es trotz der ihm noch anhaftenden Mängel in all seinen Aussagen und Konsequenzen zu studieren.

Es wurden im Laufe der Zeit viele Versuche unternommen, um das Verhalten der Elektronen in den Atomen zu beschreiben. Die Hauptforderung dabei galt der Stabilität des Systems Kern-Elektron. Alle Theorien versagten in diesem Punkt, da sie auf den bekannten Gesetzen der klassischen Mechanik und Elektrodynamik aufbauten. *Bohr* riß sich von diesen klassischen Vorstellungen los und näherte sich dem Problem mit Hilfe der Planckschen Quantentheorie, deren wesentlichste Aussage die Quantenbedingung $E = h\nu_0$ ist. Er übertrug diese Bedingung, obwohl sie ursprünglich nur für die von Oszillatoren emittierte Strahlung galt, axiomatisch und scheinbar recht willkürlich auf die Strahlungsemission von Atomen. Der Erfolg seines Modells zur Erklärung des H-Atomspektrums gab ihm recht.

Das Bohrsche Modell des H-Atoms gründet sich auf folgenden Postulaten:

1. Das Elektron umkreist den Kern auf Kreisbahnen.

2. Nur solche Kreisbahnen sind erlaubt, auf denen das Elektron einen Bahndrehimpuls vom Betrag eines ganzzahligen Vielfachen von $h/2\pi$ (in abgekürzter Schreibweise $\hbar$) besitzt.

3. Das Elektron strahlt nicht, wenn es sich auf solchen ausgezeichneten Bahnen bewegt. Es kann Energie nur aufnehmen oder abgeben bei Übergängen zwischen zwei erlaubten Bahnen.

Zum 1. Postulat wäre zu bemerken, daß nach dem später von *Sommerfeld* verfeinerten Modell auch elliptische Bahnen zugelassen sind. Von *Sommerfeld* (1916) stammt auch die Verallgemeinerung des 2. Postulates, wonach das Integral, das sogenannte

Phasenintegral, des Bahnimpulses p nach der Lagekoordinate q über eine volle Periode einer atomaren oder molekularen Bewegung nur ein ganzzahliges Vielfaches von h sein kann:

$$\oint p \, dq = nh \, . \tag{18}$$

Im 2. Postulat äußert sich bereits die richtige Vorstellung der quantentheoretischen Wirkungsquantelung, während die Energie nur als Folge davon gequantelt ist. Das 3. Postulat fordert strahlungslose, stationäre Zustände des Elektrons.

Auf der Grundlage der drei Postulate berechnete *Bohr* die Radien der zugelassenen Elektronenbahnen und die Energie des Elektrons, wenn es auf diesen Bahnen kreist.

Vor dieser Rechnung einige Begriffe der klassischen Mechanik (es handelt sich dabei insbesondere um die Größen, die zur Beschreibung des Drehimpulses notwendig sind): Das Trägheitsmoment I eines um eine Achse rotierenden Massenpunkts ist mr^2, wenn m die Masse und r der Schwerpunktsabstand von der Drehachse sind. Der Betrag der Winkelgeschwindigkeit ω ist durch die Änderung des Drehwinkels θ pro Zeiteinheit: $\omega = \frac{d\theta}{dt}$ definiert; $\omega = \frac{(r \times v)}{r^2}$, wenn v die Bahngeschwindigkeit bedeutet (Bild 3.4). Der Drehimpuls eines rotierenden Körpers oder der Drehimpuls eines im Schwerpunkt gedachten Teilchens der Masse m ist dann:

$$I\omega = mr^2 \frac{(r \times v)}{r^2} = m(r \times v) = (r \times p). \tag{19}$$

Das 2. Postulat lautet dann: $mvr = n\hbar$; $n = 1, 2, 3 \ldots$ Es folgt mit $dq = r \, d\theta$ aus Gl. (18):

$$\oint p \, dq = \int_{\theta=0}^{2\pi} pr \, d\theta = 2\pi mvr = nh. \tag{20}$$

$\frac{\Delta v_r}{v} = \frac{r\Delta\theta}{r} = \Delta\theta$

$\frac{\Delta v_r}{\Delta\theta} = v$

$\frac{dv_r}{d\theta} = \lim_{\Delta\theta \to 0} \frac{\Delta v_r}{\Delta\theta} = v$

$a_r = \frac{dv_r}{dt} = v\frac{d\theta}{dt} = v\omega = \frac{v^2}{r}$

$(|r| = r, |v| = v, |v_r| = v_r,$
$\quad |a_r| = a_r)$

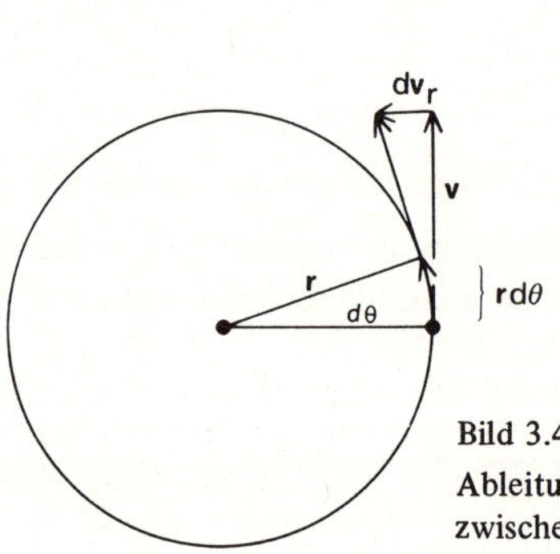

Bild 3.4
Ableitung des Zusammenhanges zwischen der Radial- und Linearbeschleunigung

3.4. Das Bohrsche Atommodell

p, r und v sind die Beträge des Bahnimpulses **p**, des Radiusvektors **r** und der Bahngeschwindigkeit **v**. Die ganzen Zahlen n bezeichnet man als Quantenzahlen. In Worten lautet Gl. (20): *Der Betrag des Drehimpulses ist in Einheiten von* $\hbar$ *gequantelt*.

Die Radien der Elektronenbahnen findet man durch Lösen der Bewegungsgleichung $F_z + F_c = 0$ (*Kräftegleichgewicht*), wobei $F_z = -ma_r = mv^2 \cdot r/r^2$ (Bild 3.4) die Zentrifugalkraft und $F_c = -e^2/4\pi\epsilon_0 \cdot r/r^3$ die ihr entgegengesetzt gerichtete Coulombsche Anziehungskraft sind, die am Elektron angreifen:

$$mv^2 \cdot \frac{r}{r^2} - \frac{e^2}{4\pi\epsilon_0} \cdot \frac{r}{r^3} = 0 \qquad (m = m_e). \tag{21}$$

Durch Einführung der Quantenbedingung (20) und durch Umformen von Gl. (21) ergibt sich für die Radien der Elektronenbahnen:

$$r_n = n^2 \frac{4\pi\epsilon_0 \hbar^2}{me^2}; \qquad n = 1, 2, 3, \ldots \tag{22}$$

Der Radius der Elektronenbahnen hängt bei Kenntnis des Wirkungsquantums h, der Masse m, der Ladung e und der Dielektrizitätskonstanten des Vakuums ϵ_0 nur vom Quadrat der Quantenzahl n ab. Setzt man die numerischen Werte für diese Größen (in SI-Einheiten) ein, so folgt:

$$r_n = n^2 \cdot 0{,}529 \text{ Å}. \tag{23}$$

Obwohl es keine direkte experimentelle Vergleichsmöglichkeit für r_n gibt, sieht man, daß diese Radien von der gleichen Größenordnung wie die gaskinetisch bestimmten Molekülradien sind. Einer direkten Prüfung kann man die Bohrsche Theorie nur durch einen Vergleich mit dem Spektrum des H-Atoms unterziehen. Die Energiedifferenzen der erlaubten Elektronenbahnen müssen mit der Energie der emittierten Strahlungsquanten identisch sein.

Die kinetische Energie T und die potentielle Energie V eines Elektrons im Kraftfeld des Kernes betragen:

$$T = \frac{1}{2} mv^2, \tag{24}$$

$$V = -\frac{e^2}{4\pi\epsilon_0 r}. \tag{25}$$

V(r) ist in Bild 3.5 graphisch dargestellt. Der Nullpunkt der Energieskala ist durch den unendlichen Abstand des Elektrons vom Kern definiert. Alle Werte für die potentielle Energie des Systems sind daher negativ. Die Gesamtenergie E des Systems Kern-Elektron ist deshalb durch die Summe von T und V gegeben:

$$E = T + V = \frac{1}{2} mv^2 - \frac{e^2}{4\pi\epsilon_0 r}. \tag{26}$$

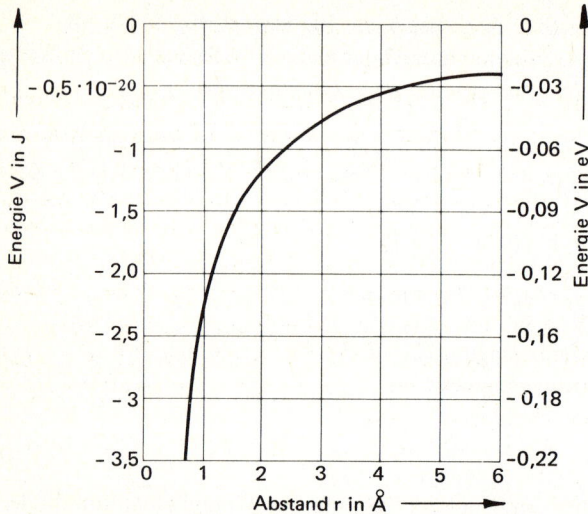

Bild 3.5
Coulombsches Gesetz:
Potentielle Energie zweier
Ladungen +e und −e
als Funktion ihres Abstandes r
(in SI-Einheiten:
$V = -\dfrac{e^2}{4\pi\epsilon_0 r}$)

Da nach Gl. (21) $\frac{1}{2}mv^2 = \frac{1}{2}\dfrac{e^2}{4\pi\epsilon_0 r}$ ist (vgl. Virialsatz der Mechanik), bekommt man:

$$E = -\frac{e^2}{8\pi\epsilon_0 r}. \tag{27}$$

Setzt man in Gl. (27) für r den Ausdruck für den Bohrschen Radius (Gl. (22)) ein, so erhält man schließlich für die Gesamtenergie:

$$E_n = -\frac{me^4}{32\pi^2\epsilon_0^2\hbar^2}\frac{1}{n^2} \tag{28}$$

Bei Division dieses Ausdrucks durch hc bekommt man die Gesamtenergie des Elektrons als Wellenzahl:

$$\bar{\nu}_n = -\frac{me^4}{8h^3 c\epsilon_0^2}\frac{1}{n^2}. \tag{29}$$

Führt man die Abkürzung $me^4/8h^3 c\epsilon_0^2 = R$ ein und setzt für m, h, c und ϵ_0 die numerischen Werte ein, dann ergibt sich für die Wellenzahl $\bar{\nu}_n$:

$$\bar{\nu}_n = -\frac{R}{n^2} = -\frac{1{,}09735 \cdot 10^7}{n^2}\,\text{m}^{-1}. \tag{30}$$

Die Konstante R setzt sich aus lauter Elementarkonstanten zusammen. Sie wird als *Rydbergkonstante* des H-Atoms bezeichnet und besitzt den Wert $1{,}09735 \cdot 10^7\,\text{m}^{-1}$.
Für m müßte eigentlich die reduzierte Masse des Elektrons

$$\frac{m_{\text{Kern}} m_e}{m_e + m_{\text{Kern}}} \qquad (m_{\text{Kern}} = m_{\text{Proton}}) \tag{31}$$

3.4. Das Bohrsche Atommodell

eingesetzt werden. Man gelangt dann für die Rydbergkonstante R_H zum Wert $1{,}096\,77 \cdot 10^7\,\text{m}^{-1}$, der mit dem empirisch gefundenen Wert vollkommen übereinstimmt.

Zusammenfassend läßt sich feststellen, daß jede erlaubte Elektronenbahn durch eine Quantenzahl n charakterisiert wird, einen definierten Radius r_n und eine definierte Energie E_n besitzt. Die Elektronenbahn mit der kleinstmöglichen Quantenzahl (n = 1) ist die Bahn, die das Elektron im Grundzustand besetzt; alle anderen Bahnen (n > 1) besitzen höhere Energie. Die Energieniveaus und die Radien der Bahnen mit n = 1, 2, 3, 4 sind in Bild 3.6 schematisch dargestellt. Ein Elektron auf einer Bahn mit n > 1 wird als *angeregtes* Elektron bezeichnet; gleicherweise heißt das betreffende Atom *angeregtes* Atom. Es kann seine überschüssige Energie in Form von Strahlungsquanten abgeben, wenn das Elektron auf eine Bahn mit kleinerer Quantenzahl springt. Die abgegebene Energie, identisch mit der Energie des Strahlungsquants, ist dann gleich der Energiedifferenz der beiden Elektronenbahnen (*Bohrsche Frequenzbedingung*).

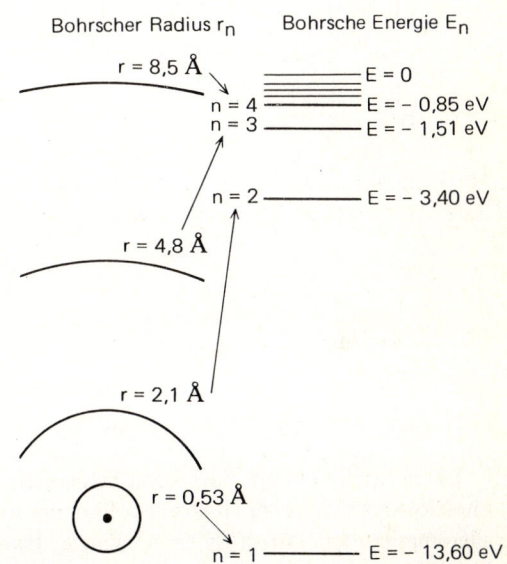

Bild 3.6
Bohrsche Radien und Energien erlaubter Elektronenbahnen des H-Atoms

Besetzt ein Elektron ein Energieniveau mit $n = n_1$ und springt es dann auf ein Niveau mit $n = n_2$, wobei n_1 größer als n_2 sein soll, dann emittiert das Atom Quanten der Energie:

$$\Delta E = hcR_H \left(\frac{1}{n_2^2} - \frac{1}{n_1^2} \right) \quad . \tag{32}$$

n_1 und n_2 können beliebige Werte annehmen, nur muß n_1 größer als n_2 sein. Dieses Ergebnis der Bohrschen Theorie entspricht der empirisch gefundenen Rydbergformel. Das Zustandekommen des H-Atomspektrums versteht man am leichtesten an Hand von Bild 3.7, in dem Übergänge zwischen den Energieniveaus E_n graphisch dargestellt sind.

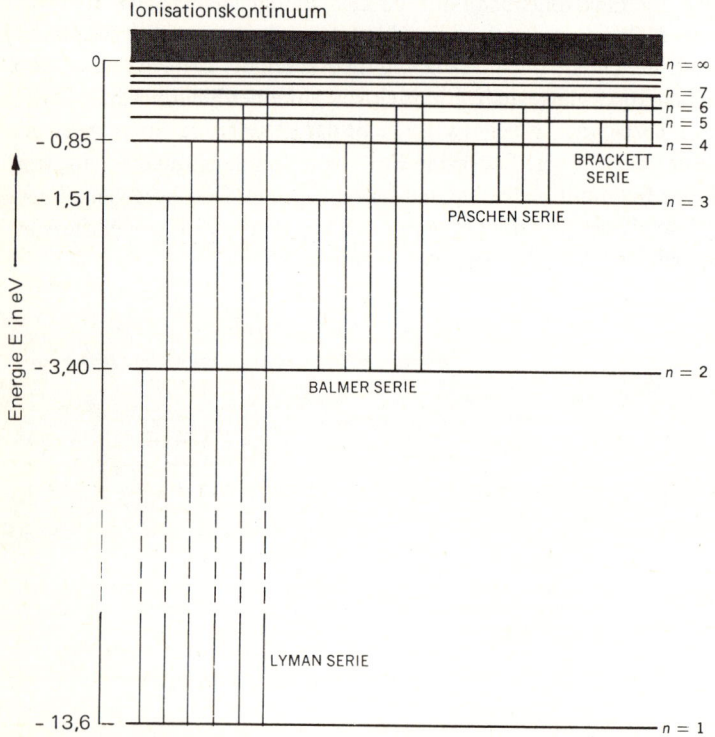

Bild 3.7. Spektralserien des H-Atoms im Bohrschen Energieschema

Die Bohrsche Theorie darf somit behaupten, daß ihr Modell das Zustandekommen des Emissionsspektrums des H-Atoms vollkommen erklärt. Der Triumph dieser Theorie war allerdings nur von kurzer Dauer. Versuche, diese Theorie auch auf Atome mit mehreren Elektronen auszudehnen, blieben erfolglos. Auch eine Erklärung des Phänomens der chemischen Bindung konnte sie nicht geben. Außerdem könnte man daran Anstoß nehmen, daß sie Gesetze der klassischen Mechanik und Elektrodynamik mit axiomatischen Quantenbedingungen kombiniert, also in Wirklichkeit keine geschlossene Theorie ist.

3.5. Wellennatur der Materie

Zehn Jahre nach *Bohrs* großem, aber begrenztem Erfolg machte *de Broglie* den Vorschlag, den Elementarteilchen, und damit auch den Elektronen, Welleneigenschaften zuzuordnen. Dieser Vorschlag kam von *de Broglie* einige Jahre vor dem experimentellen

3.5. Wellennatur der Materie

Beweis durch *Davisson* und *Germer*. Er wies den Weg zur Entwicklung der Quantenmechanik durch *Heisenberg* und *Schrödinger*.

De Broglie faszinierte die Tatsache, daß *Bohr* Quantenbedingungen postulieren mußte, um das Verhalten der Elektronen befriedigend beschreiben zu können. Er vermutete einen Zusammenhang zwischen diesen Quantenzahlen und den ganzzahligen Konstanten, die bei der klassischen Beschreibung stehender Wellen oder Schwingungen auftreten. Wie Photonen durch elektromagnetische Wellen so müßte ein Teilchenstrahl durch Materiewellen beschrieben werden können. *De Broglie* charakterisierte diese Materiewellen durch die verallgemeinerte Plancksche Beziehung $E = h\nu$ und das Einsteinsche Energieäquivalenzprinzip

$$E = mc^2 , \qquad (33)$$

das aus der speziellen Relativitätstheorie folgt. Setzt man beide Ausdrücke gleich, so erhält man für Photonen:

$$h\nu = mc^2 . \qquad (34)$$

Mit $\lambda = \frac{c}{\nu}$ folgt weiter:

$$\lambda = \frac{c}{\nu} = \frac{h}{mc} . \qquad (35)$$

Nach *de Broglie* gilt dieser Ausdruck aber auch für einen Teilchenstrahl mit der Geschwindigkeit v:

$$\lambda = \frac{h}{mv} = \frac{h}{p} . \qquad (36)$$

Ein Teilchenstrom, dessen Teilchen die Masse m, die Geschwindigkeit v und den Impuls p (= mv) besitzen, kann somit durch eine Welle mit der Wellenlänge $\lambda = \frac{h}{p}$ beschrieben werden.

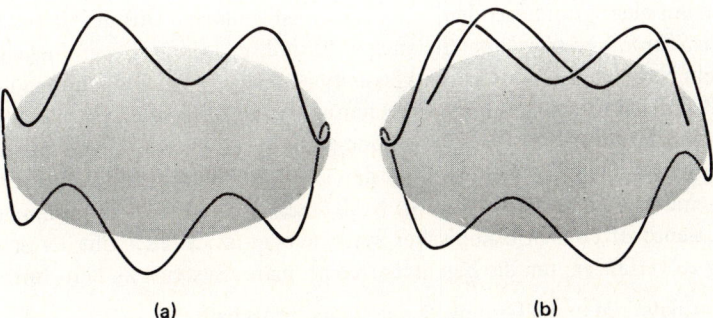

Bild 3.8. De Brogliewelle eines Elektrons auf einer Bohrschen Elektronenbahn; Welle mit löschender Interferenz (b), stehende Welle (a)

Einem sich auf einer Kreisbahn um den Kern bewegenden Elektron läßt sich daher ebenfalls eine Materiewelle zuordnen. Befindet sich das Elektron auf einer beliebigen Bahn, so wird die Materiewelle interferieren und sich mehr oder weniger löschen (Bild 3.8). Nur für einige ausgezeichnete Bahnen wird keine Löschung eintreten, sondern eine stehende Materiewelle resultieren. Die Bedingung für diesen Sonderfall stehender Wellen lautet:

$$2\pi r = n\lambda \; ; \tag{37}$$

n ist eine ganze Zahl und gleich oder größer als 1. Es hängt also vom Radius r der Elektronenbahn ab, ob eine stehende Welle zustandekommt oder nicht. Setzt man für λ den Ausdruck (36) ein, so findet man genau das Postulat, das *Bohr* axiomatisch in sein Modell einführen mußte:

$$mvr = n \cdot \hbar \qquad n = 1, 2, 3, \ldots . \tag{38}$$

Die Gültigkeit der de Broglieschen Beziehung (Gl. (36)) wurde von *Davisson* und *Germer* experimentell bestätigt.

3.6. Konzept der Quantenmechanik

Obwohl man bald erkannt hatte, daß der Atomaufbau durch die Gesetze der klassischen Mechanik und Elektrodynamik nicht erklärt werden konnte, besaß man keine klare Vorstellung davon, wie und in welchem Ausmaß diese Gesetze revidiert werden mußten. Bohrs Atomtheorie basierte auf eben diesen klassischen Grundlagen, denen Quantenbedingungen hinzugefügt werden mußten. 1926 entwickelten *Heisenberg* und *Schrödinger*, unabhängig voneinander, eine neue Theorie der Mechanik, die *Quantenmechanik*, die die klassische Mechanik als Grenzfall enthält. Die Theorien von *Heisenberg* und *Schrödinger* unterscheiden sich nur im mathematischen Formalismus: *Heisenberg* benutzte Matrizendarstellungen und *Schrödinger* die Darstellung durch Differentialgleichungen. Da die letztere dem Chemiker eher zusagt, wird sie auch in diesem Buch verwendet. Sie basiert im wesentlichen auf einer grundlegenden, axiomatisch eingeführten Differentialgleichung, der sogenannten *Schrödingergleichung*. Sie entspricht in ihrer axiomatischen Form gewissermaßen dem Newtonschen Gesetz der klassischen Mechanik. Hinzu kommen noch einige weitere Postulate, die die konkrete Berechnung von Eigenschaften atomarer Systeme erlauben. Die Newtonschen Axiome werden nicht durch die Schrödingergleichung ersetzt, sondern sie behalten ihre Gültigkeit für den Grenzfall der Behandlung makroskopischer Systeme bei. Genauso wie man die Newtonschen Axiome zur Berechnung mechanischer Eigenschaften makroskopischer Systeme benutzt, ist auch mit der Schrödingergleichung zu verfahren, um die Eigenschaften atomarer Systeme zu berechnen.

Folgende Postulate bilden die Grundlage der Quantenmechanik:

1. Jeder Zustand eines atomaren Systems mit einem Freiheitsgrad wird durch eine *Wellenfunktion* (Zustandsfunktion) Ψ (x, t) beschrieben.

3.6. Konzept der Quantenmechanik

2. Die *Wellengleichung* (Zustandsgleichung) für $\Psi(x, t)$, die sogenannte Schrödingergleichung, erhält man aus der Gesamtenergie $E = p_x^2/2m + V(x)$, indem man die klassischen Größen durch *Operatoren* ersetzt und auf $\Psi(x, t)$ wirken läßt.

Klassische Größe	Operator
x (Ort)	x
p_x (Impuls mv_x)	$\frac{\hbar}{i} \frac{\partial}{\partial x}$ ($i = \sqrt{-1}$)
E (Gesamtenergie)	$-\frac{\hbar}{i} \frac{\partial}{\partial t}$

3. Die Wellenfunktion $\Psi(x, t)$ soll über den ganzen Bereich der Variablen x endlich, eindeutig und differenzierbar sein.

4. Die Wellenfunktion $\Psi(x, t)$ wird so normiert, daß

$$\int_x \Psi^*(x, t) \Psi(x, t) \, dx = 1$$

ist.

5. Der Erwartungswert $\overline{P}$ einer experimentell beobachtbaren Größe P mit dem Operator **P** wird auf folgende Weise gebildet:

$$\overline{P} = \int_x \Psi^*(x, t) \, \mathbf{P} \, \Psi(x, t) \, dx \; .$$

Was bedeuten nun die einzelnen Postulate physikalisch? In der klassischen Mechanik hat man es mit experimentell beobachtbaren Größen, wie Ort x, Impuls p, Gesamtenergie E(x, p) usw. zu tun. In der Quantenmechanik spielen diese Größen eine vollkommen neue Rolle. Sie werden zu Operatoren (2. Postulat), die erst einen physikalischen Sinn bekommen, wenn sie auf die Wellenfunktion $\Psi(x, t)$ wirken. Operatoren sind Rechenvorschriften. $\frac{d}{dx}$ ist z.B. der Operator für das Differenzieren. Die Wellenfunktion $\Psi(x, t)$ (1. Postulat) selbst ist keine beobachtbare Größe und besitzt daher auch keinen physikalisch reellen Sinn. Sie wird erst durch die Produktbildung mit ihrer komplex-konjugierten Wellenfunktion $\Psi^*(x, t)$ physikalisch sinnvoll. Das Produkt $\Psi^*\Psi \, dx$ ist ein Maß für die Wahrscheinlichkeit (4. Postulat), mit der man ein Teilchen in einem bestimmten Ortsintervall von x bis x + dx antreffen kann. Die Wahrscheinlichkeit, es überhaupt innerhalb des Bereiches der Variablen x anzutreffen, muß 1 sein. Die Quantenmechanik kann ursächlich keine exakten Angaben über den Ort eines Teilchens machen. Dies kommt am klarsten in der *Heisenbergschen Unschärferelation* zum Ausdruck, wonach das Produkt der Unsicherheiten, die bei der gleichzeitigen Messung des Impulses und des Ortes eines Teilchens auftreten, mindestens von der Größenordnung von $\hbar$ ist:

$$\Delta p \cdot \Delta x \geqslant \hbar \; . \tag{39}$$

Dies bedeutet, daß man entweder nur den Ort oder nur den Impuls bzw. die Geschwindigkeit eines Teilchens genau angeben kann. Der Mangel an einer solchen Information beruht jedoch nicht auf einem Mangel der Quantenmechanik oder auf zu ungenauen und noch verbesserbaren Meßmethoden, sondern ist ein spezifisches Phänomen der Physik atomarer Dimensionen. Daß die Wellenfunktion $\Psi(x, t)$ die im 3. Postulat geforderten mathematischen Eigenschaften besitzen soll, ist physikalisch am leichtesten an Hand eines konkreten Beispiels zu verstehen, das im nächsten Abschnitt gebracht wird. Mit Hilfe des 5. Postulats gelingt es, die quantenmechanisch berechneten Größen direkt mit dem Experiment zu vergleichen. Dieses Postulat stellt im Prinzip eine Mittelwertbildung (vgl. Abschnitt 2.6) dar. Diese ist aus statistischen Gründen notwendig, da sich makroskopisch immer nur eine Vielzahl (Gesamtheit) von atomaren Systemen (Atome, Moleküle) beobachten läßt.

Führt man das 2. Postulat algebraisch durch, so gewinnt man die *zeitabhängige* Schrödingergleichung:

$$-\frac{\hbar}{2m}\frac{\partial^2}{\partial x^2}\Psi(x,t) + V(x)\Psi(x,t) = -\frac{\hbar}{i}\frac{\partial}{\partial t}\Psi(x,t) \ . \tag{40}$$

Sie ist mathematisch gesehen eine lineare, partielle Differentialgleichung; physikalisch gesehen gestattet sie die Behandlung zeitabhängiger Vorgänge in atomaren Systemen (z.B. Strahlungsvorgänge). Da man sich aber im Bereich der Chemie vornehmlich mit stationären (zeitunabhängigen) Systemen befaßt, genügt zu ihrer Behandlung die *zeitunabhängige* Schrödingergleichung. Man erhält sie durch eine Separation von Gl. (40) in einen zeitabhängigen und einen zeitunabhängigen Anteil mit Hilfe des Ansatzes

$$\Psi(x,t) = \psi(x)\,\phi(t) \ . \tag{41}$$

Setzt man diesen Ansatz in Gl. (40) ein und dividiert durch $\psi(x)\,\phi(t)$, so ergibt sich

$$\frac{1}{\psi(x)}\left[-\frac{\hbar^2}{2m}\frac{d^2}{dx^2}\psi(x) + V(x)\psi(x)\right] = -\frac{\hbar}{i}\frac{1}{\phi(t)}\frac{d}{dt}\phi(t) \ (=\epsilon) \ . \tag{42}$$

Da die linke Seite von Gl. (42) nur eine Funktion von x, und die rechte Seite nur eine Funktion von t ist, muß Gl. (42) für alle Werte dieser Variablen gelten, da x und t unabhängige Variable sind. Das ist aber nur der Fall, wenn beide Seiten konstant sind. Bezeichnet man die Konstante mit ϵ, so erhält man einen zeitabhängigen Anteil, der nun nicht weiter interessieren soll, und einen zeitunabhängigen, die *zeitunabhängige* Schrödingergleichung:

$$-\frac{\hbar^2}{2m}\frac{d^2}{dx^2}\psi(x) + V(x)\psi(x) = \epsilon\,\psi(x) \ . \tag{43}$$

Schreibt man für den Operator der Gesamtenergie E (*Hamiltonoperator*):

$$H = -\frac{\hbar^2}{2m}\frac{d^2}{dx^2} + V(x) \ , \tag{44}$$

3.7. Teilchen in einem eindimensionalen Potentialtopf

so lautet die (zeitunabhängige) Schrödingergleichung in einfacher Schreibweise:

$$\mathbf{H}\,\psi(x) = \epsilon \cdot \psi(x) \ . \tag{45}$$

Gl. (45) ist der Spezialfall einer allgemeinen Gleichung, der sogenannten *Eigenwertgleichung*, angewendet auf die stationäre Gesamtenergie eines Systems:

$$\text{Operator}\,\psi(x) = \text{Eigenwert} \cdot \psi(x) \ . \tag{46}$$

Diese Gleichung besitzt Lösungen $\psi_n(x)$, *Eigenfunktionen* genannt, nur für ganz bestimmte Eigenwerte der makroskopisch beobachtbaren Größe, aus der der Operator gebildet worden ist. In Gl. (45) hat der Eigenwert ϵ die Dimension einer Energie, Lösungen existieren nur für ganz bestimmte Werte ϵ_n. Diese Eigenwerte sind somit *Energieeigenwerte* für den stationären Zustand eines Systems.

Eigenwerte einer experimentell beobachtbaren Größe P gibt es nur, wenn die Bedingung $\overline{P^n} = (\overline{P})^n$ erfüllt ist, d.h., wenn $\psi(x)$ eine Eigenfunktion von P^n ist (n: beliebige ganze Zahl). Nur dann gilt

$$\overline{P^n} = \int_x \psi^*(x)\,P^n\,\psi(x)\,dx = (\overline{P})^n \ , \tag{47}$$

und es ist der Erwartungswert mit dem Eigenwert der experimentell beobachtbaren Größe identisch. Jede Messung dieser Größe ergibt, sehr oft durchgeführt, den gleichen Wert. Ist die Bedingung nicht erfüllt, werden bei jeder Messung verschiedene Werte gefunden. Ihr Mittelwert ist dann mit dem Erwartungswert nach dem 5. Postulat identisch.

Bei der Anwendung der Schrödingergleichung auf das H-Atom stellt sich heraus, daß die Energieeigenwerte ϵ_n mit den Bohrschen Energien E_n identisch sind, nicht aber der Erwartungswert $\bar{r}$ des Radius r mit dem Bohrschen Radius r_n. Für diese Aussagen benötigt man nur die Kenntnis des Potentials (bzw. der potentiellen Energie), das durch die Coulombanziehung gegeben ist, und die Elektronenmasse.

3.7. Teilchen in einem eindimensionalen Potentialtopf

Genauso wie man einmal lernen mußte, mit der Newtonschen Bewegungsgleichung umzugehen, muß man auch mit der Schrödingergleichung rechnen lernen. Es ist daher recht nützlich, zur Einführung ein ganz einfaches System atomarer Dimension quantenmechanisch zu behandeln. Das System bestehe aus einem Teilchen der Masse m in einem eindimensionalen Potentialtopf mit unendlich hohen Wänden (Bild 3.9). Gegeben sind somit V(x) und die Masse des Teilchens. Gesucht sind im Hinblick auf chemische Fragestellungen die Energieeigenwerte ϵ_n und die Eigenfunktionen $\psi_n(x)$ bzw. die Wahrscheinlichkeitsdichte $\psi_n^*(x)\,\psi_n(x)$ des Teilchens.

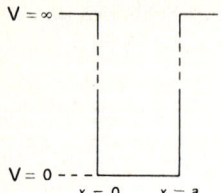

Bild 3.9
Eindimensionaler Potentialtopf mit unendlich hohen Wänden

Zur Beantwortung dieser Fragen muß die Energieeigenwertgleichung (zeitunabhängige Schrödingergleichung) mit den gegebenen Randbedingungen des Systems gelöst werden. Es zeigt sich, daß Lösungen dieser Gleichung $\psi_n(x)$ nur bei bestimmten Eigenwerten der Energie ϵ_n existieren. Das Quadrat der Eigenfunktionen ist dann ein Maß für die Wahrscheinlichkeit, daß man bei einer Messung das Teilchen an einem bestimmten Ort x antrifft.

Dieses quantenmechanische Beispiel stellt aber nicht nur eine reine Rechenübung dar, sondern ist gleichzeitig das Modell für einige molekulare Systeme. Die Elektronen in einem Metall haben z.B. eine potentielle Energie, die etwa dem in **Bild 3.9 gezeichneten** Potentialverlauf entspricht. Der wirkliche Potentialverlauf besitzt allerdings keine unendlich hohen Wände. Von mehr chemischem Interesse ist die Tatsache, daß die Energie der π-Elektronen in einem System konjugierter Doppelbindungen ebenfalls durch einen solchen Potentialtopf angenähert werden kann.

Zwischen $x = 0$ und $x = a$ soll das Potential $V(x) = 0$, außerhalb dieser Grenzen $V(x) = \infty$ sein. Die Wahrscheinlichkeit, das Teilchen außerhalb des Topfes zu finden, ist daher sicher null. Da $\psi^2(x)$ für $x < 0$ und $x > a$ also verschwindet, muß $\psi^2(a) = \psi^2(0) = 0$ sein. Im Bereich $0 < x < a$ muß $\psi(x)$ (4. Postulat) stetig, endlich und eindeutig sein. Für diesen Bereich mit $V(x) = 0$ lautet dann die Schrödingergleichung $\mathbf{H}\psi = \epsilon \cdot \psi$:

$$-\frac{\hbar^2}{2m} \frac{d^2}{dx^2} \psi(x) = \epsilon\, \psi(x) \ . \tag{48}$$

Gl. (48) besitzt die Form der allgemeinen Differentialgleichung

$$y'' + k^2 y = 0 \qquad (y'' = \frac{d^2 y}{dx^2}) \ , \tag{49}$$

wenn $k = \sqrt{\frac{2m\epsilon}{\hbar^2}}$ ist. Ihre Lösungen sind die trigonometrischen Funktionen $\sin(kx)$ und $\cos(kx)$. Da nach der Theorie der Differentialgleichungen die Superposition von Lösungen ebenfalls Lösungen ergibt, gilt als allgemeine Lösung von Gl. (49):

$$y = A \sin(kx) + B \cos(kx) \ . \tag{50}$$

Für Gl. (48) folgt daher als Lösung:

$$\psi(x) = A \sin \sqrt{\frac{2m\epsilon}{\hbar^2}}\, x + B \cos \sqrt{\frac{2m\epsilon}{\hbar^2}}\, x \ . \tag{51}$$

3.7. Teilchen in einem eindimensionalen Potentialtopf

Die Lösung ist nun den gegebenen Randbedingungen anzupassen: $\psi(x)$ muß an der Stelle $x = 0$ und $x = a$ nach dem vorher Gesagten null sein. Diese Bedingung erfüllt aber nur die Sinusfunktion, und sie auch nur dann, wenn

$$\sqrt{\frac{2m\epsilon}{\hbar^2}}\, a = n\pi, \qquad n = 1, 2, 3, \ldots \tag{52}$$

Daraus ergibt sich die Energieeigenwertbedingung:

$$\epsilon_n = \frac{n^2 h^2}{8ma^2} \, . \tag{53}$$

Setzt man diesen Ausdruck für ϵ in Gl. (51) ein und berücksichtigt, daß nur die Sinusfunktion geeignete Lösungen liefert, so erhält man für die Eigenfunktionen

$$\psi_n(x) = A \sin\left(\frac{n\pi x}{a}\right), \qquad n = 1, 2, 3, \ldots \tag{54}$$

wobei der Faktor A durch die Normierungsbedingung nach dem 4. Postulat festgelegt ist.

Durch Gl. (53) sind die Energieeigenwerte des Problems gefunden. Lösungen (Eigenfunktionen) existieren nur, wenn Gl. (53) erfüllt ist. Eigenwerte und Eigenfunktionen werden durch die Quantenzahl n charakterisiert. n besitzt ganzzahlige Werte von gleich oder größer 1. Die triviale Lösung mit $n = 0$ ist keine physikalisch sinnvolle Lösung, da $\psi(x)$ und $\psi^2(x)$ null sind und sich danach das Teilchen nirgendwo aufhält. Niveaus zu den Eigenwerten ϵ_n, die Eigenfunktionen $\psi_n(x)$ und das Quadrat der Eigenfunktionen dieses Problems sind in Bild 3.11 schematisch dargestellt.

Während die diskreten Energiezustände beim Bohrschen Modell über die Quantenbedingung des Drehimpulses axiomatisch postuliert wurden, ergeben sie sich hier zwanglos als Eigenwerte der Wellengleichung. Diese Wellengleichung ist formal nichts anderes als eine klassische Schwingungsgleichung, die nur unter gewissen Randbedingungen Eigenwerte hat.

Wählt man die Lösungen $\psi_n(x)$ und damit die Konstante A so, daß die Wahrscheinlichkeit, das Teilchen im Bereich $0 < x < a$ aufzufinden, gleich 1 ist (4. Postulat), dann bezeichnet man die Eigenfunktionen als normiert. Diese Forderung entspricht der mathematischen Formulierung (vgl. Abschnitt 2.6):

$$\int_{x=0}^{x=a} \psi^*(x)\,\psi(x)\,dx = 1 \, . \tag{55}$$

Setzt man in Gl. (55) für ψ und ψ^* Gl. (54) ein ($\psi = \psi^*$) und integriert von $x = 0$ bis $x = a$, so erhält man für A den Wert:

$$A = \sqrt{\frac{2}{a}} \, . \tag{56}$$

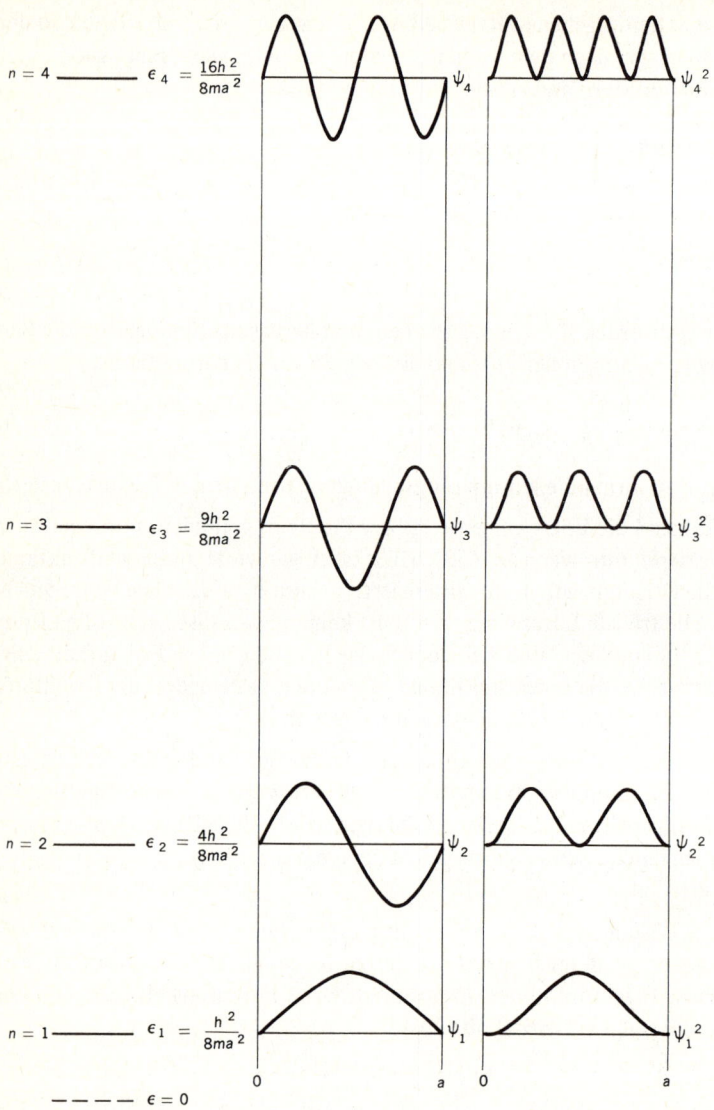

Bild 3.10. Graphische Darstellung der Energieeigenwerte ϵ_n, der Eigenfunktionen ψ_n und von ψ_n^2, erhalten durch Lösen der zeitunabhängigen Schrödingergleichung für den in Bild 3.9 gezeichneten Potentialverlauf

3.7. Teilchen in einem eindimensionalen Potentialtopf

Die normierten Eigenfunktionen lauten nun:

$$\psi_n(x) = \sqrt{\frac{2}{a}} \sin\left(\frac{n\pi x}{a}\right) \quad . \tag{57}$$

Die Wahrscheinlichkeiten ψ_n^2 (siehe Bild 3.10) können durch klassische Vorstellungen nicht verstanden werden. Es wäre undenkbar, einem Körper makroskopischer Ausdehnung solche Aufenthaltswahrscheinlichkeiten zuzuschreiben, wonach er sich an bestimmten Orten überhaupt nicht aufhalten darf.

Aus der quantenmechanischen Behandlung des sehr einfachen Modells eines Teilchens in einem eindimensionalen Potentialtopf können bereits einige wertvolle physikalische Aussagen abgeleitet werden, wenn dieses Modell spezifiziert wird.

Der Potentialtopf sei 3 Å breit, von unendlich hohen Wänden umgeben, und ein darin befindliches Elektron besitze die potentielle Energie V = 0. Nach der Eigenwertbedingung Gl. (53) ergibt sich die Energie des Elektrons zu

$$\epsilon_n = \frac{n^2 h^2}{8ma^2} = n^2 \cdot 6{,}6 \cdot 10^{-19} \, \text{J},$$

wenn man die spezifischen Daten $h = 6{,}625 \cdot 10^{-34}\,\text{J s}$, $m_e = 9{,}109 \cdot 10^{-31}\,\text{kg}$ und $a = 3 \cdot 10^{-10}\,\text{m}$ einsetzt. Normalerweise besetzt das Elektron das unterste Energieniveau (Grundzustand). Absorbiert es Strahlung durch einen Übergang n = 1 ⟶ n = 2, oder emittiert es Strahlung durch einen Übergang n = 2 ⟶ n = 1, so ist die Wellenlänge der Strahlung prinzipiell meßbar. Die Energiedifferenz dieser Übergänge ist

$$\Delta\epsilon = 6{,}6 \cdot 10^{-19}(2^2 - 1^2) = 2{,}0 \cdot 10^{-18}\,\text{J} = 12{,}5\,\text{eV}\,.$$

Die Wellenlänge der absorbierten bzw. emittierten Strahlung beträgt daher mit $\Delta\epsilon = h\nu$ und $\lambda = \frac{c}{\nu}$ etwa 100 nm. Diese Wellenlänge liegt im Bereich der UV-Strahlung, wo man auch tatsächlich (Abschnitt 3.3) Übergänge von atomaren und molekularen Systemen beobachtet. Man darf dieses sehr einfache Modell in guter, wenn auch nur in erster Näherung zur Beschreibung gewisser atomarer Systeme (z.B. π-Elektronen in einem System konjugierter Doppelbindungen) verwenden. Atome und Moleküle selbst erfordern aber in erster Linie ein dreidimensionales Modell.

Es ist sehr instruktiv, die diskreten Energieeigenwerte eines solchen Elektrons in J mol^{-1} zu berechnen und ihre Differenzen mit den Energien zu vergleichen, die man für Moleküle aus gaskinetischen Betrachtungen erhält. Die Energie der Eigenwerte beträgt:

$$\epsilon_n = n^2 \cdot 6{,}6 \cdot 10^{-19} \cdot 6{,}022 \cdot 10^{23} = n^2 \cdot 398\,\text{kJ mol}^{-1}\,.$$

Man erkennt, daß die Energie für einen Übergang n = 1 ⟶ n = 2 im Vergleich zur mittleren Translationsenergie von $\frac{1}{2}RT = 1{,}24\,\text{kJ mol}^{-1}$ bei Zimmertemperatur etwa 300 mal größer ist.

3.8. Teilchen in einem dreidimensionalen Potentialtopf

Befindet sich das Teilchen nicht in einem eindimensionalen sondern in einem dreidimensionalen Potentialtopf atomarer Ausdehnung, dann sieht die Lösung dieses Problems ähnlich aus. Ex existieren wieder nur Lösungen der Schrödingergleichung, wenn die Energie, nun charakterisiert durch *drei* Quantenzahlen, bestimmte Eigenwerte besitzt.

Die Schrödingergleichung ist ohne große Schwierigkeiten auch auf Teilchen in einem dreidimensionalen Potentialtopf, der eine kubische Geometrie besitzt (Bild 3.11), anwendbar. Ein solches Modell wird der quantitativen Beschreibung von Gasmolekülen eher gerecht als das eindimensionale Modell. Bei dreidimensionalen Problemen ist das Potential immer eine Funktion dreier Raumkoordinaten und in diesem speziellen Fall eine Funktion der kartesischen Raumkoordinaten x, y, z. Wendet man dieses Modell

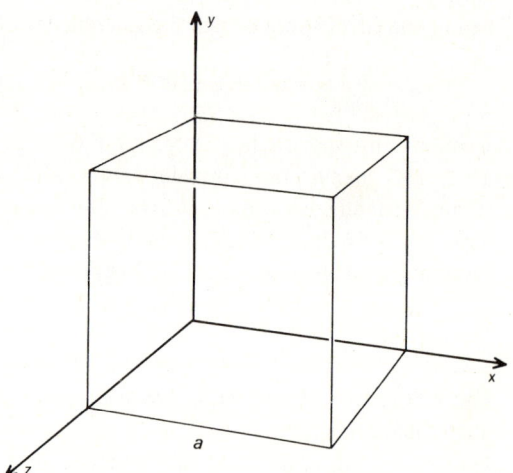

Bild 3.11
Dreidimensionaler Potentialtopf mit unendlich hohen Wänden; Potential innerhalb der Wände V = 0 und außerhalb V = ∞

auf Gasmoleküle an, dann hat der Potentialtopf makroskopische Ausdehnung. Innerhalb des Potentialtopfs (Würfel) soll das Potential der Moleküle einen endlichen und außerhalb einen unendlich hohen Wert besitzen. Die dreidimensionale Schrödingergleichung $H\psi = \epsilon\psi$ lautet dann:

$$-\frac{\hbar^2}{2m}\left(\frac{\partial^2}{\partial x^2} + \frac{\partial^2}{\partial y^2} + \frac{\partial^2}{\partial z^2}\right)\psi(x,y,z) + V(x,y,z)\psi(x,y,z) = \epsilon\psi(x,y,z) \ . \quad (58)$$

Die Lösungen dieser Differentialgleichung sind Funktionen aller drei Koordinaten x, y, z. Zur Lösung kann der Produktansatz

$$\psi(x,y,z) = \psi(x) \cdot \psi(y) \cdot \psi(z)$$

3.8. Teilchen in einem dreidimensionalen Potentialtopf

gemacht werden, da der Gesamtverlauf des Potentials für diesen speziellen Fall durch die Summe $V(x) + V(y) + V(z)$ darstellbar ist. Dadurch gelingt eine Separation der Schrödingergleichung in drei voneinander unabhängige Teile. Setzt man den Produktansatz in Gl. (58) ein und dividiert durch $\psi(x) \cdot \psi(y) \cdot \psi(z)$, so erhält man:

$$-\frac{\hbar^2}{2m}\left(\frac{1}{\psi(x)}\frac{d^2}{dx^2}\psi(x) + \frac{1}{\psi(y)}\frac{d^2}{dy^2}\psi(y) + \frac{1}{\psi(z)}\frac{d^2}{dz^2}\psi(z)\right) + V(x) + V(y) + V(z) = \epsilon \ . \tag{60}$$

Damit Gl. (60) für alle Werte von x, y und z gilt, muß jeder Term der linken Seite für sich konstant sein. Bezeichnet man die Konstanten (sie besitzen die Dimension einer Energie) mit ϵ_x, ϵ_y und ϵ_z, dann darf man schreiben:

$$\epsilon = \epsilon_x + \epsilon_y + \epsilon_z \ . \tag{61}$$

Mit Gl. (61) zerfällt die Schrödingergleichung in drei Teile vom gleichen Typ:

$$-\frac{\hbar^2}{2m}\frac{d^2}{dx^2}\psi(x) + V(x)\psi(x) = \epsilon_x \psi(x) \ . \tag{62}$$

Diese Gleichungen sind mit der Schrödingergleichung des eindimensionalen Problems identisch und besitzen daher die Lösungen:

$$\psi(x) = \sqrt{\frac{2}{a}} \cdot \sin\left(\frac{n_x \pi x}{a}\right) \quad , \quad n_x = 1, 2, 3 \ldots ,$$

$$\psi(y) = \sqrt{\frac{2}{a}} \cdot \sin\left(\frac{n_y \pi y}{a}\right) \quad , \quad n_y = 1, 2, 3 \ldots ,$$

$$\psi(z) = \sqrt{\frac{2}{a}} \cdot \sin\left(\frac{n_z \pi z}{a}\right) \quad , \quad n_z = 1, 2, 3 \ldots \tag{63}$$

Der Energieeigenwert ϵ setzt sich dann nach Gl. (61) und Gl. (53) aus drei Beiträgen zusammen:

$$\epsilon = \epsilon_x + \epsilon_y + \epsilon_z = (n_x^2 + n_y^2 + n_z^2)\frac{h^2}{8ma^2} = n^2 \frac{h^2}{8ma^2} \ , \ (n^2 = n_x^2 + n_y^2 + n_z^2). \tag{64}$$

Wie man sieht, hat die quantenmechanische Behandlung eine gewisse Ähnlichkeit mit der klassischen (siehe Abschnitt 2.5). Es treten wieder drei Freiheitsgrade für drei Bewegungsrichtungen auf. Das dreidimensionale Problem konnte aber auf ein eindimensionales nur zurückgeführt werden, weil man die potentielle und kinetische Energie additiv aus Einzelbeiträgen zusammensetzen konnte. Enthielte die potentielle Energie z.B. Terme wie xy, wäre eine solche Separation nicht durchführbar.

Bei der Behandlung dreidimensionaler Probleme treten immer drei Quantenzahlen auf. Es gibt ganz allgemein immer so viele Quantenzahlen, wie das System Freiheitsgrade besitzt. Durch sie werden die Eigenfunktionen und Eigenwerte charakterisiert.

Eine Folge des Quantenzahlentripels bei dreidimensionalen Problemen ist das Ergebnis, daß es zu einem Energieeigenwert mehrere Eigenfunktionen gibt. Man bezeichnet dies als *Entartung*. Gibt es g Eigenfunktionen zu einem Eigenwert, so ist das Energieniveau *g-fach entartet*. In Bild 3.12 ist das Energieschema eines Teilchens in einem kubischen Potentialtopf dargestellt und die zum jeweiligen Energieniveau gehörende Entartung eingetragen. Man erkennt, daß mit größer werdenden Quantenzahlen die Entartung rasch ansteigt.

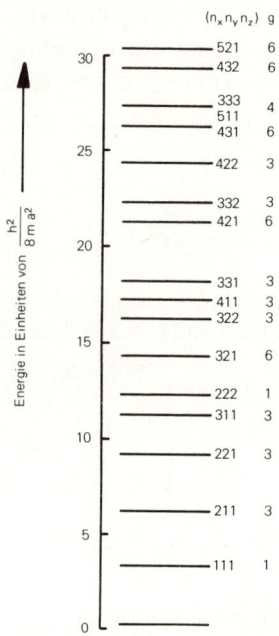

Bild 3.12
Energieschema eines Teilchens
in einem kubischen Potentialtopf

Hat man nicht einen kubischen Potentialtopf, sondern einen mit verschiedenen Kantenlängen (a, b, c), so lauten die Eigenfunktionen und Eigenwerte:

$$\psi(x) = \sqrt{\frac{2}{a}} \cdot \sin\left(\frac{n_x \pi x}{a}\right), \quad \epsilon_x = \frac{n_x^2 h^2}{8ma^2}, \quad n_x = 1, 2, 3, \ldots$$

$$\psi(y) = \sqrt{\frac{2}{b}} \cdot \sin\left(\frac{n_y \pi y}{b}\right), \quad \epsilon_y = \frac{n_y^2 h^2}{8mb^2}, \quad n_y = 1, 2, 3, \ldots$$

$$\psi(z) = \sqrt{\frac{2}{c}} \cdot \sin\left(\frac{n_z \pi z}{c}\right), \quad \epsilon_z = \frac{n_z h^2}{8mc^2}, \quad n_z = 1, 2, 3, \ldots \tag{65}$$

Die Entartung ist hierbei aufgehoben. Allgemein: Eigenfunktionen und Eigenwerte, also Energieschema und Entartung, hängen von der Symmetrie des Potentialtopfes ab.

In Bild 3.13 wird diese Symmetrieabhängigkeit am Beispiel eines orthorhombischen ($a \neq b \neq c$), eines tetragonalen ($a = b \neq c$) und eines kubischen Potentialtopfes ($a = b = c$) demonstriert, und zwar für das Quantenzahlentripel ($n_x, n_y, n_z = 1, 1, 2$ bzw. $1, 2, 1$ bzw. $2, 1, 1$). Allgemein gilt: Je höher die Symmetrie des Potentials, um so größer ist die Entartung. Praktischen Beispielen hierzu begegnet man in der Ligandenfeld- bzw. Kristallfeldtheorie.

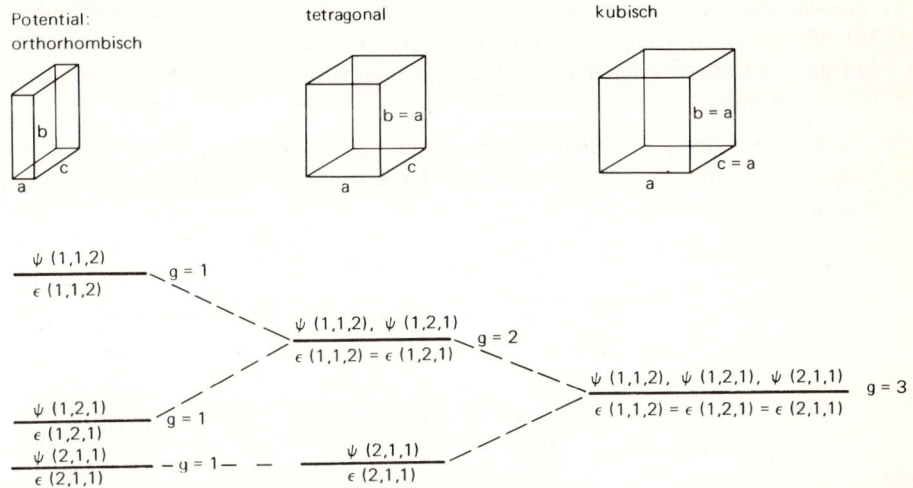

Bild 3.13. Beispiel zur Symmetrieabhängigkeit des Energieschemas

Dreidimensionale Probleme sind für die Chemie von großem Interesse. Leider sind aber die Potentiale nicht immer so einfache Funktionen des Ortes, weshalb das Lösen der Schrödingergleichung mit großem mathematischen Aufwand verbunden ist. Das Ziel einer quantenmechanischen Berechnung, ob durch eine exakte oder angenäherte Lösung angestrebt, bleibt jedoch immer die Bestimmung der Eigenwerte und Eigenfunktionen.

3.9. Translationsenergie

Schon in Abschnitt 2.5 wurde angedeutet, daß mehratomige Moleküle außer Translationen noch andere Arten von Bewegungen ausführen können. Wenn man die Eigenbewegungen der Kerne ausschließt, handelt es sich dabei um insgesamt vier Arten:
1. Translationen,
2. Rotationen,
3. Schwingungen und
4. elektronische Anregungen.

In diesem Kapitel kam bisher nur die Elektronenanregung zur Sprache. Aber wie die Elektronenenergie, so sind auch die drei anderen Energieformen gequantelt. Die Lösung der zeitunabhängigen Schrödingergleichung ergibt für jede dieser Energien bestimmte Eigenwerte, die durch Eigenwertbedingungen festgelegt sind. Sie werden im folgenden diskutiert, ihre exakte Ableitung erfolgt in einem späteren Kapitel.

Die quantenmechanische Behandlung der Translation von Gasmolekülen deckt sich völlig mit dem Problem von Teilchen in einem kubischen Potentialtopf (Abschnitt 3.8). Mit Hilfe der in Abschnitt 3.8 abgeleiteten Energieeigenwertgleichung (64) läßt sich die Energie von Gasmolekülen in einem Behälter unter vorgegebenen äußeren Bedingungen leicht berechnen.

Ein Gasbehälter soll kubische Symmetrie besitzen (Seitenlänge 10 cm) und N_2-Moleküle der Masse $m = M_{N_2}/N_A = 4{,}65 \cdot 10^{-26}$ kg enthalten. Für die Eigenwerte bekommt man dann mit Gl. (64)

$$\epsilon_n = n^2 \cdot 1{,}2 \cdot 10^{-40} \text{ J}$$

bzw.
$$\epsilon_n = n^2 \cdot 7{,}2 \cdot 10^{-17} \text{ J mol}^{-1}. \tag{66}$$

Der Abstand der Energieniveaus ist von der Größenordnung

$$\Delta\epsilon = \{[(n_x + 1)^2 + n_y^2 + n_z^2] - [n_x^2 + n_y^2 + n_z^2]\}\frac{h^2}{8ma^2} = (2n_x + 1)\frac{h^2}{8ma^2}$$
$$\approx 10^{-29} \text{ J}. \tag{67}$$

Er ist im Vergleich zur mittleren kinetischen Translationsenergie von $\frac{3}{2}kT = 6{,}17 \cdot 10^{-21}$ J sehr sehr klein. Diese mittlere Energie wurde aus der klassischen Vorstellung abgeleitet, daß die Moleküle jede beliebige kinetische Energie besitzen können. Die quantenmechanische Vorstellung fordert aber, daß auch die Translationsenergie gequantelt ist. Nun sind aber die Energieabstände, wie eben berechnet, so klein, daß man praktisch von einem *Energiekontinuum* sprechen kann. Man darf daher das System so behandeln, als wäre jeder Energiewert erlaubt – ein konkretes Beispiel für die eingangs erwähnte Behauptung, daß die Quantenmechanik im Grenzfall in die klassische Mechanik übergeht.

Das Beispiel eines Elektrons in einem eindimensionalen Potentialtopf (Abschnitt 3.7) und das Beispiel der Gasmoleküle in einem Potentialtopf makroskopischer Ausdehnung sind ein direktes Spiegelbild dieser allgemeinen Erkenntnis. Die Quantenbedingungen können fallengelassen werden, wenn man Systeme makroskopischer Ausdehnung betrachtet. Die Abstände des Energiespektrums werden dann so klein, daß sie durch ein Energiekontinuum ersetzt werden dürfen. Ein Molekül in einem Gasbehälter normaler Dimension kann man daher nach den Gesetzen der Newtonschen Mechanik genauso behandeln wie die Planeten in einem Sonnensystem. Wenn aber der Aufenthaltsort auf den Bereich atomarer Dimension beschränkt wird, läßt sich ihr Verhalten nur mehr quantenmechanisch beschreiben. Eine Extrapolation der klassischen Mechanik auf atomare Bereiche ist daher verboten. Man versteht deshalb, warum alle Versuche, den Atomaufbau mit klassischen Vorstellungen zu beschreiben, scheitern mußten.

3.10. Rotationsenergie

Wie die beliebige Rotationsbewegung eines makroskopischen Körpers ist auch die Rotation eines molekularen Gebildes aus den Rotationen um drei Hauptachsen zusammensetzbar. Die Rotationen um diese Hauptachsen dürfen genauso wie die Translation in den drei Achsenrichtungen x, y, z getrennt behandelt werden. Die Hauptachsen stehen aufeinander senkrecht (Bild 3.14).

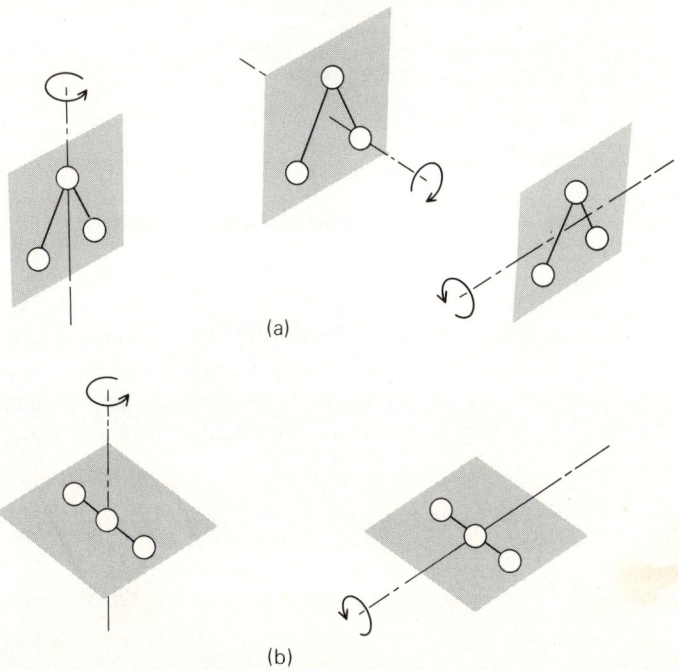

Bild 3.14. Die drei Rotationsmöglichkeiten eines nichtlinearen (a) und die zwei Rotationsmöglichkeiten eines linearen (b) dreiatomigen Moleküls

Man würde daher einem Molekül klassisch drei Rotationsfreiheitsgrade und eine mittlere Rotationsenergie von $\frac{3}{2}$ kT zuschreiben. Linear gebaute Moleküle besitzen allerdings nur zwei thermisch anregbare Freiheitsgrade. Eine Änderung des Drehimpulses um die Molekülachse bedingt nämlich eine *gleichzeitige* Änderung des Elektronendrehimpulses. Elektronenanregungen erfolgen aber erst bei sehr hohen Temperaturen, und so ist die Rotation um die Molekülachse verhindert.

Bild 3.15 zeigt das Punktmodell eines rotierenden zweiatomigen heteronuklearen Moleküls (*starrer Rotator*). Der Rotator besteht aus den Punktmassen (Atome) m_1 und m_2 im Abstand r. Zur Molekülverbindungsachse senkrecht und durch den Molekülschwerpunkt geht die Drehachse (= Hauptachse).

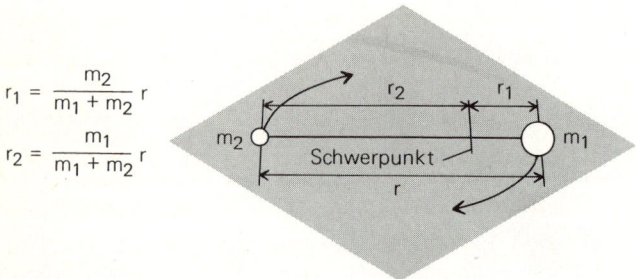

Bild 3.15. Modell eines rotierenden zweiatomigen, heteronuklearen Moleküls (Rotator)

Zur klassisch-mechanischen Beschreibung von Drehbewegungen verwendet man zweckmäßig statt der Masse m, der Bahngeschwindigkeit v, dem Impuls **p** und der kinetischen Energie $\frac{1}{2}mv^2$ das Trägheitsmoment I, die Winkelgeschwindigkeit ω, den Drehimpuls l und die kinetische Energie $\frac{1}{2}I\omega^2$. Hier noch einmal, obwohl schon öfters verwendet, die Definition dieser Begriffe:

Trägheitsmoment: $I = \sum_i m_i r_i^2$ (m_i i-ter Massenpunkt im Abstand r_i vom Schwerpunkt)

Winkelgeschwindigkeit: $\omega = \dfrac{(\mathbf{r}_i \times \mathbf{v}_i)}{r_i^2}$ (v_i Bahngeschwindigkeit des i-ten Massenpunktes)

Drehimpuls: $\boldsymbol{l} = \sum_i (\mathbf{r}_i \times \mathbf{p}_i) = I\omega$ ($p_i = mv_i$ Bahnimpuls des i-ten Massenpunktes)

Kinetische Energie: $T = \dfrac{1}{2} I \omega^2$

Für das Trägheitsmoment des Rotators in Bild 3.15 gilt dann:

$$I = m_1 r_1^2 + m_2 r_2^2 = \frac{m_1 m_2^2}{(m_1 + m_2)^2} r^2 + \frac{m_1^2 m_2}{(m_1 + m_2)^2} r^2 = \frac{m_1 m_2}{m_1 + m_2} r^2 = \mu r^2 \,, \quad (68)$$

da der Massenschwerpunkt durch $m_1 r_1 = m_2 r_2$ festgelegt ist und $r_1 + r_2 = r$. Für die *reduzierte Masse* $m_1 m_2 / m_1 + m_2$ steht μ. Klassisch kann also ein Rotator so beschrieben werden, als wenn ein Massenpunkt mit der reduzierten Masse μ um eine

3.10. Rotationsenergie

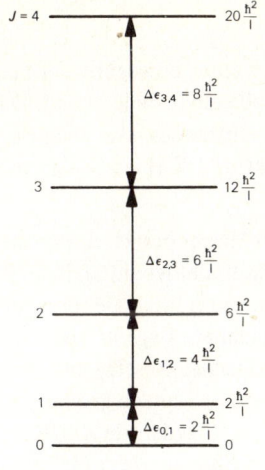

Bild 3.16
Energieschema eines starren Rotators

in der Entfernung r liegende Drehachse rotiert. Erfolgt die Rotation mit der Winkelgeschwindigkeit ω, dann ist der Drehimpuls des Rotators

$$l = I\omega = \mu r^2 \omega . \tag{69}$$

Da der Rotator keine potentielle Energie besitzt (V = 0), ist seine Gesamtenergie E *gleich* der kinetischen Energie T:

$$E = T = \frac{1}{2} I \omega^2 . \tag{70}$$

Transformiert man nun die Gesamtenergie E mit Hilfe des 2. quantenmechanischen Postulats in den Hamiltonoperator und löst die Schrödingergleichung (dies wird exakt in einem späteren Kapitel durchgeführt), so bekommt man die Eigenwertbedingung für die Rotationsenergie:

$$\epsilon_J = J(J+1)\frac{\hbar^2}{I} , \quad J = 0, 1, 2, \ldots (\infty) \tag{71}$$

J ist die Rotationsquantenzahl. Die Rotationsniveaus (Bild 3.16) sind $(2J+1)$-fach entartet. Für jeden Rotationsfreiheitsgrad gibt es eine solche Eigenwertbedingung. Die Rotationsübergänge liegen im Mikrowellenbereich (Wellenlänge von der Größenordnung 10^{-2} m); die Energieänderungen sind daher kleiner als die thermische Energie kT. Wie bei der Translationsenergie kann man auch hier von einem Energiekontinuumm sprechen. Man darf also auch hier die Gesetze der klassischen Mechanik bzw. das Modell der kinetischen Gastheorie verwenden. Diese Hypothese versagt aber bei sehr leichten Molekülen (z.B. bei H_2), weil die Abstände ihrer Rotationsniveaus nicht mehr klein gegen kT sind. Das gleiche gilt für Moleküle bei sehr tiefen Temperaturen.

3.11. Schwingungsenergie

Die Schwingung eines zweiatomigen Moleküls besteht aus einer Bewegung der beiden Atome gegeneinander, wobei die chemische Bindung die Rolle einer Feder spielt. Die Bindung erlaubt allerdings nur kleine Änderungen des Atomabstandes, und zwar bis zu 10%, ohne daß das Molekül dissoziiert. Das einfachste Punktmodell eines zweiatomigen, schwingenden Moleküls ist der *harmonische Oszillator*.

Es besteht aus einem am Ende einer Spiralfeder fixierten Massenpunkt, dessen Bewegungsmöglichkeit auf die x-Richtung beschränkt ist; die Spiralfeder ist am anderen Ende an einer Wand befestigt (Bild 3.17). Bringt man den Massenpunkt durch Dehnung der Federn um die Strecke x aus der Ruhelage (gestrichelt gezeichnete Lage in Bild 3.17a), so wird der Massenpunkt mit der Federkraft $\mathbf{F} = -kx$ (*Hookesches* Gesetz) in Richtung der Ruhelage zurückgezogen. Je größer dabei die Auslenkung x ist, um so größer ist die rücktreibende Kraft $\mathbf{F}$. Die Proportionalitätskonstante k ist die sogenannte *Kraftkonstante* und ein Maß für die Stärke der Feder, im übertragenen Sinn auch ein Maß für die Stärke einer chemischen Bindung. Sie besitzt die Dimension [Kraft · Länge^{-1}] und ist die Kraft, die der Massenpunkt erfährt, wenn er um den Betrag der Einheitslänge aus der Gleichgewichtslage ausgelenkt wird.

Um den Massenpunkt um den differentiellen Betrag dx auszulenken, benötigt man die Energie

$$dV = -\mathbf{F}\,dx = kx\,dx \qquad (72)$$

und zur Auslenkung um x die Energie

$$V = \frac{1}{2}kx^2. \qquad (73)$$

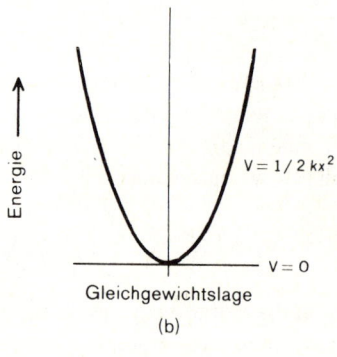

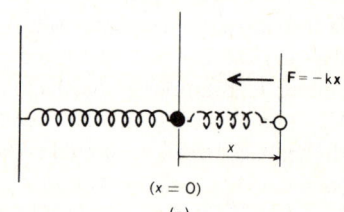

Bild 3.17
Modell eines schwingenden Massenpunktes (harmonischer Oszillator) (a) und seine potentielle Energie (b)

3.11. Schwingungsenergie

Der Massenpunkt besitzt somit am Ort x die potentielle Energie $V = \frac{1}{2} kx^2$; am Ort der Gleichgewichtslage (x = 0) ist sie Null (V = 0). In Bild 3.17b ist V(x) graphisch dargestellt (Parabel).

Bewegt sich nach der Auslenkung der Massenpunkt vom Ort x unter Einwirkung der Kraft $F = -kx$ frei zurück, so führt er um die Gleichgewichtslage (x = 0) Schwingungen aus, wenn seine Energie nicht durch Reibung usw. an die Umgebung abgeführt wird (Gesamtenergie E = const). Da in der Gleichgewichtslage (x = 0) die potentielle Energie Null ist, besitzt der Massenpunkt in dieser Lage die kinetische Energie T = E. In den Umkehrpunkten ist hingegen T = 0 und V = E. Die Gesamtenergie E = T + V ist also konstant. Interessiert man sich für die Bahnkurve x(t), die der Massenpunkt bei der Schwingung beschreibt, so hat man die Newtonsche Bewegungsgleichung

$$F = m\ddot{x} \qquad (\ddot{x} = d^2x/dt^2) \qquad (74)$$

mit $F = -kx$ zu lösen:

$$-kx = m\ddot{x} \qquad (75)$$

oder

$$\ddot{x} + \frac{k}{m} x = 0 \ . \qquad (76)$$

Diese Gleichung ist nichts anderes als die schon einmal in Erscheinung getretene Differentialgleichung der trigonometrischen Funktionen mit den reellen Lösungen

$$\begin{aligned} x &= A \sin\left(\sqrt{\frac{k}{m}}\, t\right), \\ x &= B \cos\left(\sqrt{\frac{k}{m}}\, t\right). \end{aligned} \qquad (77)$$

Da zur Zeit t = 0 auch x = 0 sein soll, ist nur die erste Lösung sinnvoll. A ist eine Konstante (vgl. Normierung) und entspricht der maximalen Auslenkung x_0; sie ist die maximale Schwingungsamplitude. Danach ändert der Massenpunkt seinen Ort x periodisch mit der Zeit t (periodische Bewegung). Nach der Zeit $t = 2\pi \sqrt{m/k}$ (eine Periode) befindet er sich wieder am selben Ort wie eine Schwingung zuvor. Mit anderen Worten, der Massenpunkt schwingt mit der Frequenz

$$\frac{1}{t} = \nu_0 = \frac{1}{2\pi} \sqrt{\frac{k}{m}} \ . \qquad (78)$$

Dies ist die klassische Eigenfrequenz eines harmonischen Oszillators. Seine potentielle Energie als Funktion von x lautet dann

$$V = \frac{1}{2}kx^2 = 2\pi^2\, m\nu_0^2 x^2 \qquad (k = 4\pi^2 \nu_0^2 m)\ , \qquad (79)$$

während die Gesamtenergie gegeben ist durch

$$E = T + V = \frac{1}{2}m\dot{x}^2 + 2\pi^2 m\nu_0^2 x^2 \ . \tag{80}$$

Diese Beziehungen gelten für den klassischen Grenzfall von Schwingungen. Führt man dem System Energie zu, so wird die maximale Schwingungsamplitude größer; dies geschieht kontinuierlich. Atomare Systeme können aber nur diskrete Energiebeträge aufnehmen, weil ihre Energie nur diskrete Eigenwerte besitzt.

Bildet man wiederum mit Hilfe des 2. quantenmechanischen Postulats aus der Gesamtenergie den Hamiltonoperator und löst die Schrödingergleichung (siehe späteres Kapitel), so bekommt man die Eigenwertbedingung für die Schwingungsenergie:

$$\epsilon_v = h\nu_0 \left(v + \frac{1}{2}\right) = \epsilon \left(v + \frac{1}{2}\right), \qquad v = 0, 1, 2, \ldots (\infty) \tag{81}$$

v ist die Schwingungsquantenzahl; sie besitzt nur positive, ganzzahlige Werte. $\epsilon = h\nu_0$ ist der Abstand der Energieniveaus (Bild 3.18).

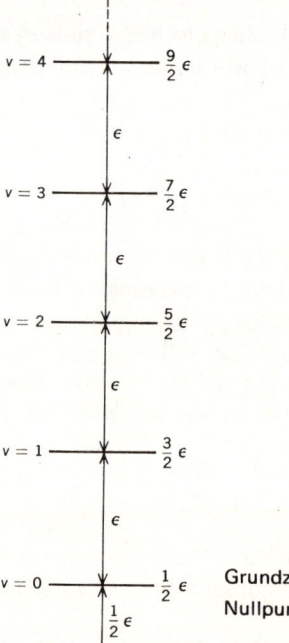

Bild 3.18
Energieschema eines harmonischen Oszillators

3.11. Schwingungsenergie

Die Energieeigenwertbedingung (81) führt zu zwei wesentlichen quantenmechanischen Aussagen:

1. Die Energieeigenwerte sind äquidistant; d.h. der Abstand der Energieniveaus beträgt $\epsilon = \hbar\sqrt{k/m}$ und ist somit der klassischen Eigenfrequenz proportional (vgl. Absch. 3.2).
2. Harmonische Oszillatoren, und damit schwingungsfähige Moleküle, besitzen auch im Grundzustand eine endliche Energie, die sogenannte *Nullpunktsenergie* vom Betrag $\epsilon/2$.

Beide Aussagen sind klassisch nicht zu verstehen.

Da die Energieabstände die Größenordnung 10^{-20} J haben, also viel größer als kT sind, darf hier ein Übergang zum klassischen Energiekontinuum nicht mehr gemacht werden.

Mehratomige Moleküle besitzen mehrere Schwingungsfreiheitsgrade, da mehr Schwingungsmöglichkeiten der Atome untereinander gegeben sind. Man darf sich aber die Schwingungen nicht entlang einer Bindung vorstellen. Wie viele Schwingungsfreiheitsgrade hat nun ein n-atomiges Molekül?

Wenn ein Molekül aus n Atomen besteht und die Atome nicht aneinander gebunden wären, brauchte man zur Beschreibung dieses Systems 3n Koordinaten ($x_1 y_1 z_1 \ldots x_n y_n z_n$). Da aber die Atome untereinander nicht ihre Abstände ändern sollen, sind nicht alle 3n Variablen voneinander unabhängig, sondern es gibt nur sechs unabhängige Koordinaten. Die Lage der n Atome ist also durch sechs Koordinaten festgelegt. Das läßt sich am leichtesten an Hand von Molekülen mit wenigen Atomen überlegen. Durch die Bindungen gibt es nämlich ebensoviele Beziehungen zwischen den 3n Koordinaten, so daß sich diese bis auf sechs reduzieren. Sind die Atome linear angeordnet, sind gar nur fünf unabhängige Koordinaten vorhanden. Da sich das System in diesen unabhängigen Koordinatenrichtungen frei bewegen kann, besitzt es ebensoviele, nämlich sechs bzw. fünf Freiheitsgrade, die sich auf die Translation und Rotation verteilen. Ein System hat somit 3n−6 Schwingungsfreiheitsgrade. Die entsprechenden Schwingungen heißen *Normalschwingungen*.

Eine vergleichende schematische Darstellung der Elektronen-, Schwingungs- und Rotationsenergieniveaus ist in Bild 3.19 zu sehen. Die Abstände der Translationsenergie betragen aber nur etwa 10^{-9} kT, so daß diese im gleichen Maßstab nicht gezeichnet werden konnten.

Die Einführung in die Quantenmechanik mußte durchgeführt werden, damit man die Eigenschaften molekularer Systeme, die sich aus Kernen und Elektronen aufbauen, physikalisch verstehen kann. Später wird sich zeigen, daß man zu diesen Eigenschaften auch die chemische Bindung zählen muß.

Im nächsten Kapitel werden die nichtspezifischen Eigenschaften solcher molekularer Systeme untersucht. Es handelt sich im speziellen um die Herleitung der Maxwell-Boltzmannstatistik. Statistische Betrachtungen vermitteln ein nützliches Hilfsmittel zur systematischen Behandlung vieler chemischer Verbindungen und Prozesse. Sie gründen sich auf eine statistische Beschreibung der quantenmechanischen Auswirkungen auf die Eigenschaften einer Vielzahl von Molekülen.

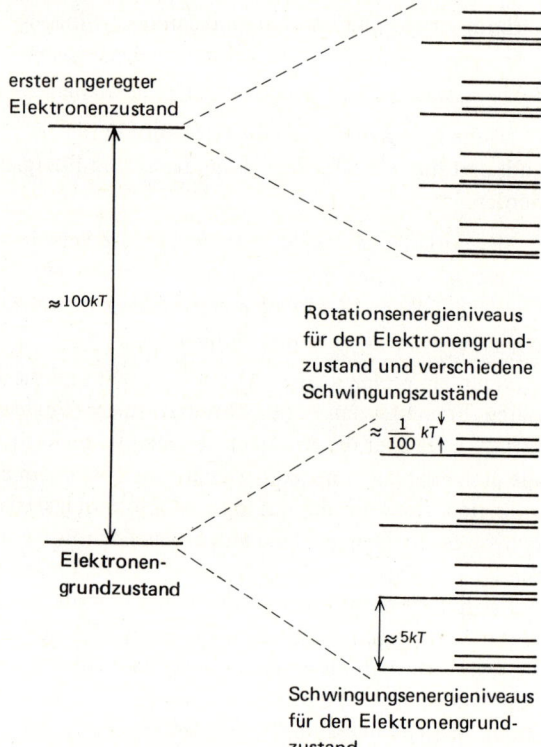

Bild 3.19
Vergleichende schematische Darstellung der Elektronen-, Schwingungs- und Rotationsenergieniveaus

Rechenbeispiele

1. Beurteilen Sie im Hinblick auf die chemische Formel H_2O die experimentelle Beobachtung, daß zwei Volumenteile Wasserdampf durch thermische oder elektrolytische Zersetzung in zwei Volumenteile H_2 und ein Volumenteil O_2 zerfallen.

2. Wie groß ist die Wellenlänge in nm und die Frequenz in Hz einer Strahlung, deren Photonen die Energie $3 \cdot 10^{-20}$ J besitzen? $\qquad$ ($\lambda = 6620$ nm; $\nu = 4,53 \cdot 10^{13}$ Hz)

3. Wie groß ist die Energie in J mol^{-1} für die in Tabelle 3.1 angeführten elektromagnetischen Strahlungen? Vergleichen Sie diese Werte mit der mittleren kinetischen Energie eines Gasmoleküls bei Zimmertemperatur.

Rechenbeispiele

4. Die Lymanserie des H-Atomspektrums besitzt Frequenzen, die durch den Ausdruck

$$\nu = 3{,}29 \cdot 10^{15}\left(\frac{1}{1^2} - \frac{1}{n_1^2}\right) \text{Hz}, \qquad n_1 = 2, 3, \ldots$$

dargestellt werden können. Berechnen Sie für $n_1 = 2$
a) die Frequenz in Hz und die Wellenlänge der Strahlung in nm ($\nu = 2{,}47 \cdot 10^{15}$ Hz; $\lambda = 121$ nm),
b) die Quantenenergie dieser Strahlung in J und kJ pro mol Quanten ($1{,}634 \cdot 10^{-8}$ J).
c) In welchem Bereich elektromagnetischer Strahlung liegen die Linien der Lymanserie?

5. Vergleichen Sie die Energie, die notwendig ist, um das Elektron des H-Atoms vom Grundzustand in den ersten angeregten Zustand zu bringen, mit der mittleren kinetischen Translationsenergie eines Moleküls bei 25 °C. Bei welcher Temperatur ist diese Translationsenergie gleich der Anregungsenergie?

6. Berechnen Sie die Energie in J und die Wellenlänge in m von der Strahlung, die beim Übergang $n = 6 \to n = 5$ des Elektrons im H-Atom emittiert wird. ($\Delta\epsilon = 2{,}66 \cdot 10^{-20}$ J; $\lambda = 7{,}46 \cdot 10^{-5}$ m)

7. Wie groß sind die Bohrschen Radien der Elektronenbahnen für $n = 1, 5, 10$ und 20?

8. Zeichnen Sie in eine Frequenzskala (vgl. Bild 3.3 b) die ersten vier Übergänge der Brackettserie ein. Fügen Sie außerdem eine Energie- und Wellenlängenskala hinzu.

9. Das Spektrum des He^+-Ions zeigt unter anderem Spektrallinien bei 329 170, 390 120, 411 460 und 421 330 cm^{-1}. Zeigen Sie, daß man für diese Linien einen der Rydbergformel analogen Ausdruck empirisch aufstellen kann. Wie verhält sich die Rydbergkonstante des H-Atoms zur Rydbergkonstante des He^+-Ions?

10. Leiten Sie an Hand der Bohrschen Theorie einen Ausdruck für die Energie des He^+-Ions ab. Welche Rydbergformel kann man daraus für die Spektralübergänge gewinnen?

11. Wie groß ist nach der Bohrschen Theorie die kinetische und potentielle Energie des Elektrons im H-Atom auf den Bahnen mit $n = 1$ und $n = 4$?

12. Wie groß ist die Bahngeschwindigkeit des Elektrons im H-Atom in m s^{-1} und nm s^{-1} für $n = 1$ und $n = 4$? Wie oft umkreist das Elektron auf diesen Bahnen den Kern pro Sekunde? Wie viele Sekunden benötigt es für einen Umlauf? Vergleichen Sie die berechneten Geschwindigkeiten mit den mittleren molekularen Geschwindigkeiten.

13. Berechnen Sie die Materiewellenlänge
a) eines Elektrons, das durch eine Spannung von 10 000 Volt beschleunigt wurde und eine Geschwindigkeit von $6 \cdot 10^7$ ms^{-1} besitzt, und
b) eines N_2-Moleküls bei 25 °C.

14. Verwenden Sie das Konzept der Materiewellen von *de Broglie* und berechnen Sie die diskreten Energiewerte eines Teilchens, das sich in einem Potentialtopf, wie in Bild 3.9 dargestellt, befindet. Benutzen Sie die Bedingung stehender Wellen und vergleichen Sie das Resultat mit dem Ergebnis, das man durch Lösen der Schrödingergleichung erhält.

15. Berechnen Sie die Energien der drei niedrigsten Energiezustände eines Elektrons, das sich in einem 10 Å breiten eindimensionalen Potentialtopf mit unendlich hohen Wänden befindet. Zeichnen Sie die zugehörigen Eigenfunktionen und das Quadrat der Eigenfunktionen.

16. Normieren Sie mit Hilfe des 4. Postulats die Wellenfunktion eines Teilchens in einem eindimensionalen Potentialtopf.

17. Die mittlere Translationsenergie eines N_2-Moleküls beträgt nach der Gastheorie $\frac{1}{2}RT$ pro mol und Freiheitsgrad. Wie groß ist die Quantenzahl der Translationsenergie eines Moleküls bei 25 °C,

das sich in einem kubischen Behälter der Seitenlänge 10 cm befindet? Wie groß sind die Abstände benachbarter Energieniveaus bei dieser Energie?

18. Versuchen Sie graphisch die Wahrscheinlichkeit zu skizzieren, die ein Teilchen in einem kubischen Potentialtopf in den Zuständen $n_x = n_y = n_z = 1$ und $n_x = 2$, $n_y = n_z = 1$ besitzt. Wie groß sind die zugehörigen Energieeigenwerte, wenn es sich bei dem Teilchen um ein Elektron handelt und die Seitenlänge des Potentialtopfes 5 Å beträgt?

19. Wie viele Freiheitsgrade hinsichtlich Translation, Rotation und Schwingung besitzen die Moleküle He, N_2, CO_2, H_2O, CH_4 und Benzol?

20. Wie groß ist der Energieabstand zwischen zwei Translationsniveaus für ein H_2-Molekül in einem kubischen Behälter (a = 10 cm)? Das untere Translationsniveau soll die Energie $\frac{3}{2}kT$ (T = 25 °C) haben.

21. Wie groß ist der Energieabstand zwischen zwei Rotationsniveaus für ein Molekül mit dem Trägheitsmoment 10^{-45} kgm²? Das obere Rotationsniveau soll die Energie $\frac{1}{2}kT$ (T = 25 °C) haben.

Kapitel 4

Maxwell-Boltzmannstatistik

Die Einführung in die Quantenmechanik hat gezeigt, daß atomare Systeme Quantenbedingungen unterworfen sind. Das heißt: Elektronen, Atome und Moleküle können nur in ganz bestimmten Quantenzuständen, charakterisiert durch ihre Energieeigenwerte und Eigenfunktionen, existieren. Ein makroskopisch beobachtbares System besteht aber immer aus einer Vielzahl von Molekülen, und diese Moleküle sind auf die verschiedensten erlaubten Quantenzustände *statistisch verteilt*. Die statistische Verteilung erfolgt gesetzmäßig und eröffnet damit einen Weg, makroskopische Eigenschaften chemischer Systeme bei Kenntnis der Energieeigenwerte und Eigenfunktionen mit Hilfe eines Verteilungsgesetzes herzuleiten. Obwohl das praktisch nur für ideale Gase exakt möglich ist, gewinnt man doch einen prinzipiellen Einblick in die physikalischen Zusammenhänge makroskopisch beobachtbarer Eigenschaften.

4.1. Boltzmannverteilung

Die Grundlage für die statistische Berechnung makroskopischer Eigenschaften bildet die Quantenmechanik, indem sie die Eigenwerte und Eigenfunktionen eines atomaren bzw. molekularen Systems liefert. Hat man aber nicht nur ein solches System, sondern eine Vielzahl von molekularen Systemen (z.B. ein ideales Gas, bei dem zwischenmolekulare Wechselwirkungen ausgeschlossen sind), dann gibt die Maxwell-Boltzmannstatistik in Form der Boltzmannverteilung darüber Auskunft, welche Quantenzustände die einzelnen Systeme (z.B. Gasmoleküle) besetzen. Sie teilt uns mit, wie viele Moleküle eines Gases einen bestimmten Energieeigenwert besitzen. Die Verteilung f_i bei einer bestimmten Temperatur T, definiert durch das Verhältnis der Moleküle N_i mit einem Eigenwert ϵ_i zu den insgesamt vorhandenen Molekülen ist durch

$$f_i = \frac{N_i}{N} = \frac{e^{-\frac{\epsilon_i}{kT}}}{\sum_i e^{-\frac{\epsilon_i}{kT}}} \quad . \tag{1}$$

gegeben. Die Summe im Nenner von Gl. (1) läuft über alle erlaubten Energieeigenwerte und hat daher bei jeder Temperatur einen bestimmten Wert.

Der Verteilungssatz gilt in dieser Form allerdings nur für den Fall, daß zu jedem Eigenwert lediglich eine Eigenfunktion gehört. Im allgemeinen sind aber Quantenzustände entartet. Charakterisiert man die Eigenfunktionen durch Quantenzahlen, so kommt zu einem Eigenwert ein ganzer Satz von Quantenzahlen. Beim Problem des Teilchens in einem eindimensionalen Potentialtopf (Abschnitt 3.7) traten Eigenwerte mit stets nur einer Eigenfunktion auf. Diese Quantenzustände sind nicht entartet. Beim gleichlautenden dreidimensionalen kubischen Problem (Abschnitt 3.8) führte die Lösung der Schrödingergleichung zu entarteten Zuständen, da zu einem Eigenwert mehrere Eigenfunktionen gehören; sie sind durch einen Satz von drei Quantenzahlen charakterisiert.

Die Zahl der Eigenfunktionen zu einem Energieeigenwert ϵ_i wird im folgenden mit g_i bezeichnet. Dieses Symbol charakterisiert die Entartung des i-ten Zustandes und wird in Verbindung mit der Statistik auch *statistisches Gewicht* eines Zustandes genannt.

Da jeder Quantenzustand nach Gl. (1) besetzt wird, kann jedes Energieniveau, das g_i-fach entartet ist, von g_i-mal mehr Molekülen als im nichtentarteten Fall eingenommen werden. Berücksichtigt man daher in Gl. (1) die Entartung, so gilt:

$$f_i = \frac{N_i}{N} = \frac{g_i \, e^{-\frac{\epsilon_i}{kT}}}{\sum_i g_i \, e^{-\frac{\epsilon_i}{kT}}} \quad . \tag{2}$$

Prinzipiell besteht demnach die Möglichkeit, von jedem N-Molekülsystem den Bruchteil der Moleküle zu berechnen, der einen bestimmten Eigenwert ϵ_i besitzt. Dazu muß aber das vollständige Energieeigenwertschema der Moleküle bekannt sein. Da aber bei fast allen chemischen Systemen die Lösung der Schrödingergleichung einen zu großen mathematischen Aufwand erfordert, ist eine theoretische Berechnung nur in wenigen Ausnahmefällen durchführbar. Wie später noch gezeigt wird, läßt sich die Verteilung f_i in die bereits bekannte klassische Maxwell-Boltzmannsche Geschwindigkeitsverteilung f(u) überführen, wenn die Translationseigenwerte so dicht liegen, daß man praktisch von einem Energiekontinuum sprechen kann.

Auf Grund der exponentiellen Form der Verteilung f_i wird das Verhältnis N_i/N sehr klein, wenn ϵ_i groß gegen kT ist, und groß, wenn ϵ_i klein gegen kT ist. Der Term kT spielt somit *die* maßgebende Rolle bei der Besetzung. Klassisch ist kT mit der mittleren Energie der Moleküle verknüpft, die nach der kinetischen Theorie der Gase $\frac{1}{2}$ kT pro Molekül und Freiheitsgrad beträgt.

Qualitativ läßt sich schon jetzt die Frage nach der Besetzung der Elektronenzustände von H-Atomen beantworten. Da die Energiedifferenzen zwischen dem Grundzustand und den angeregten Zuständen viel größer als kT bei Zimmertemperatur sind, kann nur ein verschwindend kleiner Bruchteil von H-Atomen angeregt sein. Bei wesentlich höheren Temperaturen steigt allerdings die Besetzung höherer Zustände bedeutend an; die thermisch angeregten H-Atome emittieren Strahlung, wenn die Elektronen in den Grundzustand zurückkehren.

Die Besetzung der Energiezustände bei der Translation (Abschnitt 3.9) von Gasmolekülen entspricht dem anderen Grenzfall, bei dem die Abstände der Energieniveaus sehr klein gegen kT sind. Aufeinanderfolgende Energiezustände weisen daher bei Zimmertemperatur nahezu die gleiche Besetzung auf. Die quantenstatistische Verteilung der Moleküle geht in diesem Fall in die Maxwell-Boltzmannverteilung über (Abschnitt 4.6).

Neben der elektronischen und translatorischen Energieform gibt es bei mehratomigen Molekülen die Rotations- und Schwingungsenergie: Die Abstände ihrer Energieeigenwerte liegen zwischen den beiden aufgezeigten Grenzfällen.

Die *Besetzung* der Energieniveaus und die mittlere Energie der Moleküle ist also sehr stark *temperaturabhängig*. Man kann mit Hilfe der Maxwell-Boltzmannstatistik, d.h. bei bekannter Verteilung, die mittlere Energie und auch andere Eigenschaften eines makroskopischen Systems theoretisch berechnen. Dies ist das Ziel der Statistik im allgemeinen und der Maxwell-Boltzmannstatistik im besonderen.

In Abschnitt 2.6 wurde die Boltzmannverteilung gewissermaßen als Postulat eingeführt. Sie soll nun mit Hilfe von Wahrscheinlichkeitsüberlegungen hergeleitet werden. Der Term kT bzw. RT ist allerdings nachträglich durch einen Vergleich mit dem Experiment zu spezifizieren. Man kann auch umgekehrt die Temperatur statistisch definieren, und zwar durch das Besetzungsverhältnis zweier Energiezustände. Diese Definition ist mit der durch das ideale Gasgesetz definierten Temperatur identisch. Läßt sich durch äußere Einwirkungen das Besetzungsverhältnis zweier Zustände über 1 hinaus vergrößern, dann sind auch negative Temperaturen statistisch definiert.

4.2. Ableitung der Boltzmannverteilung

Gasmoleküle in einem Behälter makroskopischer Dimension besitzen die Energieeigenwerte (Abschnitt 3.8):

$$\epsilon_i = (i_x^2 + i_y^2 + i_z^2)\frac{h^2}{8ma^2} = i^2 \frac{h^2}{8ma^2} . \tag{3}$$

$i_x = 1, 2, 3, \ldots$
$i_y = 1, 2, 3, \ldots$
$i_z = 1, 2, 3, \ldots$

Um Verwechslungen vorzubeugen, wird hier (und auch später) die Quantenzahl der Translation mit i statt mit n bezeichnet.

Ein Energieschema, dessen Energieniveaus ϵ_i verschiedene Entartungen g_i besitzen, zeigt schematisch Bild 4.1. Die Verteilung (Boltzmannverteilung) von N Molekülen auf ein solches Energieschema soll jetzt gefunden werden.

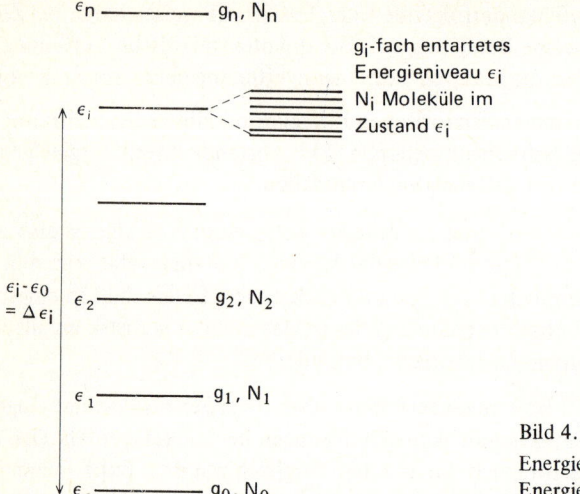

Bild 4.1
Energieschema mit g_i-fach entarteten Energieniveaus

Dazu führt man zweckmäßigerweise den Begriff der wahrscheinlichsten Verteilung ein. Das ist jene von allen Verteilungen, für die es die meisten Realisierungsmöglichkeiten gibt. N_1 sei die Zahl der Moleküle mit dem Eigenwert ϵ_1, N_2 die Zahl der Moleküle mit dem Eigenwert ϵ_2, N_i die Zahl der Moleküle mit dem Eigenwert ϵ_i und N_n die Zahl der Moleküle mit dem größtmöglichen Eigenwert ϵ_n.

Das folgende anschauliche Beispiel soll die Ableitung der wahrscheinlichsten Verteilung erleichtern: Vier gleichartige, aber unterscheidbare Kugeln werden gleichzeitig sehr oft in einen Behälter mit zwei verschieden großen Fächern geworfen (Bild 4.2); gesucht wird zuerst die Wahrscheinlichkeit für das Auftreten einer beliebigen Anordnung, dann die der wahrscheinlichsten Anordnung. Dies ist ein rein statistisches Problem und daher von den Eigenschaften der Kugeln gänzlich unabhängig. Statt Kugeln kann man auch N Moleküle, statt dem Behälter ein Energieschema und statt den verschieden großen Fächern Energieniveaus ϵ_i mit verschiedenen Entartungen g_i betrachten. Das Kugelproblem ist also dem molekularen Problem vollkommen analog.

Zwei Faktoren spielen bei den folgenden Wahrscheinlichkeitsüberlegungen eine Rolle, wovon der erste (W_1) die Größe der Fächer berücksichtigt: Die Wahrscheinlichkeit, bei einem Wurf eine Kugel in ein bestimmtes Fach zu werfen, ist nämlich proportional der Größe dieses Faches g_i. Die Wahrscheinlichkeit, gleichzeitig N_i Kugeln in ein Fach der Größe g_i zu werfen, ist daher $g_i^{N_i}$. Die Wahrscheinlichkeit W_1, gleichzeitig N_1 Kugeln im Fach der Größe g_1, N_2 Kugeln im Fach der Größe g_2 und N_i Kugeln im Fach der

4.2. Ableitung der Boltzmannverteilung

Anordnung	Wahrscheinlichkeitsfaktoren für das Auftreten einer bestimmten Anordnung		Gesamtwahrscheinlichkeit
$g_1 = \frac{1}{4}$ $g_2 = \frac{3}{4}$	W_1	W_2	$W = W_1 \cdot W_2$
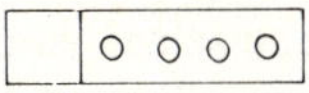	$(\frac{3}{4})^4$	$\frac{4!}{4!}$	0.32
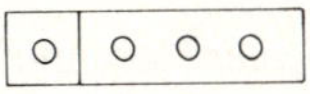	$(\frac{1}{4})(\frac{3}{4})^3$	$\frac{4!}{1!3!}$	0.42
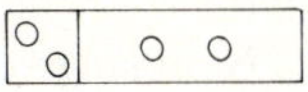	$(\frac{1}{4})^2(\frac{3}{4})^2$	$\frac{4!}{2!2!}$	0.21
	$(\frac{1}{4})^3(\frac{3}{4})$	$\frac{4!}{3!1!}$	0.05
	$(\frac{1}{4})^4$	$\frac{4!}{4!}$	0.004

Bild 4.2. Die Wahrscheinlichkeiten W_1, W_2 und W für die fünf möglichen Verteilungen von vier (unterscheidbaren) Kugeln in einem Behälter mit zwei Fächern (Größenverhältnis 1 : 3)

Größe g_i usw., nach einem Wurf aufzufinden, also eine bestimmte Anordnung (Verteilung) zu erzielen, ist gleich dem Produkt der Einzelwahrscheinlichkeiten:

$$W_1 = g_1^{N_1} \cdot g_2^{N_2} \ldots g_i^{N_i} \ldots g_n^{N_n} \ . \tag{4}$$

Wäre das bereits der richtige Ausdruck der Wahrscheinlichkeit für eine bestimmte Verteilung, so würde die wahrscheinlichste Verteilung die sein, bei der alle Kugeln im größten Fach landen. Das ist aber nicht der Fall. Der zweite Faktor (W_2) berücksichtigt das dadurch, indem durch *Vertauschen* der Kugeln untereinander die *gleiche Verteilung* öfter realisierbar ist. Vertauschen innerhalb eines Faches spielt dabei keine Rolle. Die Wahrscheinlichkeit für das Auftreten einer bestimmten Verteilung erhöht sich daher um alle Vertauschungsmöglichkeiten der N Kugeln, reduziert sich aber gleichzeitig um die Vertauschungsmöglichkeiten innerhalb der Fächer. Permutiert man alle N Kugeln einer bestimmten Anordnung, so erhält man insgesamt N! neue Anordnungen. Die Wahrscheinlichkeit W_1 steigt somit um diesen Faktor N!. Da es aber innerhalb der Fächer $N_1!, N_2!, \ldots N_i!, \ldots N_n!$ Vertauschungsmöglichkeiten gibt, erhöht sich W_1 insgesamt nur um den Faktor

$$W_2 = \frac{N!}{N_1! \, N_2! \ldots N_i! \ldots N_n!} \ . \tag{5}$$

Die Gesamtwahrscheinlichkeit W einer bestimmten Verteilung ist dann durch $W_1 \cdot W_2$ gegeben:

$$W = N! \frac{g_1^{N_1} \cdot g_2^{N_2} \ldots g_i^{N_i} \ldots g_n^{N_n}}{N_1! \, N_2! \ldots N_i! \ldots N_n!} \quad . \tag{6}$$

Das bedeutet für das Beispiel der Verteilung von vier Kugeln (Bild 4.2), daß die wahrscheinlichste Verteilung die Anordnung 2 ist. In Bild 4.2 sind zu den einzelnen Anordnungen die Wahrscheinlichkeiten bei Berücksichtigung des ersten Faktors W_1 und des zweiten Faktors W_2 getrennt angeführt.

Gl. (6) beschreibt die Wahrscheinlichkeit für das Auftreten *irgendeiner* Verteilung von N Molekülen auf ein Energieschema, dessen Energieniveaus ϵ_i g_i-fach entartet sind. Ziel dieser Überlegungen sollte aber sein, die *wahrscheinlichste Verteilung* aus allen realisierbaren herauszufinden, d.h. die Anordnungen $N_1, N_2, \ldots N_i \ldots N_n$ solange zu variieren, bis sich die wahrscheinlichste ergibt. Aus mathematischen Gründen sucht man nun nicht das Extremum von W bezüglich der $N_1, N_2 \ldots N_i \ldots N_n$, sondern das Extremum von lnW. Ein Maximum von lnW entspricht auch einem Maximum von W. Für lnW bietet sich nämlich eine bequeme Umformung durch die Stirlingsche Formel (Anhang III) an:

$$\ln W = N_1 \ln g_1 + N_2 \ln g_2 + \ldots N_i \ln g_i + \ldots N_n \ln g_n + \ln N! -$$
$$- N_1 \ln N_1 - N_2 \ln N_2 - \ldots N_i \ln N_i - \ldots N_n \ln N_n + N_1 + N_2 + \ldots N_i + \ldots N_n \tag{7}$$
$$= N_1 \left(1 + \ln \frac{g_1}{N_1}\right) + N_2 \left(1 + \ln \frac{g_2}{N_2}\right) + \ldots N_i \left(1 + \ln \frac{g_i}{N_i}\right) + \ldots N_n \left(1 + \ln \frac{g_n}{N_n}\right) + \ln N!$$

Bei der Extremwertbildung ist aber zu beachten, daß die Gesamtzahl der Moleküle und die Gesamtenergie des Systems konstant bleiben. Es gelten also die zwei *Nebenbedingungen*:

$$N_1 + N_2 + \ldots N_i + \ldots N_n = \sum_{i=1}^{n} N_i = N \tag{8}$$

und

$$N_1 \epsilon_1 + N_2 \epsilon_2 + \ldots N_i \epsilon_i + \ldots N_n \epsilon_n = \sum_{i=1}^{n} N_i \epsilon_i = E \quad . \tag{9}$$

Im Anhang IV wird erläutert, wie man solche Nebenbedingungen bei Extremwertbildungen berücksichtigt. Es handelt sich um die Methode der *Lagrangeschen Multiplikatoren*. Hierzu führt man zwei konstante Multiplikatoren α und β ein und sucht nun das Extremum von

$$\ln W - \alpha \sum_{i=1}^{n} N_i - \beta \sum_{i=1}^{n} N_i \epsilon_i . \tag{10}$$

bezüglich der N_i, α und β.

4.2. Ableitung der Boltzmannverteilung

Auf diese Weise bleibt die Konstanz der Molekülzahl und der Gesamtenergie gewahrt. Durch Differenzieren von Gl. (10) nach den N_i und Nullsetzen findet man:

$$\frac{\partial}{\partial N_i}\left(\ln W - \alpha \sum_{i=1}^{n} N_i - \beta \sum_{i=1}^{n} N_i \epsilon_i \right) = 0 , \tag{11}$$

$$\frac{\partial \ln W}{\partial N_i} - \alpha - \beta \epsilon_i = 0 . \tag{12}$$

Differenziert man Gl. (7) nach N_i, so folgt:

$$\begin{aligned}\frac{\partial \ln W}{\partial N_i} &= \frac{\partial}{\partial N_i}\left[N_i\left(1 + \ln \frac{g_i}{N_i}\right)\right] \\ &= \frac{\partial}{\partial N_i}(N_i + N_i \ln g_i - N_i \ln N_i) \\ &= 1 + \ln g_i - \ln N_i - \frac{N_i}{N_i} \\ &= \ln \frac{g_i}{N_i} \end{aligned} \tag{13}$$

Mit den Gln. (13) und (12) bekommt man dann die gesuchte wahrscheinlichste Verteilung:

$$\ln \frac{g_i}{N_i} - \alpha - \beta \epsilon_i = 0 \tag{14}$$

bzw.

$$N_i = g_i \cdot e^{-\alpha - \beta \epsilon_i} . \tag{15}$$

Bildet man das Verhältnis zweier Besetzungen, z.B. das der Energieniveaus i und j, so ergibt sich, da α konstant ist:

$$\frac{N_i}{N_j} = \frac{g_i}{g_j} \cdot e^{-\beta(\epsilon_i - \epsilon_j)} . \tag{16}$$

Bezieht man das Verhältnis der Besetzung nicht auf N_j, sondern auf die Molekülzahl N, so erhält man:

$$\frac{N_i}{N} = \frac{g_i e^{-\beta \epsilon_i}}{\sum_i g_i e^{-\beta \epsilon_i}} , \tag{17}$$

da N durch $N = \sum_{i=1}^{n} N_i$ gegeben ist. Gl. (17) ist bis auf den noch unbekannten Faktor β mit der gesuchten Boltzmannverteilung, Gl. (2), identisch. Die physikalische Bedeutung dieses Faktors wird im nächsten Abschnitt untersucht.

4.3. Boltzmannverteilung und Temperatur

Über die Natur des Faktors β läßt sich durch Wahrscheinlichkeitsüberlegungen allein nichts aussagen. Das einzige, was man erfahren kann, ist seine Dimension; er muß die Dimension einer reziproken Energie besitzen. Eine physikalische Interpretation von β ist nur über einen Vergleich mit dem molekularen Bild der kinetischen Gastheorie zu gewinnen. Dazu bildet man am einfachsten den statistischen Mittelwert der Translationsenergie und vergleicht das Ergebnis mit der mittleren kinetischen Energie aus der Gastheorie. Es stellt sich heraus, daß β mit $1/kT$ identisch werden muß.

Verwendet wird das Modell eines eindimensionalen Gases, das quantenmechanisch dem Modell eines Teilchens in einem eindimensionalen Potentialtopf entspricht (Abschnitt 3.7). Die Eigenwertbedingung für die nichtentarteten Energiezustände lautet:

$$\epsilon_i = \frac{i^2 h^2}{8 m a^2} \; ; \quad i = 1, 2, 3, \ldots (\infty) . \tag{18}$$

Das Symbol i steht wieder für die Quantenzahl n.

Für die Verteilung von N Gasteilchen auf das durch Gl. (18) vorgegebene Energieschema gilt nach Gl. (17) mit $g_i = 1$:

$$f_i = \frac{N_i}{N} = \frac{e^{-\beta \epsilon_i}}{\sum\limits_{i=1}^{\infty} e^{-\beta \epsilon_i}} . \tag{19}$$

Eine statistische Mittelwertbildung liefert die mittlere Translationsenergie eines Gasteilchens. Für den Mittelwert einer Eigenschaft X gilt definitionsgemäß (Abschnitt 2.6):

$$\overline{X} = \frac{\sum\limits_{i=1}^{n} f_i X_i}{\sum\limits_{i=1}^{n} f_i} . \tag{20}$$

Identifiziert man X_i mit ϵ_i und beachtet, daß i alle Werte von 1 bis ∞ annehmen kann, so ergibt sich für die mittlere Energie $\overline{\epsilon}$ eines Moleküls:

$$\overline{\epsilon} = \frac{\sum\limits_{i=1}^{\infty} \epsilon_i f_i}{\sum\limits_{i=1}^{\infty} f_i} . \tag{21}$$

Setzt man den Ausdruck für f_i in Gl. (21) ein, dann erhält man:

$$\overline{\epsilon} = \frac{\sum\limits_{i=1}^{\infty} \epsilon_i e^{-\beta \epsilon_i}}{\sum\limits_{i=1}^{\infty} e^{-\beta \epsilon_i}} . \tag{22}$$

4.3. Boltzmannverteilung und Temperatur

In Abschnitt 2.6 konnte bei der Berechnung der mittleren Geschwindigkeiten von vornherein die Mittelwertbildung über die Integralausdrücke geführt werden, da ein Geschwindigkeitskontinuum vorlag. Außerdem war die Verteilungsfunktion bereits explizit gegeben. Man spricht deshalb auch oft von klassischer Statistik, wenn man es mit kontinuierlichen Verteilungen zu tun hat. Dies ist immer dann der Fall, wenn die Energieabstände sehr klein gegen kT sind. Zur Berechnung des quantenstatistischen Ausdrucks (22) darf man daher die Summen durch Integrale ersetzen (*klassische* Näherung; siehe Anhang II):

$$\bar{\epsilon} = \frac{\int_{i=0}^{\infty} \epsilon(i) \, e^{-\beta \epsilon(i)} \, di}{\int_{i=0}^{\infty} e^{-\beta \epsilon(i)} \, di} \quad . \tag{23}$$

Mit Gl. (18) bekommt man dann:

$$\bar{\epsilon} = \frac{\frac{h^2}{8ma^2} \int_0^{\infty} i^2 \, e^{-\frac{i^2 \beta h^2}{8ma^2}} \, di}{\int_0^{\infty} e^{-\frac{i^2 \beta h^2}{8ma^2}} \, di} \quad . \tag{24}$$

Durch die Substitution

$$z = i \sqrt{\frac{\beta h^2}{8ma^2}}, \quad di = \sqrt{\frac{8ma^2}{\beta h^2}} \, dz \tag{25}$$

kann Gl. (24) auf die Form gebracht werden:

$$\bar{\epsilon} = \frac{1}{\beta} \frac{\int_0^{\infty} z^2 \, e^{-z^2} \, dz}{\int_0^{\infty} e^{-z^2} \, dz} \quad . \tag{26}$$

Mit den Werten für die bestimmten Integrale im Zähler und Nenner von Gl. (26) (Anhang I), folgt dann für die mittlere Energie pro Molekül:

$$\bar{\epsilon} = \frac{1}{\beta} \frac{\frac{\sqrt{\pi}}{4}}{\frac{\sqrt{\pi}}{2}} \tag{27}$$

Für N_A Moleküle (1 mol) beträgt daher die mittlere Translationsenergie pro Freiheitsgrad:

$$\bar{E} = N_A \frac{1}{2} \frac{1}{\beta} . \tag{28}$$

Dies ist ein an sich merkwürdiges Resultat. Die Energie hängt nur von der Zahl der Moleküle ab, solange man nicht dem Faktor β einen physikalischen Sinn gibt. Aber so ungewöhnlich es erscheint, dieser Faktor, der die Besetzungsverhältnisse in einem makroskopischen System regelt, spielt eine fundamentale Rolle. Man kann ihn mit $\frac{1}{kT}$ identifizieren, wenn man Gl.(28) mit der gaskinetisch berechneten, mittleren kinetischen Energie von $\frac{1}{2}RT$ pro mol und Freiheitsgrad vergleicht:

$$\bar{E} = \frac{1}{2} N_A \frac{1}{\beta} = \frac{1}{2} N_A kT , \tag{29}$$

$$\beta = \frac{1}{kT} . \tag{30}$$

Die Temperatur T, durch den Faktor β in die Maxwell-Boltzmannstatistik eingeführt, ist daher mit der früher definierten Temperatur identisch. Der quantenstatistische Ausdruck für das Maxwell-Boltzmannsche Verteilungsgesetz lautet dann vollständig:

$$f_i = \frac{N_i}{N} = \frac{g_i \, e^{-\frac{\epsilon_i}{kT}}}{\sum_i g_i \, e^{-\frac{\epsilon_i}{kT}}} . \tag{31}$$

Durch dieses Verteilungsgesetz gelangt man auch zu einer neuen Definition der Temperatur, da bei einem vorgegebenen Energieschema T durch das Besetzungsverhältnis N_i/N eindeutig bestimmt ist. Damit ist man auch in der Lage, durch Mittelwertbildungen beliebige, makroskopisch beobachtbare Eigenschaften von Vielteilchensystemen zu berechnen.

4.4. Die Fermi-Dirac- und Bose-Einsteinstatistik

Vor der konkreten Berechnung der mittleren Energie makroskopischer Systeme soll das Verhältnis der *Maxwell-Boltzmannstatistik* (im folgenden mit M.B.-Statistik abgekürzt) zur *Fermi-Diracstatistik* (F.D.-Statistik) und *Bose-Einsteinstatistik* (B.E.-Statistik) diskutiert werden.

4.4. Die Fermi-Dirac- und Bose-Einsteinstatistik

Die M.B.-Statistik stellt einmal mehr einen Grenzfall dar, und zwar den Grenzfall zweier Quantenstatistiken im weiteren Sinne. Sie geht nämlich von zwei Annahmen aus, die in Wirklichkeit nicht streng zutreffen. Die erste besteht darin, daß die Wahrscheinlichkeit, daß ein Molekül einen bestimmten Eigenwert hat, unabhängig davon ist, ob die anderen Moleküle den gleichen oder einen anderen Eigenwert besitzen. So wurde auch bei der Ableitung der M.B.-Verteilung an Hand des Kugelbeispiels in Abschnitt 4.2 implizit vorausgesetzt, daß jeder Wurf vom vorausgegangenen oder nachfolgenden unbeeinflußt bleibt. Außerdem wurde die Wahrscheinlichkeit für das Eintreffen einer bestimmten Verteilung so berechnet, als ob alle Kugeln (Moleküle), obwohl gleichartig, numeriert und damit voneinander unterscheidbar sind.

Beide Annahmen sind jedoch, quantenmechanisch gesehen, nicht richtig. Die molekularen Teilchen eines makroskopischen Systems sind voneinander nicht unabhängig und auch nicht unterscheidbar. Wenn die M.B.-Statistik aber mit der Erfahrung doch übereinstimmt, so liegt dies nur an der Tatsache, daß ihre Aussagen von der F.D.- und B.E.-Statistik nur in wenigen Fällen (z.B. bei tiefsten Temperaturen) abweichen.

Worin unterscheidet sich die M.B.-Statistik nun wirklich von den beiden anderen Quantenstatistiken?

Um die Verteilungsgesetze von F.D. und B.E. zu finden, hat man genauso zu verfahren wie bei der Ableitung der M.B.-Verteilung. Es ist nur zu berücksichtigen, daß die Teilchen *ununterscheidbar* und voneinander *nicht unabhängig* sind. Die Nichtunabhängigkeit ist eine direkte Folge der Tatsache, daß atomare Teilchen einen *Eigendrehimpuls* (*Spin*) besitzen, der sich aus dem Spin der Elektronen und dem der Kerne zusammensetzt. Der Spin ist wie jeder andere Drehimpuls in Einheiten von $\hbar$ gequantelt, besitzt aber nur zwei Eigenwerte mit den Quantenzahlen $s = 1/2$ und $s = -1/2$. Er hat daher auch nur zwei Eigenfunktionen (siehe Gl. (46), Abschnitt 3.6). Ein Einelektronensystem (z.B. ein Elektron in einem Potentialtopf) hat daher einen halbzahligen Spin, ein aus einem Doppelteilchen aufgebautes System (z.B. $_2He^4$-Kern) dagegen einen ganzzahligen Spin, gegeben durch die Summe der Protonen- und Neutronenspins. Teilchen der ersten Sorte bezeichnet man als *Fermionen*, Teilchen der zweiten Sorte als *Bosonen*.

Die *Ununterscheidbarkeit* und *Nichtunabhängigkeit* soll an einem Zweielektronensystem demonstriert werden. Das Elektron 1 besitze die Eigenfunktion $\psi(1)$ und den Energieeigenwert $\epsilon(1)$, das Elektron 2 die Eigenfunktion $\varphi(2)$ und den Energieeigenwert $\epsilon(2)$. Die Eigenfunktion des Systems Φ ist dann durch das Produkt der beiden Eigenfunktionen, die Energie des Systems durch die Summe der beiden Eigenwerte gegeben:

$$\Phi(1,2) = \psi(1)\,\varphi(2)\,, \tag{32}$$
$$E(1,2) = \epsilon(1) + \epsilon(2)\,. \tag{33}$$

Vertauscht man die beiden Elektronen dann bleibt die Energie des Systems erhalten, aber es entsteht eine neue Eigenfunktion des Systems:

$$\Phi(2,1) = \psi(2)\,\varphi(1)\,, \tag{34}$$
$$E(2,1) = \epsilon(2) + \epsilon(1)\,. \tag{35}$$

Nach der Theorie der Differentialgleichungen sind nicht nur Gl. (32) und Gl. (34), sondern auch alle Linearkombinationen

$$\Psi = a\Phi(1,2) + b\Phi(2,1) \tag{36}$$

Lösungen der Schrödingergleichung.

Vertauscht man in Gl. (36) die beiden Elektronen, so darf sich Ψ^2 nicht ändern. Das bedeutet, daß $a = \pm b$ ist. Nur die zwei folgenden Linearkombinationen sind aber aus Normierungsgründen physikalisch sinnvoll ($a = \pm b = \pm\frac{1}{\sqrt{2}}$):

$$\Psi_s = \frac{1}{\sqrt{2}}[\Phi(1,2) + \Phi(2,1)]\,,$$
$$\Psi_a = \frac{1}{\sqrt{2}}[\Phi(1,2) - \Phi(2,1)]\,. \tag{37}$$

Die erste Funktion (Ψ_s) ist *symmetrisch,* weil sie sich bei einer Vertauschung der Elektronen nicht ändert. Die zweite Funktion (Ψ_a) ist *antisymmetrisch,* weil sie bei der Vertauschung der Elektronen ihr Vorzeichen wechselt.

Berücksichtigt man durch einen Produktansatz auch noch die zwei Spineigenfunktionen, so erhält man insgesamt vier symmetrische und vier antisymmetrische Gesamteigenfunktionen des Zweielektronensystems als Lösung der Schrödingergleichung. Auf gleiche Weise findet man durch Linearkombination die Gesamteigenfunktionen von Mehrteilchensystemen.

Nach dem *Antisymmetrieprinzip* besitzen Fermionensysteme *nur antisymmetrische* und Bosonensysteme *nur symmetrische Gesamteigenfunktionen.* Ein Fermionensystem wird also durch eine antisymmetrische Gesamteigenfunktion beschrieben, die sich durch eine Linearkombination aller Eigenfunktionen der Fermionen darstellen läßt. Jede Eigenfunktion kann durch die vier Quantenzahlen (drei Quantenzahlen entsprechen den drei Freiheitsgraden der Bahnbewegung und eine dem Spin) charakterisiert werden. Besitzen zwei Fermionen die gleiche Quantenzahlkombination, d.h. die gleiche Eigenfunktion, dann läßt sich keine antisymmetrische Gesamteigenfunktion bilden. Mit anderen Worten: Ein Quantenzustand darf nur von einem einzigen Fermion besetzt werden. Diese Einschränkung fällt bei Bosonen weg. Die Forderung nach der Existenz einer symmetrischen Gesamteigenfunktion ist auch erfüllt, wenn alle Bosonen denselben Quantenzustand einnehmen. Während also z.B. der Energiezustand eines Elektrons nur von zwei Elektronen, die sich aber in ihrer Spinquantenzahl unterscheiden müssen, besetzt werden

4.4. Die Fermi-Dirac- und Bose-Einsteinstatistik

darf, dürfen beliebig viele $_2$He^4-Kerne einen Energiezustand beanspruchen. Diese Einschränkungen, bei der Ableitung der M.B.-Verteilung nicht beachtet, führen zu zwei verschiedenen Quantenstatistiken, der F.D.- und der B.E.-Statistik.

Die Wahrscheinlichkeiten für das Auftreten einer bestimmten Verteilung von Fermionen und Bosonen unterscheiden sich deshalb von der der M.B.-Statistik:

$$(\text{F.D.}) \quad W = \prod_{i=1}^{n} \binom{g_i}{N_i} = \prod_{i=1}^{n} \frac{g_i!}{N_i!\,(g_i - N_i)!} \quad , \tag{38}$$

$$(\text{B.E.}) \quad W = \prod_{i=1}^{n} \binom{g_i + N_i - 1}{N_i} = \prod_{i=1}^{n} \frac{(N_i + g_i - 1)!}{N_i!\,(g_i - 1)!} \quad , \tag{39}$$

$$(\text{M.B.}) \quad W = N! \prod_{i=1}^{n} \frac{g_i^{N_i}}{N_i!} \qquad \left(\prod_{i=1}^{n} \text{Produktoperator} \right)$$

Gl. (38) liegt die Bildung aller Kombinationen aus g_i Elementen zur N_i-ten Klasse ohne Wiederholung, Gl. (39) die Bildung dieser Kombinationen mit Wiederholung zugrunde (Anhang V). Wegen der Ununterscheidbarkeit tritt der Faktor N! bei den Wahrscheinlichkeiten der Verteilung von Fermionen und Bosonen nicht mehr auf, weil aus einer Vertauschung der Teilchen keine neuen Anordnungsmöglichkeiten resultieren.

Variiert man die Wahrscheinlichkeiten W für das Auftreten einer bestimmten Verteilung von Fermionen und Bosonen bezüglich der N_i genauso wie bei der Ableitung der M.B.-Verteilung, so ergibt sich für die wahrscheinlichsten Verteilungen:

$$(\text{F.D.}) \quad N_i = \frac{g_i}{e^\alpha\, e^{\beta \epsilon_i} + 1} \quad , \tag{40}$$

$$(\text{B.E.}) \quad N_i = \frac{g_i}{e^\alpha\, e^{\beta \epsilon_i} - 1} \quad . \tag{41}$$

Beide Verteilungen unterscheiden sich nur im Vorzeichen des Terms 1. Wenn $g_i \gg N_i$ ist, muß $e^\alpha e^{\beta \epsilon_i}$ viel größer als 1 sein, so daß man den Term 1 vernachlässigen kann. In diesem Fall gehen die F.D.- und B.E.-Verteilung in die M.B.-Verteilung über (vgl. Gl. (15)).

Für Elektronen (Fermionen) und Gasmoleküle mit ganzzahligem Kernspin (Bosonen) bei Temperaturen in der Nähe des absoluten Nullpunkts ist eine Anwendung der M.B.-Statistik nicht zulässig. Von diesen Ausnahmefällen wird an anderer Stelle noch gesprochen. Auch die Lichtquanten (Photonen) sind wegen ihres ganzzahligen Spins Bosonen und müssen den Verteilungsgesetzen der B.E.-Statistik gehorchen. Die erstmals von *Planck* abgeleitete Energieverteilung der Strahlung eines schwarzen Körpers entspricht daher auch vollkommen den Gesetzen der B.E.-Statistik.

4.5. Zustandssumme

Bereits in Abschnitt 3.9 wurde festgestellt, daß mehratomige Moleküle folgende vier Arten von Bewegungen ausführen können:

1. Translationen,
2. Rotationen,
3. Schwingungen und
4. elektronische Anregungen.

Alle diese Bewegungsformen liefern einen Beitrag zur mittleren Energie eines Moleküls bzw. zur mittleren Gesamtenergie einer Gesamtheit von Molekülen. Für ideale Gase kann man diese Beiträge (unabhängig voneinander) exakt berechnen, während bei nichtidealen Gasen, Flüssigkeiten und Festkörpern wegen zwischenmolekularen Wechselwirkungen bis auf wenige Ausnahmen weder eine exakte quantenmechanische noch statistische Berechnung möglich ist. Wenn also im folgenden von einem Vielteilchensystem die Rede ist, so ist damit in erster Linie ein ideales Gas gemeint.

Die Maxwell-Boltzmannstatistik liefert für die Verteilung N_i/N den Ausdruck

$$f_i = \frac{N_i}{N} = \frac{g_i\, e^{-\frac{\epsilon_i}{kT}}}{\sum_i g_i\, e^{-\frac{\epsilon_i}{kT}}} \quad . \tag{42}$$

Dieser Ausdruck ist die Wahrscheinlichkeit dafür, daß N_i von insgesamt N Molekülen eines Systems den Eigenwert ϵ_i besitzen, wobei die ϵ_i Translationseigenwerte (Translationsquantenzahl i) sein sollen. Die Wahrscheinlichkeit, daß $N_{i,J}$ Moleküle gleichzeitig den Rotationseigenwert ϵ_J (Rotationsquantenzahl J) haben, ist durch das Produkt der Einzelverteilungen $f_i f_J$ gegeben:

$$f_{i,J} = f_i f_J = \frac{g_i\, e^{-\frac{\epsilon_i}{kT}}}{\sum_i g_i\, e^{-\frac{\epsilon_i}{kT}}} \; \frac{g_J\, e^{-\frac{\epsilon_J}{kT}}}{\sum_J g_J\, e^{-\frac{\epsilon_J}{kT}}} \quad . \tag{43}$$

Nimmt man noch die Verteilung der Schwingung (Schwingungsquantenzahl v) und der Elektronenanregung (Quantenzahl n) hinzu, so ist die Wahrscheinlichkeit, daß $N_{i,J,v,n}$ Moleküle gleichzeitig den Translationseigenwert ϵ_i, den Rotationseigenwert ϵ_J, den Schwingungseigenwert ϵ_v und den Elektroneneigenwert ϵ_n besitzen, festgelegt durch

$$f_{i,J,v,n} = f_i f_J f_v f_n \quad . \tag{44}$$

4.5. Zustandssumme

Dies setzt voraus, daß sich die einzelnen Bewegungen gegenseitig nicht beeinflussen und man ihre Energieeigenwerte additiv zu einem Gesamteigenwert ϵ_r des Moleküls zusammensetzen darf:

$$\epsilon_r = \epsilon_{i,J,v,n} = \epsilon_i + \epsilon_J + \epsilon_v + \epsilon_n \ . \tag{45}$$

Mit Gl. (45) erhält man dann aus Gl. (44)

$$f_r = f_{i,J,v,n} = \frac{g_r \, e^{-\frac{\epsilon_r}{kT}}}{\sum_r g_r \, e^{-\frac{\epsilon_r}{kT}}} \ , \qquad (g_r = g_i g_J g_v g_n) \tag{46}$$

wobei r durch den Satz der vier Quantenzahlen i, J, v und n definiert ist und die verschiedensten Kombinationswerte aufweisen kann.

Für die mittlere Energie eines Moleküls gilt nach der Definition des Mittelwertes (Abschnitt 2.6):

$$\bar{\epsilon} = \frac{\sum_r \epsilon_r f_r}{\sum_r f_r} \tag{47}$$

Setzt man Gl. (46) in diesen Ausdruck ein, so erhält man:

$$\bar{\epsilon} = \frac{\sum_r \epsilon_r g_r \, e^{-\frac{\epsilon_r}{kT}}}{\sum_r g_r \, e^{-\frac{\epsilon_r}{kT}}} \ . \tag{48}$$

Gl. (48) kann in

$$\bar{\epsilon} = kT^2 \frac{\partial}{\partial T} \ln \sum_r g_r \, e^{-\frac{\epsilon_r}{kT}} \tag{49}$$

umgeformt werden. Für die mittlere Energie des aus N Molekülen bestehenden Systems folgt dann:

$$\bar{E} = N\bar{\epsilon} = kT^2 \frac{\partial}{\partial T} \ln \left(\sum_r g_r \, e^{-\frac{\epsilon_r}{kT}} \right)^N \ . \tag{50}$$

Es wird sich später herausstellen, daß dieser Mittelwert der Gesamtenergie mit der thermodynamisch definierten inneren Energie identisch ist.

Mit der abkürzenden Schreibweise

$$Q = \sum_r g_r \, e^{-\frac{\epsilon_r}{kT}} \tag{51}$$

bekommt man weiter:

$$\overline{E} = kT^2 \frac{\partial}{\partial T} \ln Q^N \; . \tag{52}$$

Die Summe Q heißt *Molekülzustandssumme*. Sie setzt sich aus den Zustandssummen der Translation Q(t), der Rotation Q(r), der Schwingung Q(v) und der Elektronenanregung Q(e) auf Grund der Gln. (44) bis (46) multiplikativ zusammen:

$$Q = Q(t) Q(r) Q(v) Q(e) \; ; \tag{53}$$

$$\left(Q(t) = \sum_i g_i \, e^{-\frac{\epsilon_i}{kT}}, \quad Q(r) = \sum_J g_J \, e^{-\frac{\epsilon_J}{kT}} , \text{ usw.} \right) \; .$$

Die Summe Q^N wird allgemein als *Systemzustandssumme* Z bezeichnet:

$$Z = Q^N \; . \tag{54}$$

Mit diesem Begriff der Systemzustandssumme ergibt sich dann für die mittlere Gesamtenergie eines aus N molekularen Teilchen aufgebauten Systems

$$\overline{E} = kT^2 \frac{\partial}{\partial T} \ln Z \; . \tag{55}$$

Gl. (54) gilt allerdings nur für solche Systeme, deren Teilchen im Sinne der M.B.-Statistik unterscheidbar und voneinander unabhängig sind. In Kapitel 9 wird gezeigt, daß für nichtunterscheidbare Teilchen, die voneinander unabhängig sind, statt Gl. (54)

$$Z = \frac{Q^N}{N!} \tag{56}$$

zutrifft. Zur Berechnung der mittleren Energie ist es aber gleichgültig, ob man Gl. (54) oder Gl. (56) verwendet, da N! bei der Bildung der partiellen Ableitung nach T herausfällt.

Die Zustandssumme Q bzw. Z spielt bei der statistischen Berechnung thermodynamischer Eigenschaften eine zentrale Rolle. Zu ihrer Berechnung müssen die Energieeigenwerte mit ihren Entartungen bekannt sein.

4.6. Quantenstatistische Interpretation der Translationsenergie

Das Problem der Berechnung der mittleren Energie von Gasmolekülen, die nur Translationen ausführen, könnte durch das klassisch gewonnene Ergebnis $\overline{\epsilon} = \frac{3}{2} kT$ bereits als gelöst betrachtet werden, weil es erfahrungsgemäß zur Berechnung der Energieänderungen von chemischen Systemen vollkommen ausreicht. Interessant ist aber, wie dieses klassische Ergebnis mit der quantenstatistischen Beschreibung zusammenhängt.

4.6. Quantenstatistische Interpretation der Translationsenergie

Bereits im Abschnitt 3.9 wurde festgestellt, daß die Energieeigenwerte der Translation im Vergleich zu kT so dicht liegen, daß man praktisch von einem Energiekontinuum sprechen darf. Es folgt jetzt der Beweis, daß für diesen Grenzfall die quantenstatistische M.B.-Verteilung in die klassische Maxwell-Boltzmannsche-Geschwindigkeitsverteilung übergeht.

Die Verteilung der Moleküle eines eindimensionalen Gases, die nur Translationen ausführen sollen, lautet nach Gl. (31):

$$f_i = \frac{N_i}{N} = \frac{e^{-\frac{\epsilon_i}{kT}}}{\sum_{i=1}^{\infty} e^{-\frac{\epsilon_i}{kT}}} \quad , \tag{57}$$

wobei die nichtentarteten Eigenwerte ϵ_i durch

$$\epsilon_i = \frac{i^2 h^2}{8ma^2} \quad ; \quad i = 1, 2, 3, \ldots (\infty)$$

gegeben sind. Sucht man das Besetzungsverhältnis zweier Energiezustände, so gilt nach Gl. (16):

$$\frac{N_i}{N_j} = e^{-\frac{(i^2 - j^2)h^2}{8ma^2} \frac{1}{kT}} \quad . \tag{58}$$

Zur Illustration von Gl. (58) zeigt Bild 4.3 die Abhängigkeit dieses Besetzungsverhältnisses (für j = 1) von der Quantenzahl i für N_2-Moleküle in einem 10 cm großen Behälter bei 25 °C. Eine Energieskala ist ebenfalls eingezeichnet. Ein Vergleich mit Bild 2.2 zeigt qualitativ, daß beide Verteilungskurven einander sehr ähnlich sind.

Um den Übergang von der quantenstatistischen zur klassisch-statistischen Beschreibung zu vollziehen, geht man am besten von Gl. (57) aus. Da die Schritte der aufeinanderfolgenden Werte von i im Vergleich zum gesamten Bereich, in dem i variiert (das ist von i = 1 bis i = ∞), sehr klein sind, ist die Summe in Gl. (57) durch ein Integral ersetzbar (Anhang II):

$$\frac{N_i}{N} = \frac{e^{-\frac{i^2 h^2}{8ma^2 kT}}}{\int_{i=0}^{\infty} e^{-\frac{i^2 h^2}{8ma^2 kT}} di} \quad . \tag{59}$$

Durch die Substitution

$$z^2 = \frac{i^2 h^2}{8ma^2 kT} \quad . \tag{60}$$

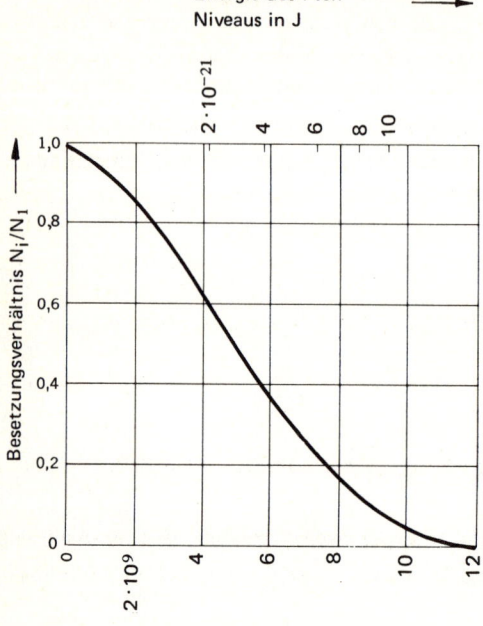

Bild 4.3
Eindimensionale Translationsenergieverteilung von N_2-Molekülen in einem 10 cm großen Behälter bei 25 °C

kann man das Integral im Nenner in ein bestimmtes Integral überführen, das in Anhang I angegeben ist:

$$\sqrt{\frac{8ma^2kT}{h^2}} \int_{z=0}^{\infty} e^{-z^2} \, dz = \sqrt{\frac{2\pi ma^2 kT}{h^2}} \; . \tag{61}$$

Mit Hilfe der gleichen Überlegung, die den Ersatz von Summen durch Integrale erlaubt, ist N_i gegen dN_i/di austauschbar. dN_i/di ist die Zahl der Moleküle, die sich im Intervall zwischen i und i + 1 befinden. Nach dieser Umformung erhält man aus Gl. (59):

$$\frac{dN_i}{di} \frac{1}{N} = \sqrt{\frac{h^2}{2\pi ma^2 kT}} \; e^{-\frac{i^2 h^2}{8ma^2 kT}} \; ; \tag{62}$$

i muß jetzt nur noch durch die Geschwindigkeit u_x ausgedrückt werden. Dazu ist die quantenmechanische Eigenwertbedingung mit dem klassischen Ausdruck für die kinetische Energie gleichzusetzen:

$$\frac{i^2 h^2}{8ma^2} = \frac{1}{2} mu_x^2 \; . \tag{63}$$

4.6. Quantenstatistische Interpretation der Translationsenergie

Man erhält:

$$u_x = \pm \frac{h}{2ma} i \quad . \tag{64}$$

i kann nur positive, u_x jedoch positive und negative Werte annehmen! Da das Intervall di bei einem bestimmten Wert von i somit zwei Intervallen du_x bei einem bestimmten Wert von u_x entspricht, ist bei der Differentialbildung

$$\frac{dN}{du_x} = \frac{dN}{di} \frac{di}{du_x} = \frac{1}{2} \frac{2ma}{h} \frac{dN}{di} \tag{65}$$

der Faktor $\frac{1}{2}$ zu berücksichtigen. Mit den Gln. (62) und (65) ergibt sich dann das Resultat:

$$\frac{dN}{N} \frac{1}{du_x} = \sqrt{\frac{m}{2\pi kT}} \, e^{-\frac{1}{2} m u_x^2 \frac{1}{kT}} \quad . \tag{66}$$

Es ist mit der eindimensionalen Maxwell-Boltzmannschen Geschwindigkeitsverteilung identisch (Abschnitt 2.6).

Die quantenstatistische Form der Boltzmannverteilung läßt sich also für den Grenzfall sehr kleiner Energieabstände im Vergleich zu kT in die klassische Maxwell-Boltzmannverteilung überführen.

In Kapitel 2 wurde festgestellt, daß die mittlere Geschwindigkeit $\bar{u}_x$ gleich Null ist und man deshalb als Maß für die Geschwindigkeit besser die mittlere quadratische Geschwindigkeit wählt. Dies kann quantenmechanisch verständlich gemacht werden.

Dazu braucht man nur den Erwartungswert $\bar{u}_x$ und $\overline{u_x^2}$ mit Hilfe des 5. quantenmechanischen Postulats (Abschnitt 3.6) bilden. Die Eigenfunktionen für das eindimensionale Gasmodell (Teilchen in einem eindimensionalen Potentialtopf) wurden bereits in Abschnitt 3.7 gefunden:

$$\psi_n(x) = \sqrt{\frac{2}{a}} \sin\left(\frac{n\pi x}{a}\right) \quad . \tag{67}$$

Die quantenmechanischen Operatoren von u_x und u_x^2 bildet man mit Hilfe des 2. Postulats:

$$\mathbf{u}_x = \frac{1}{i} \frac{\hbar}{m} \frac{d}{dx} \quad , \tag{68}$$

$$\mathbf{u}_x^2 = -\frac{\hbar^2}{m^2} \frac{d^2}{dx^2} \quad . \tag{69}$$

Die Erwartungswerte erhält man durch die Auswertung der Integrale

$$\bar{u}_x = \int_x \psi_n^*(x) \, \mathbf{u}_x \, \psi_n(x) \, dx = \int_{x=0}^{a} \sqrt{\frac{2}{a}} \sin\left(\frac{n\pi x}{a}\right) \frac{\hbar}{mi} \frac{d}{dx} \left[\sqrt{\frac{2}{a}} \sin\left(\frac{n\pi x}{a}\right) \right] dx \tag{70}$$

und

$$\overline{u_x^2} = \int_x \psi_n^*(x) u_x^2 \, \psi_n(x) \, dx = \int_{x=0}^{a} \sqrt{\frac{2}{a}} \sin\left(\frac{n\pi x}{a}\right) \left(-\frac{\hbar^2}{m^2}\right) \frac{d^2}{dx^2} \left[\sqrt{\frac{2}{a}} \sin\left(\frac{n\pi x}{a}\right)\right] dx \, . \quad (71)$$

Gl. (70) liefert den Erwartungswert $\overline{u_x} = 0$, da über das Produkt einer symmetrischen (cos) und einer schiefsymmetrischen (sin) Funktion zu integrieren ist. Er ist mit dem Mittelwert vergleichbar, den man mit Hilfe der Boltzmannverteilung statistisch gewinnt.

Aus Gl. (71) erhält man für den Erwartungswert $\overline{u_x^2}$:

$$\overline{u_x^2} = \frac{2\epsilon}{m} \, . \quad (72)$$

Er ist proportional der Gesamtenergie ϵ und, da die potentielle Energie Null ist, somit proportional der klassischen, kinetischen Energie E. Dieses Ergebnis stimmt ebenfalls mit den statistischen Vorstellungen überein. Einen direkten Zusammenhang mit der Temperatur kann die Quantenmechanik ebensowenig wie die klassische Mechanik liefern, da beiden der Temperaturbegriff fehlt.

In gleicher Weise wie für das eindimensionale Gasmodell kann man auch für das dreidimensionale kubische Modell den Übergang von der quantenstatistischen Verteilung in die klassische Geschwindigkeitsverteilung von Maxwell-Boltzmann durchführen. Der einzige Unterschied besteht darin, daß man die Entartung der Energieeigenwerte ϵ_i berücksichtigen muß. Nach Abschnitt 3.8 lauten diese (n = i):

$$\epsilon_i = (i_x^2 + i_y^2 + i_z^2) \frac{\hbar^2}{8ma^2} \quad i_x, i_y, i_z = 1, 2, 3, \dots \, . \quad (73)$$

Beim Übergang zu großen Quantenzahlen betrachtet man am besten eine graphische dreidimensionale Darstellung des Zahlentripels i_x, i_y, i_z (Bild 4.4). Jeder eingezeichnete

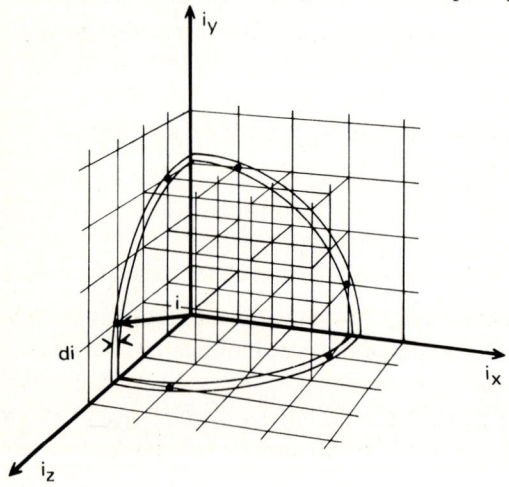

Bild 4.4

Graphische Darstellung des Quantenzahlentripels i_x, i_y, i_z für ein Teilchen in einem kubischen Potentialtopf; alle Werte von $i_x^2 + i_y^2 + i_z^2$ liegen im positiven Oktanten des Kugelschalenelementes $4\pi \, i^2 \, di$

4.6. Quantenstatistische Interpretation der Translationsenergie

Punkt entspricht einem bestimmten Zahlentripel. Alle Punkte, die die gleiche Entfernung vom Ursprung haben, liegen auf der Oberfläche einer Kugel, deren Radius die Länge

$$|i| = \sqrt{i_x^2 + i_y^2 + i_z^2} = \sqrt{\frac{8ma^2\epsilon}{h^2}} \qquad (74)$$

besitzt. Bei großen Quantenzahlen nimmt die Entartung g_i stark zu und kann schließlich durch eine kontinuierliche Funktion g(E), *Zustandsdichte* genannt, dargestellt werden. Für $\frac{1}{8}$ des Volumenelements $4\pi i^2$ di, identisch mit der Zahl der Zustände im Energiebereich zwischen E und E + dE, und damit gleich g(E) dE berechnet man daher mit Gl. (73):

$$\begin{aligned} g(E) \, dE &= \frac{1}{8} 4\pi \, i^2 \, di \\ &= \frac{1}{8} 4\pi \frac{8ma^2}{h^2} E \frac{1}{2} \sqrt{\frac{8ma^2}{h^2}} \frac{\sqrt{E}}{E} \, dE \\ &= 4\pi \left(\frac{a}{h}\right)^3 (2m)^{\frac{3}{2}} \sqrt{E} \, dE. \end{aligned} \qquad (75)$$

Unter Hinzunahme der Funktion g(E) findet man dann, daß die Verteilung

$$f_i = \frac{N_i}{N} = \frac{g_i e^{-\frac{\epsilon_i}{kT}}}{\sum_{i=1}^{\infty} g_i e^{-\frac{\epsilon_i}{kT}}} \qquad (76)$$

in die klassische Maxwell-Boltzmannverteilung der Energie bzw. Geschwindigkeit

$$f(E) = \frac{dN}{N} \frac{1}{dE} = \frac{g(E) e^{-\frac{E}{kT}}}{\int_0^{\infty} g(E) e^{-\frac{E}{kT}} dE} = \frac{2}{\sqrt{\pi}} \left(\frac{1}{kT}\right)^{\frac{3}{2}} e^{-\frac{E}{kT}} \sqrt{E} \qquad (77)$$

$$(E = \tfrac{1}{2} mu^2)$$

übergeht.

Die wichtigste Erkenntnis dieses Abschnittes ist somit die Festellung, daß die Translationsenergie, obwohl in Wirklichkeit gequantelt, nach den Gesetzen der klassischen Mechanik bzw. der Gastheorie berechnet werden darf. Beide Modelle, sowohl die klassische als auch die quantenstatistische Maxwell-Boltzmannverteilung, liefern daher denselben mittleren Translationsbeitrag von $\frac{1}{2} RT$ pro mol und Freiheitsgrad.

4.7. Zustandssumme der Translation und mittlere Translationsenergie

Die mittlere Translationsenergie von $\frac{3}{2}kT$ bzw. $\frac{3}{2}RT$ läßt sich statistisch nach Gl. (55) berechnen, wenn man die Systemzustandssumme Z für ein N-Molekülsystem kennt, dessen Moleküle nur drei Translationsfreiheitsgrade besitzen. Nach Abschnitt 4.5 gilt:

$$Z = Q^N = Q(t)^N$$

und

$$\bar{E} = kT^2 \frac{\partial \ln Z}{\partial T} = kT^2 \frac{\partial \ln Q(t)^N}{\partial T} \tag{78}$$

Es soll nun Q(t) berechnet werden.

Die Energieeigenwerte der Translation ϵ_i sind durch Gl. (73) gegeben. Die Zustandssumme Q(t) setzt sich nach Abschnitt 4.5 aus den Teilsummen, die sich auf die Bewegungen in den drei Achsenrichtungen beziehen, multiplikativ zusammen:

$$Q(t) = \sum_{i_x=1}^{\infty} e^{-\frac{\epsilon_{i_x}}{kT}} \sum_{i_y=1}^{\infty} e^{-\frac{\epsilon_{i_y}}{kT}} \sum_{i_z=1}^{\infty} e^{-\frac{\epsilon_{i_z}}{kT}} \ . \tag{79}$$

Die Summen in Gl. (79) darf man, wie schon wiederholt begründet, durch Integrale ersetzen:

$$Q(t) = \int_{i_x=0}^{\infty} e^{-\frac{\epsilon_{i_x}}{kT}} di_x \int_{i_y=0}^{\infty} e^{-\frac{\epsilon_{i_y}}{kT}} di_y \int_{i_z=0}^{\infty} e^{-\frac{\epsilon_{i_z}}{kT}} di_z \ . \tag{80}$$

Substituiert man $z^2 = \frac{i_x^2 h^2}{8ma^2 kT}$, so erhält man:

$$\int_{i_x=0}^{\infty} e^{-\frac{\epsilon_{i_x}}{kT}} di_x = \frac{a}{h} (8mkT)^{\frac{1}{2}} \int_{z=0}^{\infty} e^{-z^2} dz \ . \tag{81}$$

In gleicher Weise kann man die anderen Integrale substituieren. Mit

$$\int_{z=0}^{\infty} e^{-z^2} dz = \frac{\sqrt{\pi}}{2}$$

(Anhang I) ergibt sich für Q(t) nach Gl. (80):

$$Q(t) = \frac{a^3}{h^3} (2\pi mkT)^{\frac{3}{2}} \ . \tag{82}$$

Mit $a^3 = V$ läßt sich weiter schreiben:

$$Q(t) = (2\pi mkT)^{\frac{3}{2}} \frac{V}{h^3} \quad . \tag{83}$$

Nach Gl. (76) berechnet man dann für $\overline{E}$:

$$\overline{E} = kT^2 \frac{\partial \ln Q(t)^N}{\partial T} = kT^2 \frac{\partial \ln}{\partial T} \left[(2\pi mkT)^{\frac{3}{2}} \frac{V}{h^3} \right]^N = kT^2 \frac{3}{2} N \frac{\partial \ln T}{\partial T}$$

$$= \frac{3}{2} NkT \quad . \tag{84}$$

Besteht das System aus N_A Molekülen (1 mol Gas), so findet man für die mittlere Translationsenergie

$$\overline{E} = \frac{3}{2} RT \quad .$$

Dieses Ergebnis ist mit dem klassisch berechneten identisch.

4.8. Zustandssumme der Rotation und mittlere Rotationsenergie

Die statistische Berechnung der mittleren Rotationsenergie für den zweidimensionalen Fall eines linearen zwei- (oder mehr-)atomigen Moleküls erfolgt wieder mit Hilfe der Zustandssumme (Abschnitt 4.5). Man betrachte ein ideales Gas, das aus N Molekülen besteht; diese N Moleküle sollen nur Rotationen ausführen. Es gilt:

$$Z = Q^N = Q(r)^N$$

und

$$\overline{E} = kT^2 \frac{\partial \ln Q(r)^N}{\partial T} \quad . \tag{85}$$

Da die Rotationsenergieniveaus $(2J+1)$-fach entartet sind (Abschnitt 3.10), lautet die Zustandssumme für die Rotation dann

$$Q(r) = \sum_{J=0}^{\infty} g_J e^{-\frac{\epsilon_J}{kT}} = \sum_{J=0}^{\infty} (2J+1) e^{-\frac{\epsilon_J}{kT}} . \tag{86}$$

Wenn die Energieabstände der Rotationsniveaus $\epsilon_J = J(J+1)\frac{\hbar^2}{2I}$ viel kleiner als kT sind, darf man die Summe wieder durch ein Integral ersetzen:

$$Q(r) = \int_{J=0}^{\infty} (2J+1) e^{-\frac{\epsilon_J}{kT}} dJ = \int_{J=0}^{\infty} (2J+1) e^{-J(J+1)\frac{\hbar^2}{2IkT}} \tag{87}$$

Schreibt man β für $\frac{\hbar^2}{2IkT}$ und substituiert $z = J(J+1)$ bzw. $dz = (2J+1)dJ$, dann geht Gl. (87) über in

$$\int_{z=0}^{\infty} e^{-\beta z} dz = \frac{1}{\beta}. \tag{88}$$

Q(r) wird damit

$$Q(r) = \frac{2IkT}{\hbar^2}. \tag{89}$$

Dieses Ergebnis gilt allerdings nicht für symmetrische lineare Moleküle wie H_2, N_2, CO_2 usw., da auf Grund von Symmetrieeigenschaften der Eigenfunktionen nicht *alle* Eigenwerte auftreten, über die summiert bzw. integriert worden ist. Im Fall von H_2 und N_2 ist z.B. der Ausdruck für Q(r) in Gl. (89) durch 2 zu dividieren, doch soll hier nicht im Detail auf solche Symmetriebetrachtungen eingegangen werden. Mit Gl. (89) erhält man schließlich aus Gl. (85)

$$\overline{E} = RT,$$

wenn man $N = N_A$ setzt, also das für 2 Freiheitsgrade erwartete Resultat.

4.9. Zustandssumme der Schwingung und mittlere Schwingungsenergie

Die mittlere Schwingungsenergie darf *nicht* mehr klassisch berechnet werden, da die Energieänderungen bei Schwingungsübergängen von derselben Größenordnung oder größer als kT sind. Sie ist vielmehr quantenstatistisch mit Hilfe der bekannten Energieeigenwerte herzuleiten. Die Eigenwertbedingung lautet (vgl. Abschnitt 3.11):

$$\epsilon_v = \epsilon\left(v + \frac{1}{2}\right), \quad v = 0, 1, 2, 3, \ldots (\infty). \tag{90}$$

Die Aufgabe besteht darin, die mittlere Schwingungsenergie eines Systems von N harmonischen Oszillatoren nach der bereits bekannten Methode über die Zustandssumme zu berechnen. Die Oszillatoren sollen nur Schwingungen und keine Translationen und Rotationen ausführen. Es gilt nach Abschnitt 4.5:

$$Z = Q^N = Q(v)^N \tag{91}$$

und

$$\overline{E} = kT^2 \frac{\partial \ln Q(v)^N}{\partial T}. \tag{92}$$

4.9. Zustandssumme der Schwingung und mittlere Schwingungsenergie

Für die Zustandssumme $Q(v)$ folgt mit $g_v = 1$

$$Q(v) = \sum_{v=0}^{\infty} e^{-\frac{\epsilon_v}{kT}} \qquad (93)$$

bzw. mit $x = \frac{\epsilon}{kT}$ und Gl. (90)

$$Q(v) = \sum_{v=0}^{\infty} e^{-x\left(v+\frac{1}{2}\right)} \quad . \qquad (94)$$

Diese Summe kann aber nicht in ein Integral umgewandelt werden, da ϵ_v im Vergleich zu kT nicht mehr klein genug ist. Man muß daher diese Summe explizit berechnen. Das gelingt mit Hilfe eines mathematischen Tricks. Man multipliziert beide Seiten der Gl. (94) mit e^{-x} und erhält:

$$Q(v) e^{-x} = \sum_{v=0}^{\infty} e^{-x\left(v+\frac{3}{2}\right)} \quad . \qquad (95)$$

Subtrahiert man Gl. (95) von Gl. (94) — man führt dies am besten durch Ausschreiben der Summen durch — so ergibt sich:

$$Q(v)(1 - e^{-x}) = e^{-\frac{x}{2}}$$

bzw.

$$Q(v) = \frac{e^{-\frac{x}{2}}}{1 - e^{-x}} \quad . \qquad (96)$$

Setzt man diesen Ausdruck für $Q(v)$ in Gl. (92) ein, erhält man:

$$\bar{E} = -NkT^2 \left(\frac{\epsilon}{kT^2}\right) \frac{\partial \ln}{\partial x} \left(\frac{e^{-\frac{x}{2}}}{1 - e^{-x}}\right)$$

$$= \frac{NxkT}{e^x - 1} + \frac{1}{2} NxkT \quad . \qquad (97)$$

Da $\frac{1}{2} xkT$ identisch mit der Energie des Grundzustandes der Schwingung ist, kann man weiter schreiben:

$$\bar{E} = \frac{NxkT}{e^x - 1} + N\epsilon_0 \quad , \qquad (98)$$

und mit $N = N_A$

$$\bar{E} = \frac{xRT}{e^x - 1} + E_0 \quad . \qquad (99)$$

Bild 4.5
Beitrag einer Normalschwingung zur thermischen Energie ($\bar{E} - E_0$) als Funktion des Abstandes der Energieniveaus

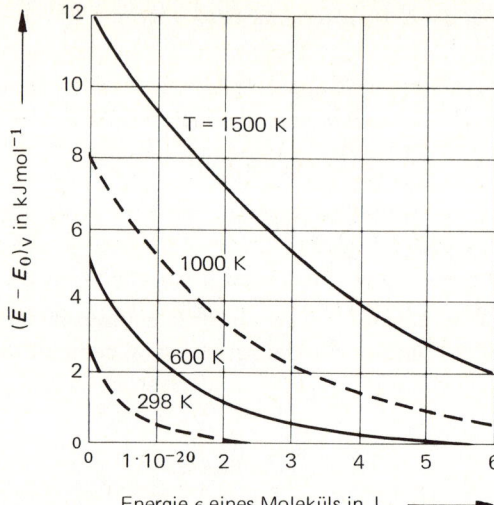

Die mittlere Schwingungsenergie setzt sich somit aus einem stark temperaturabhängigen und einem temperaturunabhängigen Energieterm zusammen. Der temperaturunabhängige Term entspricht der Energie des Systems am absoluten Nullpunkt und wird deshalb Nullpunktsenergie genannt. Der temperaturabhängige Term

$$(\bar{E} - E_0) = \frac{xRT}{e^x - 1} \qquad (100)$$

ist für vier Temperaturen als Funktion von ϵ in Bild 4.5 graphisch dargestellt.

Um $(\bar{E} - E_0)$ für Zimmertemperatur abzuschätzen, wird ein Wert von $2 \cdot 10^{-20}$ J für ϵ angenommen. Für x folgt dann:

$$x = \frac{\epsilon}{kT} = \frac{2 \cdot 10^{-20}}{1{,}38 \cdot 10^{-23} \cdot 298} = 5 \ .$$

Da $N_A \epsilon$ einen Wert von

$$N_A \epsilon = 6{,}022 \cdot 10^{23} \cdot 2 \cdot 10^{-20} = 12050 \, \text{J} \, \text{mol}^{-1}$$

besitzt, erhält man für den temperaturabhängigen Anteil der mittleren Schwingungsenergie

$$(\bar{E} - E_0) = \frac{12050}{e^5 - 1} = 84 \, \text{J} \, \text{mol}^{-1} \ .$$

4.9. Zustandssumme der Schwingung und mittlere Schwingungsenergie

Klassisch hätte man für $(\bar{E} - E_0)$ den Wert $\frac{1}{2}RT = 1240$ J mol^{-1} angenommen, da $\bar{E} = \frac{1}{2}RT$ und $E_0 = 0$ ist.

Ein harmonischer Oszillator besitzt zudem nach klassischer Auffassung sowohl kinetische als auch potentielle Energie (also eigentlich zwei Freiheitsgrade). Beide Energien sind gleich groß, so daß man klassisch etwa 2500 J mol^{-1} bei Zimmertemperatur berechnet. Diese Diskrepanz zwischen 2500 J mol^{-1} und 84 J mol^{-1} ist einzig und allein auf die großen Energieabstände der Eigenwerte zurückzuführen. Für den Grenzfall sehr hoher Temperaturen (kT $\gg \epsilon$) geht die quantenstatistische Verteilung wieder in eine klassische über. Wählt man in Gl. (99) x klein gegen 1, führt im Nenner eine Reihenentwicklung durch und bricht nach dem zweiten Term ab, so sieht man die Richtigkeit der Behauptung sofort ein.

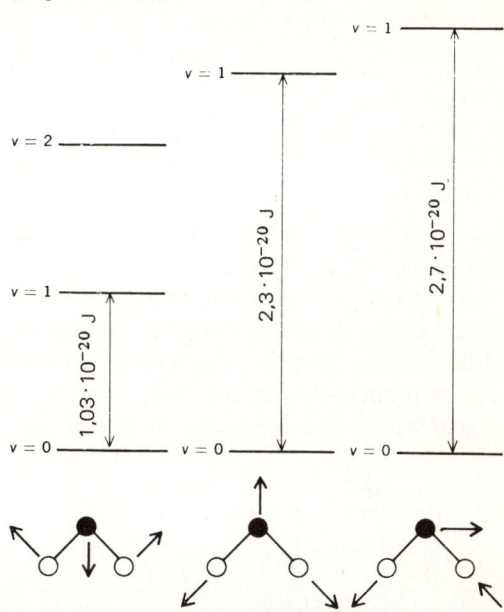

Bild 4.6
Die drei (3n − 6 = 3) Normalschwingungen und Energieschemata des SO$_2$-Moleküls; die Pfeile kennzeichnen die Richtung in der die erste Auslenkung der Atome erfolgt

Die numerische Berechnung der temperaturabhängigen Schwingungsenergie soll am Beispiel des SO$_2$ demonstriert werden. Spektroskopische Untersuchungen ergeben die in Bild 4.6 gezeichneten drei Energieschemata, die den drei Normalschwingungen (3n − 6 = 3) zugeordnet werden können. Die Bewegungsrichtungen dieser drei Normalschwingungen sind ebenfalls in Bild 4.6 dargestellt. Man sieht, daß die Schwingungen nicht in den Richtungen der Bindungen erfolgen. Mit Hilfe dieser Energieschemata läßt sich nach Gl. (100) der Beitrag der Schwingungsenergie $(\bar{E} - E_0)$ des SO$_2$ berechnen. Für Zimmertemperatur gelangt man, entsprechend den drei Freiheitsgraden, zu Werten von 550, 51 und 22 J mol^{-1}. Insgesamt erhält man dann: $(\bar{E} - E_0) = 623$ J mol^{-1}. Für 1000 K beträgt das Ergebnis auf Grund der Anregung höherer Zustände insgesamt 11 500 J mol^{-1}.

4.10. Mittlere Gesamtenergie eines idealen Gases

In den Abschnitten 4.7 bis 4.9 wurden die mittleren Energien der Translation, Rotation und Schwingung getrennt berechnet. Dabei wurde berücksichtigt, daß man die Rotation und Translation klassisch behandeln darf, während die Schwingung nur quantenstatistisch behandelt werden kann. Die Elektronenanregung braucht bei gewöhnlichen Temperaturen überhaupt nicht berücksichtigt zu werden. In Tabelle 4.1 sind die Energieabstände und Beiträge ($\bar{E} - E_0$) vergleichsweise zusammengestellt.

Tabelle 4.1: Größenordnung der Energieabstände und der thermischen Energien; kT = $4 \cdot 10^{-21}$ J und RT = 2480 J mol^{-1} bei Zimmertemperatur

Bewegung	Abstand J	J mol^{-1}	($\bar{E} - E_0$)
Elektronenanregung	10^{-18}	600 000	0
Schwingung	10^{-20}	6 000	(siehe Bild 4.6)
Rotation	10^{-23}	6	$\frac{3}{2} RT$ bzw. RT
Translation	10^{-41}	$6 \cdot 10^{-12}$	$\frac{3}{2} RT$

Die getrennte Berechnung der mittleren Energien war nur durchführbar, weil sich die einzelnen Bewegungsarten in erster Näherung gegenseitig nicht beeinflussen. Man darf daher auch ihre mittleren Energien zur mittleren Gesamtenergie additiv zusammensetzen. Für die mittlere Gesamtenergie von 1 mol ideales Gas, dessen Moleküle Translationen, Rotationen und Schwingungen ausführen, ergibt sich somit

$$\bar{E} = \bar{E}(t) + \bar{E}(r) + \bar{E}(v). \tag{101}$$

Elektronenanregungen blieben dabei unberücksichtigt. Für nichtlineare Moleküle folgt

$$\bar{E} = \frac{3}{2}RT + \frac{3}{2}RT + \bar{E}(v) = 3RT + \bar{E}(v) \tag{102}$$

und für lineare Moleküle

$$\bar{E} = \frac{3}{2}RT + RT + \bar{E}(v) = \frac{5}{2}RT + \bar{E}(v). \tag{103}$$

$\bar{E}(v)$ ist für einen Schwingungsfreiheitsgrad durch Gl. (99) gegeben.

Man hätte mit Gl. (53) die Berechnung der mittleren Gesamtenergie auch gleichzeitig durchführen können. Nach Gl. (53) besteht nämlich die Molekülzustandssumme Q aus dem Produkt der Zustandssummen für die Translation, Rotation und Schwingung Q(t), Q(r), Q(v). Da Z gleich Q^N ist, setzt sich nach Gl. (55) die mittlere Gesamtenergie additiv aus den einzelnen mittleren Energiebeiträgen $\bar{E}(t), \bar{E}(r), \bar{E}(v)$ zusammen.

Zusammenfassend läßt sich feststellen, daß man bei Kenntnis der Energieeigenwerte der Moleküle, die ein ideales Gas aufbauen, das mittlere energetische Verhalten (innere

Energie) des idealen Gases auf statistischem Wege exakt angeben kann. Es ist dabei gleichgültig, ob die Energieeigenwerte quantenmechanisch berechnet oder ihre Werte spektroskopisch gemessen werden. Die statistische Berechnung erfolgt dabei immer über die Molekül- bzw. Systemzustandssumme. Die nächsten Kapitel zeigen, daß die Statistik nicht nur die Berechnung von Daten für die innere Energie, sondern auch von Daten beliebiger thermodynamischer Eigenschaften ermöglicht (*statistische Thermodynamik*). Der Ausgangspunkt für solche Berechnungen ist stets die Molekül- bzw. Systemzustandssumme.

Obwohl der Thermodynamik eine ganz andere Art der Darstellung zur Beschreibung von makroskopisch beobachtbaren Eigenschaften zugrunde liegt, stellt deren statistische Interpretation den Schlüssel zum physikalischen Verständnis dar.

Rechenbeispiele

1. Berechnen Sie den Bruchteil der Wasserstoffatome, die sich bei Zimmertemperatur im ersten angeregten Zustand (n = 2) im Vergleich zum Grundzustand (n = 1) befinden. Bei welcher Temperatur beträgt die Besetzung des ersten angeregten Zustandes 1 % aller Wasserstoffatome?

2. Kennzeichnen Sie durch vertikale Linien auf einer horizontalen Energieskala die Besetzungen der ersten fünf Energiezustände von Elektronen, die sich in einem eindimensionalen Potentialtopf von 100 Å Breite befinden (Temperatur 298 K und 1 000 K).

3. Zeichnen Sie das Diagramm in Bild 4.3 in ein Diagramm mit einer linearen Energieskala um. Ermitteln Sie graphisch die mittlere Energie und vergleichen Sie diesen Wert mit $\frac{1}{2}$ kT.

4. Bestimmen Sie durch graphische Integration der Verteilung in Bild 4.3 das Besetzungsverhältnis N_i/N und zeichnen Sie dieses Diagramm so um, daß $f(u_X)$ die Ordinate und u_X die Abszisse bilden. Vergleichen Sie das Resultat mit Bild 2.2.

5. Berechnen Sie die gesamte thermische Energie von 1 mol SO_2 bei 1 500 K.

6. Wie groß ist die thermische Energie von N_A starren, d.h. nicht schwingungsfähigen, zweiatomigen Molekülen bei 298 K und 1 000 K?
$$((\bar{E}_{298} - E_0) = 6190 \, \text{J mol}^{-1}; \, (\bar{E}_{1000} - E_0) = 20\,800 \, \text{J mol}^{-1})$$

7. Betrachten Sie ein System von drei nichtentarteten Energieniveaus, deren Abstand voneinander $3 \cdot 10^{-21}$ J beträgt. Wie groß ist die thermische Energie von N_A Molekülen in einem solchen System bei 25 °C?

8. Bei einer Gasreaktion verbinden sich zwei einatomige Moleküle zu einem starren, zweiatomigen Molekül. Leiten Sie einen Ausdruck für die Energie beider Molekülsorten in Abhängigkeit von der thermischen Energie der Translation und Rotation und der Nullpunktsenergie ab. Wie groß ist der Unterschied der Energie zwischen dem Reaktionsprodukt und den Reaktanten? Wie sieht die Temperaturabhängigkeit dieses Energieunterschiedes aus?

9. Das Schwingungsenergieschema von HCl besteht aus einem System von Niveaus mit gleichen Abständen von $5,94 \cdot 10^{-20}$ J. Berechnen Sie das Verhältnis der Besetzung zweier benachbarter Energieniveaus bei 25 °C. Führen Sie die gleiche Rechnung für J_2 durch, das einen Energieabstand von $0,43 \cdot 10^{-20}$ J besitzt. $\quad (N_1/N_0 \, (\text{HCl}) = 5,4 \cdot 10^{-7}; \, N_1/N_0 \, (J_2) = 0,35)$

10. Vergleichen Sie die Grenzwerte der mittleren Schwingungsenergie, die man an Hand von Bild 4.5 für $\epsilon_v \to 0$ und $T \to 0$ gewinnt, mit den Werten, die man klassisch erhält.

Kapitel 5
Erster Hauptsatz der Thermodynamik

5.1. Die Thermodynamik

Die Thermodynamik ist eine phänomenologische, aber in sich geschlossene Theorie zur Beschreibung makroskopischer, d.h. Messungen direkt zugänglicher Eigenschaften der Materie. Sie kann vollkommen unabhängig von den bisher behandelten atomaren und molekularen Vorstellungen aus drei empirischen Erfahrungssätzen (*Hauptsätze*) entwickelt werden. Ihre Gültigkeit hängt ausschließlich von diesen drei Hauptsätzen und den aus ihnen logisch (deduktiv) hergeleiteten Konsequenzen ab. Irgendeine Änderung unserer derzeitigen Vorstellungen über die molekulare Natur der Materie beeinflußt ihre Gültigkeit in keiner Weise. In der Leistung der Thermodynamik, allgemeine Zusammenhänge makroskopisch beobachtbarer Eigenschaften zu liefern, liegt zugleich ihre Beschränkung. Sie vermag über den molekularen Aufbau der Materie grundsätzlich nichts auszusagen. Die Thermodynamik behielte auch dann ihre Gültigkeit, wenn die Materie nicht aus atomaren Bausteinen aufgebaut wäre.

Die Thermodynamik bedient sich zur Beschreibung der makroskopischen Eigenschaften und ihrer empirisch gefundenen Zusammenhänge bestimmter Größen, sogenannter Zustandsfunktionen, durch die der Zustand eines Systems charakterisiert wird (vgl. Abschnitt 1.4). Zustandsfunktionen sind Funktionen der Zustandsvariablen (z.B. Druck, Temperatur, chemische Zusammensetzung usw.), die durch die äußeren Bedingungen gegeben sind. Vom Weg, auf dem ein bestimmter Zustand eines makroskopischen Systems realisiert wird, sind sie unabhängig. Sie geben gemeinsam mit ihren partiellen Ableitungen nach den Zustandsvariablen direkt den Zusammenhang zwischen den makroskopischen Eigenschaften an. Wenn ein Teil dieser Eigenschaften experimentell bestimmt wurde, lassen sich durch die so gefundenen thermodynamischen Beziehungen andere Eigenschaften berechnen.

Darin liegt die besondere, praktische Bedeutung der Thermodynamik für die Chemie. Es ist prinzipiell möglich, auf Grund leicht zugänglicher thermischer Meßdaten Energieänderungen und damit verknüpfte Gleichgewichtsänderungen bei chemischen Reaktionen zu berechnen und vorherzusagen. Da die Thermodynamik normalerweise nur Gleichgewichtszustände betrachtet, ist sie aber nicht in der Lage, Auskünfte über den zeitlichen Ablauf (*Kinetik*) von chemischen Reaktionen zu liefern.

Die moderne physikalische Chemie versucht, die molekulare Natur zu verstehen; sie benutzt in erster Linie die Sprache der atomaren Theorien (Quantenmechanik, Statistik). Obwohl die Thermodynamik grundsätzlich diese Theorien entbehren kann, sollte man auf eine molekulare Interpretation thermodynamischer Eigenschaften nicht verzichten, zumal die Berechnung thermodynamischer Funktionen oft nur dadurch möglich ist, und zwar mit Hilfe von statistischen Mittelwertbildungen bei Kenntnis der Energieeigenwerte eines Systems. Man spricht dann von *statistischer Thermodynamik*. Die statistische Thermodynamik wird aber hier nicht geschlossen in einem Kapitel behandelt, sondern es folgt jeweils nach der Beschreibung einer thermodynamischen Eigenschaft ihre statistische Interpretation. Dabei wird gezeigt, wie sich die Eigenschaften auf statistischem Weg unabhängig von kalorisch-thermodynamischen Methoden berechnen lassen.

5.2. Eigenschaften der Zustandsfunktionen und das Volumen als Zustandsfunktion

In Abschnitt 1.4 wurden als Zustandsfunktionen solche Funktionen von Zustandsvariablen bezeichnet, die nur vom jeweiligen Zustand des Systems, nicht aber davon abhängen, auf welchem Weg dieser Zustand erreicht wurde. Bringt man ein System z.B. vom Zustand a durch eine Druck- und Temperaturänderung in den Zustand b, so ist es für die gesamte Änderung der Zustandsfunktion X gleichgültig, ob man zuerst die Temperatur und dann den Druck ändert, ob man in umgekehrter Reihenfolge vorgeht oder ob man beide Zustandsvariablen gleichzeitig ändert. Es gilt daher:

$$\Delta X_{a,b} = X_b - X_a = f(x_b, y_b, z_b, ...) - f(x_a, y_a, z_a, ...) \quad . \tag{1}$$

$x_a, y_a, z_a, ...$ sollen die Zustandsvariablen sein, die den Zustand a, und $x_b, y_b, z_b, ...$ die Zustandsvariablen sein, die den Zustand b eindeutig festlegen. Hat man nur zwei Zustandsvariable x und y (z.B. Druck und Temperatur), so stellt $X = f(x,y)$ geometrisch eine gekrümmte Fläche dar (Bild 5.1). Für eine Änderung $\Delta X_{a,b}$ folgt dann, wenn sie einmal bei konstantem y und einmal bei konstantem x durchgeführt wird:

$$\Delta X_{a,b} = \Delta X_y + \Delta X_x \tag{2}$$

und

$$\Delta X_y = f(x + \Delta x, y) - f(x, y) ,$$
$$\Delta X_x = f(x, y + \Delta y) - f(x, y) . \tag{3}$$

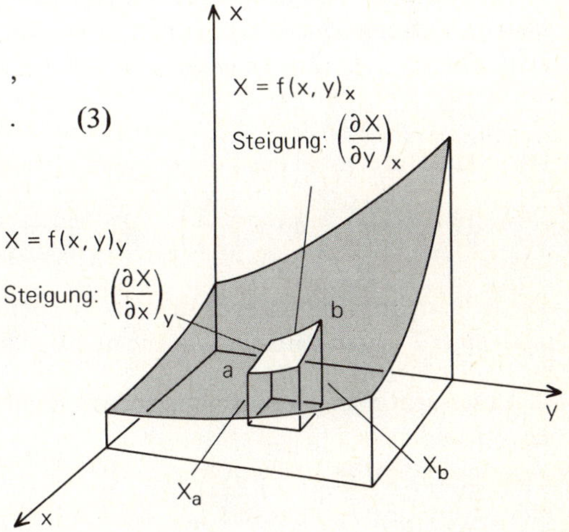

Bild 5.1
Graphische Darstellung der Zustandsfunktion $X = f(x, y)$: die partiellen Differentiale $\left(\frac{\partial X}{\partial x}\right)_y$ und $\left(\frac{\partial X}{\partial y}\right)_x$ entsprechen den Steigungen der Kurven $X = f(x,y)_y$ und $X = f(x,y)_x$

Erweitert man die Gln. (3) mit $\Delta x/\Delta x$ bzw. $\Delta y/\Delta y$ und geht zu den Grenzwerten für $\Delta x \rightarrow 0$ und $\Delta y \rightarrow 0$ über, so erhält man:

$$\lim_{\Delta x \to 0} (\Delta X_y) = (dX)_y = \lim \frac{f(x+\Delta x, y) - f(x,y)}{\Delta x} \Delta x = \left(\frac{\partial X}{\partial x}\right)_y dx \;,$$

$$\lim_{\Delta y \to 0} (\Delta X_x) = (dX)_x = \lim \frac{f(x, y+\Delta y) - f(x,y)}{\Delta y} \Delta y = \left(\frac{\partial X}{\partial y}\right)_x dy \;.$$

(4)

Für die Gesamtänderung von X ergibt sich dann (Bild 5.1):

$$dX = \left(\frac{\partial X}{\partial x}\right)_y dx + \left(\frac{\partial X}{\partial y}\right)_x dy \;. \tag{5}$$

dX nennt man ein *vollständiges* oder auch *totales* bzw. *exaktes* Differential der Funktion X. Jede Änderung einer Zustandsfunktion ist somit ein totales Differential.

Ob eine Funktion $X = f(x, y)$ eine Zustandsfunktion ist, entscheidet der *Schwarzsche Satz*:

$$\frac{\partial}{\partial y}\left(\frac{\partial X}{\partial x}\right)_y = \frac{\partial}{\partial x}\left(\frac{\partial X}{\partial y}\right)_x \;. \tag{6}$$

Nur wenn sich die Reihenfolge der Bildung der zweiten Differentialquotienten vertauschen läßt, ist dX ein totales Differential und vom Weg unabhängig integrierbar. Mit diesen beiden Beziehungen (5) und (6) beherrscht man praktisch den ganzen mathematischen Formalismus der Thermodynamik und kann alle thermodynamischen Größen definieren und miteinander verknüpfen.

Die einfachste und bereits bekannte Zustandsfunktion (vgl. Abschnitt 1.4) stellt das Volumen eines reinen, homogenen Stoffes (Gas, Flüssigkeit, Festkörper) dar, wenn man es als Funktion der Zustandsvariablen p,T und n ausdrückt:

$$V = V(p, T, n) \;. \tag{7}$$

Das totale Differential des Volumens lautet daher:

$$dV = \left(\frac{\partial V}{\partial p}\right)_{T,n} dp + \left(\frac{\partial V}{\partial T}\right)_{p,n} dT + \left(\frac{\partial V}{\partial n}\right)_{p,T} dn \;. \tag{8}$$

Die tiefgestellten Indizes bedeuten, daß bei der Bildung eines partiellen Differentials nach einer Zustandsvariablen die anderen Variablen konstant gehalten werden.

Untersucht man nur Änderungen des Volumens bei konstanter Molzahl n, dann ist $dn = 0$ und

$$dV = \left(\frac{\partial V}{\partial p}\right)_T dp + \left(\frac{\partial V}{\partial T}\right)_p dT \;. \tag{9}$$

Wenn V wirklich eine Zustandsfunktion ist, muß der Schwarzsche Satz erfüllt sein:

$$\frac{\partial}{\partial T}\left(\frac{\partial V}{\partial p}\right)_T = \frac{\partial}{\partial p}\left(\frac{\partial V}{\partial T}\right)_p . \tag{10}$$

Für ideale Gase ist V als Funktion von p,T und n durch das ideale Gasgesetz gegeben:

$$V = \frac{nRT}{p} . \tag{11}$$

Bildet man die gemischten, zweiten Ableitungen von Gl. (11), so bekommt man bei konstanter Molzahl n:

$$\frac{\partial}{\partial T}\left(\frac{\partial V}{\partial p}\right)_T = \frac{\partial}{\partial p}\left(\frac{\partial V}{\partial T}\right)_p = -\frac{nR}{p^2} . \tag{12}$$

Das Volumen eines idealen Gases ist also sicher eine Zustandsfunktion. Es charakterisiert den thermischen Zustand eines idealen Gases, zum Unterschied von den energetischen Zuständen, von denen in den nächsten Kapiteln die Rede ist.

Bezieht man die partiellen Differentiale von Gl. (9) auf das Volumen V° bei 1 atm, so erhält man die Definitionen des thermischen Ausdehnungskoeffizienten α und der Kompressibilität χ:

$$\alpha = \frac{1}{V^\circ}\left(\frac{\partial V}{\partial T}\right)_p ,$$

$$\chi = -\frac{1}{V^\circ}\left(\frac{\partial V}{\partial p}\right)_T . \tag{13}$$

Für ideale Gase folgt mit Gl. (11):

$$\alpha = \frac{1}{V^\circ}\frac{nR}{p} ,$$

$$\chi = \frac{1}{V^\circ}\frac{nRT}{p^2} . \tag{14}$$

α ist temperaturunabhängig, worauf die Temperaturdefinition des Gasthermometers beruht.

In der nun folgenden Entwicklung der Zusammenhänge thermodynamischer Größen (Kapitel 5 bis 9) wird die Molzahl eines Systems immer konstant gehalten. Zustandsänderungen durch Änderung der Molzahl (bei konstantem Druck und konstanter Temperatur) sowie der Begriff der partiellen molaren Größen $(\partial X/\partial n)_{p,T}$ kommen erst im Zusammenhang mit Mischphasensystemen (Mischungen mehrerer homogener Stoffe) zur Sprache.

5.3. Äquivalenz von Wärme und Arbeit

Dieser Abschnitt soll zeigen, daß Wärme und Arbeit einander äquivalent und nichts anderes als zwei verschiedene Energieformen sind. Man kann sich heute kaum noch vorstellen, daß sich einmal beide Energieformen nicht auf eine gemeinsame Größe, die Energie, zurückführen ließen.

Graf Rumford (1798) schreibt man zu, als erster erkannt zu haben, daß Wärme und Arbeit ursächlich miteinander verknüpft sind. Er beobachtete, daß beim Bohren von Kanonenrohren ein Teil der aufgewendeten Arbeit als Reibungswärme abgegeben wird. Obwohl man damals der Wärme noch Materieeigenschaften zuschrieb, war *Graf Rumford* davon überzeugt, daß diese nichts anderes als eine andere Form der Arbeit darstellt. *Mayer* (1842) formulierte dann klar die Äquivalenz von Wärme und Arbeit. Er gab auch bereits einen Weg an, auf dem sich das Wärmeäquivalent exakt berechnen läßt. Es blieb jedoch *Joule* (1843) vorbehalten, unabhängig von *Mayer* diese Äquivalenz durch Versuche quantitativ zu bestätigen.

Bei seinen Versuchen erzeugte *Joule* mechanische Arbeit durch ein fallendes Gewichtsstück und übertrug diese durch ein Rollensystem auf einen Rührer, der in Wasser tauchte; das Wasser befand sich in einem Behälter, der gegen die Umgebung thermisch isoliert war. Die Reibungswärme des Rührers führte zu einer meßbaren Temperaturerhöhung des Wassers. Mit der gemessenen Temperaturänderung ΔT und der Masse M_{H_2O} des Wassers konnte die entstandene Wärme q berechnet werden:

$$q = c M_{H_2O} \Delta T ; \tag{15}$$

c ist die Wärmekapazität pro g Wasser und nach der ursprünglichen Definition der Wärmeeinheit *Kalorie* die Wärmemenge, die man zur Temperaturerhöhung von 1 g Wasser um 1 K benötigt. c besitzt demnach den Wert $1 \, cal \, g^{-1} \, K^{-1}$, so daß hier

$$q = M_{H_2O} \Delta T \quad (cal) \tag{16}$$

beträgt. Die vom Gewichtsstück verrichtete Arbeit w ist proportional der Masse des Gewichtsstücks M_{Gew} und der Fallhöhe h:

$$w = g M_{Gew} h \quad (J) \tag{17}$$

Der Proportionalitätsfaktor g ist die Erdbeschleunigung. *Joule* fand auf Grund seiner experimentellen Beobachtungen folgende quantitative Beziehung zwischen der Wärmemenge q und der geleisteten Arbeit w:

$$q = 4{,}184 \, w . \tag{18}$$

Zwischen den Einheiten der beiden Energieäquivalente besteht danach die Beziehung

$$1 \, cal = 4{,}184 \, J . \tag{19}$$

Heute wird anstelle der Wärmeeinheit Kalorie grundsätzlich die SI-Einheit Joule verwendet.

Gl. (19) stellt jedoch *mehr* als eine Verknüpfung zweier Energieeinheiten dar. Sie repräsentiert gleichzeitig den Ausdruck für die Äquivalenz der zwei Energieformen Wärme und mechanische Energie. Das mechanische Äquivalent der Wärme wurde aus Experimenten abgeleitet, bei denen mechanische Arbeit in Wärme (und *nicht umgekehrt*) umgewandelt wurde. Die Umkehrung dieses Versuchs, also die Umwandlung von Wärme in

Arbeit, ist experimentell nicht so einfach durchführbar und gelingt auch grundsätzlich nicht vollständig. In welchem Maße sich Wärme in Arbeit überführen läßt, bestimmt der 2. Hauptsatz der Thermodynamik. Die Joulesche Äquivalenzbeziehung sagt also nur aus, wieviel Wärme mechanischer Arbeit energetisch entspricht und daß mechanische Arbeit vollständig in Wärme umgewandelt werden kann. Sie gilt aber nicht für die Umkehrung dieses Vorgangs.

5.4. Erhaltungssatz der Energie

Von *H. v. Helmholtz* (1874) stammt die Verallgemeinerung des *Mayerschen* bzw. *Jouleschen Äquivalenzprinzips: Die Summe aller Energieformen in einem abgeschlossenem System ist konstant.* Dies bedeutet, daß Energie weder gewonnen noch vernichtet werden kann. Dieser verallgemeinerte Erfahrungssatz ist der Inhalt des 1. Hauptsatzes der Thermodynamik. Seine wichtigste Konsequenz: Man kann keine Maschine konstruieren, die von sich aus in der Lage wäre, nichts anderes zu tun, als Energie zu gewinnen (*Perpetuum mobile 1. Art*). Man kann den 1. Hauptsatz demnach auch so aussprechen: *Es gibt kein Perpetuum mobile 1. Art.*

Bei den Jouleschen Versuchen wurde die Temperaturerhöhung des Wassers durch die Umwandlung von mechanischer Arbeit in Wärme hervorgerufen. Was geschieht, wenn man den Versuch nicht mit Wasser allein, sondern mit einer Eis-Wassermischung durchführt? Die Temperatur der Mischung bleibt trotz Zufuhr von Wärme konstant. Es wandelt sich bloß Eis in Wasser um. Wasser muß daher bei gleicher Temperatur eine höhere thermische Energie als Eis besitzen. Die Differenz beider Energien bezeichnet man als *latente Wärme;* sie stellt eine weitere Energieform dar.

Neben all diesen Energieformen gibt es auch die **chemische Energie**. So wird z.B. bei der Ladung einer Batterie elektrische Arbeit aufgewendet, ohne daß eine nennenswerte Temperaturänderung oder gar ein Schmelzen eintritt; der Aufladungsvorgang führt vielmehr zum Auftreten einer chemischen Reaktion. Der Erhaltungssatz der Energie muß daher mindestens um den Begriff der chemischen Energie erweitert werden.

Da Größen wie die Energie nicht durch ihre Erscheinungsformen definierbar sind, zieht man den Erhaltungssatz selbst zur Definition heran. Man läßt in diesem Fall alle möglichen Energieformen zu, und zwar so, daß keine Verletzung dieses Erhaltungsatzes resultiert. Ein extremes Beispiel hierfür stellen Kernreaktionen dar, deren Energieänderungen auf Änderungen der Kernmassen beruhen (Einsteinsches Energieäquivalenzprinzip). Bei Kernreaktionen würde der Erhaltungssatz verletzt werden, wenn man die *Masse* nicht als mögliche *Energieform* gelten ließe. Man definiert also den Erhaltungssatz und damit die gesamte Energie eines Systems (*innere Energie*) auf folgende Weise:

$$E_1 + E_2 + \ldots E_i + \ldots E_n = \sum_{i=1}^{n} E_i = \text{const} \ . \tag{20}$$

Dabei hat man sich unter den Energien E_i alle denkbaren Energieformen vorzustellen. Laufen nun innerhalb des von der Umgebung vollkommen isolierten Systems irgendwelche physikalischen oder chemischen Vorgänge ab, die mit Energieänderungen verbunden sind, so können sich zwar die Energien E_i ändern, ihre Summe aber muß konstant bleiben oder anders ausgedrückt:

$$\Delta E_1 + \Delta E_2 + \ldots \Delta E_i + \ldots \Delta E_n = \sum_{i=1}^{n} \Delta E_i = 0 \ . \tag{21}$$

Die Summe aller Energien eines abgeschlossenen Systems bezeichnet man allgemein als innere Energie U:

$$\sum_{i=1}^{n} E_i = U \ , \tag{22}$$

$$\sum_{i=1}^{n} \Delta E_i = \Delta U \ . \tag{23}$$

Nimmt das System aus der Umgebung Energie in Form von Arbeit oder Wärme auf oder gibt es Arbeit oder Wärme an die Umgebung ab, ist ΔU endlich, und seine innere Energie U ändert sich um diesen Betrag. Bleibt hingegen das System von der Umgebung isoliert, ist ΔU immer Null.

5.5. Der erste Hauptsatz

Ein System bestehe aus einer mechanischen Vorrichtung oder aus einem Behälter mit einer oder mehreren chemischen Verbindungen. Es soll in der Lage sein, Wärme aus der Umgebung aufzunehmen oder an sie abzugeben sowie Arbeit an der Umgebung zu verrichten oder umgekehrt. Dieses System wird von einem Anfangszustand a durch eine Druck- oder Temperaturänderung oder durch Verrichtung mechanischer Arbeit oder durch eine chemische Reaktion usw. in den Endzustand b gebracht. Folgende Symbolik wird künftig verwendet:

   q Wärme,
   w Arbeit,
   ΔU Änderung der inneren Energie.

Sehr wichtig ist es, dabei die folgende altruistische Vorzeichengebung genau zu beachten: Wenn Wärme vom System aufgenommen wird, besitzt q einen positiven, wenn Wärme abgegeben wird, einen negativen Wert. Verrichtet das System Arbeit, ist w negativ, und verrichtet die Umgebung am System Arbeit, so ist w positiv. Entsprechend hat dann ΔU einen positiven oder negativen Wert.

Mit dieser Symbolik lautet der 1. Hauptsatz der Thermodynamik:

$$\Delta U = q + w \ . \tag{24}$$

5.5. Der erste Hauptsatz

Die Änderung der inneren Energie ist dabei durch die Differenz der inneren Energie des Endzustandes U_b und des Ausgangszustandes U_a gegeben:

$$\Delta U = U_b - U_a \ . \tag{25}$$

Gl. (24) besagt, daß jeder Austausch des Systems von Wärme und Arbeit mit seiner Umgebung sich in einer Änderung der inneren Energie äußert. Mithin kann Energie weder gewonnen noch vernichtet werden.

Nach Gl. (25) hängt eine Änderung der inneren Energie nur vom Anfangszustand und Endzustand, nicht aber vom Weg ab, auf dem das System von a nach b gebracht wird. Existierten zwei Wege mit verschiedenen Werten von ΔU, so bestünde die Möglichkeit, durch ein periodisches Durchlaufen eines Kreisprozesses Energie zu gewinnen. Es ist aber erfahrungsgemäß unmöglich, einen Versuch zu realisieren, bei dem sich die innere Energie eines Systems ändert, wenn es wieder in seinen Ausgangszustand zurückgebracht wird. Die innere Energie muß folglich eine Zustandsfunktion sein (Bild 5.2). Diese Abhängigkeit wird mathematisch durch ein zyklisches Integral ausgedrückt:

$$\oint dU = 0 \ . \tag{26}$$

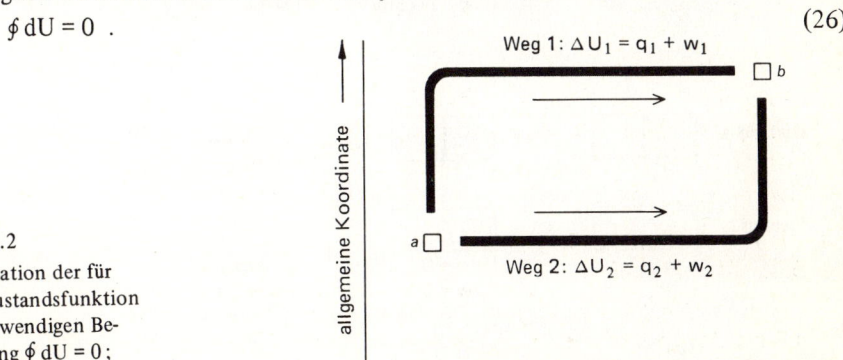

Bild 5.2
Illustration der für die Zustandsfunktion U notwendigen Bedingung $\oint dU = 0$;
$\Delta U_1 = \Delta U_2$

dU ist das totale Differential der Zustandsfunktion der inneren Energie (Abschnitt 5.2). Für *differentielle* Änderungen der inneren Energie eines Systems kann man statt Gl. (24) schreiben:

$$dU = \delta q + \delta w \ . \tag{27}$$

Bedeutet das Symbol d ein totales Differential, dann soll δ, das Symbol der Variation, ein nichtexaktes Differential kennzeichnen. δ gibt differentielle Änderungen von Funktionen an, die vom Weg abhängen und deren zyklisches Integral nicht Null ist.

Der 1. Hauptsatz der Thermodynamik, repräsentiert durch Gl. (24), spielt bei der Untersuchung von chemischen Reaktionen eine fundamentale Rolle. Er erlaubt durch Messung von q und w eine Berechnung der Änderung der inneren Energie ΔU von Reaktanten und Produkten. Bevor jedoch der 1. Hauptsatz auf chemische Probleme angewendet wird, sollen die Begriffe der Wärme, Arbeit und inneren Energie durch einige anschauliche Beispiele illustriert werden.

5.6. Illustrationen zu den Begriffen der Wärme, Arbeit und inneren Energie

Will man irgendein System von einem Zustand a in den Zustand b bringen, so ist diese Änderung im allgemeinen auf verschiedenen Wegen durchführbar. Dabei stellt man fest, daß die Beträge von q und w verschieden groß sind, obwohl ΔU vom Weg unabhängig ist. Das soll durch drei anschauliche Beispiele illustriert werden (Bild 5.3).

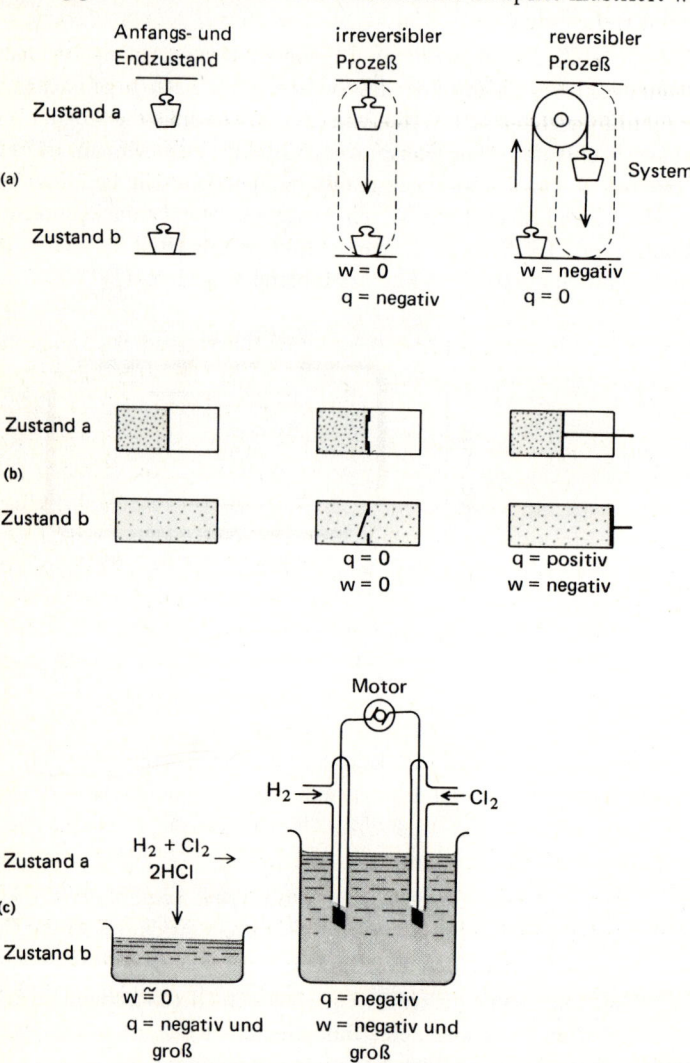

Bild 5.3. Illustrationen zu den Beispielen in Abschnitt 5.6

5.6. Illustrationen zu den Begriffen der Wärme, Arbeit und inneren Energie

1. Beispiel (Bild 5.3a)

Ein Gewicht wird auf zwei Wegen von a nach b gebracht. Steht es mit einem anderen, etwas kleineren Gewicht über eine Rolle in Verbindung, dann läßt sich die Zustandsänderung so durchführen, daß das System Arbeit leistet (*reversibler* Prozeß). Fällt das Gewicht einfach herab, dann leistet es keinerlei Arbeit, da seine kinetische Energie in Form von Wärme beim Aufprall auf den Boden verlorengeht (*irreversibler* Prozeß). Würde man diese Wärme messen, so fände man das Wärmeäquivalent der kinetischen Energie, während beim ersten Prozeß keinerlei Wärme auftritt. Beide Prozesse haben denselben Anfangs- und Endzustand. Der 1. Hauptsatz fordert nun, daß ΔU vom Weg unabhängig ist. Da beim ersten Prozeß q Null ist und w einen negativen Wert besitzt, muß beim zweiten w Null sein und q einen negativen Wert haben, damit der 1. Hauptsatz erfüllt ist.

2. Beispiel (Bild 5.3b)

Der Anfangszustand a eines Systems besteht aus einem Gas in der einen Hälfte einer geteilten Kammer; die zweite Hälfte ist evakuiert. Im Endzustand b erfüllt das Gas die ganze Kammer. Es existieren wieder verschiedene Wege, den Endzustand b zu realisieren. Die einfachste Möglichkeit besteht darin, eine Klappe, die die beiden Hälften trennt, zu öffnen und das Gas in den evakuierten Teil ausströmen zu lassen. Dabei leistet das Gas keine Arbeit an die Umgebung (*irreversibler* Prozeß); außerdem wird keine Wärme aufgenommen oder abgegeben, wenn es sich um ein ideales Gas handelt. Nach Gl. (24) ist die Änderung der inneren Energie Null. Eine zweite Möglichkeit besteht darin, die Klappe durch einen Kolben zu ersetzen, so daß das Gas bei der Expansion den Kolben verschieben kann. Bei dieser Verschiebung leistet es Arbeit (*reversibler* Prozeß). Hält man die Temperatur konstant, so muß das Wärmeäquivalent der Arbeit von außen zugeführt werden, damit ΔU Null wird.

3. Beispiel (Bild 5.3c)

Viele Reaktionswege gibt es auch bei chemischen Reaktionen. Man betrachte z.B. die Reaktion von H_2, Cl_2 und H_2O zu Salzsäure. Einmal können H_2 und Cl_2 direkt zu HCl-Gas reagieren und dann in Wasser gelöst werden (*irreversibler* Prozeß). Dabei tritt eine beträchtliche Reaktionswärme sowohl bei der Gasbildung als auch bei der nachfolgenden Lösungsreaktion auf. Nur ein kleiner Betrag wird zur Überwindung des äußeren Druckes in Form von Arbeit geleistet. Die Reaktion läßt sich aber auch so durchführen, daß H_2 an Cl_2 Elektronen abgibt:

$$H_2 \rightarrow 2H^+ + 2e^-$$
$$2e^- + Cl_2 \rightarrow 2Cl^-$$
$$\overline{H_2 + Cl_2 \rightarrow 2H^+ + 2Cl^-}$$

Die Gesamtreaktion entspricht der Bildung von Protonen und Cl⁻-Ionen, wenn die Reaktion in Wasser erfolgt. Läuft die Reaktion in einer elektrochemischen Zelle ab, so kann der Elektronentransfer (elektrischer Strom) zur Leistung mechanischer Arbeit ausgenutzt werden (*reversibler* Prozeß). Auf diese Weise wird Arbeit gewonnen, während gleichzeitig nur wenig Wärme auftritt.

In allen drei Beispielen wurden jeweils nur zwei Wege diskutiert, obwohl es an sich unendliche viele Wege gibt. Auf einem Weg wurde immer ein sogenannter reversibler, auf dem anderen ein irreversibler Prozeß durchgeführt. Der reversible Prozeß ist dadurch ausgezeichnet, daß das System ein Maximum an Arbeit zu leisten vermag, entweder auf Kosten der inneren Energie, wenn q = 0 ist, oder bei konstanter innerer Energie durch Wärmezufuhr aus der Umgebung. Irreversible Prozesse sind hingegen durch ein Minimum an geleisteter Arbeit charakterisiert. Beide Begriffe werden im nächsten Abschnitt noch näher erläutert.

5.7. Volumenarbeit

Bei Gasen (andere chemische Systeme werden später diskutiert) kann Arbeit durch Expansion oder Kompression verrichtet werden. Diese Arbeit äußert sich in einer Volumenänderung als Folge eines ausgeübten Druckes. Sie wird deshalb auch als *Volumenarbeit* bezeichnet.

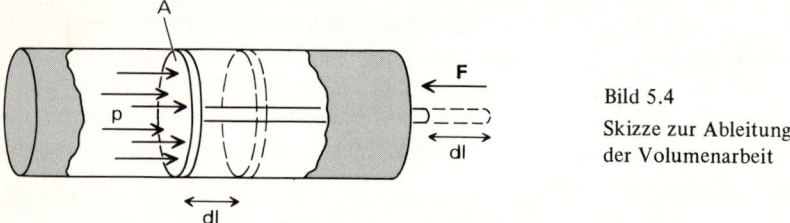

Bild 5.4

Skizze zur Ableitung der Volumenarbeit

Ein Kolben (Bild 5.4), auf den von außen die Kraft **F** wirkt, übt auf ein Gas, das sich in einem Zylinder befindet, einen bestimmten Druck aus. Besitzt der Zylinder den Querschnitt A, so beträgt dieser Druck:

$$p = \frac{F}{A} \qquad (|\mathbf{F}| = F) \ . \qquad (28)$$

Bei einer sehr kleinen Verschiebung des Kolbens dl muß dieser die Arbeit

$$\delta w = F dl = \frac{F}{A} A dl \qquad (29)$$

leisten. Da F/A mit dem Druck p und Adl mit der Änderung dV des Volumens V = Al identisch ist, kann man schreiben:

$$\delta w = -p dV$$

5.7. Volumenarbeit

bzw.

$$w = -\int_{V_a}^{V_b} p\,dV \quad . \tag{31}$$

Das negative Vorzeichen wird *definitionsgemäß* eingeführt. Ist $V_b > V_a$ (Expansion), wird w negativ: Arbeit wird vom System geleistet. Ist $V_b < V_a$ (Kompression), wird w positiv: Arbeit wird am System geleistet. Das negative Vorzeichen dient nur dem Zweck, die altruistische Vorzeichengebung in der Thermodynamik konsequent durchzuführen.

Bei der Ableitung von Gl. (30) wurde implizit ein *Gleichgewichtszustand* des Systems vorausgesetzt; charakterisiert dadurch, daß die durch den Kolben ausgeübte Kraft gleich groß aber entgegengerichtet der Kraft ist, die durch den Gasdruck hervorgerufen wird. Wird in diesem Gleichgewichtszustand eine Volumenänderung vollzogen, dann spricht man von einem *reversiblen* Vorgang. Eine Volumenänderung im Gleichgewichtszustand durchzuführen, ist natürlich in Wirklichkeit nicht möglich, denn Gleichgewicht und gleichzeitige Volumenänderung schließen einander gegenseitig aus. Ein solcher Vorgang (Prozeß) ist nur realisierbar, wenn das System *ein wenig* aus dem Gleichgewicht gebracht wird, also entweder der Gasdruck (Expansion) oder der Kolbendruck (Kompression) etwas größer ist. Nur im Grenzfall werden beide gleich groß. In diesem Sinne ist auch die Definition eines reversiblen Prozesses zu verstehen; denn nur dann läßt sich eine Verschiebung des Kolbens jederzeit rückgängig machen.

Erfolgt der Prozeß der Volumenänderung weit entfernt vom Gleichgewichtszustand (Unterschied zwischen Gasdruck und Kolbendruck sehr groß), dann kann die Kolbenverschiebung nicht jederzeit rückgängig gemacht werden. Man spricht dann von *irreversiblen* Vorgängen (Prozessen).

Zwischen beiden Extremfällen, dem Gleichgewicht und dem Nichtgleichgewicht, gibt es unendlich viele Übergangsfälle. Bei einer Volumenänderung im Gleichgewicht kann die Volumenarbeit maximal, im Nichtgleichgewicht nur minimal genutzt werden. Je weiter sich das System außerhalb des Gleichgewichts befindet, desto kleiner wird auch die vom System geleistete Nutzarbeit.

Das so erklärte Gleichgewicht wurde durch ein mechanisches Kräftegleichgewicht definiert, bei dem die Gesamtenergie des Systems ein Minimum ist. Das später noch zu bestimmende *chemische* Gleichgewicht wird an Hand des 2. Hauptsatzes durch die maximal nutzbare Arbeit einer chemischen Reaktion definiert.

Die Beispiele in Abschnitt 5.6 illustrieren die Extremfälle reversibler und irreversibler Prozesse.

5.8. Innere Energie eines idealen Gases

Joule führte 1843 einen grundlegenden Versuch zur Bestimmung der Volumenabhängigkeit der inneren Energie von Gasen durch. Wie sich später herausstellte, führte dieser Versuch zu einer Schlußfolgerung, die zwar für reale Gase falsch, für den Grenzfall der idealen Gase jedoch richtig ist.

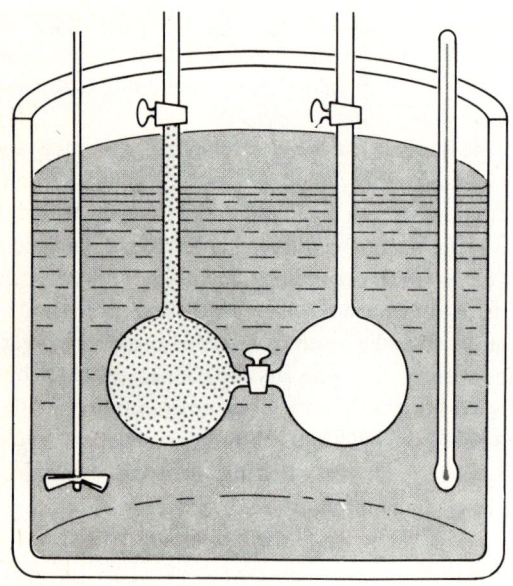

Bild 5.5
Versuchsanordnung zur Bestimmung der Temperaturänderung bei der irreversiblen Expansion eines Gases (Joulescher Versuch)

In Bild 5.5 ist die Joulesche Versuchsanordnung schematisch dargestellt. Sie besteht aus zwei Gaskolben mit einem Verbindungshahn und befindet sich in einem Wasserbad, das gegen die Umgebung thermisch isoliert ist. Ein Kolben ist mit Luft von etwa 20 atm gefüllt, während der andere evakuiert ist. Die Temperaturänderung des Wassers wird gemessen, sobald der Verbindungshahn geöffnet worden und das Gas in den zweiten Kolben eingeströmt ist. *Joule* beobachtete bei diesem Vorgang keine Temperaturänderung. In Wirklichkeit treten aber bei realen Gasen sehr wohl Temperaturänderungen auf; die Joulesche Versuchsanordnung war nur zu unempfindlich, um sie registrieren zu können.

Aus seinem Versuch schloß *Joule* daher, daß bei der Entspannung von Gasen weder Volumenarbeit geleistet wird, noch Wärmeänderungen erfolgen; die innere Energie muß somit konstant bleiben. Wie man heute weiß, gilt diese Schlußfolgerung nur für ideale Gase. Das totale Differential der inneren Energie eines idealen Gases ist folglich Null:

$$dU = \left(\frac{\partial U}{\partial V}\right)_T dV + \left(\frac{\partial U}{\partial T}\right)_V dT = 0 \ . \tag{32}$$

5.8. Innere Energie eines idealen Gases

Durch Umformen erhält man:

$$\left(\frac{\partial U}{\partial V}\right)_T = -\left(\frac{\partial U}{\partial T}\right)_V \left(\frac{\partial T}{\partial V}\right)_U \ . \tag{33}$$

Da sich das Versuchsergebnis mathematisch durch

$$\left(\frac{\partial T}{\partial V}\right)_U = 0 \tag{34}$$

ausdrücken läßt, ergibt sich mit Gl. (33) das wichtige Resultat, daß die innere Energie idealer Gase vom Volumen unabhängig ist:

$$\left(\frac{\partial U}{\partial V}\right)_T = 0 \ . \tag{35}$$

Gl. (35) stellt neben dem idealen Gasgesetz ein weiteres Kriterium für das ideale Verhalten eines Gases dar.

Die innere Energie ist auch vom Druck unabhängig, d.h.

$$\left(\frac{\partial U}{\partial p}\right)_T = 0 \ , \tag{36}$$

weil die partiellen Differentiale von U nach p und V auf folgende Weise miteinander zusammenhängen:

$$\left(\frac{\partial U}{\partial p}\right)_T = \left(\frac{\partial U}{\partial V}\right)_T \left(\frac{\partial V}{\partial p}\right)_T \ . \tag{37}$$

$(\partial V/\partial p)_T$ ist von Null verschieden, wie man an Hand des idealen Gasgesetzes $pV = nRT$ leicht einsieht.

Da also die innere Energie idealer Gase weder vom Druck noch vom Volumen abhängt, ist sie (bei konstanter Molzahl n) allein eine Funktion der Temperatur. Mit Gl. (35) bekommt man daher für das totale Differential von U:

$$dU = \left(\frac{\partial U}{\partial T}\right)_V dT \ . \tag{38}$$

Dieser allgemeine Zusammenhang ist mit Hilfe der kinetischen Gastheorie und des statistischen Begriffs der mittleren Energie physikalisch leicht einzusehen. Da es bei idealen Gasen definitionsgemäß (3. Postulat des kinetischen Gasmodells) keine zwischenmolekularen Wechselwirkungen gibt, ist die mittlere und damit auch die innere Energie eines idealen Gases von der mittleren Entfernung der Moleküle unabhängig; sie kann nur von der statistischen Verteilung der Gasmoleküle bezüglich ihrer Energieeigenwerte herrühren. Bei realen Gasen, Flüssigkeiten und Festkörpern gibt es zusätzlich zwischenmolekulare Wechselwirkungen, die vom Volumen abhängen. Diese Wechselwirkungen entsprechen der potentiellen Energie der Moleküle und sind deshalb eine Funktion des Abstands der Moleküle voneinander, also auch eine Funktion des Volumens. Im allgemeinen ist somit U sowohl eine Funktion von p und V als auch von T. Nur für den Grenzfall idealer Gase ist U allein eine Funktion von T.

5.9. Zwei numerische Beispiele zur Anwendung des 1. Hauptsatzes

Zwei Rechenbeispiele sollen die praktische Anwendbarkeit des 1. Hauptsatzes zeigen:

1. Beispiel

q, w und ΔU sollen für die Verdampfung von 1 mol Wasser bei 100 °C und 1 atm berechnet werden. Die Verdampfungswärme von Wasser beträgt (Tabellenwerken entnommen) 40 670 J mol^{-1}. Daher ist q = 40 670 J mol^{-1}. Die Volumenarbeit, die das System bei der Verdampfung leistet, läßt sich nach Gl. (31) ermitteln. Da der Druck bei der Verdampfung konstant bleibt, erhält man durch Integration von Gl. (31):

$$w = - \int_{V_a}^{V_b} p dV = - p \int_{V_a}^{V_b} dV = - p(V_b - V_a).$$

Das Molvolumen von flüssigem Wasser beläuft sich auf etwa $1,8 \cdot 10^{-5}$ m^3 (V_a) das von Wasserdampf in erster Näherung nach dem idealen Gasgesetz auf

$$V_b = \frac{373 \cdot 0,0224}{273} = 0,0306 \text{ m}^3.$$

Die bei der Verdampfung geleistete Arbeit (Expansionsarbeit) ergibt sich dann zu:

$$w = - 1 \cdot (30\,600 - 18) \cdot 10^{-6} = - 0,0306 \text{ m}^3 \text{ atm} = - 3100 \text{ J}.$$

Nach dem ersten Hauptsatz berechnet man für die Änderung der inneren Energie:

$$\Delta U = q + w = 40\,670 - 3100 = 37\,570 \text{ J}.$$

Der größte Teil der Verdampfungswärme wird also zur Erhöhung der inneren Energie und nur zu etwa 10 % zur Expansion des Wasserdampfs verbraucht. Die theoretische Berechnung der Änderung der inneren Energie bei der Verdampfung ist auf Grund der Schwierigkeiten bei der quantenmechanischen Energieeigenwertberechnung bereits so problematisch, daß sie kaum durchführbar ist. Thermodynamisch gelingt es dagegen sehr leicht, ΔU zu berechnen, da die notwendigen Daten experimentell bequem zugänglich sind.

2. Beispiel

q, w und ΔU sollen für die reversible Expansion von 10 mol ideales Gas bei 0 °C von einem Anfangsdruck von 1 atm auf einen Enddruck von 0,1 atm berechnet werden. Da die innere Energie eines idealen Gases nur von der Temperatur abhängt und diese während der Expansion konstant bleiben soll, ist $\Delta U = 0$. w läßt sich wieder nach Gl. (31) ermitteln. p(V) ist durch das ideale Gasgesetz gegeben, so daß die Integration von Gl. (31) keine Schwierigkeiten bereitet:

$$w = - \int_{V_a}^{V_b} p dV = - \int_{V_a}^{V_b} \frac{nRT}{V} dV = - nRT \ln V \Big|_{V_a}^{V_b}$$

$$= - nRT \ln \frac{V_b}{V_a} = - nRT \ln \frac{p_a}{p_b}.$$

5.10. Prozesse bei konstantem Volumen

Setzt man die numerischen Werte ein, so erhält man für w:

$$w = -10 \cdot 8{,}314 \cdot 273 \cdot 2{,}303 \cdot \lg\frac{1}{0{,}1} = -52\,270 \text{ J}.$$

Mit dem 1. Hauptsatz folgt schließlich:

$$q = \Delta U - w = 0 + 52\,270 = 52\,270 \text{ J}.$$

Die gesamte aus der Umgebung vom System aufgenommene Wärme wird zur Expansion verbraucht; die innere Energie bleibt unverändert.

Beide Beispiele beweisen, welches Hilfsmittel die Thermodynamik für den Chemiker darstellt und wie sie auf spezielle Systeme anzuwenden ist. Mit einigen experimentell leicht zugänglichen Größen lassen sich Aussagen machen, die mit den atomaren Theorien zwar prinzipiell, aber praktisch nur sehr schwer zu gewinnen sind.

5.10. Prozesse bei konstantem Volumen

Prozesse bei konstantem Volumen (*isochore* Prozesse) sind durch die Nebenbedingung w = 0 charakterisiert, denn es wird vorausgesetzt, daß am System keine Volumsänderungen auftreten sollen. Leistet das System auch keine andere (etwa elektrische) Arbeit, dann nimmt der 1. Hauptsatz die Form

$$\Delta U = q \tag{39}$$

an. Die vom System aufgenommene oder abgegebene Wärme wird gänzlich zur Änderung der inneren Energie verbraucht.

Die Wärmemenge, die man benötigt, um die Temperatur T eines Systems bei konstantem Volumen V um den differentiellen Betrag ΔT zu ändern, wird als *Wärmekapazität* C_V bezeichnet. Bezieht man die Wärmemenge auf 1 kg Substanz, so bezeichnet man die Wärmekapazität als *spezifische Wärme* c_V; bezieht man die Wärmemenge auf 1 mol Substanz, so nennt man die Wärmekapazität *Molwärme* C_V. Die Definition der Wärmekapazität wird mathematisch durch folgende Grenzwertbildung ($\Delta T \to 0$) ausgedrückt:

$$C_V = \lim_{\Delta T \to 0} \left(\frac{q}{\Delta T}\right)_V. \tag{40}$$

Mit Gl. (39) erhält man dann weiter:

$$C_V = \lim_{\Delta T \to 0} \left(\frac{\Delta U}{\Delta T}\right)_V = \left(\frac{\partial U}{\partial T}\right)_V. \tag{41}$$

C_V ist mit dem Koeffizienten von dT des totalen Differentials dU identisch:

$$dU = \left(\frac{\partial U}{\partial T}\right)_V dT + \left(\frac{\partial U}{\partial V}\right)_T dV = C_V\, dT + \left(\frac{\partial U}{\partial V}\right)_T dV. \tag{42}$$

Bei idealen Gasen ist der zweite Term in Gl. (42) Null, da U von p und V nicht abhängt. Es gilt dann für n mol Gas:

$$dU = C_V\,dT, \quad C_V = \frac{dU}{dT}$$

bzw. mit $U = nU$ und $C_V = nC_V$ für 1 mol Gas (vgl. Abschnitt 2.3):

$$dU = C_V\,dT, \quad C_V = \frac{dU}{dT} \ . \tag{43}$$

5.11. Prozesse bei konstantem Druck und die Enthalpie

Häufiger als bei konstantem Volumen werden in der Chemie Prozesse bei konstantem Druck durchgeführt. Dazu gehören z.B. alle Reaktionen, die in offenen Systemen unter Atmosphärendurck ablaufen. Um diese Prozesse mathematisch einfacher beschreiben zu können, führt man per definitionem eine neue thermodynamische Zustandsfunktion ein. Diese Zustandsfunktion (H) wird durch die Gleichung

$$H = U + pV \tag{44}$$

definiert und *Enthalpie* genannt. H ist eine Zustandsfunktion, da U und pV Zustandsfunktionen sind.

Ist die Enthalpie zur Beschreibung von Prozessen bei konstantem Druck sinnvoll definiert worden? Für die differentielle Änderung der Enthalpie eines Systems ergibt sich durch die Variation von H:

$$dH = dU + p\,dV + V\,dp \ . \tag{45}$$

Treten außer Volumenarbeiten keine anderen Arbeitsleistungen auf, so gilt nach Gl. (31) $\delta w = -p\,dV$ und nach dem 1. Hauptsatz $dU = \delta w + \delta q$. Für dH erhält man damit:

$$dH = \delta q + V\,dp \ . \tag{46}$$

Da bei Prozessen unter konstantem Druck $dp = 0$, reduziert sich Gl. (46) zu:

$$dH = \delta q \ . \tag{47}$$

Bei Prozessen unter konstantem Druck führt demnach die vom System aus der Umgebung aufgenommene oder vom System an die Umgebung abgegebene Wärme ausschließlich zu einer Änderung der Enthalpie.

Die Enthalpie ist genauso wie die innere Energie eine Zustandsfunktion und Eigenschaft des Systems. Bei Festkörpern und Flüssigkeiten sind die Änderungen der Enthalpie fast ebenso groß wie die der inneren Energie. Diese Aggregatzustände besitzen nur kleine Ausdehnungskoeffizienten und damit nur kleine Energiebeträge $p\Delta V$, so daß sich die Enthalpie und Energie auf Grund der Enthalpiedefinition Gl. (44) nicht sehr unterscheiden.

Physikalisch hat man die Enthalpie genauso wie die innere Energie als Maß für die Energie eines Systems aufzufassen. Sie ist bei konstantem Druck nur eine Funktion der Temperatur des Systems und unterscheidet sich von der inneren Energie lediglich um den Energiebetrag p∆V. Molekular betrachtet gilt für die Enthalpieänderung mit der Temperatur das gleiche wie für die innere Energie: Bei Temperaturänderung ändern sich die Besetzungen der Translations-, Rotations- und Schwingungszustände.

Ähnlich wie die Wärmekapazität, die spezifische Wärme und Molwärme bei konstantem Volumen definiert worden sind, können diese auch bei konstantem Druck definiert werden. Für die Wärmekapazität gilt:

$$C_p = \lim_{\Delta T \to 0} \left(\frac{q}{\Delta T}\right)_p \tag{48}$$

und mit Gl. (47):

$$C_p = \left(\frac{\partial H}{\partial T}\right)_p \tag{49}$$

C_p ist mit dem Koeffizienten von dT des totalen Differentials dH identisch:

$$dH = \left(\frac{\partial H}{\partial T}\right)_p dT + \left(\frac{\partial H}{\partial p}\right)_T dp = C_p dT + \left(\frac{\partial H}{\partial p}\right)_T dp \tag{50}$$

Für ideale Gase kann Gl. (50) vereinfacht werden. Da U und pV nur Funktionen der Temperatur sind, ist auch H nur eine Funktion der Temperatur und $(\partial H/\partial p)_T$ muß Null sein. Es gilt dann analog zu Gl. (43):

$$dH = C_p dT, \qquad C_p = \frac{dH}{dT}$$

bzw. mit $H = nH$ und $C_p = nC_p$:

$$dH = C_p dT, \qquad C_p = \frac{dH}{dT} \tag{51}$$

5.12. Differenz der Molwärmen C_p und C_v

Eine interessante und sehr nützliche Beziehung ergibt sich, wenn man die Differenz der Molwärmen C_p und C_v untersucht. Diese Differenz soll zuerst für den Grenzfall der idealen Gase gebildet werden.

Differenziert man Gl. (44) nach T,

$$\frac{dH}{dT} = \frac{dU}{dT} + \frac{d}{dT}(pV) \tag{52}$$

und ersetzt dH/dT durch C_p, dU/dT durch C_V und pV durch nRT, so erhält man für n mol Gas

$$C_p = C_V + \frac{d}{dT}(nRT) = C_V + nR,$$

und für 1 mol:

$$C_p - C_V = R. \tag{53}$$

Diese Beziehung ist physikalisch plausibel, wenn man bedenkt, daß zur Erhöhung der Temperatur eines Gases bei konstantem Volumen nur eine Erhöhung der inneren Energie notwendig ist. Erfolgt die Temperaturerhöhung aber bei konstantem Druck, so muß nicht nur die innere Energie erhöht, sondern auch Volumenarbeit geleistet werden. Diese Volumenarbeit beträgt für 1 mol ideales Gas, das um 1 K bei konstantem Druck erwärmt werden soll:

$$w = \int d(pV) = \int_{T}^{T+1} R\, dT = R\ (J). \tag{54}$$

Tabelle 5.1: Temperatur- und Druckabhängigkeit der Molwärmendifferenz $(C_p - C_V)$ von N_2
(*W. E. Deming, L. E. Shupe:* Phys. Rev. **37**, 638 (1931))

Temperatur °C	Druck atm	$C_p - C_V$ $JK^{-1}mol^{-1}$			
		0	50	100	200
−50	(8,314)	13,0	18,4		22,2
0	(8,314)	10,9	13,4		16,7
100	(8,314)	9,6	10,5		12,1
200	(8,314)	8,8	9,2		10,0
400	(8,314)	8,4	8,8		9,2

An Hand der Daten von Tabelle 5.1 erkennt man, daß für reale Gase die Molwärmendifferenz $(C_p - C_V)$ vom Betrag R stark abweicht. Das gleiche gilt für Flüssigkeiten und Festkörper.

Einen exakten thermodynamischen Ausdruck für die Molwärmendifferenz $(C_p - C_V)$ bei nichtidealen Gasen kann man wie folgt ableiten. Es gilt:

$$C_p - C_V = \left(\frac{\partial H}{\partial T}\right)_p - \left(\frac{\partial U}{\partial T}\right)_V \tag{55}$$

Mit der Definitionsgleichung von H ergibt sich:

$$C_p - C_V = \left(\frac{\partial U}{\partial T}\right)_p + p\left(\frac{\partial V}{\partial T}\right)_p - \left(\frac{\partial U}{\partial T}\right)_V . \tag{56}$$

Gleichzeitig erhält man aus dem totalen Differential dU durch Umformen:

$$\left(\frac{\partial U}{\partial T}\right)_p = \left(\frac{\partial U}{\partial V}\right)_T \left(\frac{\partial V}{\partial T}\right)_p + \left(\frac{\partial U}{\partial T}\right)_V . \tag{57}$$

Setzt man nun diesen Ausdruck für $(\partial U/\partial T)_p$ in Gl. (56) ein, so folgt:

$$C_p - C_V = \left[p + \left(\frac{\partial U}{\partial V}\right)_T\right]\left(\frac{\partial V}{\partial T}\right)_p$$

bzw.

$$C_p - C_V = \left[p + \left(\frac{\partial U}{\partial V}\right)_T\right]\left(\frac{\partial V}{\partial T}\right)_p . \tag{58}$$

Für den Grenzfall der idealen Gase gilt $(\partial U/\partial V)_T = 0$ und $(\partial V/\partial T)_p = nR/p$ bzw. $(\partial V/\partial T)_p = R/p$, so daß sich Gl. (58) zu $(C_p - C_V) = R$ reduziert. Bei realen Gasen, Flüssigkeiten und Festkörpern ist aber die innere Energie auf Grund der zwischenmolekularen Wechselwirkungen (Abschnitt 5.8) eine Funktion des Volumens und das partielle Differential $(\partial U/\partial V)_T$ von Null verschieden. Es gibt jedoch eine Möglichkeit, $(C_p - C_V)$ mit dem experimentell leicht zugänglichen Ausdehnungskoeffizienten α und der Kompressibilität χ zu verknüpfen. Dazu muß man allerdings ein Ergebnis des 2. Hauptsatzes vorwegnehmen. Nach dem 2. Hauptsatz gilt für die Volumenabhängigkeit der inneren Energie die allgemeine Beziehung:

$$\left(\frac{\partial U}{\partial V}\right)_T = T\left(\frac{\partial p}{\partial T}\right)_V - p . \tag{59}$$

Einsetzen von Gl. (59) in Gl. (58) liefert:

$$C_p - C_V = T\left(\frac{\partial p}{\partial T}\right)_V \left(\frac{\partial V}{\partial T}\right)_p . \tag{60}$$

Bei konstantem Volumen V ist

$$dV = \left(\frac{\partial V}{\partial T}\right)_p dT + \left(\frac{\partial V}{\partial p}\right)_T dp = 0 \tag{61}$$

und man erhält mit den Definitionsgleichungen des Ausdehnungskoeffizienten α und der Kompressibilität χ (Abschnitt 5.2):

$$C_p - C_V = T\frac{V°\alpha^2}{\chi} \quad \text{bzw.} \quad C_p - C_V = T\frac{V°\alpha^2}{\chi} . \tag{62}$$

5.13. Joule-Thomsonkoeffizient

Expandiert man ein reales Gas über eine Drossel (im einfachsten Fall ein poröser Pfropfen), so beobachtet man, wenn das System gegen die Umgebung thermisch isoliert ist, eine Temperaturdifferenz zwischen dem komprimierten und entspannten Gas. Einen solchen *Drosseleffekt* beobachteten erstmals *Joule* und *Thomson*. Er besitzt eine große praktische Bedeutung, weil die dabei auftretenden Temperaturänderungen zur Abkühlung und Verflüssigung von Gasen ausgenutzt werden können.

Bild 5.6 zeigt die prinzipielle Versuchsanordnung zur Beobachtung des Drosseleffektes. Der Druck und die Temperatur des Gases werden zu beiden Seiten der Drossel gemessen. Es wird insgesamt 1 mol reales Gas von einem Anfangsdruck p_1 auf einen Enddruck p_2 ohne Wärmeaustausch mit der Umgebung (q = 0) entspannt. Mit Hilfe des 1. Hauptsatzes soll nun der Drosseleffekt thermodynamisch untersucht werden.

An Hand von Bild 5.6 läßt sich die vom Gas bei der Drosselung insgesamt geleistete Volumenarbeit berechnen. Die Volumenarbeit, die das Gas vor der Drosselung gegen den Kolbendruck p_1 verrichtet, beträgt:

$$w_1 = -\int pdV = -p_1 \int_{V=0}^{V=V_1} dV = -p_1 V_1 \quad . \tag{63}$$

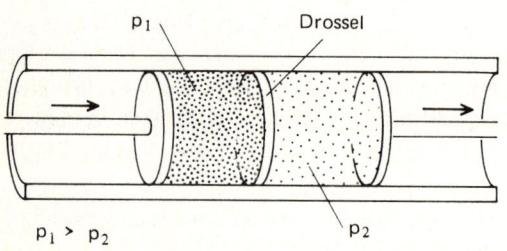

Bild 5.6

Skizze zum Joule-Thomsonschen Drosselversuch

Die Volumenarbeit, die das Gas nach der Drosselung gegen den Kolbendruck p_2 verrichtet, beläuft sich auf:

$$w_2 = -\int pdV = -p_2 \int_{V=0}^{V=V_2} dV = -p_2 V_2 \quad . \tag{64}$$

Die Differenz beider Volumenarbeiten entspricht der vom Gas bei der Drosselung wirklich geleisteten Arbeit:

$$w = w_2 - w_1 = -p_2 V_2 + p_1 V_1 \quad . \tag{65}$$

Verknüpft man Gl. (65) mit dem 1. Hauptsatz, so folgt:

$$\Delta U = q + w = 0 - p_2 V_2 + p_1 V_1 \quad . \tag{66}$$

Da $\Delta U = U_2 - U_1$, kann man weiter schreiben:

$$U_2 + p_2 V_2 = U_1 + p_1 V_1 \quad (U_1 - U_2 = p_2 V_2 - p_1 V_1 \neq 0) \tag{67}$$

oder

$$H_2 = H_1 \tag{68}$$

und

$$dH = 0 \quad . \tag{69}$$

Die Drosselung des Gases verläuft somit bei konstanter Enthalpie. Solche Prozesse heißen *isenthalpiesche* Prozesse. Sie sind dadurch ausgezeichnet, daß das totale Differential dH Null ist:

$$dH = \left(\frac{\partial H}{\partial T}\right)_p dT + \left(\frac{\partial H}{\partial p}\right)_T dp = 0 \quad . \tag{70}$$

5.14. Adiabatische Prozesse

Durch Umformen dieser Gleichung bekommt man:

$$\left(\frac{\partial T}{\partial p}\right)_H = -\frac{\left(\frac{\partial H}{\partial p}\right)_T}{\left(\frac{\partial H}{\partial T}\right)_p} \quad . \tag{71}$$

Das partielle Differential $(\partial T/\partial p)_H$ heißt differentieller *Joule-Thomsonkoeffizient*. Er hängt vom Druck und von der Temperatur ab und kann sowohl positiv als auch negativ werden. Dementsprechend kühlt sich bei der Drosselung ein Gas entweder ab (J.T.-Koeffizient positiv) oder erwärmt sich (J.T.-Koeffizient negativ). Die ausgezeichnete Temperatur, bei der der J.T.-Koeffizient Null ist, wird *Inversionstemperatur* genannt. Daten des J.T.-Koeffizienten von He und N_2 für einige Temperaturen sind in Tabelle 5.2 angegeben. Bei Zimmertemperatur haben alle bekannten Gase außer H_2 und He positive Koeffizienten; sie können daher durch eine Drosselung abgekühlt werden, wenn das System gegen die Umgebung wärmeisoliert ist. Durch wiederholte Drosselung lassen sich Gase bis zum Kondensationspunkt abkühlen. Dieses Prinzip liegt den technischen Verflüssigungsmaschinen zugrunde.

Tabelle 5.2: Joule-Thomson-Koeffizient $\left(\frac{\partial T}{\partial p}\right)_H$ von He und N_2 bei verschiedenen Temperaturen und 1 atm Druck

Temperatur °C	$\left(\frac{\partial T}{\partial p}\right)_H$ K atm^{-1}	
	He	N_2
−100	−0,058	0,649
0	−0,062	0,266
100	−0,064	0,129
200	−0,064	0,056

5.14. Adiabatische Prozesse

Der Joule-Thomsonsche Drosselversuch wurde so durchgeführt, daß das System gegen seine Umgebung wärmeisoliert war. Prozesse mit q = 0 heißen allgemein *adiabatische Prozesse*. Mit der Nebenbedingung q = 0 lautet dann der 1. Hauptsatz:

$$\Delta U = w$$

bzw.

$$dU = \delta w \quad . \tag{72}$$

In diesem Abschnitt sollen die Zustandsänderungen eines idealen Gases unter adiabatischen Bedingungen untersucht werden.

Für die Änderung der inneren Energie von n mol ideales Gas gilt nach Gl. (43)
$$dU = nC_V\,dT \tag{73}$$
und für die Änderung der reversiblen Volumenarbeit nach Gl. (30) mit p = nRT/V
$$\delta w = -p\,dV = -nRT\frac{dV}{V}. \tag{74}$$
Setzt man beide Ausdrücke in Gl. (72) ein, so erhält man:
$$nC_V\,dT = -nRT\frac{dV}{V}, \tag{75}$$
$$\frac{C_V}{R}\frac{dT}{T} = -\frac{dV}{V}. \tag{76}$$
Für einen Prozeß, bei dem ein Gas vom Volumen V_1 bei einer Temperatur T_1 auf ein Volumen V_2 bei einer Temperatur T_2 gebracht wird, bekommt man dann durch Integration von Gl. (76):
$$\frac{C_V}{R}\int_{T_1}^{T_2}\frac{dT}{T} = -\int_{V_1}^{V_2}\frac{dV}{V}, \tag{77}$$
$$\frac{C_V}{R}\ln\frac{T_2}{T_1} = -\ln\frac{V_2}{V_1}. \tag{78}$$
Umformen der letzten Gleichung bringt das gesuchte Ergebnis:
$$V_1 T_1^{\frac{C_V}{R}} = V_2 T_2^{\frac{C_V}{R}}. \tag{79}$$
Ersetzt man in diesem Ergebnis die Temperatur T durch pV/nR und C_V durch $C_p - R$, so ergibt sich:
$$p_1 V_1^{\frac{C_p}{C_V}} = p_2 V_2^{\frac{C_p}{C_V}}. \tag{80}$$
Führt man schließlich noch für das Verhältnis der Molwärme C_p/C_V das Symbol γ ein, so geht Gl. (80) in
$$p_1 V_1^\gamma = p_2 V_2^\gamma \tag{81}$$
und
$$pV^\gamma = \text{const} \tag{82}$$
über.

Zeichnet man in einem p,V-Diagramm p(V) für einen adiabatischen und einen isothermen Prozeß, dann tritt klar hervor, daß die Adiabaten steiler als die Isothermen verlaufen (Bild 5.7). Dies ist mathematisch leicht einzusehen: Für einen adiabatischen Prozeß fällt der Druck p proportional $1/V^{C_p/C_V}$ mit zunehmendem Volumen. Der physikalische Grund dafür ist folgender: Wenn sich ein Gas isotherm ausdehnt, wird Wärme aus der Umgebung aufgenommen und zur Volumenarbeit verwendet. Bei einer adiabatischen Expansion steht aber hierfür nur die innere Energie des Gases zur Verfügung. Die Temperatur muß deshalb abnehmen und der Druck stärker sinken als im isothermen Fall.

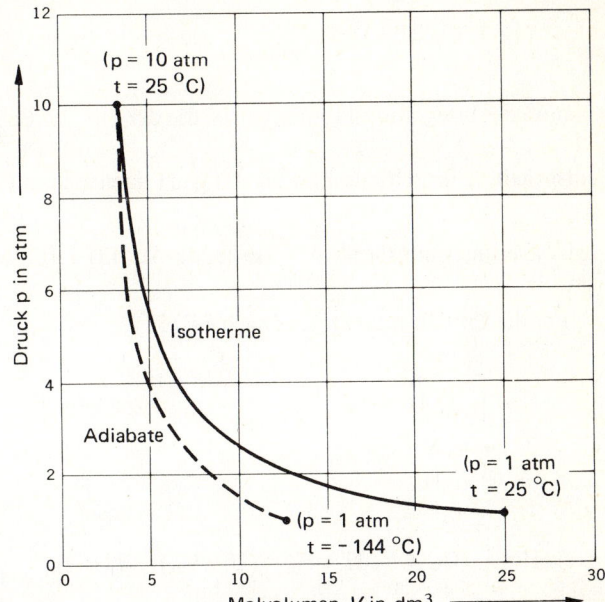

Bild 5.7
Isotherme und adiabatische Expansion von 1 mol N$_2$ von 10 atm auf 1 atm (γ = 1,40 bei 25 °C)

5.15. Statistische Interpretation der inneren Energie und der Enthalpie

Zwei Eigenschaften eines makroskopischen Systems, die innere Energie und die Enthalpie, wurden bisher in das Gebäude der Thermodynamik eingeführt. Beide sind Zustandsfunktionen und beschreiben den energetischen Zustand des Systems. Es sollte daher auch möglich sein, diese Eigenschaften statistisch zu berechnen. Prinzipiell gelingt diese Rechnung immer, praktisch aber nur für einige sehr einfache Systeme, wie z.B. für ideale Gase und einfache Festkörper. Von diesen Systemen interessiert hier am meisten das ideale Gas.

In Kapitel 4 wurde festgestellt, daß sich die mittlere Gesamtenergie eines makroskopischen Systems, das aus einer Vielzahl von Molekülen besteht, aus einem temperaturabhängigen und einem temperaturunabhängigen Energieterm zusammensetzt. Man kann hierfür schreiben:

$$\bar{E} = (\bar{E} - E_0) + E_0 \ . \tag{83}$$

($\bar{E} - E_0$) ist dabei der temperaturabhängige Anteil (*thermische* Energie) und E_0 der temperaturunabhängige Anteil (*Nullpunktsenergie*) der mittleren Gesamtenergie $\bar{E}$. Vergleicht man diese Beziehung mit dem unbestimmten Integral von dU nach Gl. (43)

$$U = \int_0^T C_V \, dT + U_0 \quad , \tag{84}$$

so muß die Integrationskonstante U_0, die der inneren Energie am absoluten Nullpunkt entspricht, identisch mit E_0 und $\int_0^T C_V \, dT$ identisch mit ($\bar{E} - E_0$) sein. Diese Identität trifft allerdings nur für ideale Gase zu, da Gl. (43) definitionsgemäß nur für ideale Gase gilt.

Für die Enthalpie ergibt sich nach Gl. (51)

$$H = \int_0^T C_p \, dT + H_0 \tag{85}$$

bzw. mit Gl. (53)

$$H = \int_0^T (C_V + R) \, dT + H_0 = (U - U_0) + RT + H_0. \tag{86}$$

Auf Grund der Definitionsgleichung der Enthalpie $H = U + pV$ muß $H_0 = U_0 = E_0$ sein.

Für ideale Gase gilt daher: Die innere Energie U ist identisch mit der statistisch definierten mittleren Gesamtenergie $\bar{E}$ und die Enthalpie H ist identisch mit $\bar{E} + pV$ bzw. $\bar{E} + NkT$.

5.16. Statistische Berechnung der inneren Energie und der Enthalpie

Wie später noch zu zeigen ist, kommt es in der Thermodynamik nie auf die Absolutwerte von Zustandsfunktionen, sondern immer nur auf ihre Änderungen an. Es interessiert daher in diesem Zusammenhang weniger eine statistische Berechnung des Absolutwertes der inneren Energie und Enthalpie von chemischen Verbindungen als vielmehr die Ermittlung der Differenz der mittleren Gesamtenergie und der Nullpunktsenergie. Für thermodynamische Zwecke genügt somit eine statistische Bestimmung der thermischen Energien $(U - U_0)$ und $(H - H_0)$.

5.16. Statistische Berechnung der inneren Energie und der Enthalpie

Die numerische Berechnung von $(U - U_0)$ und $(H - H_0)$ soll am Beispiel des NO_2 gezeigt werden. NO_2 ist ein nichtlineares Molekül und besitzt drei Translations-, drei Rotations- und drei $(3n - 6 = 3)$ Schwingungsfreiheitsgrade. Spektroskopische Untersuchungen liefern für die drei Normalschwingungen drei Energieschemata. Die Abstände ihrer Energieniveaus betragen 1,49, 2,63 und $3{,}21 \cdot 10^{-20}$ J.

Mit diesen Daten ist $(U - U_0)$ bzw. $(\bar{E} - E_0)$, also die thermische Energie von 1 mol NO_2-Gas zu errechnen. Nur der Beitrag der Schwingung erfordert eine konkrete Ermittlung, da die Beiträge der Translation und Rotation bereits durch $\frac{3}{2}RT$ und $\frac{3}{2}RT$ (Abschnitt 4.10) gegeben sind. Die Berechnung ist in Tabelle 5.3 wiedergegeben. Für $(H - H_0)$ erhält man nach Gl. (86):

$$(H - H_0) = (U - U_0) + RT = (\bar{E} - E_0) + RT. \tag{87}$$

Da $(\bar{E} - E_0)$ bzw. $(U - U_0)$ 7718 J mol^{-1} beträgt, folgt für $(H - H_0)$ bei 298 K der Wert $7718 + 2479 = 10\,197$ J mol^{-1}.

Tabelle 5.3: Berechnung der thermischen Energie $(\bar{E} - E_0)$ von NO_2 bei 25 °C

Translationsbeitrag:	$\frac{3}{2}RT$ =	3718 J mol^{-1}
Rotationsbeitrag:	$\frac{3}{2}RT$ =	3718 J mol^{-1}
Schwingungsbeitrag:		
$\epsilon = 1{,}49 \cdot 10^{-20}$ J (x = 3,63)	$\dfrac{RTx}{e^x - 1}$ =	247 J mol^{-1}
$\epsilon = 2{,}63 \cdot 10^{-20}$ J (x = 6,40)	$\dfrac{RTx}{e^x - 1}$ =	27 J mol^{-1}
$\epsilon = 3{,}21 \cdot 10^{-20}$ J (x = 7,80)	$\dfrac{RTx}{e^x - 1}$ =	8 J mol^{-1}
elektronischer Beitrag:	=	0 J mol^{-1}
Summe aller Beiträge:	$(\bar{E} - E_0)$ =	7718 J mol^{-1}

Berechnungen thermodynamischer Funktionen mit statistischen Methoden lassen sich allerdings nur dann durchführen, wenn die Zustandssumme des Systems bzw. die Energieeigenwerte bekannt sind. Sie sind besonders von Wert, wenn die thermodynamischen Größen durch kalorische Messungen nicht bestimmbar sind. Die statistische Thermodynamik vermittelt also nicht nur eine physikalische Interpretation thermodynamischer Eigenschaften, sondern stellt gleichzeitig eine sehr nützliche Methode dar, um diese auf unabhängigem Weg zu berechnen.

In Tabelle 5.4 sind die Daten für $(H - H_0)$ von einigen Gasen bei verschiedenen Temperaturen zusammengestellt. Sie wurden für solche Temperaturen berechnet, bei denen kalorische Bestimmungsmethoden bereits versagen.

Tabelle 5.4: Werte für $(H - H_0)$ von einigen Stoffen bei verschiedenen Temperaturen; $(U - U_0)$ ergibt sich durch Abziehen von RT
(*F. A. Rossini* et al.: Tables of Selected Values of Chemical Thermodynamic Properties, Natl. Bur. Std. (US) Circ. 500, 1952)

Substanz	$(H - H_0)$ J mol^{-1}			
	298,16 K	600 K	1000 K	1500 K
H_2	8 467	17 274	29 145	44 744
O_2	8 660	17 904	31 367	49 272
CO	8 672	17 612	30 361	47 525
CO_2	9 364	22 269	42 769	71 145
H_2O	9 906	20 427	36 016	57 940
CH_4	10 029	23 217	48 367	88 408
Äthan	11 950	33 539	76 484	144 348
Äthylen	10 565	28 167	61 756	113 386
Azetylen	10 008	25 635	50 585	85 969
Benzol	14 230	51 400	126 202	239 952

Wie man die Zustandsfunktionen U und H bei chemischen Problemen anwendet, erläutert Kapitel 6, wo auch der temperaturunabhängige Energieterm U_0 bzw. H_0 behandelt wird.

5.17. Statistische Interpretation und Berechnung der Molwärmen

Differenziert man den statistischen Ausdruck für die innere Energie

$$\bar{E} = U = kT^2 \frac{\partial}{\partial T} \ln Z \tag{88}$$

nach T

$$\left(\frac{\partial \bar{E}}{\partial T}\right)_V = \left(\frac{\partial U}{\partial T}\right)_V = \left(\frac{\partial}{\partial T}\left(kT^2 \frac{\partial}{\partial T} \ln Z\right)\right)_V \tag{89}$$

und vergleicht das Ergebnis mit der thermodynamischen Beziehung Gl. (43), so bekommt man für die Wärmekapazität idealer Gase:

$$C_V = \frac{d\bar{E}}{dT} = \frac{dU}{dT} = \frac{d}{dT}\left(kT^2 \frac{\partial}{\partial T} \ln Z\right) . \tag{90}$$

Auf gleiche Weise läßt sich der statistische Ausdruck für H

$$\bar{E} + NkT = H = kT^2 \frac{\partial}{\partial T} \ln Z + NkT \qquad (nRT = NkT) \tag{91}$$

5.17. Statistische Interpretation und Berechnung der Molwärmen

nach T differenzieren; nach einem Vergleich mit Gl. (51) für die Wärmekapazität C_p idealer Gase erhält man:

$$C_p = \frac{d\bar{E}}{dT} + Nk = \frac{dH}{dT} = \frac{d}{dT}\left(kT^2 \frac{\partial}{\partial T} \ln Z\right) + Nk \ . \tag{92}$$

Bei Kenntnis der Zustandssumme Z oder der mittleren Gesamtenergie kann man dann, unabhängig von thermodynamischen Methoden, die Molwärmen berechnen. $\bar{E}$ wurde für ein ideales Gas in Abschnitt 4.10 ermittelt und ergab sich für nichtlineare Moleküle zu

$$\bar{E} = 3RT + \sum \frac{xRT}{e^x - 1} + E_0(v) \qquad (x = \epsilon/kT) \tag{93}$$

und für lineare Moleküle

$$\bar{E} = \frac{5}{2}RT + \sum \frac{xRT}{e^x - 1} + E_0(v) \ . \tag{94}$$

Das Summenzeichen soll andeuten, daß man über alle Normalschwingungen zu summieren hat.

Differenziert man die Gln. (93) und (94) nach T, so findet man

$$C_V = 3R + \sum \frac{Rx^2 e^x}{(e^x - 1)^2} \qquad \text{für nichtlineare Moleküle} \tag{95}$$

und

$$C_V = \frac{5}{2}R + \sum \frac{Rx^2 e^x}{(e^x - 1)^2} \qquad \text{für lineare Moleküle.} \tag{96}$$

Die einzelnen Beiträge zur Molwärme C_V eines idealen Gases sind in Tabelle 5.5 zusammengestellt. Um die Molwärme bei konstantem Druck zu erhalten, braucht man zu C_V nur den Beitrag R zu addieren ($C_p - C_V = R$).

Tabelle 5.5: Beiträge zur Molwärme (C_V) eines idealen Gases

Translationsbeitrag:	$\frac{d}{dT}(\frac{3}{2}RT) = \frac{3}{2}R$
Rotationsbeitrag linearer Moleküle:	$\frac{d}{dT}(RT) = R$
nichtlinearer Moleküle:	$\frac{d}{dT}(\frac{3}{2}RT) = \frac{3}{2}R$
Schwingungsbeitrag:	$\sum \frac{d}{dT}(\frac{xRT}{e^x-1}) = \sum \frac{Rx^2 e^x}{(e^x-1)^2}$
Elektronischer Beitrag:	$= 0$
Summe aller Beiträge:	$C_V = 3R$ (bzw. $\frac{5}{2}R$) $+ \sum \frac{Rx^2 e^x}{(e^x-1)^2}$

Zur numerischen Berechnung des Schwingungsbeitrags ist die Funktion $\dfrac{Rx^2 e^x}{(e^x-1)^2}$ als Funktion von x in Bild 5.8 graphisch dargestellt. Daraus ist der Beitrag bei einem bestimmten Wert von $x = \epsilon/kT$ ablesbar.

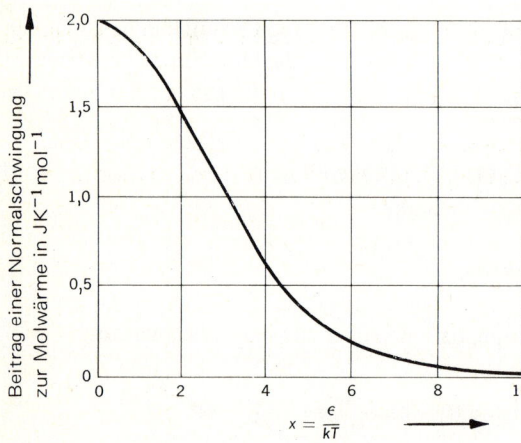

Bild 5.8

Beitrag einer Normalschwingung zur Molwärme als Funktion von $x = \epsilon/kT$

Tabelle 5.6: Berechnung der Molwärme (C_V) von NO_2 bei 25 °C

Translationsbeitrag:	$\frac{3}{2}R$ =	12,47 JK^{-1}mol^{-1}
Rotationsbeitrag:	$\frac{3}{2}R$ =	12,47 JK^{-1}mol^{-1}
Schwingungsbeitrag:		
$\epsilon = 1{,}49 \cdot 10^{-20}$ J (x = 3,62)	$\dfrac{Rx^2 e^x}{(e^x-1)^2}$ =	3,07 JK^{-1}mol^{-1}
$\epsilon = 2{,}63 \cdot 10^{-20}$ J (x = 6,39)	$\dfrac{Rx^2 e^x}{(e^x-1)^2}$ =	0,57 JK^{-1}mol^{-1}
$\epsilon = 3{,}21 \cdot 10^{-20}$ J (x = 7,80)	$\dfrac{Rx^2 e^x}{(e^x-1)^2}$ =	0,21 JK^{-1}mol^{-1}
Elektronischer Beitrag:	=	0 JK^{-1}mol^{-1}
Summe aller Beiträge:	C_V =	28,79 JK^{-1}mol^{-1}

Der Beitrag der Elektronenanregung blieb bei der Ableitung von Gl. (95) bzw. (96) unberücksichtigt, was nur für niedere Temperaturen erlaubt ist, da bei höheren die Besetzung höherenergetischer Zustände immer wahrscheinlicher wird. Die Berechnung dieses Beitrags stellt aber insofern ein Problem dar, als meist nur — wenn überhaupt — unvollständige Elektronenenergieschemata von Molekülen zur Verfügung stehen.

5.17. Statistische Interpretation und Berechnung der Molwärmen

NO_2-Gas soll auch als Beispiel für eine numerische Berechnung der Molwärme dienen. Die einzelnen Molwärmebeiträge sind in Tabelle 5.6 zusammengetragen und ergeben insgesamt für C_V bei Zimmertemperatur den Wert 28,79 $JK^{-1} mol^{-1}$. Für C_p erhält man den Wert 37,10 $JK^{-1} mol^{-1}$.

Tabelle 5.7 gibt die Ergebnisse ähnlicher Berechnungen für einige einfach gebaute Gasmoleküle an.

Tabelle 5.7: Molwärme (C_p) verschiedener Gase bei 25 °C; statistisch berechnet (*F. A. Rossini* et al.: Tables of Selected Values of Chemical Thermodynamic Properties, Natl. Bur. Std. (US) Circ. 500, 1952)

Gas	C_p $JK^{-1} mol^{-1}$
H_2	28,8
N_2	29,1
O_2	29,4
HCl	29,1
CO	29,2
H_2O	33,6
CO_2	37,1
SO_2	39,8
NH_3	35,6
CH_4	35,7

Die Molwärme stellt neben der inneren Energie und der Enthalpie ein weiteres Beispiel für die statistische Berechnung einer thermodynamischen Eigenschaft dar. Die statistische Ermittlung der Molwärme ist besonders dann von großem Nutzen, wenn sie bei hohen Temperaturen nicht mehr meßbar ist.

Eine sehr instruktive Darstellung der statistisch berechenbaren Molwärme zeigt Bild 5.9. In diesem Bild ist der Molwärmenbeitrag verschiedener Normalschwingungen gegen die Temperatur aufgetragen. Man erkennt, daß bei allen Normalschwingungen der klassische Grenzwert R mehr oder weniger rasch erreicht wird. Bei Annäherung an den absoluten Nullpunkt (T = 0) hingegen, geht jeder Molwärmenbeitrag gegen Null. Verständlich, denn bei sehr tiefen Temperaturen reicht die thermische Energie nicht aus, um von dem Schwingungsgrundzustand in den ersten angeregten Zustand zu kommen.

Andererseits ist es oft viel einfacher, die Molwärmen experimentell zu bestimmen; man kann dann umgekehrt Rückschlüsse auf die molekularen Schwingungen ziehen.

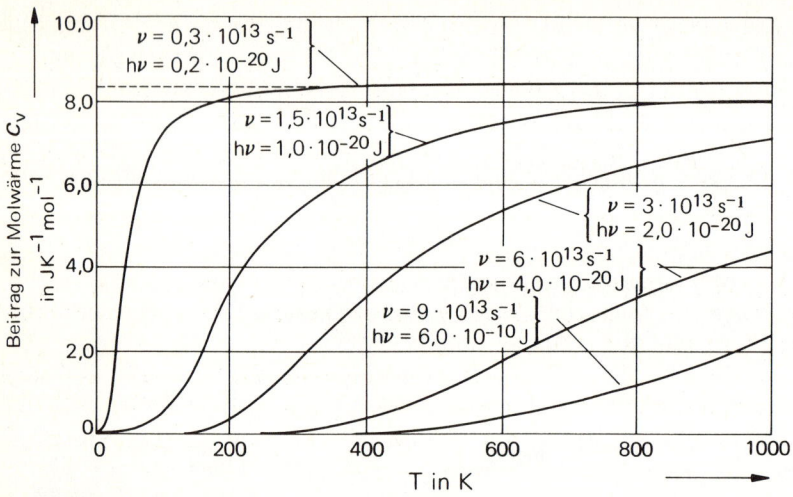

Bild 5.9. Molwärmenbeitrag verschiedener Normalschwingungen in Abhängigkeit von der Temperatur

Rechenbeispiele

1. Berechnen Sie die Arbeit, die ein 400 g schwerer Körper leisten könnte, wenn er 275 cm tief fällt. Wie groß ist das Wärmeäquivalent, wenn seine gesamte kinetische Energie beim Aufprall in Wärme umgewandelt wird?

2. Ein Strom von 1,34 A fließt 5,62 min lang durch den Heizdraht (50 Ω) eines elektrischen Verdampfers. Dabei werden 78,1 g Benzol verdampft. Wie groß ist die Verdampfungswärme von Benzol in $kJ\,mol^{-1}$?

3. 1 mol ideales Gas wird reversibel von einem Anfangsdruck von 10 atm auf einen Enddruck von 0,4 atm expandiert. Die Temperatur wird während der Expansion bei 0 °C konstant gehalten.
a) Wie groß ist die Arbeit, die das Gas bei dieser Expansion leistet? (w = $-$ 2180 J)
b) Wie groß ist die Änderung der inneren Energie und Enthalpie? ($\Delta U = \Delta H = 0$)
c) Wieviel Wärme wird aus der Umgebung aufgenommen? (q = 2180 J)

4. 1 mol ideales Gas wird reversibel von einem Anfangsdruck von 10 atm auf einen Enddruck von 0,4 atm expandiert. Die Temperatur wird während der Expansion bei 25 °C konstant gehalten.
a) Wie groß ist die geleistete Arbeit? (w = $-$ 7950 J)
b) Wie groß ist die Änderung von U und H? ($\Delta U = \Delta H = 0$)
c) Wieviel Wärme nimmt das Gas aus der Umgebung auf? (q = 7950 J)

5. Eine chemische Reaktion, die bei 500 °C abläuft, reduziert in einer Gasmischung (ideale Gase) die Molzahl einer Gaskomponente um 0,347. Wie groß ist die Reaktionsenthalpie, wenn die Reaktionsenergie 23,8 kJ beträgt?

6. Die Dichte von Eis bzw. flüssigem Wasser bei 0 °C und 1 atm beträgt 0,9168 $kg\,dm^{-3}$ bzw. 0,9998 $kg\,dm^{-3}$. Berechnen Sie die Differenz ($\Delta H - \Delta U$) für das Schmelzen von 1 mol Eis bei 1 atm. Ermitteln Sie außerdem die Differenz ($\Delta H - \Delta U$) für die Verdampfung von 1 mol Wasser bei 100 °C und 1 atm. Die Dichte von flüssigem Wasser bzw. Wasserdampf beläuft sich bei 100 °C und 1 atm auf 0,9584 $kg\,dm^{-3}$ bzw. 0,000596 $kg\,dm^{-3}$.

Rechenbeispiele

7. In einem Zylinder befindet sich 1 mol flüssiges Wasser unter einem Kolbendruck von 1 atm. Das System wird solange auf 100 °C gehalten, bis alles Wasser verdampft ist. Wie groß ist die Volumenarbeit, die der Wasserdampf gegen den Kolbendruck leistet? Wie groß ist die Änderung der inneren Energie und der Enthalpie, wenn die Verdampfungswärme 40 670 J mol^{-1} beträgt?
(w = $-$ 3100 J mol^{-1}; ΔH = 40 670 J mol^{-1}; ΔU = 37 570 J mol^{-1})

8. 0,3 mol CO werden bei konstantem Druck (10 atm) von 0 °C auf 250 °C erwärmt. Die Temperaturabhängigkeit von C_p für CO ist durch folgenden empirischen Ausdruck gegeben:
$$C_p^\circ = 26{,}86 + 6{,}97 \cdot 10^{-3} T - 8{,}2 \cdot 10^{-7} T^2.$$
Berechnen Sie q, w, ΔU und ΔH unter der Annahme, daß sich CO wie ein ideales Gas verhält.

9. Berechnen Sie q, w und ΔU bzw. ΔH für die Erwärmung von 3,45 g flüssigem CCl$_4$ von 0 °C auf 25 °C bei 1 atm. Der thermische Ausdehnungskoeffizient von flüssigem CCl$_4$ beträgt 0,001 18 K^{-1}, die Dichte 1,595 kg dm^{-3} bei 20 °C und C_p° 129 J K^{-1} mol^{-1}.

10. Berechnen Sie q, w und ΔU für die adiabatische Kompression von 1 mol Wasser von 1 atm auf 1000 atm bei 0 °C. Die Kompressibilität des Wassers beläuft sich auf 40 $\cdot$ 10^{-6} atm^{-1} bei 0 °C.

11. Gasförmiger Wasserstoff wird adiabatisch und reversibel expandiert. Ausgangszustand: V = 1,43 dm^3, p = 3 atm, T = 298 K; Endzustand: V = 2,86 dm^3. Die Molwärme C_p des Wasserstoffs ist 28,8 J K^{-1} mol^{-1}.
a) Berechnen Sie den Druck und die Temperatur des Endzustandes. (p = 1,137 atm; T = 226 K)
b) Berechnen Sie q, w, ΔU und ΔH. (q = 0; w = $-$ 259 J; ΔU = $-$ 259 J; ΔH = $-$ 364 J)

12. Berechnen Sie (U $-$ U$_0$) und (H $-$ U$_0$) von Cl$_2$ bei 100 °C und 1000 °C. Cl$_2$ verhalte sich wie ein ideales Gas. Der Abstand der Schwingungsenergieniveaus beträgt 1,11 $\cdot$ 10^{-20} J. Ermitteln Sie C_p bei verschiedenen Temperaturen und vergleichen Sie die Werte mit dem empirisch gefundenen Ausdruck: $C_p^\circ = 37{,}0 + 0{,}67 \cdot 10^{-3} T - 2{,}84 \cdot 10^5 T^{-2}$.

13. Verwenden Sie die Daten des Beispiels 12 und berechnen Sie ΔU, ΔH, w und q für 1 mol Cl$_2$, das bei konstantem Druck (1 atm) von 100 °C auf 1000 °C erwärmt wird.

14. Bestimmen Sie die Reaktionsenthalpie ΔH mit dem in Tabelle 5.4 angegebenen Daten für folgende Reaktionen bei 1500 K und 298 K:
a) 2CO + O$_2$ $\rightarrow$ 2CO$_2$; b) 2H$_2$ + O$_2$ $\rightarrow$ 2H$_2$O.

15. Berechnen Sie einige Punkte der Kurven in Bild 4.5 und Bild 5.8 und verwenden Sie dazu verschiedene Werte für die Abstände der Schwingungsenergieniveaus und für die Temperatur.

16. Stellen Sie die Zahl der Br$_2$-Moleküle fest, die die Schwingungsenergieniveaus ϵ_v (v = 0,1,2,3) besetzen, wenn insgesamt N_A Moleküle vorhanden sind und die Temperatur 100 °C beträgt. Der Abstand der Schwingungsenergieniveaus ist 0,64 $\cdot$ 10^{-20} J. Berechnen Sie für diese Temperatur den Beitrag der Schwingung zu (U $-$ U$_0$). Vergleichen Sie die Summe der Beiträge (v = 1 bis v = 3) mit der gesamten thermischen Schwingungsenergie.

17. Der Wert für C_p/C_V von Methan, das sich bei Zimmertemperatur und bei Drücken unter 1 atm ideal verhält, beläuft sich auf 1,31. Durch eine reversible, adiabatische Expansion von 3 dm^3 Methan bei 100 °C wird der Druck von 1 atm auf 0,1 atm gesenkt.
a) Wie groß sind Temperatur und Volumen des Gases nach der Expansion?
b) Wie groß ist die Volumenarbeit?
c) Wie groß ist der Unterschied zwischen ΔH und ΔU?

18. Zeigen Sie, daß für den Grenzfall x $\rightarrow$ 0 der Beitrag der Schwingung zur Molwärme den klassischen Wert annimmt.

19. Berechnen Sie die Molwärme von SO$_2$-Gas bei 25 °C und 1000 °C, und verwenden Sie hierzu die in Bild 4.6 und Bild 5.8 angegebenen Daten.

Kapitel 6
Thermochemie

Die Thermochemie befaßt sich mit physikalisch-chemischen Untersuchungen chemischer Reaktionen, die sich mit Hilfe des 1. Hauptsatzes vollständig beschreiben lassen. Diese Untersuchungen bestehen im wesentlichen aus Messungen und Berechnungen der Wärmeumsätze, die bei chemischen Reaktionen auftreten. Die dabei gewonnenen thermochemischen Daten der Reaktionsenergie und Reaktionsenthalpie chemischer Bildungsreaktionen können tabellarisch zusammengefaßt und zur Berechnung anderer, beliebiger Reaktionsenergien und Reaktionsenthalpien herangezogen werden. Die Daten bilden gleichzeitig die Grundlage für Vergleiche der Bindungsenergie chemischer Verbindungen aber auch für die Behandlung chemischer Reaktionsgleichgewichte.

6.1. Messung von Reaktionswärmen

Nur wenige chemische Reaktionen verlaufen so, daß ihre Reaktionswärme exakt meßbar ist. Eine Reaktion muß schnell, quantitativ und eindeutig ablaufen, damit eine exakte Messung durchgeführt werden kann — Bedingungen, die selten erfüllt sind. Eine Reaktion muß wenigstens so schnell ablaufen, daß sich der Wärmeumsatz innerhalb einer kurzen Zeitdauer vollzieht, ohne daß das Meßsystem (Kalorimeter) Zeit zum Wärmeausgleich mit der Umgebung hat. Eine Reaktion soll aber auch quantitativ verlaufen, damit sich komplizierte Korrekturen wegen der nicht umgesetzten Reaktanten erübrigen. Unter einer eindeutigen Reaktion versteht man eine chemische Reaktion, die zu definierten Endprodukten führt und keinerlei Nebenreaktionen eingeht.

Eine Gruppe von Reaktionen, die diese Forderungen einigermaßen erfüllt, sind die Verbrennungsreaktionen organischer Substanzen. Organische Substanzen bestehen im allgemeinen aus den Elementen C, H, O und liefern bei ihrer Verbrennung CO_2 und H_2O. Enthalten die organischen Verbindungen noch andere Elemente, so sind die Verbrennungsprodukte schon nicht mehr so genau definiert. Fast alle bekannten thermochemischen Daten von organischen Verbindungen entstammen solchen Verbrennungsuntersuchungen.

Eine Verbrennung wird gewöhnlich in einem *Bombenkalorimeter* durchgeführt. Bild 6.1 zeigt schematisch ein derartiges Kalorimeter. Eine abgewogene Probe wird in die *Bombe*, die unter O_2-Druck von etwa 20 atm steht, eingebracht. Ein Heizdraht, der mit der Substanz in Kontakt ist und zum Glühen gebracht wird, zündet die Verbrennungsreaktion. Unter dem hohen O_2-Druck erfolgt eine rasche Verbrennung, verbunden mit einem schnellen Wärmeumsatz. Die Bombe befindet sich in Wasser, das gegen die Umgebung thermisch isoliert ist; die Temperaturänderung des Wassers wird gemessen. Zuvor wird das Kalorimeter mit einer Substanz bekannter Verbrennungswärme geeicht. Ein Kalorimeter, das gegen die Umgebung gut wärmeisoliert ist, heißt *adiabatisches* Kalorimeter.

6.1. Messung von Reaktionswärmen

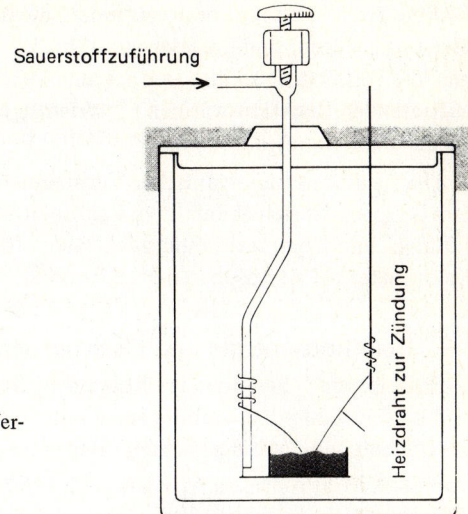

Bild 6.1
Bombenkalorimeter zur Bestimmung von Verbrennungswärmen

Die Verbrennungswärmen organischer Substanzen besitzen Werte von der Größenordnung einiger 1000 kJ mol^{-1} und lassen sich bei guter Messung mit einer Genauigkeit von besser als 0,01 % bestimmen. Tabelle 6.1 gibt Werte für die Verbrennungswärmen einiger organischer Verbindungen an.

Tabelle 6.1: Verbrennungswärmen (ΔH) einiger organischer Substanzen bei 25 °C; Verbrennungsprodukte sind CO_2(g) und H_2O(l)

Substanz	ΔH kJ mol^{-1}
H_2(g)	− 285,8
C (Graphit)	− 393,5
CO (g)	− 283,0
CH_4(g)	− 890,4
C_2H_6(g)	− 1 560,0
C_3H_8(g)	− 2 220,0
n-Butan (g)	− 2 878,5
i-Butan (g)	− 2 871,6
n-Heptan (g)	− 4 811,2
Äthylen (g)	− 1 411,0
Acetylen (g)	− 1 299,6
Benzol (g)	− 3 301,5
Äthanol (l)	− 1 367,0
Essigsäure (l)	− 872,4

Eine zweite Gruppe von Reaktionen, die den Anforderungen einer kalorimetrischen Messung genügen, sind die Hydrierungsreaktionen ungesättigter organischer Verbindungen, die Wasserstoff an ihre Doppel- und Dreifachbindungen anlagern können. Die dabei auftretenden Reaktionswärmen (*Hydrierungswärmen*) sind im allgemeinen etwas kleiner als die Verbrennungswärmen.

Die Reaktionen anorganischer Verbindungen in wäßrigen Lösungen bilden eine weitere Gruppe, die sich ebenfalls zu kalorimetrischen Messungen eignen. Dazu gehören u.a. Lösungs- und Komplexbildungsreaktionen. Ihre Reaktionswärmen sind in einem offenen Kalorimeter bei Atmosphärendruck meßbar.

6.2. Reaktionsenergie und Reaktionsenthalpie

Schreibt man chemische Reaktionen so, daß die Reaktanten A_i mit ihren Koeffizienten (Molzahlen) a_i auf der linken Seite und die Reaktionsprodukte B_k mit ihren Koeffizienten b_k auf der rechten Seite einer chemischen Reaktionsgleichung stehen,

$$a_1 A_1 + a_2 A_2 + \ldots a_i A_i + \ldots a_m A_m \longrightarrow b_1 B_1 + b_2 B_2 + \ldots b_k B_k + \ldots b_n B_n \ , \quad (1)$$

dann wird die Reaktionsenergie ΔU durch die Differenz der Summen der inneren Energien der Produkte U_k und der Reaktanten U_i definiert:

$$\Delta U = \sum_{k=1}^{n} b_k U_k - \sum_{i=1}^{m} a_i U_i \ . \qquad (U_k = b_k U_k, \ U_i = a_i U_i) \quad (2)$$

Die U_i und U_k sind die molaren inneren Energien der Reaktanten und Produkte.

Analog gilt für die Reaktionsenthalpie ΔH:

$$\Delta H = \sum_{k=1}^{n} b_k H_k - \sum_{i=1}^{m} a_i H_i \ . \qquad (H_k = b_k H_k, \ H_i = a_i H_i) \quad (3)$$

Für die Reaktionsenthalpie der Reaktion

$$C + \frac{1}{2} O_2 \longrightarrow CO$$

ergibt sich z.B. nach Definitionsgleichung (3)

$$\Delta H = H(CO) - H(C) - \frac{1}{2} H(O_2) \ .$$

Bei chemischen Reaktionen bezeichnet das Symbol Δ immer die Differenz einer Eigenschaft der Produkte und Reaktanten. Mit dem gleichen Symbol Δ wird sonst die Änderung irgendeiner Eigenschaft bezeichnet.

Bei einer Reaktion mit konstantem Volumen (w = 0) gilt nach dem 1. Hauptsatz:

$$\Delta U = q \ (\equiv q_V) \quad (4)$$

bzw. bei konstantem Druck:

$$\Delta H = \Delta U + p \Delta V = q \ (\equiv q_p) \ . \qquad (q_V \neq q_p) \quad (5)$$

Wird also bei einer Reaktion Wärme aus der Umgebung aufgenommen (q_V bzw. q_p positiv), ist ΔU bzw. ΔH positiv. Die gesamte aufgenommene Wärme wird zur Erhöung der inneren Energie bzw. Enthalpie verbraucht. Solche Reaktionen heißen *endotherme* Reaktionen. Reaktionen, bei denen Wärme an die Umgebung abgegeben wird (q_V bzw. q_p negativ) und ΔU bzw. ΔH negativ ist, nennt man *exotherme* Reaktionen. Bei diesen Reaktionen wird Wärme auf Kosten der inneren Energie bzw. Enthalpie abgegeben.

Gegen Ende des 19. Jahrhunderts war bereits eine große Anzahl von Reaktionen kalorimetrisch untersucht und ihre Reaktionswärme bekannt. Diese Untersuchungen stammen hauptsächlich von *Thomson* und *Berthelot*. Man erhoffte, dadurch erklären zu können, warum einige Reaktionen freiwillig, andere gar nicht ablaufen. Im Vergleich zu mechanischen Systemen erwartete man, daß die Reaktionswärme ein Maß für die Reaktionsfreudigkeit eines chemischen Systems darstellen würde. Das Gleichgewicht wäre dann durch ein Minimum der inneren Energie ausgezeichnet. Es trifft im allgemeinen zwar zu, daß Reaktionen mit großer Wärmeabgabe rasch und quantitativ verlaufen, der Schluß aber, daß die Reaktionswärme ein Maß für die treibende Kraft einer Reaktion ist, hat sich als falsch erwiesen. Allein die Existenz endothermer Reaktionen, die freiwillig ablaufen, beweist dies. Die Reaktionswärme allein stellt somit kein geeignetes Kriterum für das Gleichgewicht und die Reaktionsfreudigkeit einer Reaktion dar. Zusätzlich zur Reaktionswärme muß (Kapitel 7) die Entropieänderung bei einer Reaktion berücksichtigt werden.

6.3. Zusammenhang zwischen Reaktionsenergie und Reaktionsenthalpie

Die Messung der Reaktionswärme liefert nach Abschnitt 6.2 direkt die Reaktionsenergie (bei konstantem Volumen) bzw. die Reaktionsenthalpie (bei konstantem Druck). Kennt man eine der beiden Größen, so läßt sich die andere sehr einfach berechnen.

Die Differenz $(\Delta H - \Delta U)$ ist nach der Definitionsgleichung der Enthalpie ($H = U + pV$) durch $\Delta(pV)$ gegeben. Bei einer Reaktion mit konstantem Druck gilt allgemein (siehe Gl. (1)):

$$\Delta(pV) = p\,\Delta V = p\left[\sum_{k=1}^{n} b_k V_k - \sum_{i=1}^{m} a_i V_i\right]. \tag{6}$$

Die V_i und V_k sind die Molvolumina der Reaktanten und Produkte.

Sind sowohl die Produkte als auch die Reaktanten fest oder flüssig, dann ist die Volumenänderung ΔV und damit $\Delta(pV)$ vernachlässigbar klein. Wenn z.B. 1 mol einer flüssigen oder festen Substanz ein Volumen von $100\,cm^3$ besitzt, ist die Volumenänderung durch eine chemische Reaktion sicher nicht größer als $10\,cm^3$. $\Delta(pV)$ beträgt dann bei 1 atm:

$$\Delta(pV) = p\,\Delta V = 1 \cdot 10^{-5} = 10^{-5}\,m^3\,atm = 1{,}01\,J.$$

Je nach Vorzeichen der Volumenänderung ist die Reaktionsenthalpie um diesen Betrag größer oder kleiner als die Reaktionsenergie. Da dieser Betrag aber nur einen Bruchteil normaler Reaktionswärmen darstellt, ist er meist vernachlässigbar. Außerdem liegt er in fast allen Fällen innerhalb der Meßgenauigkeit von Reaktionswärmen.

Sind jedoch Gase an einer Reaktion beteiligt, kann $\Delta(pV)$ beträchtliche Werte annehmen, so daß sich ΔH und ΔU wesentlich unterscheiden können. Mit der Näherung $pV = nRT$ für ideale Gase und bei Vernachlässigung der Volumina von Flüssigkeiten und Festkörpern folgt für $\Delta(pV)$:

$$\Delta(pV) = p\Delta V = RT \, \Delta n . \tag{7}$$

Δn bedeutet die gesamte Änderung der Molzahlen der an einer Reaktion beteiligten Gase. Stellt Gl. (1) eine Gasreaktion dar, dann gilt:

$$\Delta n = \sum_{k=1}^{n} b_k - \sum_{i=1}^{m} a_i . \tag{8}$$

Die Reaktionsenthalpie ist somit um den Betrag von $RT \, \Delta n$ je nach dem Vorzeichen von Δn größer oder kleiner als die Reaktionsenergie.

Zur Erläuterung diene die numerische Berechnung von $\Delta(pV)$ für die Reaktion:

$$2\,CO(g) + O_2(g) \rightarrow 2\,CO_2(g) \quad \text{(g gasförmig)} .$$

Führt man diese Reaktion in einem Bombenkalorimeter bei Zimmertemperatur durch, so beobachtet man eine Reaktionswärme von 563,5 kJ. Die Reaktionsenergie beträgt daher:

$$\Delta U = -\,563,5 \text{ kJ} .$$

Da die Reaktionsprodukte aus 2 mol Gas und die Reaktanten aus 3 mol Gas bestehen, ist $\Delta n = -\,1$. Bei 25 °C beträgt somit die Reaktionsenthalpie:

$$\Delta H = \Delta U + RT \, \Delta n$$
$$= -\,563\,500 - 8{,}314 \cdot 298 = -\,565\,980 \text{ J} = 565{,}98 \text{ kJ} .$$

6.4. Thermochemische Reaktionsgleichung

Die thermochemische Reaktionsgleichung soll sich zum Unterschied von der chemischen Reaktionsgleichung immer auf 1 mol der betrachteten Substanz beziehen. Während in einer chemischen Reaktionsgleichung nur ganzzahlige Koeffizienten der Reaktionsteilnehmer stehen, treten nun auch Brüche von ganzen Zahlen als Koeffizienten auf. Für die Bildungsreaktion von Wasser aus H_2 und O_2 würde man folgende chemische Reaktionsgleichung anschreiben:

$$2\,H_2 + O_2 \rightarrow 2\,H_2O; \quad (\Delta H = -\,571{,}68 \text{ kJ}). \tag{9}$$

Um aber die Bildungswärme auf 1 mol Wasser zu beziehen, gilt thermochemisch die Reaktionsgleichung

$$H_2 + \frac{1}{2} O_2 \longrightarrow H_2O; \quad \Delta H = -285{,}84 \text{ kJ}. \tag{10}$$

Für die Verbrennung von Benzol ergibt sich aus den gleichen Gründen:

$$C_6H_6 + \frac{15}{2} O_2 \longrightarrow 6 CO_2 + 3 H_2O; \quad \Delta H = -3301{,}5 \text{ kJ}. \tag{11}$$

Da die Reaktionswärme von den Phasen der an einer Reaktion beteiligten Substanzen abhängt, muß man diese entsprechend kennzeichnen. Gewöhnlich indiziert man die Phasen durch die nachgestellten Buchstaben s, l, g für solid, liquid, gas. Besitzt ein Reaktionsteilnehmer mehrere feste Phasen, so muß zusätzlich angegeben werden, in welcher Phase er an der Reaktion teilnimmt. Wenn z.B. Kohlenstoff an einer Reaktion beteiligt ist, muß zwischen Graphit und Diamant unterschieden werden, da beide Phasen eine verschiedene innere Energie und Enthalpie besitzen. Für das Beispiel der Wasserbildungsreaktion lautet nun die thermochemische Reaktionsgleichung:

$$H_2(g) + \frac{1}{2} O_2(g) \longrightarrow H_2O \; (l); \quad \Delta H = -285{,}84 \text{ kJ}. \tag{12}$$

Gehen aus dem Text die äußeren Bedingungen, d.h. Druck und Temperatur, nicht hervor, dann müssen diese zusätzlich angegeben werden, da die Reaktionsenergie und Reaktionsenthalpie im allgemeinen druck- und temperaturabhängig sind. Druck und Temperatur werden durch nachgestellte Indizes am Symbol U bzw. H gekennzeichnet. Der hochgestellte Index ° bedeutet z.B. einen Druck von 1 atm. Der Index der Temperatur wird tiefgestellt und in K angegeben.

Der Zustand eines Stoffes bei einem Druck von 1 atm und einer Temperatur von 298 K wird als *Standardzustand* bezeichnet. Die vollständige Reaktionsgleichung für die Bildung von 1 mol H_2O unter Standardbedingungen lautet nun:

$$H_2(g) + \frac{1}{2} O_2(g) \longrightarrow H_2O(l); \quad \Delta H^\circ_{298} = -285{,}84 \text{ kJ}. \tag{13}$$

6.5. Indirekte Bestimmung der Reaktionswärme

Bei sehr vielen Reaktionen ist aus verschiedenen Gründen eine direkte experimentelle Bestimmung der Reaktionswärme auf kalorimetrischem Wege nicht durchführbar. Diese Reaktionswärmen können aber auf Grund des Energieerhaltungssatzes (Abschnitt 5.3) indirekt bestimmt werden. Die Methode geht auf *Hess* (1840) zurück und ist als *Hesscher Wärmesatz* bekannt, obwohl er an sich nicht mehr als der Energieerhaltungssatz aussagt: Reaktionsenergie und Reaktionsenthalpie sind vom Reaktionsweg unabhängig. Das ist leicht einzusehen, wenn man bedenkt, wie die Reaktionsenergie und die Reaktionsenthalpie definiert wurden. Beide sind lineare Funktionen der Energien bzw. Enthalpien der Reaktanten und Produkte, und da diese Zustandsfunktionen sind, müssen auch die Reaktionsenergie und Reaktionsenthalpie Zustandsfunktionen sein. Bemerkenswert ist aber, daß der Wärmesatz schon einige Jahre vor dem Energieerhaltungssatz ausgesprochen wurde.

Die indirekte Methode der Bestimmung von Reaktionsenthalpien soll an einem Beispiel erläutert werden. Gesucht sei die Umwandlungswärme von Graphit in Diamant:

$$C\,(\text{Graphit}) \longrightarrow C\,(\text{Diamant}); \qquad \Delta H = ? \tag{14}$$

Obwohl sich die Reaktion technisch realisieren läßt, ist sie für eine direkte kalorimetrische Messung der Reaktionswärme ungeeignet.

Die Verbrennung von Graphit und Diamant kann hingegen sehr leicht kalorimetrisch untersucht werden. Die Messung der Reaktionswärmen liefert:

$$C\,(\text{Graphit}) + O_2(g) \longrightarrow CO_2(g); \qquad \Delta H^o_{298} = -393{,}51\,\text{kJ}\,. \tag{15}$$

$$C\,(\text{Diamant}) + O_2(g) \longrightarrow CO_2(g); \qquad \Delta H^o_{298} = -395{,}40\,\text{kJ}\,. \tag{16}$$

Die Reaktionsenthalpien beider Reaktionen sind natürlich verschieden, weil der Kohlenstoff in zwei verschiedenen Phasen vorliegt. Gliedert man ΔH^o_{298} in die molaren Enthalpien der Reaktanten und Produkte auf, so bekommt man:

$$H^o_{298}(CO_2) - H^o_{298}\,(\text{Graphit}) - H^o_{298}\,(O_2) = -393{,}51\,\text{kJ}\,. \tag{17}$$

$$H^o_{298}(CO_2) - H^o_{298}\,(\text{Diamant}) - H^o_{298}\,(O_2) = -395{,}40\,\text{kJ}\,. \tag{18}$$

Subtrahiert man Gl. (18) von Gl. (17), so erhält man:

$$H^o_{298}(\text{Diamant}) - H^o_{298}(\text{Graphit}) = 1{,}89\,\text{kJ}\,.$$
$$\Delta H^o_{298} = 1{,}89\,\text{kJ}\,. \tag{19}$$

Die Reaktionsenthalpie von 1,89 kJ ist die gesuchte Umwandlungswärme von Graphit in Diamant.

Dieses Resultat hätte man auch durch eine direkte Subtraktion der thermischen Reaktionsgleichungen (15) und (16) gewonnen:

$$C\,(\text{Graphit}) \longrightarrow C\,(\text{Diamant}); \qquad \Delta H^o_{298} = 1{,}89\,\text{kJ}\,.$$

Die thermochemischen Reaktionsgleichungen können somit wie algebraische Gleichungen behandelt werden. Man erspart sich dadurch das Zerlegen in die einzelnen Enthalpien der Reaktionspartner.

Durch Kombination von bekannten Reaktionen sind also Reaktionsenthalpien indirekt bestimmbar. Die Methode der indirekten Bestimmung läßt sich am übersichtlichsten in Form eines Kreisprozesses darstellen ($\oint dH = 0$ bzw. $\sum_i \Delta H_i = 0$).

$$\begin{array}{c}
CO_2 \\
\nearrow \qquad \nwarrow \\
\Delta H^o_{298} = 393{,}51\,\text{kJ} \qquad \Delta H^o_{298} = -395{,}40\,\text{kJ} \\
C(\text{Graphit}) + O_2 \longrightarrow C(\text{Diamant}) + O_2 \\
\Delta H^o_{298} = 1{,}89\,\text{kJ}
\end{array}$$

Ein weiteres Beispiel: Reaktionswärmen bei Verbindungsbildungen aus den Elementen sind von besonderem Interesse. Doch nur in wenigen Fällen können die Bildungswärmen oder Bildungsenthalpien direkt ermittelt werden. Das gilt auch für die Methanbildungsreaktion:

$$C(\text{Graphit}) + 2H_2(g) \longrightarrow CH_4(g).$$

Aus den Verbrennungswärmen von Methan, Wasserstoff und Kohlenstoff kann aber durch algebraische Operationen die Bildungswärme bestimmt werden:

(a)	$CH_4(g)$	$+ 2O_2(g) \longrightarrow CO_2(g) + 2H_2O\ (l)$	ΔH^o_{298}	$= -890{,}35$ kJ
(b)	$H_2(g)$	$+ \frac{1}{2}O_2(g) \longrightarrow H_2O\ (l)$	ΔH^o_{298}	$= -285{,}84$ kJ
(c)	$C(\text{Graphit})$	$+ O_2(g) \longrightarrow CO_2(g)$	ΔH^o_{298}	$= -393{,}51$ kJ
$-$(a) $+$ 2 (b) $+$ (c)	$C(\text{Graphit})$	$+ 2H_2(g) \longrightarrow CH_4(g)$	ΔH^o_{298}	$= -\ \ 74{,}84$ kJ

6.6. Standardbildungsenthalpie

Da experimentell immer nur Energie- und Enthalpiedifferenzen meßbar sind, kennt die Thermodynamik die Angabe absoluter Werte für die Energie und Enthalpie von Elementen und chemischen Verbindungen nicht. Absolutwerte könnten höchstens statistisch berechnet werden.

Wenn es also nur auf Differenzen von Enthalpiewerten ankommt, darf man einen beliebigen Zustand eines Stoffes als Bezugszustand frei wählen und diesem einen willkürlichen Enthalpiewert zuordnen.

Als *Bezugszustand* wird nach internationaler Konvention der Zustand der *Elemente* gewählt, bei dem diese sich bei 1 atm und 25 °C (Standardzustand) in stabiler Form befinden. Man ordnet der Enthalpie der Elemente unter diesen Bedingungen den Wert Null zu. Die Enthalpie des Wasserstoffs (H_2) z.B. ist bei 1 atm und 25 °C definitionsgemäß Null. Bei höheren Temperaturen wird sie positiv, bei niedrigeren Temperaturen negativ sein. Diese Enthalpien der Elemente bezeichnet man als *Standardenthalpien*. Die Wahl des Wertes Null für die Standardenthalpien der Elemente ist deshalb erlaubt, weil es keine chemische Reaktionen gibt, die die Elemente ineinander überführen.

Hat man einmal den Elementen Standardenthalpien zugeordnet, so sind die Bildungsenthalpien chemischer Verbindungen durch die Bildungswärmen festgelegt. Sie werden als *Standardbildungsenthalpien* bezeichnet. Man betrachte z.B. folgende Reaktion:

$$C(\text{Graphit}) + O_2(g) \rightarrow CO_2(g); \qquad \Delta H^o_{298} = = -393{,}51 \text{ kJ}.$$

Die Bildungswärme (Reaktionsenthalpie) dieser Reaktion ist gleich der Differenz der Standardbildungsenthalpie von CO_2 und der Standardenthalpien von C und O_2.

Da C und O_2 Elemente unter Standardbedingungen sind, sind ihre Standardenthalpien Null. Die Standardbildungsenthalpie für CO_2 beträgt daher $-393{,}51\ \text{kJ}\,\text{mol}^{-1}$. Die Reaktionsenthalpie einer Verbindung, die aus ihren Elementen unter den Standardbedingungen gebildet wird, ist daher mit der Standardbildungsenthalpie identisch.

Standardbildungsenthalpien beziehen sich immer auf 1 mol Substanz bei Standardbedingungen (1 atm, 298 K) und werden mit dem Symbol ΔH_f bzw. ΔH_f° (f formation) bezeichnet.

Die Standardbildungsenthalpien chemischer Verbindungen findet man durch geeignete Kombinationen von bekannten Reaktionen. Diese Methode wurde bereits im Abschnitt 6.5 am Beispiel von Methan demonstriert. Sind die Standardbildungsenthalpien einiger Verbindungen einmal bekannt, so lassen sich damit die von anderen bestimmen. Im Tabellenanhang sind die Standardbildungsenthalpien von einigen einfachen Verbindungen zusammengestellt. Mit Hilfe solcher Tabellen kann man dann die Reaktionsenthalpien von beliebigen Reaktionen berechnen.

Man könnte auch Standardbildungsenergien definieren und tabellieren. Da aber chemische Reaktionen sehr oft in offenen Systemen bei konstantem Atmosphärendruck durchgeführt werden und außerdem die Umrechung von Reaktionsenthalpien auf Reaktionsenergien keinerlei Schwierigkeiten bietet, genügen die in Tabellenwerken gesammelten Standardbildungsenthalpien zur Berechnung beliebiger Reaktionen unter beliebigen äußeren Bedingungen.

In Ermangelung absoluter Werte berechnet man also in der Praxis die Reaktionsenthalpie mit Relativwerten. Für die Reaktionsenthalpie bei Standardbedingungen (ΔH_{298}°) gilt dann analog zu Gl.(3):

$$\Delta H_{298}^\circ = \sum_{k=1}^{n} b_k\, \Delta H_{f,k} - \sum_{i=1}^{m} a_i\, \Delta H_{f,i} \tag{20}$$

Als Beispiel einer numerischen Berechnung soll die Reaktionsenthalpie für die Hydrierung von Äthylen bei Standardbedingungen bestimmt werden:

$$H_2C = CH_2(g) + H_2(g) \longrightarrow CH_3CH_3(g). \tag{21}$$
$\Delta H_f = 52{,}30\ \text{kJ} \qquad \Delta H_f = 0\ \text{kJ} \qquad \Delta H_f = -84{,}68\ \text{kJ}.$

Die Reaktionsenthalpie ist die Differenz der Standardbildungsenthalpien der Produkte und Reaktanten:

$$\begin{aligned}\Delta H_{298}^\circ &= \Delta H_f(CH_3CH_3) - \Delta H_f(H_2) - \Delta H_f(H_2C=CH_2) \\ &= -84{,}68 \quad - \quad 0 \quad - \quad 52{,}30 \qquad = -136{,}98\ \text{kJ}.\end{aligned} \tag{22}$$

6.7. Standardbildungsenthalpie von Ionen in wäßriger Lösung

Bei den bisher betrachteten chemischen Reaktionen handelte es sich immer um Reaktanten und Produkte in gasförmigen, flüssigen oder festen Phasen. Eine sehr wichtige Gruppe von Reaktionen sind aber Ionenreaktionen, die sich in wäßrigen Lösungen abspielen. Es soll gezeigt werden, daß man auch für Ionen Standardbildungsenthalpien definieren und tabellieren kann. Diese Standardbildungsenthalpien beziehen sich immer auf den Zustand unendlich verdünnter Lösungen. Diese Einschränkung auf verdünnte Lösungen ist deshalb nötig, weil bei konzentrierten Lösungen, ähnlich wie bei Gasen unter hohen Drücken, zwischenionische Wechselwirkungen auftreten.

Der direkte Weg zur Bestimmung der Ionenbildungsenthalpie führt über die Ionenbildungsreaktion. Man betrachte z.B. die Lösung von 1 mol HCl(g) in einer großen Menge Wasser. Bei der Lösung dissoziiert HCl vollständig in H^+ (bzw. H_3O^+)-Ionen und Cl^--Ionen:

$$HCl(g) \longrightarrow H^+(aq) + Cl^-(aq); \quad \Delta H^{\circ}_{298} = -75{,}14 \text{ kJ}. \tag{23}$$

Das Symbol aq bedeutet, daß sich das Ion in einer wäßrigen Lösung befindet. Die Lösungswärme dieser Reaktion beträgt bei Standardbedingungen $-75{,}14$ kJ. Mit dem Wert für die Standardbildungsenthalpie von HCl (Tabellenanhang) ergibt sich für die Ionenbildungsenthalpie des Ionenpaares H^+/Cl^- in verdünnter wäßriger Lösung:

$$\Delta H_f[H^+(aq) + Cl^-(aq)] = \Delta H^{\circ}_{298} + \Delta H_f(HCl), \tag{24}$$
$$= -75{,}14 - 92{,}30 = -167{,}44 \text{ kJ mol}^{-1}.$$

Auf ähnliche Weise bekommt man die Standardbildungsenthalpien für die Ionenpaare aller starken Elektrolyte in Wasser. Unter starken Elektrolyten versteht man Ionensalze, die in Wasser vollständig dissoziieren.

Da jede Lösungsreaktion zu einer elektrisch neutralen Lösung führen muß, gibt es keine Möglichkeit die Standardbildungsenthalpien einzelner Ionen experimentell zu bestimmen. Es liegt daher nahe, einem Ion eine willkürliche Standardbildungsenthalpie zuzuordnen. Die Standardbildungsenthalpien aller anderen Ionen sind dann festgelegt. Nach Übereinkunft wird die Bildungswärme von H^+-Ionen in verdünnten wäßrigen Lösungen unter Standardbedingungen Null gesetzt:

$$\Delta H_f[H^+(aq)] = 0 \ . \tag{25}$$

Damit diese Festlegung sinnvoll ist, muß sichergestellt sein, daß sich zur Bildungsenthalpie eines Ionenpaars die Beiträge der einzelnen Ionen additiv zusammensetzen. Dies ist nur in sehr verdünnten Lösungen der Fall, wenn zwischen den einzelnen Ionen keinerlei Wechselwirkungen existieren. Ähnlich wie bei den Gasen kann man dann von *ideal* verdünnten Lösungen sprechen. Dies bedeutet, daß man bei der Mischung zweier ideal verdünnter Lösungen keine Mischungswärme beobachtet. Nur unter diesen Voraussetzungen ist die Standardbildungsenthalpie von Ionen exakt definiert.

Mit der Definitionsgleichung (25) ist auch die Standardbildungsenthalpie des Cl^--Ions festgelegt:

$$\Delta H_f[Cl^-(aq)] = \Delta H_f[H^+(aq) + Cl^-(aq)] - \Delta H_f[H^+(aq)], \qquad (26)$$
$$= -167{,}44 - 0 = -167{,}44 \text{ kJ mol}^{-1}.$$

Ein weiteres Beispiel soll dazu dienen, die Methode der Bestimmung der Standardbildungsenthalpien von Ionen besser kennenzulernen:

Die Lösungswärme von KCl unter Standardbedingungen beträgt $+17{,}18$ kJ mol^{-1}, die Standardbildungsenthalpie $-435{,}87$ kJ mol^{-1}. Mit diesen Werten ergibt sich die Standardbildungsenthalpie des Ionenpaars K^+/Cl^- zu:

$$\Delta H_f[K^+(aq) + Cl^-(aq)] = 17{,}18 - 435{,}87 = -418{,}69 \text{ kJ mol}^{-1}. \qquad (27)$$

Der Wert für die Standardbildungsenthalpie des Cl^--Ions kann dazu benutzt werden, um einen Wert für das K^+-Ion zu erhalten:

$$\Delta H_f[K^+(aq)] = -418{,}69 - (-167{,}44) = -251{,}25 \text{ kJ mol}^{-1}. \qquad (28)$$

Auf ähnliche Weise bekommt man die Standardbildungsenthalpien aller Ionen. Sie basieren auf dem gleichen Bezugszustand:

$$\Delta H_f[H^+(aq)] = 0.$$

Mit ihren Daten kann man für jede beliebige Ionenreaktion in ideal verdünnten Lösungen die Reaktionsenthalpie berechnen (Tabellenanhang).

Die Standardwerte im Tabellenanhang sollen dazu benutzt werden, um die Reaktionswärme zu berechnen, die bei der Fällung von $CaCO_3$ durch Einleiten von CO_2 in eine verdünnte Ca^{++}-Lösung auftritt. Dieser Fällungsreaktion liegt folgende thermochemische Reaktionsgleichung zugrunde:

$$Ca^{++}(aq) + CO_2(g) + H_2O(l) \longrightarrow CaCO_3(s) + 2H^+(aq).$$

Auf Grund dieser Reaktionsgleichung enthält man für die Reaktionsenthalpie unter Standardbedingungen nach Gl. (20):

$$\Delta H^o_{298} = 2\Delta H_f[H^+(aq)] + \Delta H_f[CaCO_3(s)] - \Delta H_f[Ca^{++}(aq)] -$$
$$- \Delta H_f[CO_2(g)] - \Delta H_f[H_2O(l)] \quad ,$$
$$\Delta H^o_{298} = 2 \cdot 0 + (-1206{,}87) - (-542{,}96) - (-393{,}51) - (-285{,}84) = +15{,}44 \text{ kJ}.$$

Unter Standardbedingungen ist also diese Fällungsreaktion eine endotherme Reaktion.

6.8. Temperaturabhängigkeit der Reaktionsenergie und Reaktionsenthalpie

Die bisher berechneten Reaktionsenthalpien bezogen sich immer auf die Reaktionstemperatur von 25 °C (Standardtemperatur). Zu ihrer Berechnung wurden die tabellierten Standardwerte der Bildungsenthalpien der Reaktionsteilnehmer herangeholt. Damit diese Standardwerte auch zur Berechnung der Reaktionsenthalpien bei beliebigen Temperaturen verwendbar sind, muß ihre Temperaturabhängigkeit bekannt sein.

6.8. Temperaturabhängigkeit der Reaktionsenergie und Reaktionsenthalpie

Schreibt man für die Reaktionsenthalpie nach Gl. (3)

$$\Delta H = \sum_{k=1}^{n} b_k H_k - \sum_{i=1}^{m} a_i H_i \tag{29}$$

und differenziert nach T, wobei man den Druck konstant hält, so ergibt sich:

$$\left(\frac{\partial \Delta H}{\partial T}\right)_p = \sum_{k=1}^{n} b_k \left(\frac{\partial H_k}{\partial T}\right)_p - \sum_{i=1}^{m} a_i \left(\frac{\partial H_i}{\partial T}\right)_p . \tag{30}$$

Da die Änderung der Enthalpie mit der Temperatur bei konstantem Druck definitionsgemäß C_p ist (Abschnitt 5.11), kann man weiter schreiben:

$$\left(\frac{\partial \Delta H}{\partial T}\right)_p = \sum_{k=1}^{n} b_k C_{p,k} - \sum_{i=1}^{m} a_i C_{p,i} = \Delta C_p . \tag{31}$$

Analog ergibt sich für die Temperaturabhängigkeit der Reaktionsenergie (*Kirchhoffscher Satz*):

$$\left(\frac{\partial \Delta U}{\partial T}\right)_V = \Delta C_V . \tag{32}$$

Die Gln. (31) und (32) kann man integrieren:

$$\Delta H_T = \int_T \Delta C_p \, dT = \int_0^T \Delta C_p \, dT + \Delta H_0 , \tag{33}$$

$$\Delta U_T = \int_T \Delta C_V \, dT = \int_0^T \Delta C_V \, dT + \Delta U_0 . \tag{34}$$

Kennt man die Integrationskonstanten ΔH_0 und ΔU_0 nicht, wohl aber die Reaktionsenthalpie bzw. Reaktionsenergie bei einer bestimmten Temperatur T_1 (z.B. Standardtemperatur) und sucht die Reaktionsenthalpie bzw. die Reaktionsenergie bei einer Temperatur T_2, dann kann man statt Gl. (33) und (34) auch schreiben:

$$\Delta H_{T_2} = \int_{T_1}^{T_2} \Delta C_p \, dT + \Delta H_{T_1} , \tag{35}$$

$$\Delta U_{T_2} = \int_{T_1}^{T_2} \Delta C_V \, dT + \Delta U_{T_1} . \tag{36}$$

In beiden Fällen muß man jedoch zur Bestimmung der Temperaturabhängigkeit der Reaktionswärme die Temperaturabhängigkeit der Molwärmen von den Produkten und Reaktanten im betrachteten Temperaturbereich kennen. Für nicht allzu große Temperaturbereiche kann man ΔC_p und ΔC_V in erster Näherung konstant setzen. In diesem Fall bekommt man durch Integration von T_1 bis T_2:

$$\Delta H_{T_2} - \Delta H_{T_1} = \int_{T_1}^{T_2} \Delta C_p \, dT = \Delta C_p (T_2 - T_1), \tag{37}$$

$$\Delta U_{T_2} - \Delta U_{T_1} = \int_{T_1}^{T_2} \Delta C_V \, dT = \Delta C_V (T_2 - T_1). \tag{38}$$

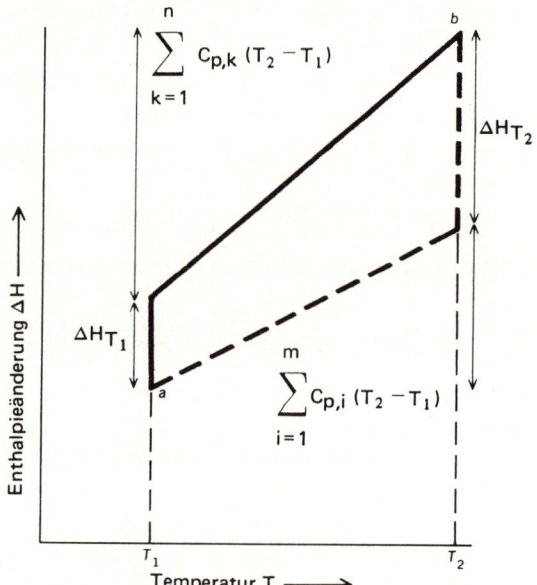

Bild 6.2
Temperaturabhängigkeit der Reaktionsenthalpie; die Wärmekapazitäten $C_{p,i}$ und $C_{p,k}$ sind im Intervall von T_1 bis T_2 temperaturunabhängig

Bild 6.2 veranschaulicht diese Integration graphisch. Eine Reaktion habe bei der Temperatur T_1 die Reaktionsenthalpie ΔH_{T_1} und bei der Temperatur T_2 die Reaktionsenthalpie ΔH_{T_2}. Werden nun zuerst die Reaktanten von T_1 auf T_2 gebracht, und wird dann bei T_2 die Reaktion durchgeführt, so bedingt dies eine Enthalpieänderung um $\Sigma C_{p,i}(T_2 - T_1) + \Delta H_{T_2}$. Führt man hingegen zuerst die Reaktion bei T_1 durch und ändert dann erst die Temperatur der Produkte, so hat dies eine Enthalpieänderung um $\Delta H_{T_1} + \Sigma C_{p,k}(T_2 - T_1)$ zur Folge. Setzt man beide Enthalpieänderungen (vgl. die zwei Reaktionswege in Bild 6.2) gleich, so erhält man:

$$\Delta H_{T_2} + \sum_{i=1}^{m} C_{p,i}(T_2 - T_1) = \Delta H_{T_1} + \sum_{k=1}^{n} C_{p,k}(T_2 - T_1) \tag{39}$$

6.8. Temperaturabhängigkeit der Reaktionsenergie und Reaktionsenthalpie

und

$$\Delta H_{T_2} - \Delta H_{T_1} = \Delta C_p (T_2 - T_1). \tag{40}$$

Dieses Ergebnis entspricht Gl. (37).

Die Gln. (31) und (32) besagen also nichts anderes, als daß die Reaktionsenthalpie und Reaktionsenergie Zustandsfunktionen sind und ihre Temperaturabhängigkeit durch die Änderung der Molwärmen bestimmt ist.

Muß man Reaktionswärmen über einen größeren Temperaturbereich berechnen, dann benötigt man zur Integration der Gl. (35) bis (36) die Molwärmen der an der Reaktion beteiligten Stoffe als Funktion der Temperatur. Experimentell beim Standarddruck bestimmte Molwärmen werden meist durch folgende Funktion approximiert:

$$C_p^o = a + bT + cT^{-2}. \tag{41}$$

a, b und c sind konstante spezifische Faktoren. Man könnte die Molwärmen auch durch eine Potenzreihe

$$C_p^o = a' + b'T + c'T^2 + \ldots \tag{42}$$

approximieren, doch stellte sich heraus, daß für praktische Zwecke die erste Form bequemer zu handhaben ist. Tabelle 6.2 zeigt die Temperaturabhängigkeit der Molwärmen für einige Verbindungen.

Tabelle 6.2: Temperaturabhängigkeit der Molwärme von verschiedenen Substanzen beim Standarddruck
(*G. N. Lewis, M. Randall*: Thermodynamics, 2d ed. K. S. Pitzer, L. Brewer, McGraw Hill Book Co., New York, 1961)

Substanz	Molwärme C_p^o $J\,K^{-1}\,mol^{-1}$
einatomige Gase ohne Elektronenanregung	
He, Ne, Ar, Kr, Xe	$C_p^o = 20{,}79$
mehratomige Gase (von 298 K bis 2000 K anwendbar)	
S	$C_p^o = 22{,}01 - 0{,}42 \cdot 10^{-3}\,T + 1{,}51 \cdot 10^5\,T^{-2}$
H_2	$C_p^o = 27{,}28 + 3{,}26 \cdot 10^{-3}\,T + 0{,}50 \cdot 10^5\,T^{-2}$
O_2	$C_p^o = 29{,}96 + 4{,}18 \cdot 10^{-3}\,T - 1{,}67 \cdot 10^5\,T^{-2}$
N_2	$C_p^o = 28{,}58 + 3{,}76 \cdot 10^{-3}\,T - 0{,}50 \cdot 10^5\,T^{-2}$
S_2	$C_p^o = 36{,}48 + 0{,}67 \cdot 10^{-3}\,T - 3{,}76 \cdot 10^5\,T^{-2}$
CO	$C_p^o = 28{,}41 + 4{,}10 \cdot 10^{-3}\,T - 0{,}46 \cdot 10^5\,T^{-2}$
F_2	$C_p^o = 34{,}56 + 2{,}51 \cdot 10^{-3}\,T - 3{,}51 \cdot 10^5\,T^{-2}$
Cl_2	$C_p^o = 37{,}03 + 0{,}67 \cdot 10^{-3}\,T - 2{,}84 \cdot 10^5\,T^{-2}$

Tabelle 6.2: (Fortsetzung)

Br_2	$C_p^o = 37{,}32 + 0{,}50 \cdot 10^{-3}\,T - 1{,}25 \cdot 10^5\,T^{-2}$
J_2	$C_p^o = 37{,}40 + 0{,}59 \cdot 10^{-3}\,T - 0{,}71 \cdot 10^5\,T^{-2}$
CO_2	$C_p^o = 44{,}22 + 8{,}79 \cdot 10^{-3}\,T - 8{,}62 \cdot 10^5\,T^{-2}$
H_2O	$C_p^o = 30{,}54 + 10{,}29 \cdot 10^{-3}\,T$
H_2S	$C_p^o = 32{,}68 + 12{,}38 \cdot 10^{-3}\,T - 1{,}92 \cdot 10^5\,T^{-2}$
NH_3	$C_p^o = 29{,}75 + 25{,}10 \cdot 10^{-3}\,T - 1{,}55 \cdot 10^5\,T^{-2}$
CH_4	$C_p^o = 23{,}64 + 47{,}86 \cdot 10^{-3}\,T - 1{,}92 \cdot 10^5\,T^{-2}$
TeF_6	$C_p^o = 148{,}66 + 6{,}74 \cdot 10^{-3}\,T - 29{,}29 \cdot 10^5\,T^{-2}$

Flüssigkeiten (vom Schmelzpunkt bis zum Siedepunkt anwendbar)

J_2	$C_p^o = 80{,}33$
H_2O	$C_p^o = 75{,}48$
NaCl	$C_p^o = 66{,}94$
$C_{10}H_8$	$C_p^o = 79{,}50 + 407{,}5 \cdot 10^{-3}\,T$

Festkörper (von 298 K bis zum Schmelzpunkt bzw. 2000 K anwendbar)

C(Graphit)	$C_p^o = 16{,}86 + 4{,}77 \cdot 10^{-3}\,T - 8{,}54 \cdot 10^5\,T^{-2}$
Al	$C_p^o = 20{,}67 + 12{,}38 \cdot 10^{-3}\,T$
Cu	$C_p^o = 22{,}63 + 6{,}28 \cdot 10^{-3}\,T$
Pb	$C_p^o = 22{,}13 + 11{,}72 \cdot 10^{-3}\,T + 0{,}96 \cdot 10^5\,T^{-2}$
J_2	$C_p^o = 40{,}12 + 49{,}79 \cdot 10^{-3}\,T$
NaCl	$C_p^o = 45{,}94 + 16{,}32 \cdot 10^{-3}\,T$
$C_{10}H_8$	$C_p^o = -115{,}90 + 937 \cdot 10^{-3}\,T$

Wenn alle Molwärmen der an einer Reaktion beteiligten Stoffe die durch Gl. (41) dargestellte Temperaturabhängigkeit besitzen, hat auch ΔC_p^o die gleiche Form:

$$\Delta C_p^o = \Delta a + \Delta b T + \Delta c T^{-2} \ . \tag{43}$$

Führt man Gl. (43) in Gl. (35) ein, so folgt nach Durchführung der Integration von T_1 bis T_2 für die Reaktionsenthalpie bei T_2 und beim Standarddruck:

$$\Delta H_{T_2}^o = \Delta H_{T_1}^o + \Delta a(T_2 - T_1) + \frac{1}{2}\Delta b(T_2^2 - T_1^2) - \Delta c \left(\frac{1}{T_2} - \frac{1}{T_1}\right) \ . \tag{44}$$

Kennt man daher die Temperaturabhängigkeit der Molwärmen und die Reaktionsenthalpie bei einer bestimmten Temperatur, so kann man die Reaktionsenthalpie nach Gl. (44) bei jeder anderen Temperatur berechnen, vorausgesetzt, diese liegt innerhalb des Gültigkeitsbereichs der empirischen Näherung Gl. (41).

6.9. Statistische Berechnung der Reaktionsenthalpie

Führt man die Integration aber von T = 0 bis T = T durch, bekommt man:

$$\Delta H_T^\circ = \int_0^T \Delta C_p^\circ \, dT + \Delta H_0^\circ = \Delta aT + \frac{1}{2}\Delta bT^2 - \Delta c\frac{1}{T} + \Delta H_0^\circ \ . \tag{45}$$

Wenn sich alle Molwärmen der an einer Reaktion beteiligten Stoffe vom absoluten Nullpunkt an durch Ausdrücke der Art von Gl. (41) beschreiben lassen, kann man die Integrationskonstante ΔH_0° mit Hilfe einer bekannten Reaktionsenthalpie bestimmen. Ist dies nicht der Fall, dann könnte man versuchen, ΔC_p° bis zum absoluten Nullpunkt analytisch oder graphisch zu extrapolieren, wo die Molwärmen gegen Null gehen müssen (3. Hauptsatz). Ist eine solche Extrapolation nicht durchführbar und verwendet man trotzdem die empirische Näherung (43), so besitzt die Integrationskonstante nicht mehr den physikalischen Sinn einer Reaktionsenthalpie am absoluten Nullpunkt, sondern ist nur mehr eine reine Rechengröße, gekennzeichnet durch das Symbol (ΔH_0°).

Für folgende Reaktion soll ΔH_T° als Funktion von T, gültig ab 298 K, gefunden werden:

$$C(\text{Graphit}) + 2H_2(g) \longrightarrow CH_4(g) \ . \tag{46}$$

Die Temperaturabhängigkeit der Molwärmen aller an dieser Reaktion beteiligten Stoffe, gültig ab 298 K, gibt Tabelle 6.2 an. Daraus lassen sich die Koeffizienten Δa, Δb und Δc berechnen. Nach Gl. (45) bekommt man:

$$\Delta H_T^\circ = -47{,}78\,T + 18{,}28 \cdot 10^{-3}\,T^2 - 5{,}61 \cdot 10^5 \frac{1}{T} + (\Delta H_0^\circ) \ . \tag{47}$$

Benutzt man zur Bestimmung der Integrationskonstante die tabellierte Standardbildungsenthalpie von Methan (Tabellenanhang), so ist $\Delta H_T^\circ = \Delta H_{298}^\circ = -74{,}85$ kJ. Nach Einsetzen dieses Werts in Gl. (47) folgt durch Umformen:

$$(\Delta H_0^\circ) = -74\,850 + 47{,}78 \cdot 298 - 18{,}28 \cdot 10^{-3} \cdot 298^2 + \frac{5{,}61 \cdot 10^5}{298}$$
$$= -60\,350 \text{ J} \ . \tag{48}$$

Mit diesem Wert für die Integrationskonstante ergibt sich für die Temperaturabhängigkeit der Reaktionsenthalpie bei der Bildung von Methan nach Gl. (46):

$$\Delta H_T^\circ = -47{,}78\,T + 18{,}28 \cdot 10^{-3}\,T^2 - 5{,}61 \cdot 10^5 \frac{1}{T} - 60\,350 \text{ J} \ . \tag{49}$$

Hier dienten empirisch bestimmte Molwärmen zur Berechnung von ΔH_T°. Handelt es sich um Gasreaktionen, kann man die bereits statistisch berechneten Molwärmen benutzen.

6.9. Statistische Berechnung der Reaktionsenthalpie

Die Enthalpie einer chemischen Verbindung setzt sich aus dem temperaturunabhängigen Anteil H_0 bzw. E_0 und dem temperaturabhängigen Anteil $(H - H_0)$ bzw.

$(H - E_0)$ zusammen (siehe Abschnitt 5.15). In ähnlicher Weise besteht auch die Reaktionsenthalpie aus ΔH_0 und $\Delta(H - H_0)$ bzw. ΔE_0 und $\Delta(H - E_0)$. Der erste Anteil hängt nur vom Grundzustand des Systems ab und gibt die Reaktionsenthalpie bzw. Reaktionsenergie am absoluten Nullpunkt an. Er ist ein Maß für die Stärke einer chemischen Bindung. Der zweite Anteil ist der temperaturabhängige Teil der Reaktionsenthalpie und spiegelt die thermische Anregung der an der Reaktion beteiligten Moleküle wieder.

Wenn die reagierenden und entstehenden Moleküle nicht zu kompliziert gebaut sind, läßt sich für sie $(H - E_0)$ als Funktion von T nach der bereits bekannten statistischen Methode (Abschnitt 5.16) berechnen und dann die Differenz $\Delta(H - E_0)$ bilden. Für $\Delta(H - E_0)$ kann man aber auch schreiben:

$$\Delta(H - E_0) = \Delta H - \Delta E_0 \ . \tag{50}$$

Falls E_0 aus quantenmechanischen Berechnungen nicht bekannt ist, bietet Gl. (50) die Möglichkeit, bei Kenntnis einer gemessenen Reaktionswärme den Term ΔE_0, identisch mit ΔU_0 und ΔH_0, zu berechnen. Dies soll als Beispiel an folgender Reaktion gezeigt werden:

$$N_2(g) + 2O_2(g) \longrightarrow 2NO_2(g) \ . \tag{51}$$

Die einzelnen Beiträge der Translation, Rotation und Schwingung zu $\Delta(H - E_0)$ wurden für die Standardtemperatur berechnet; sie sind in Tabelle 6.3 zusammengestellt. Es wird ideales Verhalten der an der Reaktion beteiligten Gase vorausgesetzt, so daß die Enthalpien der Gase vom Druck unabhängig sind. Es ist daher gleichgültig, ob man diese Enthalpien auf den Standarddruck bezieht oder nicht. Mit diesen Daten ergibt sich:

$$\begin{aligned}\Delta(H - E_0)_{298} &= 2(H - E_0)(NO_2) - 2(H - E_0)(O_2) - (H - E_0)(N_2) \\ &= 2 \cdot 10{,}20 - 2 \cdot 8{,}69 - 8{,}68 \\ &= -5{,}66 \text{ kJ} \ .\end{aligned} \tag{52}$$

Die Reaktionsenthalpie für den Standardzustand folgt aus den tabellierten Standardbildungsenthalpien:

$$\begin{aligned}\Delta H_{298} &= 2\Delta H_f(NO_2) - 2\Delta H_f(O_2) - \Delta H_f(N_2) \\ &= 2 \cdot 33{,}85 - 2 \cdot 0 - 0 \\ &= 67{,}70 \text{ kJ} \ .\end{aligned} \tag{53}$$

Setzt man die Ergebnisse der Gln. (52) und (53) in Gl. (50) ein, so erhält man für ΔE_0:

$$\begin{aligned}\Delta E_0 &= \Delta H_{298} - \Delta(H - E_0)_{298} \\ &= 67{,}70 - (-5{,}66) = 73{,}36 \text{ kJ} \ .\end{aligned} \tag{54}$$

Dies ist die Energie bzw. Enthalpieänderung der Reaktion, wenn sich alle beteiligten Gasmoleküle im Grundzustand befänden und die Reaktion am absoluten Nullpunkt durchgeführt würde.

6.9. Statistische Berechnung der Reaktionsenthalpie

Tabelle 6.3: Berechnung von $H - H_0$ ($H_0 = E_0$) für N_2, O_2 und NO_2 als ideale Gase bei 298 K und 1500 K aus molekularen Daten; Einheit der Energiebeiträge: J

298 K	N_2	O_2	NO_2
Translation	$\frac{3}{2}RT = 3718$	$\frac{3}{2}RT = 3718$	$\frac{3}{2}RT = 3718$
Rotation	$RT = 2479$	$RT = 2479$	$\frac{3}{2}RT = 3718$
Schwingung	($\epsilon = 4{,}69 \cdot 10^{-20}$ J) 0	($\epsilon = 3{,}14 \cdot 10^{-20}$ J) 9	($\epsilon = 1{,}49 \cdot 10^{-20}$ J) 250
			($\epsilon = 2{,}63 \cdot 10^{-20}$ J) 24
			($\epsilon = 3{,}21 \cdot 10^{-20}$ J) 8
pV	$RT = 2479$	$RT = 2479$	$= 2479$
$(H - H_0)_{298}$	8676	8685	10197
1500 K	N_2	O_2	NO_2
Translation	$\frac{3}{2}RT = 18708$	$\frac{3}{2}RT = 18708$	$\frac{3}{2}RT = 18708$
Rotation	$RT = 12472$	$RT = 12472$	$\frac{3}{2}RT = 18708$
Schwingung	($\epsilon = 4{,}69 \cdot 10^{-20}$ J) 3280	($\epsilon = 3{,}14 \cdot 10^{-20}$ J) 5320	($\epsilon = 1{,}49 \cdot 10^{-20}$ J) 8480
			($\epsilon = 2{,}63 \cdot 10^{-20}$ J) 6180
			($\epsilon = 3{,}21 \cdot 10^{-20}$ J) 5262
pV	$RT = 12472$	$RT = 12472$	$RT = 12472$
$(H - H_0)_{1500}$	46932	48972	69810

Hat man einmal ΔE_0 für diese Reaktion ermittelt, kann man weiter schreiben:

$$\Delta H_T = 73{,}36 + \Delta(H - E_0)_T \tag{55}$$

und die Reaktionsenthalpien bei beliebigen Temperaturen nach dieser Gleichung berechnen.

Eine solche Berechnung wurde für NO_2 bei 1500 K durchgeführt. Die Daten für $(H - E_0)_{1500}$ der an der Reaktion beteiligten Gase sind ebenfalls in Tabelle 6.3 zusammengestellt. Sie liefern einen Wert für $\Delta(H - E_0)_{1500}$ von

$$\Delta(H - E_0)_{1500} = 2 \cdot 69{,}81 - 2 \cdot 48{,}97 - 46{,}93 = -5{,}25 \text{ kJ}.$$

ΔH_{1500} beträgt daher

$$\Delta H_{1500} = 73{,}36 - 5{,}25 = 68{,}11 \text{ kJ}.$$

Bei Temperaturen über 1500 K muß man gewöhnlich auch die Elektronenanregung berücksichtigen.

Berechnungen dieser Art liefern Reaktionswärmen bei beliebigen Temperaturen. Man muß dazu nur die Reaktionswärme bei irgendeiner Temperatur kennen. Große Anwendung findet diese Methode natürlich bei solchen Reaktionen, deren Reaktionswärme experimentell nicht bestimmbar ist bzw. bei denen die notwendigen Daten der Molwärme nicht vorhanden sind. Sie beruht auf einer statistischen Berechnung der mittleren Gesamtenergie eines chemischen Systems (ideale Gase) und benötigt dazu die Kenntnis der Energieeigenwerte und der Entartungen, mit einem Wort das vollständige Energieschema.

6.10. Bindungsenergie

Wie im vorherigen Abschnitt angedeutet, läßt sich die Größe ΔE_0 mit dem Begriff der chemischen Bindung verknüpfen. Man definiert als Bindungsenergie die Differenz zwischen der Energie eines Moleküls und der Energie der freien Atome im Grundzustand. Danach ist ΔE_0 identisch mit der Bindungsenergie von N_A Molekülen. Da der temperaturabhängige Anteil der Bildungsenergie nicht sehr verschieden von dem der Bildungsenthalpie der Moleküle ist und beide klein im Vergleich zu ΔE_0 sind, kann man in erster Näherung die Standardbildungsenthalpien zum Vergleich von Bindungsenergien heranziehen.

Bei zweiatomigen Molekülen ist die gegebene Definition der Bindungsenergie eindeutig und sie selbst meist auch direkt meßbar. Sie ist nämlich identisch mit der Wärme, die bei der Dissoziation eines zweiatomigen Moleküls in die einzelnen Atome auftritt und damit (annähernd) gleich der negativen Standardbildungsenthalpie.

Die Bindungsenergie mehratomiger Moleküle ist schon nicht mehr so eindeutig definiert, da sie einer direkten experimentellen Messung nicht mehr zugänglich ist und ihre Berechnung einer gewissen Willkür nicht entbehrt. Man betrachte z.B. die C–H-Bindung im Methanmolekül. Die Standardbildungsenthalpie beträgt (Tabellenanhang):

$$C(\text{Graphit}) + 2H_2(g) \longrightarrow CH_4(g); \quad \Delta H_f^\circ = -74{,}85 \text{ kJ mol}^{-1}. \tag{56}$$

Da die Sublimationswärme von Kohlenstoff

$$C(\text{Graphit}) \longrightarrow C(g); \quad \Delta H = 718{,}38 \text{ kJ} \tag{57}$$

und die Dissoziationswärme von Wasserstoff

$$H_2(g) \longrightarrow 2H(g); \quad \Delta H = 435{,}88 \text{ kJ} \tag{58}$$

beträgt, erhält man durch Kombination der Gln. (56) bis (58)

$$C(g) + 4H(g) \longrightarrow CH_4(g); \quad \Delta H = -1665{,}00 \text{ kJ}.$$

Diese Reaktion führt zu 4 C–H-Bindungen; da alle vier Bindungen identisch sind, beläuft sich die Bindungsenergie pro Bindung auf 416 kJ.

6.10. Bindungsenergie

Wenn früher gesagt wurde, daß die Bindungsenergien mehratomiger Moleküle nicht eindeutig festlegbar sind, so beruht dies zum großen Teil darauf, daß die Sublimationswärme des Kohlenstoffs nicht direkt gemessen werden kann. Sie muß indirekt bestimmt werden, weshalb ihr Wert mit einer gewissen Unsicherheit behaftet ist. Der Wert 718 kJ mol^{-1} wird heute allgemein als bester Wert für die Sublimationswärme angesehen. Es existieren deshalb in der Literatur die verschiedensten Werte für die Bindungsenergien von Kohlenstoffbindungen.

Auf gleiche Weise wie für die C–H-Bindung lassen sich die Bindungsenergien für die O–H-, H–N- und H–S-Bindung der Moleküle H_2O, NH_3 und H_2S aus den Bildungsreaktionen finden.

Noch unsicherer wird die Bestimmung der Bindungsenergien von Molekülen mit nicht gleichwertigen Bindungen. Für die Bildungswärme des Moleküls CH_3OH berechnet man mit den Daten des Tabellenanhangs:

$$C(g) + 4H(g) + O(g) \longrightarrow CH_3OH(g); \quad \Delta H = -2038{,}90 \text{ kJ}.$$

Das Molekül CH_3OH hat 3 C–H-, 1 C–O- und 1 O–H-Bindung. Die Energie jeder dieser Bindungen kann nicht mehr ohne große Vereinfachungen aus der ermittelten Bildungswärme berechnet werden. Man muß z.B. annehmen, daß die C–H- und O–H-Bindung die gleichen Werte wie im CH_4- und H_2O-Molekül besitzen. Mit dieser Annahme kann man schreiben:

$$3(C\text{–}H) + (C\text{–}O) + (O\text{–}H) = 2038{,}90 \text{ kJ}$$

und daraus für die Bindungsenergie der C–O-Bindung berechnen:

$$(C\text{–}O) = 2039 - 3 \cdot 416 - 463 = 328 \text{ kJ}.$$

So kann man die Bindungsenergien vieler Bindungen berechnen. Einige dieser Bindungsenergien sind in Tabelle 6.4 zusammengestellt. Die Werte für eine bestimmte

Tabelle 6.4: Bindungsenergien von Ein- und Mehrfachbindungen in kJ mol^{-1}
(L. Pauling: Die Natur der chemischen Bindung; Verlag Chemie, Weinheim, 3. Auflage 1967)

Einfachbindungen											
H–H	436	C–H	416	N–H	391	O–H	463	F–F	158	Cl–F	251
H–F	563	C–C	344	N–N	159	O–O	143	Cl–Cl	243	Br–Cl	218
H–Cl	432	C–Cl	328	N–Cl	200	O–F	212	Br–Br	193	J–Cl	210
H–Br	366	C–Br	276	N–F	270	S–S	266	J–J	151	J–Br	178
H–J	299	C–O	350	N–O	175	S–H	368				
		C–N	292								
Mehrfachbindungen											
C=C	615	N=N	418	O_2	495						
C≡C	812	N≡N	946								
C=O	724										

Bindung variieren aber von Molekül zu Molekül. Man bildet daher aus den Werten von vielen Molekülen das Mittel, um einen Durchschnittswert angeben zu können. Die Daten in Tabelle 6.4 sind solche Mittelwerte. Man denke deshalb stets an die Unsicherheit, mit der diese Daten behaftet sind. Um eine Vorstellung von der Größenordnung dieser Unsicherheiten zu bekommen, vergleiche man z.B. die Moleküle n-Pentan und 2,2 Dimethylpropan. Obwohl sich die gesamte Bindungsenergie bei beiden Molekülen aus je 4 C–C- und 12 C–H-Bindungen zusammensetzt, besitzen ihre Standardbildungsenthalpien Werte von 146 kJ mol^{-1} bzw. 166 kJ mol^{-1}, weisen somit einen Unterschied von 20 kJ mol^{-1} auf.

Später werden speziell solche Unterschiede zwischen den Bildungswärmen und den erwarteten Bindungsenergien untersucht. Ungewöhnliche Bindungseffekte sind die Ursache solcher Unterschiede. Die in diesem Abschnitt aus den Standardbildungsenthalpien berechneten Bindungsenergien stellen nur eine erste Näherung dar und gewähren somit nur einen qualitativen Überblick.

Rechenbeispiele

1. Bei der Verbrennung von 0,532 g Benzol in einem Bombenkalorimeter bei Zimmertemperatur wurde eine Verbrennungswärme von 22,3 kJ bestimmt. Die Verbrennungsprodukte sind CO_2(g) und H_2O(l). Wie groß ist die Verbrennungswärme von 1 mol Benzol? Wie groß sind q, w, ΔH und ΔU, bezogen auf 1 mol Benzol?

2. In einem Bombenkalorimeter wird 0,568 g flüssiges Aceton verbrannt und ein Temperaturanstieg von 22,87 °C auf 24,56 °C beobachtet. Die Wärmekapazität des Kalorimeters beträgt 5640 J K^{-1}. Wie groß ist die Verbrennungswärme? Wie groß sind ΔH und ΔU?

($\Delta U = -0,0168$ kJ kg^{-1}; $\Delta U = -975$ kJ mol^{-1}, $\Delta H = -970$ kJ mol^{-1})

3. Wie groß sind die ΔU-Werte für die Verbrennung der Stoffe, deren Enthalpien in Tabelle 6.1 zusammengestellt sind?

4. Berechnen Sie die Reaktionsenthalpie für die Reaktion

$$2 CH_4(g) \rightarrow CH_3CH_3(g) + H_2(g)$$

durch Kombination der Verbrennungsreaktionen von CH_4, CH_3CH_3 und H_2. ($\Delta H = 65{,}02$ kJ)

5. Die Standardbildungsenthalpie von CO kann durch direkte Messung der Verbrennungswärme von Kohlenstoff nicht bestimmt werden. Wie läßt sie sich indirekt bestimmen?

6. 0,5 mol Acetylen werden pro Minute katalytisch zu Benzol umgesetzt. Wieviel Wärme pro Minute muß dem Reaktor zugeführt werden, damit das entstehende dampfförmige Benzol die gleiche Temperatur wie das eintretende Acetylen besitzt?

7. Berechnen Sie die Verbrennungswärme von Benzol aus den tabellierten Standardbildungsenthalpien (Tabellenanhang).

8. Ermitteln Sie die Standardbildungsenthalpie von n-Butan mit Hilfe der in Tabelle 6.1 angegebenen Daten.

Rechenbeispiele

9. Die Verbrennungswärme von Cyclopropan beträgt $2091{,}2 \text{ kJ mol}^{-1}$. Wie groß ist die Standardbildungsenthalpie?

10. Diboran verbrennt nach folgender Reaktionsgleichung:

$B_2H_6(g) + 3 O_2(g) \rightarrow B_2O_3(s) + 3 H_2O(g)$ $\Delta H = -2020 \text{ kJ mol}^{-1}$.

Elementares Bor verbrennt ebenfalls zu B_2O_3 und liefert eine Verbrennungswärme von $\Delta H = -1264 \text{ kJ mol}^{-1}$. Wie groß ist die Bildungsenthalpie von Diboran?

11. Berechnen Sie die Reaktionsenthalpie der Bildungsreaktion von Äthylalkohol aus Äthylen und Wasser. Verwenden Sie dazu die Daten der Tabelle 6.1 und des Tabellenanhangs. Kennzeichnen Sie die Zustände der Reaktanten und Produkte.

12. Ermitteln Sie mit den Daten der Tabelle 6.1 und mit dem Ergebnis des Beispiels 10 die Verbrennungswärme von folgenden Reaktionen:

$C_7H_{16}(\text{n-Heptan})(g) + 11 O_2(l) \rightarrow 7 CO_2(g) + 8 H_2O(g)$

$B_2H_6(g) + 3 O_2(l) \rightarrow B_2O_3(s) + 3 H_2O(g)$.

13. Zu berechnen ist die Reaktionswärme für die Komplexierung von 1 mol $AgCl$ in einer ideal verdünnten NH_4OH-Lösung unter Verwendung der Daten des Tabellenanhangs.

14. Berechnen Sie die maximale Flammtemperatur für die Verbrennung von H_2 zu Wasser. Die maximale Flammtemperatur ist die Temperatur, die die entstehenden Moleküle besitzen, wenn die gesamte Reaktionswärme zu einer adiabatischen Temperaturerhöhung der Reaktionsprodukte verbraucht wird. Man benutze dazu die Daten der Molwärmen der Tabelle 6.2, beachte aber, daß die Ausdrücke für die Molwärmen in diesem Temperaturbereich nicht mehr gelten. (4350 K)

15. Benutzen Sie die Daten der Tabelle 6.2 und des Tabellenanhangs zur Berechnung der Reaktionswärme folgender Reaktion bei 1500 K:

$C(\text{Graphit}) + O_2(g) \rightarrow CO_2(g)$.

16. Die Sublimationswärme von NaCl beträgt bei 25 °C 755 kJ mol^{-1}. Berechnen Sie die Enthalpie von NaCl(g) bei 1000 °C und vergleichen Sie diesen Wert mit dem Enthalpiewert von NaCl bei 25 °C. Führen Sie diese Berechnung statistisch durch und verwenden Sie für den Abstand der Schwingungsniveaus der NaCl-Moleküle in der Dampfphase den Wert $7{,}55 \cdot 10^{-21}$ J.

17. Die Reaktionsenthalpie bei 25 °C für die Reaktion $Cl_2(g) \rightarrow 2 Cl(g)$ beläuft sich auf 242,7 J. Wie groß ist ΔH_0 bzw. ΔE_0, wenn der Abstand der Schwingungsniveaus von Cl_2 $1{,}11 \cdot 10^{-20}$ J beträgt. Wie groß sind ΔH und ΔU bei 1500 K? ($\Delta E_0 = 239{,}5$ kJ; $\Delta H_{1500} = 248{,}9$ kJ)

18. Bei hohen Temperaturen tendieren alle Moleküle zur Dissoziation. Erklären Sie diese Tendenz an Hand des Beispiels 17.

19. Zeichnen Sie ein Diagramm, ähnlich dem in Bild 6.2 für die Reaktion

$CO(g) + \frac{1}{2} O_2(g) \rightarrow CO_2(g)$

bei 298 K und 1500 K. Verwenden Sie dazu die Daten der Tabellen 6.1 und 6.2. Berechnen Sie außerdem ΔH bei verschiedenen Temperaturen und zeichnen Sie ΔH als Funktion der Temperatur.

20. Zeichnen Sie die Funktion $(H - E_0)$ für CO, O_2 und CO_2 in einem Temperaturbereich von 298 K bis 1500 K. Die Abstände der Schwingungsenergieniveaus von CO und O_2 betragen $4{,}31 \cdot 10^{-20}$ J und $3{,}14 \cdot 10^{-20}$ J. CO_2 ist ein lineares Molekül und besitzt vier Normalschwingungen mit den Energieabständen 1,32, 1,32, 2,75 und $4{,}67 \cdot 10^{-20}$ J. Zeichnen Sie $\Delta(H - E_0)$ für die Reaktion

$CO(g) + \frac{1}{2} O_2(g) \rightarrow CO_2(g)$

als Funktion der Temperatur. Benutzen Sie zur Berechnung von ΔE_0 die Standardbildungsenthalpie von CO_2. Vergleichen Sie die erhaltene Kurve mit der aus dem Beispiel 19.

21. Verwenden Sie die Daten des Beispiels 20 und berechnen Sie damit die Molwärme von CO_2 bei verschiedenen Temperaturen in einem Bereich von 298 K bis 1500 K. Bestimmen Sie die Koeffizienten der empirischen Näherung

$$C_p^o = a + bT + cT^{-2}$$

und vergleichen Sie sie mit den in Tabelle 6.2 angegebenen Koeffizienten.

22. Mit den Daten des Beispiels 9 ist die C–C-Bindungsenergie für Cyclopropan zu berechnen.

23. Berechnen Sie einen Wert für die N–H-Bindungsenergie.

24. Ermitteln Sie einen Wert für die C=C-Bindungsenergie. Wie groß ist die C–H-Bindungsenergie in Äthylen, wenn man annimmt, daß die C=C-Bindungsenergie doppelt so groß wie die C–C-Bindung ist.

25. Wie groß ist die C–C-Bindungsenergie, die man aus den Standardbildungsenthalpien der Moleküle n-Pentan und 2,2 Dimethylpropan und der tabellierten C–H-Bindungsenergie berechnet?

26. Berechnen Sie mit Hilfe der Bindungsenergien der Tabelle 6.4 die Standardbildungsenthalpie von Äthanol und vergleichen Sie den Wert mit dem des Tabellenanhangs.

27. Erklären Sie, warum die C–C-Bindungsenergien in Diamant halb so groß wie die Sublimationswärme des Kohlenstoffs ist.

Kapitel 7

Zweiter und dritter Hauptsatz der Thermodynamik

Der Großteil thermodynamischer Untersuchungen befaßt sich, sei es direkt oder indirekt, mit dem Gleichgewichtszustand eines chemischen Systems sowie mit seiner Tendenz, sich ins Gleichgewicht zu begeben, wenn es sich außerhalb davon befindet. Die Grundlagen zur Beschreibung des Gleichgewichtszustandes eines chemischen Systems liefern der 1. und 2. Hauptsatz. Der 1. Hauptsatz reicht, wie bereits in Kapitel 6 festgestellt, dazu nicht aus; die Reaktionsenergie bzw. Reaktionsenthalpie ist für sich allein noch kein geeignetes Maß.

Dieses Kapitel behandelt die thermodynamischen und statistischen Voraussetzungen zur Herleitung einer Definition des chemischen Gleichgewichtes. Es wird dabei von zwei grundsätzlichen Fragen ausgegangen:

1. Kann das Gleichgewicht durch irgendeine thermodynamische Funktion beschrieben werden?

2. Wenn ja, kann diese Funktion, und so der Gleichgewichtszustand, mit molekularen Vorstellungen gedeutet und verstanden werden?

Nach einer allgemeinen Formulierung des 2. Hauptsatzes im ersten Abschnitt dieses Kapitels wird eine neue thermodynamische Zustandsfunktion, die sogenannte *Entropie* eingeführt. Sie ermöglicht die Anwendung des 2. Hauptsatzes auf chemische Probleme. Dabei stellt sich heraus, daß sich der Gleichgewichtszustand durch eine entropische und energetische Größe hinreichend beschreiben läßt. Diese beiden Größen sind der Anlaß, eine weitere neue thermodynamische Zustandsfunktion, die *freie Energie* bzw. *freie Enthalpie* einzuführen (Kapitel 8).

Zur thermodynamischen Absolutberechnung von Entropien und chemischen Gleichgewichten muß allerdings ein weiterer Erfahrungssatz, der 3. Hauptsatz, herangezogen werden.

7.1. Der zweite Hauptsatz

Obwohl der 2. Hauptsatz verschieden formuliert werden kann, lassen sich alle Formulierungen letztlich auf einen gemeinsamen Nenner bringen. Dieser gemeinsame Nenner betrifft die Tendenz eines Systems, sich von einem Nichtgleichgewichtszustand in den Gleichgewichtszustand zu begeben. Alle unsere Erfahrungen mit dieser noch zu definierenden Tendenz sind im 2. Hauptsatz zusammengefaßt, genauso wie alle unsere Erfahrungen über die Energieänderungen eines Systems im 1. Hauptsatz vereint sind.

Auch die allgemeinen Formulierungen des 2. Hauptsatzes sind wie der 1. Hauptsatz (Energieerhaltungssatz) nicht direkt auf chemische Probleme anwendbar. Es ist wieder eine Umformung notwendig, in diesem Fall mit Hilfe der neu definierten Zustandsfunktion der Entropie.

Zwei allgemeine Formulierungen des zweiten Hauptsatzes seien an die Spitze dieses Kapitels gestellt. Die erste stammt von *Lord Kelvin* und lautet: Es ist unmöglich, durch einen Kreisprozeß Wärme aus einem Wärmereservoir zu entnehmen und diese Wärme in Arbeit umzuwandeln, ohne gleichzeitig Wärme von diesem Reservoir an ein kälteres abzuführen. Die zweite Formulierung stammt von *Clausius* und stellt gewissermaßen die Umkehrung der ersten dar: Es ist unmöglich, Wärme von einem kälteren zu einem wärmeren Reservoir zu transportieren ohne gleichzeitig einen gewissen Betrag von Arbeit in Wärme umzuwandeln.

Es gibt in der Tat keine Maschine, die nichts anderes macht, als Wärme vollständig in Arbeit zu verwandeln (*Perpetuum mobile 2. Art*). Wärmekraftmaschinen wandeln zwar Wärme in Arbeit um, doch nicht vollständig. Sie funktionieren nur, wenn gleichzeitig ein Teil der zugeführten Wärme über ein Temperaturgefälle an die Umgebung abgeführt wird. Ihr Wirkungsgrad, das Verhältnis von Arbeit zu zugeführter Wärme, ist daher aus prinzipiellen Gründen immer kleiner als Eins.

Diese Aussage des 2. Hauptsatzes läßt sich bereits qualitativ mit dem Begriff des Gleichgewichtes in Verbindung bringen. Arbeit kann nur gewonnen werden, wenn sich ein System von einem Nichtgleichgewichtszustand in den Gleichgewichtszustand begibt, denn im Gleichgewicht besteht ja kein Anlaß, ihn zu verlassen. Nach der Kelvinschen Formulierung läßt sich also Arbeit nur gewinnen, wenn Wärme von einem Reservoir höherer Temperatur zu einem Reservoir niedrigerer Temperatur (thermisches Nichtgleichgewicht) fließt. Aber dabei ist die Umwandlung nicht vollständig.

Für den Chemiker ist der 2. Hauptsatz der Thermodynamik deshalb von großer Bedeutung, weil er die Möglichkeit bietet, Aussagen über das Gleichgewicht chemischer Systeme zu erhalten. Aber dazu muß man wissen, in welchem Ausmaß sich prinzipiell Wärme in Arbeit umwandeln läßt. Der nächste Abschnitt untersucht dies an Hand eines Kreisprozesses, des sogenannten Carnotschen Prozesses.

7.2. Der Carnotsche Kreisprozeß

Um zu erfahren, in welchem Ausmaß sich Wärme in Arbeit umwandeln läßt, muß man an Hand des 1. Hauptsatzes den Wirkungsgrad einer Maschine, die diese Umwandlung bewirken kann, berechnen. Eine solche, wenn auch hypothetische Maschine wurde von *Carnot* (1824), noch vor der Formulierung des Energieerhaltungssatzes, erstmals ersonnen. Der Kreisprozeß, den diese Maschine vollführt, heißt nach ihm *Carnotscher Kreisprozeß*. Die Maschine wandelt einen Teil der Wärme, die von einem Wärmereservoir höherer Temperatur zu einem niedrigerer Temperatur fließt, in mechanisch nutzbare Arbeit um. Zur thermodynamischen Beschreibung des Wirkungsgrades dieser Maschine wird später die Zustandsfunktion der Entropie definitionsgemäß eingeführt.

Die Carnotsche Maschine selbst besteht im einfachsten Fall aus einem Zylinder mit einem verschiebbaren Kolben, in dem sich ein ideales Gas befindet. Der Kolben ist mit einer Vorrichtung so gekoppelt, daß das Gas Volumenarbeit verrichten kann oder an ihm Arbeit verrichtet werden kann. Die Umgebung dieses Systems besteht aus zwei Wärmereservoirs.

7.2. Der Carnotsche Kreisprozeß

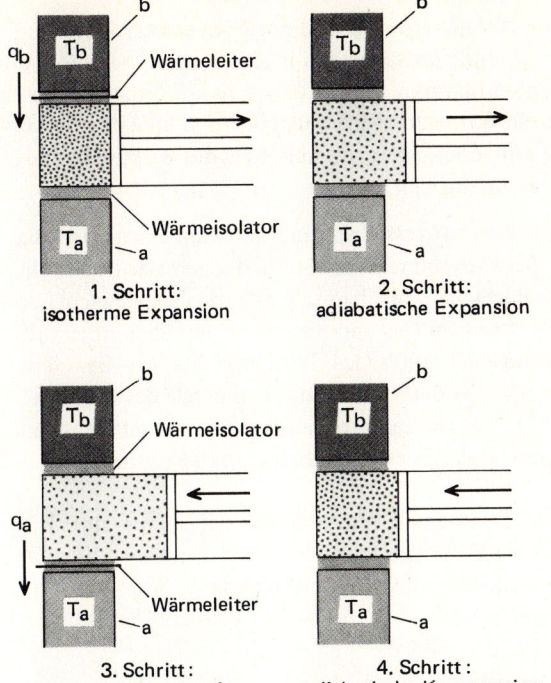

Bild 7.1
Die vier Schritte des Carnotschen Kreisprozesses

In Bild 7.1 sind die vier Schritte, die die Carnotsche Maschine während eines Kreisprozesses ausführt, schematisch dargestellt. Es handelt sich bei diesen Schritten um eine isotherme und eine adiabatische Expansion, und um eine isotherme und eine adiabatische Kompression. Nach diesen vier Schritten soll sich das System wieder im Ausgangszustand befinden.

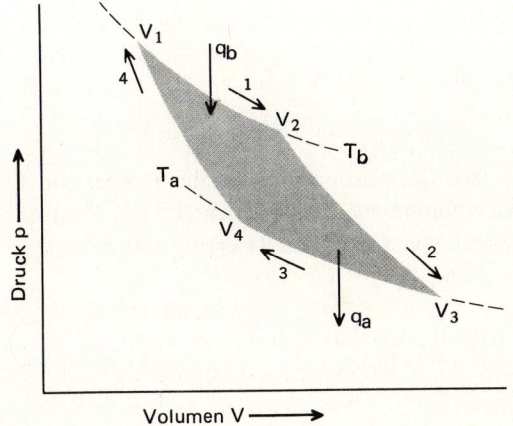

Bild 7.2
Der Carnotsche Kreisprozeß im p, V-Diagramm

Das Wärmereservoir a besitzt die Temperatur T_a und das Wärmereservoir b die Temperatur T_b, wobei $T_b > T_a$ sein soll. Zwischen den beiden Wärmereservoiren und dem Gaszylinder befinden sich Wärmeisolatoren. In sie können zwei Wärmeleiter so eingeschoben werden, daß wahlweise ein Wärmeübergang herstellbar ist. Im Zylinder könnte jede beliebige chemische Substanz sein, doch ist es zur Ableitung des Wirkungsgrades wesentlich einfacher, ein ideales Gas vorzugeben.

Die vier Schritte des Carnotschen Kreisprozesses sind in Bild 7.2 in einem p,V-Diagramm eingezeichnet. Jeder dieser Schritte soll reversibel sein, d.h. der Gasdruck soll nur differentiell vom Kolbendruck abweichen (mechanisches Kräftegleichgewicht) und der Wärmeübergang von einem Reservoir zum Gas und umgekehrt nur über einen differentiellen Temperaturgradienten erfolgen (thermisches Gleichgewicht). An Hand des 1. Hauptsatzes $\Delta U = q + w$ soll nun die Änderung der inneren Energie des Gases bei jedem Schritt untersucht werden. Das Ziel ist die Berechnung der gesamten Volumenarbeit und des gesamten Wärmeumsatzes des Systems während eines Kreisprozesses.

1. Schritt (isotherme Expansion). Das Gas wird isotherm bei der Temperatur T_b von einem Anfangsvolumen V_1 auf ein Volumen V_2 expandiert. Dabei leistet das Gas die Volumenarbeit w_1, die Wärme q_b wird vom Gas dem Reservoir b entnommen. Da das Verhalten des Gases ideal sein soll, ist $\Delta U_1 = 0$ und $q_b = -w_1$ (vgl. Abschnitt 5.9):

$$q_b = -w_1 = \int_V p dV = RT_b \int_{V=V_1}^{V_2} \frac{dV}{V} = RT_b \ln \frac{V_2}{V_1}. \tag{1}$$

2. Schritt (adiabatische Expansion). Das Gas wird adiabatisch vom Volumen V_2 auf ein Volumen V_3 expandiert, wobei sich das Gas auf die Temperatur T_a abkühlt. Es leistet dabei die Arbeit w_2, während $q = 0$ ist. Nach dem 1. Hauptsatz ist dann $w_2 = \Delta U_2$ (vgl. Abschnitt 5.14):

$$w_2 = \Delta U_2 = \int_{T=T_b}^{T_a} C_V \, dT = C_V(T_a - T_b) = -C_V(T_b - T_a) \; . \tag{2}$$

3. Schritt (isotherme Kompression). Das Gas wird isotherm bei der Temperatur T_a vom Volumen V_3 auf das Volumen V_4 komprimiert. Dabei verrichtet der Kolben am Gas die Arbeit w_3, und die Wärme q_a wird vom Gas an das Reservoir a abgeführt. Analog zum ersten Schritt ist $q_a = -w_3$ und $\Delta U_3 = 0$:

$$q_a = -w_3 = \int_V p dV = RT_a \int_{V=V_3}^{V_4} \frac{dV}{V} = RT_a \ln \frac{V_4}{V_3}. \tag{3}$$

4. Schritt (adiabatische Kompression). Das Gas wird adiabatisch vom Volumen V_4 auf das Anfangsvolumen V_1 komprimiert, wobei die Temperatur auf die Anfangstemperatur T_b ansteigt. Wie beim 2. Schritt ist $q = 0$ und $w_4 = \Delta U_4$:

$$w_4 = \Delta U_4 = \int_{T=T_a}^{T_b} C_V\, dT = C_V (T_b - T_a)\ . \tag{4}$$

Die gesamte Volumenarbeit w des Gases während eines Kreisprozesses setzt sich nun additiv aus den Volumenarbeiten der vier Schritte zusammen:

$$w = w_1 + w_2 + w_3 + w_4\ ; \tag{5}$$

w ist dem Betrag nach identisch mit der von den Isothermen und Adiabaten eingeschlossenen Fläche des in Bild 7.2 gezeichneten Kreisprozesses ($\oint p dV$). Da w_2 und w_4 gleich groß sind, aber verschiedenes Vorzeichen besitzen, vereinfacht sich Gl. (5) zu

$$w = w_1 + w_3 = -RT_b \ln \frac{V_2}{V_1} - RT_a \ln \frac{V_4}{V_3}\ . \tag{6}$$

Durch Umformen erhält man:

$$w = -\left(RT_b \ln \frac{V_2}{V_1} - RT_a \ln \frac{V_3}{V_4}\right) \tag{7}$$

Weil aber $q_b = -w_1$ und $q_a = -w_3$ ist, wird vom Gas während des Kreisprozesses insgesamt die Wärme

$$q = q_b - q_a = \left(RT_b \ln \frac{V_2}{V_1} - RT_a \ln \frac{V_3}{V_4}\right) \tag{8}$$

aufgenommen. Der Wärmeumsatz q muß dem Betrag nach gleich groß wie die geleistete Volumsarbeit w sein, damit der 1. Hauptsatz bzw. der Energieerhaltungssatz

$$\sum_{i=1}^{4} \Delta U_i = 0 \tag{9}$$

erfüllt ist. Von der anfänglich zugeführten Wärme q_b wird somit während eines Kreisprozesses der Anteil q in die nutzbare Arbeit w umgewandelt. Im nächsten Abschnitt wird der Wirkungsgrad, d.h. das Verhältnis von nutzbarer Arbeit zu zugeführter Wärme, berechnet.

7.3. Wirkungsgrad bei der Umwandlung von Wärme in Arbeit

Der Wirkungsgrad von Wärmekraftmaschinen ist allgemein durch das Verhältnis von nutzbarer Arbeit zu zugeführter Wärme definiert. Auch die Carnotsche Maschine ist eine Wärmekraftmaschine und ihr Wirkungsgrad durch das Verhältnis

$$\eta = \frac{|w|}{q_b} \qquad (|w|\ \text{Absolutbetrag von w}) \tag{10}$$

definiert.

Der in Abschnitt 7.2 abgeleitete Ausdruck für w kann wesentlich vereinfacht werden, wenn man bedenkt, daß die Volumina V_1 bis V_4 durch die adiabatischen Zustandsänderungen des 2. und 4. Schrittes miteinander verknüpft sind. Nach Abschnitt 5.14 gelten die Beziehungen:

$$T_b^{\frac{c_V}{R}} V_2 = T_a^{\frac{c_V}{R}} V_3 \tag{11}$$

und

$$T_b^{\frac{c_V}{R}} V_1 = T_a^{\frac{c_V}{R}} V_4 . \tag{12}$$

Division von Gl. (12) durch Gl. (11) ergibt:

$$\frac{V_2}{V_1} = \frac{V_3}{V_4} . \tag{13}$$

Mit Gl. (13) reduziert sich Gl. (7) zu:

$$w = -R(T_b - T_a) \ln \frac{V_2}{V_1} . \tag{14}$$

$$|w| = R(T_b - T_a) \ln \frac{V_2}{V_1} . \tag{15}$$

Aus Gl. (1) folgt für die zugeführte Wärme q_b:

$$q_b = RT_b \ln \frac{V_2}{V_1} . \tag{16}$$

Mit den Gln. (15) und (16) erhält man dann für den Wirkungsgrad nach der Definitionsgleichung (10):

$$\eta = \frac{|w|}{q_b} = \frac{R(T_b - T_a) \ln \frac{V_2}{V_1}}{RT_b \ln \frac{V_2}{V_1}} = \frac{T_b - T_a}{T_b} \tag{17}$$

Der Ausdruck (17) für den Wirkungsgrad ist das gesuchte Ergebnis. Es besagt, daß die maximale Ausbeute bei der Umwandlung von Wärme in Arbeit mit einer Carnotschen Maschine und einem idealen Gas als Arbeitssubstanz um so größer ist, je größer die Temperaturdifferenz $T_b - T_a$ der beiden Wärmereservoire und je kleiner die absolute Temperatur T_b ist. Also müssen alle derartigen Maschinen einen kleineren Wirkungsgrad als Eins besitzen, weil man den absoluten Nullpunkt nie erreichen kann. Von der bei der Temperatur T_b zugeführten Wärme wird der Bruchteil $(T_b - T_a)/T_b$ in nutzbare Arbeit umgewandelt, während der Bruchteil T_a/T_b wieder als Wärme abgeführt wird.

Dieses Ergebnis, nur mit Hilfe des 1. Hauptsatzes erzielt, genügt vollkommen der von *Lord Kelvin* gegebenen Formulierung des 2. Hauptsatzes (Abschnitt 7.1), gilt aber bislang nur für den Spezialfall der Carnotschen Maschine mit einem idealen Gas als Arbeitssubstanz. Erst durch eine Verallgemeinerung dieses Ergebnisses auf beliebige Maschinen mit beliebigen Arbeitssubstanzen bekommt es den Charakter eines Postulates, nämlich den des 2. Hauptsatzes.

Da alle Einzelschritte des Carnotschen Kreisprozesses reversibel sind, ist der gesamte Kreisprozeß umkehrbar. Die Aussagen, die man dann erhält, genügen vollkommen der Clausiusschen Formulierung des 2. Hauptsatzes. Läuft die Carnotsche Maschine in umgekehrter Richtung, hat man nicht mehr eine Wärmekraftmaschine sondern eine Kühlmaschine und die Vorzeichen aller abgeleiteten Ausdrücke zur Berechnung des Wirkungsgrades kehren sich um. Nun wird die Volumenarbeit w dazu verwendet, um die Wärme q_a vom Reservoir a zum Reservoir b gegen das Temperaturgefälle zu transportieren. Das gelingt aber nur, wenn man gleichzeitig einen Teil der Arbeit w in Wärme umwandelt.

Das gleiche Ergebnis für den Wirkungsgrad, nämlich Gl. (17), muß auch gelten, wenn man mit einer anderen Maschine einen beliebigen Kreisprozeß mit einer beliebigen Substanz durchführt. Wäre das nicht der Fall, so ließe sich eine periodisch arbeitende Maschine (Perpetuum mobile 2. Art) konstruieren, die nichts anderes macht, als bei einer einzigen Temperatur Wärme eines Wärmereservoirs in Arbeit umzuwandeln, um z.B. eine Last zu heben. Die Existenz einer solchen Maschine widerspricht aber gänzlich unserer Erfahrung von der Nichtumkehrbarkeit von Wärmevorgängen. Diese Aussage ist der Inhalt des 2. Hauptsatzes der Thermodynamik.

Es gibt demnach keine Maschine, die einen größeren Wirkungsgrad bei der Umwandlung von Wärme in Arbeit besitzt als den der Carnotschen Maschine. Gl. (17) gilt somit ganz allgemein und kann z.B. dazu benutzt werden, den Wirkungsgrad einer beliebigen Maschine zu berechnen.

Eine Dampfmaschine arbeitet z.B. bei 120 °C Wasserdampftemperatur und bei 20 °C Kondensattemperatur. Man berechnet für diese Maschine nach Gl. (17) einen theoretischen Wirkungsgrad von

$$\eta = \frac{393 - 293}{393} = 0{,}25 \text{ bzw. } 25\ \% \ . \tag{18}$$

Nur ein Viertel der Wärme des Wasserdampfs kann deshalb als Nutzarbeit gewonnen werden. Dieser Wirkungsgrad ist aber nur der unter diesen Bedingungen maximal erreichbare. Berücksichtigt man die mechanischen Wirkungsgrade einer solchen Dampfmaschine, so wird die maximale Nutzarbeit noch wesentlich kleiner. Da der Wirkungsgrad mit dem Temperaturunterschied größer wird, bemüht man sich, beim Bau von Wärmekraftanlagen einen möglichst großen Temperaturunterschied herzustellen.

7.4. Entropie

Der an Hand des Carnotschen Kreisprozesses abgeleitete Wirkungsgrad ist nicht nur für den Bau von Wärmekraftanlagen wichtig, sondern besitzt eine noch viel größere Bedeutung für die chemische Thermodynamik. Um der beschränkten Umwandelbarkeit von Wärme in Arbeit, die es natürlich auch bei chemischen Reaktionen gibt, Rechnung zu tragen, führt man am zweckmäßigsten eine neue thermodynamische Funktion, die *Entropie*, ein.

Da die bei einem Carnotschen Kreisprozeß verrichtete Arbeit w dem Betrag nach gleich dem Wärmeumsatz q ist, kann man mit Gl. (8) den Wirkungsgrad auch anders formulieren:

$$\eta = \frac{q_b + q_a}{q_b} \; . \tag{19}$$

Gl. (19) muß aber mit Gl. (17) identisch sein:

$$\frac{q_b + q_a}{q_b} = \frac{T_b - T_a}{T_b} \; . \tag{20}$$

Durch Umformen erhält man:

$$\frac{q_a}{T_a} + \frac{q_b}{T_b} = 0 \; . \tag{21}$$

Gl. (21), durch Einbeziehung mehrerer, aneinander gekoppelter Carnotscher Kreisprozesse verallgemeinert, führt zu:

$$\sum_i \frac{q_i}{T_i} = 0 \; . \tag{22}$$

Gälte diese Beziehung nicht, würde der 2. Hauptsatz verletzt werden.

Diese grundlegende Erkenntnis folgt aus der Vorstellung, daß man sich jeden reversiblen Kreisprozeß aus einer großen Anzahl kleinerer Kreisprozesse zusammengesetzt denken kann. Bild 7.3 soll dies veranschaulichen. Ein Netzwerk von Adiabaten und Isothermen wird über einen endlichen, reversiblen Kreisprozeß gelegt. Innerhalb der Grenzen dieses Prozesses sind die Volumsarbeiten der benachbarten Isothermen und Adiabaten gleich groß aber von verschiedenem Vorzeichen, so daß sie sich bei der Summierung über alle kleinen Kreisprozesse herausheben. Nur die Beiträge der Volumsarbeiten an der Grenze des endlichen Kreisprozesses verschwinden nicht. Führt man nun

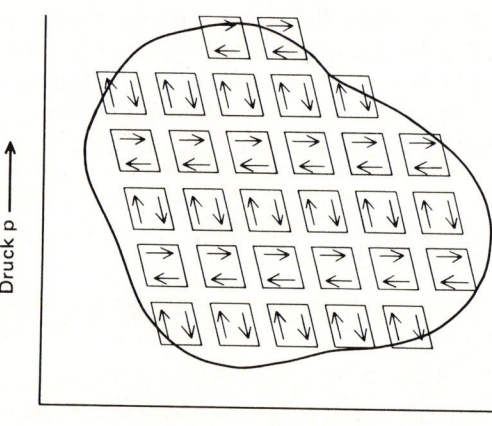

Bild 7.3
Zusammensetzung eines beliegigen Kreisprozesses durch differentielle, kleine Carnotsche Kreisprozesse

7.4. Entropie

einen Grenzübergang zu differentiell kleinen Kreisprozessen durch, so kann man die Summe über die Volumenarbeiten durch ein Integral ersetzen. Die Summe der Flächen aller differentiellen Kreisprozesse ist so groß wie die Fläche des endlichen Kreisprozesses. Die maximale Nutzarbeit w beträgt daher

$$w = \sum_i w_i$$

bzw.

$$w = \oint \delta w = \oint p dV \ . \tag{23}$$

Das zyklische Integral erstreckt sich über den geschlossenen Weg des endlichen Kreisprozesses.

Um die gesamte, entlang dieses Weges zugeführte Wärme q zu bestimmen, hat man über alle kleinen zugeführten Wärmebeträge q_i zu summieren, bzw. über den differentiellen Wärmebetrag δq entlang des geschlossenen Weges zu integrieren:

$$q = \sum_i q_i$$

bzw.

$$q = \oint \delta q \ . \tag{24}$$

Aus den Gln. (23) und (24) folgt über die Definition des Wirkungsgrades:

$$\sum_i \frac{q_i}{T_i} = 0$$

bzw.

$$\oint \frac{\delta q}{T} = 0 \ . \tag{25}$$

Eine differentielle Änderung der Wärme q hängt vom Weg ab und ist somit kein exaktes Differential.

Gl. (23) bzw. Gl. (25) ist der algebraische Ausdruck für die im Abschnitt 7.3 gegebene Formulierung des 2. Hauptsatzes zur Nichtexistenz eines Perpetuum mobile 2. Art.

Während q keine Zustandsfunktion darstellt, ist $\frac{q}{T}$ sehr wohl eine Zustandsfunktion, denn sie erfüllt die dafür notwendige Bedingung, daß ihr zyklisches Integral verschwindet, aber auch die Bedingung, daß der Schwarzsche Satz erfüllt ist. $\frac{q}{T}$ ist somit die Zustandsfunktion einer thermodynamischen Eigenschaft. Diese Eigenschaft wird Entropie genannt und mit dem Symbol S bezeichnet. Eine differentielle Änderung der Entropie ist daher durch

$$dS = d\left(\frac{q}{T}\right) = \frac{\delta q}{T} \tag{26}$$

und eine endliche Änderung durch

$$\Delta S = S_b - S_a = \int_{S_a}^{S_b} dS = \int_0^q \frac{\delta q}{T} \tag{27}$$

definiert. Entropiedifferenzen hängen nur vom Anfangs- und Endzustand ab, d.h. sie sind vom Weg unabhängig.

Es wäre an sich nicht notwendig gewesen, so stark zu betonen, daß die Entropie eine thermodynamische Eigenschaft eines Systems ist, wenn ihre Definition explizit durch eine Funktion der Zustandsvariablen Druck und Temperatur gegeben worden wäre. So aber wurde sie über q, das keine Zustandsfunktion ist, definiert und nur aus der Ableitung an Hand eines Carnotschen Kreisprozesses folgt, daß $\frac{q}{T}$ nicht vom Weg abhängt.

Bevor die Entropie molekularstatistisch erläutert wird, soll gezeigt werden, wie man die Entropieänderungen bei verschiedenen Prozessen berechnen kann.

7.5. Entropieänderungen bei reversiblen Prozessen

Die Berechnung von Entropieänderungen soll an drei nichtchemischen Beispielen demonstriert werden, zumal die meisten chemischen Reaktionen, reversibel durchgeführte elektrochemische Reaktionen ausgenommen, irreversiblen Charakter besitzen.

Bei allen solchen Entropieberechnungen muß zwischen dem System und der Umgebung streng unterschieden werden. Ein System kann irgendein beliebiges mechanisches oder chemisches System, sei es ein Gas, eine Flüssigkeit, ein Festkörper oder eine Mischung von allen, vorstellen. Als Umgebung wird nun alles bezeichnet, womit dieses System reagieren kann. Sie besitzt meist die Funktion eines Wärmereservoirs, aus dem das System Wärme entnehmen oder an das es Wärme abgeben kann.

Man hat nicht nur die Entropieänderung des Systems allein zu betrachten, sondern muß auch die Entropieänderung der Umgebung berücksichtigen. Bei allen derartigen Berechnungen ist eindeutig zwischen beiden zu unterscheiden. Die Kombination eines Systems mit seiner Umgebung stellt dann ein abgeschlossenes System (Bild 7.4) dar, innerhalb dessen auf Grund des Energieerhaltungssatzes die innere Energie konstant ist. Die Entropieänderungen eines abgeschlossenen Systems betreffen somit sowohl die des Systems als auch die der Umgebung.

1. Beispiel. Es ist die Entropieänderung bei der Verdampfung von 1 mol Wasser bei 100 °C und 1 atm zu berechnen.

Das System besteht also aus 1 mol Wasser und die Umgebung aus einem Wärmereservoir bei 100 °C (Bild 7.4). Um eine reversible Wärmeaufnahme aus dem Reservoir zu gewährleisten, darf der Temperaturunterschied zwischen dem Reservoir und dem System nur sehr klein sein und muß im Grenzfall des thermischen Gleichgewichtes verschwinden. Mit anderen Worten, um einen Wärmeübergang reversibel (umkehrbar) durchführen zu können, muß im Grenzfall $dT = 0$ und T konstant sein.

7.5. Entropieänderungen bei reversiblen Prozessen

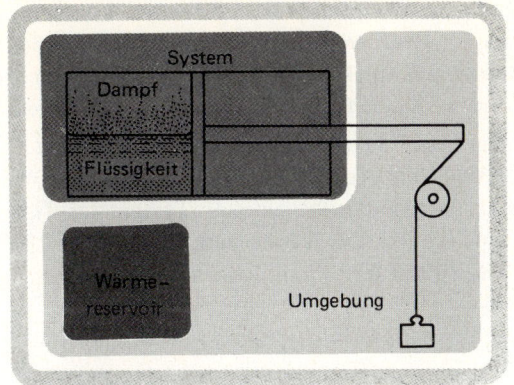

Bild 7.4
Schematische Darstellung eines Systems und seiner Umgebung (abgeschlossenes System)

Mit Gl. (27) berechnet man dann für die Entropieänderung von 1 mol Wasser:

$$\Delta S_{System} = \int_{S_a}^{S_b} dS = \frac{1}{T} \int_0^q \delta q = \frac{1}{T} \int_{n=0}^1 \Delta H_{Verd}\, dn \tag{28}$$

$$= \frac{\Delta H_{Verd}}{T} = \frac{40\,670}{373} = 109\ JK^{-1}.$$

ΔH_{Verd} ist die (latente) Verdampfungswärme des Wassers bei 100 °C sowie 1 atm und beträgt 40 670 J mol^{-1}. Die Verdampfungsentropie beläuft sich nach Gl. (28) auf 109 JK^{-1}.

Gleichzeitig mit der Verdampfung erfährt die Umgebung einen Wärmeverlust vom Betrag der Verdampfungsenthalpie. Dies entspricht einer Entropieänderung von

$$\Delta S_{Umgebung} = -\frac{\Delta H_{Verd}}{T} = -109\ JK^{-1}. \tag{29}$$

Für das abgeschlossene System, bestehend aus dem Wasser und der Umgebung, gilt dann die Entropieänderung:

$$\Delta S_{total} = \Delta S_{System} + \Delta S_{Umgebung} = 0. \tag{30}$$

Die Entropie von 1 mol Wasser nimmt durch die Verdampfung um 109 JK^{-1} zu, während die Umgebung gleichzeitig einen Entropieverlust von -109 JK^{-1} erleidet, so daß die gesamte Entropieänderung des abgeschlossenen Systems Null ist.

2. Beispiel. Man berechne die Entropieänderung beim Wärmeübergang von einem Körper b der Temperatur T_b zu einem Körper a der Temperatur T_a, wobei $T_b > T_a$. Es sollen nur so kleine Wärmeübergänge erfolgen, daß sich die Temperaturen der beiden Körper nicht wesentlich ändern.

7. Zweiter und dritter Hauptsatz der Thermodynamik

Damit wieder Gl. (27) zur Berechnung der Entropieänderung des Systems herangezogen werden darf, muß erst ein reversibler Weg, wenn auch nur im Gedankenexperiment, für den Wärmeübergang gefunden werden. Ein direkter Wärmefluß ist nämlich ein irreversibler Vorgang, und für solche Vorgänge wurde Gl. (27) ursprünglich nicht abgeleitet.

Man überlege sich daher, wie der in Bild 7.5a skizzierte irreversible Prozeß reversibel durchführbar ist. Um einen reversiblen Weg herzustellen, genügt es, zwei Wärmereservoire (A und B) als Umgebung anzunehmen, wobei eines die Temperatur $T_b - dT$ und das andere die Temperatur $T_a + dT$ besitzt. Der Wärmeübergang kann dann in Richtung der eingezeichneten Pfeile auf reversiblem Weg, dh. im Grenzfall des thermischen Gleichgewichtes bei konstanten Temperaturen T_b und T_a ablaufen.

Nun läßt sich die Integration der Gl. (27) vornehmen. Für die Entropieänderung des Systems ergibt sich mit

$$\Delta S_{System} = \Delta S_b + \Delta S_a = -\frac{q}{T_b} + \frac{q}{T_a} \tag{31}$$

ein positiver Wert $(T_b > T_a)$ und für die Entropieänderung der Umgebung mit

$$\Delta S_{Umgebung} = \Delta S_B + \Delta S_A = \frac{q}{T_b} - \frac{q}{T_a} \tag{32}$$

ein gleich großer, aber negativer Wert. Es resultiert also bei reversibler Führung für das System wiederum ein Entropiegewinn (ΔS_{System} positiv) und für die Umgebung wiederum ein Entropieverlust ($\Delta S_{Umgebung}$ negativ), während die Änderung der Entropie wie die der inneren Energie des abgeschlossenen Systems Null ist.

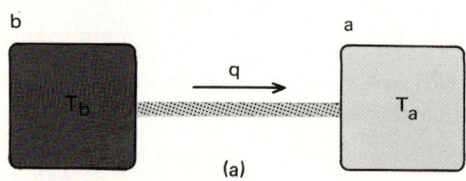

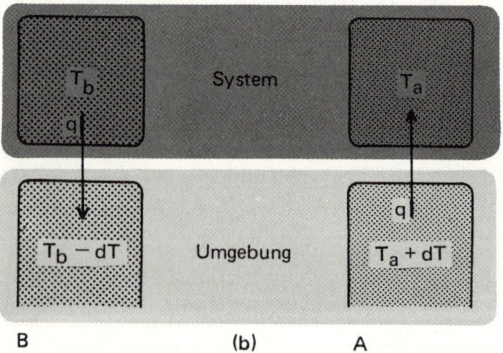

Bild 7.5

Irreversibler (a) und reversibler Weg (b) für den Wärmeübergang von einem Körper der Temperatur T_b zu einem Körper der Temperatur T_a ($T_b > T_a$)

7.5. Entropieänderungen bei reversiblen Prozessen

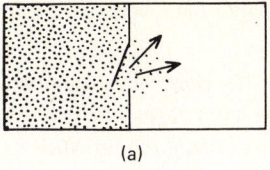
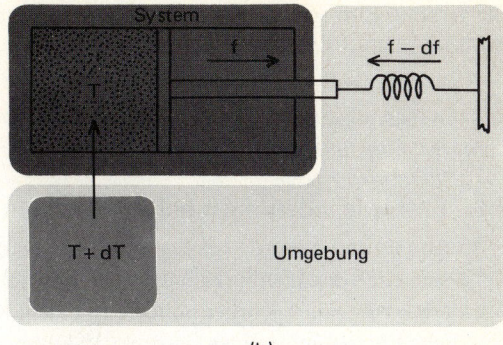

Bild 7.6
Schematische Darstellung einer irreversiblen (a) und einer reversiblen (b) isothermen Expansion eines Gases

Da die Entropie des Systems aber eine Zustandsfunktion ist, hängt sie nur vom Anfangs- und Endzustand des Systems ab. Gl. (31) bzw. Gl. (27) gilt daher auch für irreversible Entropieänderungen eines Systems, d.h. wenn z.B. Wärme irreversibel transportiert wird, der Vorgang also nicht umkehrbar ist. Der reversible Weg war lediglich zur Berechnung nötig, da q keine Zustandsfunktion ist und vom Weg abhängt.

3. Beispiel. Zu berechnen ist die Entropieänderung von n mol idealem Gas, das isotherm bei der Temperatur T von einem Anfangsvolumen V_1 auf ein Endvolumen V_2 expandiert wird.

Durch plötzliche Entspannung, z.B. durch rasches Öffnen einer Klappe, die das Gas von einem evakuierten Behälter trennt, erfolgt eine irreversible Expansion (Bild 7.6a). Da es keine Möglichkeit gibt, die damit verbundene Entropieänderung des Systems zu berechnen, muß wieder ein reversibler Weg der Expansion, wenn auch nur gedanklich, hergestellt werden. In Bild 7.6b ist ein solcher Weg skizziert.

Bei der reversiblen, isothermen Expansion ist die Änderung der inneren Energie Null und die Volumenarbeit des Gases (Abschnitt 5.9) beträgt:

$$w = -\int_V p dV = -\int_V nRT \frac{dV}{V} = -q \, . \tag{33}$$

Die Entropieänderung des Systems ist daher:

$$\Delta S_{System} = \frac{q}{T} = \int_{V=V_1}^{V_2} \frac{nRT}{T} \frac{dV}{V} = + nR \ln \frac{V_2}{V_1} \, . \tag{34}$$

Für die Entropieänderung der Umgebung, die nach Bild 7.6b aus einem Wärmereservoir und einer mechanischen Vorrichtung besteht, gilt:

$$\Delta S_{Umgebung} = -nR \ln \frac{V_2}{V_1} \tag{35}$$

Die gesamte Entropie des abgeschlossenen Systems bleibt daher bei reversibler Führung der isothermen Expansion konstant.

Faßt man die Ergebnisse der Entropieberechnungen der drei Beispiele zusammen, so kann man allgemein formulieren: *Die Entropieänderung eines abgeschlossenen Systems mit konstanter innerer Energie ist für einen reversiblen Prozeß immer Null.*

7.6. Entropieänderungen bei irreversiblen Prozessen

In Abschnitt 7.1 wurde behauptet, daß irreversible Prozesse immer dann auftreten, wenn sich ein System außerhalb des Gleichgewichtszustandes befindet. Der direkte Wärmefluß von einem Körper höherer zu einem Körper niederer Temperatur oder die plötzliche Entspannung eines Gases ins Vakuum sind Beispiele für irreversible Prozesse. Die Zündung einer H_2/O_2-Mischung resultiert ebenfalls in einer spontanen, explosionsartigen Bildung von H_2O. Derartige Prozesse sollen nunmehr untersucht werden.

Alle in der Natur freiwillig ablaufenden Prozesse sind mehr oder weniger irreversibel. Nur in einer Welt masseloser und reibungsloser Systeme könnten Prozesse in der Nähe des Gleichgewichtes und damit reversibel ablaufen. Ein Maß für die Irreversibilität spontan ablaufenden Prozesse und damit für den Nichtgleichgewichtszustand eines abgeschlossenen Systems ist die damit verbundene Entropieänderung.

Aus den Untersuchungen der drei Beispiele des Abschnitts 7.5 ergab sich für reversible Prozesse die allgemeine Aussage, daß die Entropieänderung eines abgeschlossenen Systems Null, seine Entropie also konstant ist. Wie groß sind die Entropieänderungen bei irreversiblen Prozessen?

Die Entropieänderung eines abgeschlossenen Systems bei einem irreversiblen Prozeß ist sofort aus der Entropie des Endzustandes und der des Anfangszustandes des Systems herzuleiten, da bei irreversiblen Prozessen die Umgebung nicht mitbeteiligt ist. $\Delta S_{Umgebung}$ ist daher Null und

$$\Delta S_{total} = \Delta S_{System} \, . \tag{36}$$

Das abgeschlossene System ist also in diesem Fall mit dem System selbst identisch.

Der irreversible Wärmetransport von einem heißen zu einem kalten Körper (Beispiel 2, Abschnitt 7.5) erfolgt direkt und ohne Beteiligung der Umgebung. Die irreversible Entropieänderung des abgeschlossenen Systems ist daher die gleiche wie die des Systems selbst:

$$\Delta S_{total} = \Delta S_{System} = -\frac{q}{T_b} + \frac{q}{T_a} \, . \tag{37}$$

Sie ist endlich und positiv, da $T_b > T_a$.

Für die irreversible Expansion eines idealen Gases (Beispiel 3, Abschnitt 7.5) ist die Entropieänderung des Systems genau so groß wie die der Expansion auf reversiblem Weg, und da die Umgebung wieder unbeteiligt ist, gleich der Entropieänderung des abgeschlossenen Systems:

$$\Delta S_{total} = \Delta S_{System} = nR \ln \frac{V_2}{V_1} \tag{38}$$

7.6. Entropieänderungen bei irreversiblen Prozessen

Untersucht man noch weitere Beispiele, so stellt man stets fest, daß die Entropieänderung abgeschlossener Systeme bei irreversiblen, d.h. spontan ablaufenden Prozessen, positiv ist.

Eine Folge dieser Erfahrung ist die von *Clausius* zuerst ausgesprochene Maxime: *Die Energie des Universums ist konstant, während die Entropie des Universums einem Maximum zustrebt.* Darüber philosophische Betrachtungen anzustellen, läge auf der Hand, doch soll in diesem Buch darauf verzichtet werden.

Zusammenfassung der bisherigen Ergebnisse über die Entropieänderungen abgeschlossener Systeme: Die Entropieänderungen eines abgeschlossenen physikalischen oder chemischen Systems können durch die Bildung der Differenz der Entropie des Endzustandes b und des Ausgangszustandes a berechnet werden:

$$\Delta S_{total} = (S_b - S_a)_{total} \quad . \tag{39}$$

Ist ΔS_{total} positiv, erfolgt die Reaktion spontan von a nach b und ist ΔS_{total} negativ, verläuft eine spontane Reaktion von b nach a. Ist ΔS_{total} Null, befindet sich das System im thermischen Gleichgewicht mit seiner Umgebung.

Diese Sätze gelten nur für abgeschlossene Systeme, bei denen die innere Energie konstant ist. Aber sie stellen eine Formulierung des 2. Hauptsatzes dar, die auf chemische Systeme besser als die eingangs gegebenen allgemeinen Formulierungen anwendbar ist. Für die bisher behandelten drei Beispiele wäre eine Definition und Einführung der Entropie eigentlich noch nicht notwendig gewesen. Die Clausiussche Formulierung hätte ausgereicht, um diese Prozesse in all ihren Konsequenzen richtig beschreiben zu können.

Hat man es aber mit chemischen Reaktionen zu tun, so bedeutet die Einführung der Entropie eine wesentliche Vereinfachung der thermodynamischen Beschreibung. Man kann nämlich jedem Reaktanten und jedem Produkt, also jeder chemischen Verbindung, einen Entropiewert zuschreiben und dadurch die Entropieänderung der chemischen Reaktion sehr einfach formulieren.

Früher glaubte man, die treibende Kraft einer Reaktion auf die Reaktionsenergie bzw. Reaktionsenthalpie zurückführen zu können. In einem abgeschlossenen System mit konstanter innerer Energie bzw. Enthalpie (Energieerhaltungssatz) ist aber nur die Entropieänderung maßgebend. Im allgemeinen Fall sind Systeme jedoch nicht abgeschlossen und Energie- bzw. Enthalpieänderungen gleichzeitig zugelassen. Zur Beschreibung des chemischen Gleichgewichtes und der treibenden Kraft reicht dann die Entropieänderung allein nicht mehr aus; es muß sowohl die Änderung der Energie als auch der Entropie herangezogen werden. Das führt zur Definition und Einführung einer neuen thermodynamischen Zustandsfunktion, der freien Energie bzw. der freien Enthalpie. Ihre Änderungen, die eine bei konstantem Volumen, die andere bei konstantem Druck, stellen ein exaktes Maß für die treibende Kraft einer chemischen Reaktion dar (Kapitel 8). Während bei mechanischen Systemen das Gleichgewicht durch ein Kräftegleichgewicht bzw. durch das Minimum der Energie beschreibbar ist, wird das chemische Gleichgewicht durch ein Minimum der noch zu definierenden freien Energie bzw. freien Enthalpie erfaßt.

7.7. Molekulare Interpretation der Entropie

Versuche, die Entropie an Hand von thermodynamischen Überlegungen „physikalisch" zu erklären, schlagen fehl, da die Thermodynamik zwar die Zusammenhänge und Änderungen von Zustandsfunktionen zu erklären vermag, nicht aber die Funktionen bzw. Eigenschaften selbst. Die thermodynamische Definition führt daher nur zu einer Berechnungsmöglichkeit der Zustandsfunktion Entropie und ordnet dem entropischen Zustand eines Systems einen bestimmten Wert zu.

Daß man glaubt, sich beispielsweise unter der inneren Energie mehr vorstellen zu können, ist lediglich eine Sache der Vertrautheit mit dem Begriff der Energie und ihrer intuitiv vorgenommenen molekularen Interpretation. In diesem Sinne ist also die Entropie nichts anderes als eine weniger vertraute, makroskopische Eigenschaft eines Systems.

Eine physikalische Interpretation thermodynamischer Eigenschaften ist daher statistischen Theorien vorbehalten. Man könnte z.B. fragen: Was versteht man eigentlich unter einem expandierten Gas und warum besitzt dieses eine größere Entropie als ein komprimiertes? Oder: Warum besitzt Wasserdampf eine größere Entropie als flüssiges Wasser? Oder: Was ist der physikalische Grund, daß eine chemische Reaktion $A \to B$ in einer bestimmten Richtung verläuft? Man könnte und sollte sich auch fragen, warum die Moleküle B gegenüber den Molekülen A entropisch begünstigt sind. Die qualitative Beantwortung solcher und ähnlicher Fragen ist das Ziel dieses Abschnittes. Quantitative Antworten gibt Kapitel 9.

Es ist physikalisch nicht so einfach wie bei der inneren Energie einzusehen, mit welchem molekularen Phänomen die Entropie verknüpft ist. Man muß daher versuchen, eine Größe zu finden, die bei der spontanen Reaktion eines Systems zunimmt, wenn es sich von einem Nichtgleichgewichtszustand in den Gleichgewichtszustand begibt. Diese Größe ist dann mit der Entropie zu identifizieren.

Man betrachte eine Schachtel mit einer großen Anzahl gleichartiger Geldmünzen. Anfänglich seien alle Münzen so geordnet, daß sie die Vorderseite zeigen. Schüttelt man nun die Schachtel, so zeigen nach einmaligem Schütteln einige Münzen bereits die Rückseite. Schüttelt man oft genug, so werden schließlich gleichviel Münzen die Vorderseite und Rückseite zeigen. Das System der Münzen geht also von einer Verteilung geringer Wahrscheinlichkeit (Nichtgleichgewicht) in die wahrscheinlichste Verteilung (Gleichgewicht) über. Ein Maß für die treibende Kraft bildet hier die Wahrscheinlichkeit, vorausgesetzt das System ist abgeschlossen. Man kann also vermuten, daß die Entropie etwas mit der Wahrscheinlichkeit der Realisierung eines Systemzustandes zu tun hat.

Zu dem konkreten Beispiel einer Schachtel mit vier Münzen: Wird die Schachtel geschüttelt, so besitzt jede Münze die gleiche Wahrscheinlichkeit, entweder die Vorderseite oder die Rückseite zu zeigen. Die Zahl der Anordnungsmöglichkeiten, die es für die vier Münzen insgesamt gibt, sind in Tabelle 7.1 zusammengestellt. Die Anordnung, bei der es jeweils zwei V und zwei R gibt, ist sechsmal wahrscheinlicher als die, bei der es nur V oder nur R gibt. Hätte man eine größere Anzahl solcher Schach-

Tabelle 7.1: Die Anordnungsmöglichkeiten von vier Münzen
(V Vorderseite, R Rückseite)

	Anordnungen	Zahl der Anordnungen
4 V, 0 R	VVVV	1
3 V, 1 R	VVVR, VVRV, VRVV, RVVV	4
2 V, 2 R	VVRR, VRVR, VRRV, RVVR, RVRV, RRVV	6
1 V, 3 R	RRRV, RRVR, RVRR, VRRR	4
0 V, 4 R	RRRR	1

teln, würde die Zahl der Schachteln, die zwei V und zwei R zeigen, ebenfalls sechsmal so groß sein, wie die Zahl der Schachteln, die nur V oder nur R zeigen. Dies ähnelt dem Beispiel in Bild 4.3, das als anschauliches Beispiel bei der Ableitung der Boltzmannverteilung diente. In Kapitel 9 kommt eine quantitative Ableitung der Entropie mit Hilfe der Boltzmannverteilung zur Sprache.

Das molekulare Analogon zur Zahl der Anordnungsmöglichkeiten ist die Zahl der Gesamteigenfunktionen eines Systems, die sich aus den Moleküleigenfunktionen durch Linearkombination bei Berücksichtigung der Symmetrie bezüglich der Vertauschung (Fermion oder Boson) bilden lassen. Kennt man die Besetzung der Moleküleigenfunktionen, so ist dadurch nicht nur der energetische Zustand, sondern auch der entropische Zustand des Gesamtsystems ausreichend gekennzeichnet. Ein Gleichgewicht zwischen zwei Molekülsystemen A und B, wovon B die größere Entropie habe, kann nun so verstanden werden, daß B zum gleichen Energieeigenwert mehr Moleküleigenfunktionen besitzt als A. Bei nur zwei Eigenwerten gleicher Energie der Moleküle A und B besitzt also der Zustand mit der größeren Entartung die größere Realisierungs- (Besetzungs-) Wahrscheinlichkeit und damit die größere Entropie. Da es in einem abgeschlossenen System keine treibenden Kräfte gibt, die von energetischen Unterschieden herrühren, können diese nur darauf zurückzuführen sein, daß das System von einem Zustand geringerer Wahrscheinlichkeit (weniger Quantenzustände) in einen Zustand größerer Wahrscheinlichkeit (mehr Quantenzustände) übergeht.

Bei der isothermen Expansion eines Gases vergrößert sich die Entropie eines Gases. Wie kann man diese Entropievergrößerung molekular verstehen? Die reversible isotherme Expansion eines idealen Gases betrifft nur die Translationsenergie der Gasmoleküle, deren Eigenwertbedingung nach Abschnitt 4.2 lautet:

$$\epsilon_i = i^2 \frac{h^2}{8ma^2} \qquad i = 1, 2, 3, \ldots \tag{40}$$

a ist ein Maß für die Größe des Gasbehälters. Wird bei einer Expansion das Volumen des Gases vergrößert, d.h. a größer, dann verkleinern sich die Energieabstände (Bild 7.7).

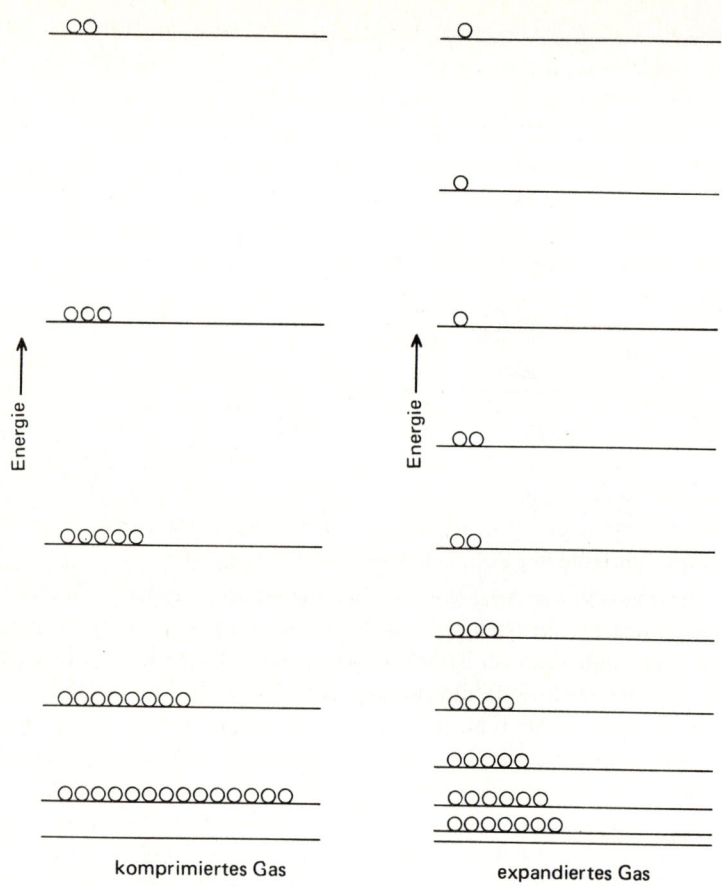

Bild 7.7. Schematische Darstellung der Besetzung der Translationsenergieniveaus eines komprimierten und expandierten, eindimensionalen Gases

Wenngleich sich dadurch die Besetzung der Energieniveaus ändert, wirkt sich dies auf die mittlere Energie nicht aus, wohl aber auf die Zustandsdichte, wenn man als Zustandsdichte die Zahl der Quantenzustände (Eigenfunktionen) in einem gewissen Energiebereich bezeichnet. Innerhalb eines bestimmten Energiebereiches gibt es im expandierten Zustand des Gases eine größere Zahl von Eigenfunktionen und deshalb auch mehr Realisierungsmöglichkeiten des expandierten Gaszustandes. Dieser Zustand muß also auch eine größere Entropie besitzen. Diese qualitative Betrachtung führt also zum gleichen Resultat wie thermodynamische Überlegungen.

Die molekularstatistische Deutung der Entropie ist im Grunde genommen sehr plausibel. Auch der prinzipielle Weg der statistischen Berechnung von Entropieänderungen zeichnet sich bereits ab. Es wird, wie bei allen statistischen Berechnungen, davon abhängen, ob man genügend quantenmechanische oder spektroskopische Daten vom speziellen System zur Verfügung hat. Über die Systemzustandssumme ist dann der Weg zur Berechnung der Entropie frei.

Man erkennt daraus bereits den Vorteil einer thermodynamischen Berechnung von Entropieänderungen. Es sind keine direkten Messungen notwendig; man kann sie mit Hilfe experimentell leicht zugänglicher Größen, wie z.B. der Molwärme, berechnen. Dies bezieht sich nicht nur auf Energie- und Entropieänderungen, sondern ganz allgemein auf die Änderungen aller Zustandsfunktionen der Thermodynamik; darin liegt ihre besondere Stärke. Molekulare Deutungen zu geben ist aber, wie schon erwähnt, den molekularstatistischen Theorien vorbehalten.

7.8. Unerreichbarkeit des absoluten Nullpunktes

Bei der Anwendung des 2. Hauptsatzes auf chemische Probleme erweist es sich als zweckmäßig, den chemischen Verbindungen die Eigenschaft Entropie zuzuschreiben. Ihre Änderungen bei chemischen Reaktionen lassen sich durch die Bildung der Differenz der Entropie der Endprodukte und der Ausgangsprodukte bestimmen. Über die Absolutwerte der Entropie kann aber auf Grund des 1. und 2. Hauptsatzes allein nichts ausgesagt werden. Man erinnere sich, daß auch über die Absolutwerte der Energie und Enthalpie thermodynamisch nichts zu erfahren war. Anders ist es bei der Entropie. Ihr Absolutwert kann nicht nur statistisch bei Kenntnis der Systemzustandssumme berechnet werden. Thermodynamisch gibt es nämlich auch die Möglichkeit, absolute Entropiewerte zu ermitteln, wenn man das dritte Postulat der Thermodynamik, den 3. Hauptsatz, hinzunimmt. Er ist, genauso wie der 1. und 2. Hauptsatz, ein Erfahrungssatz. Die Grundlagen stammen von den Erfahrungen, die man beim Übergang zu immer tieferen Temperaturen macht. Alle Versuche, den absoluten Nullpunkt zu erreichen, führen zu der Erkenntnis: Er ist unerreichbar. Das kann man bereits als eine erste Aussage des 3. Hauptsatzes auffassen.

Die Untersuchung der Materie bei tiefsten Temperaturen hat zur Entdeckung so vieler außergewöhnlicher Phänomene geführt – es sei hier z.B. nur auf das unterschiedliche Verhalten von Bosonen und Fermionen hingewiesen –, daß man immer bessere Methoden entwickelte, um immer tiefere Temperaturen herzustellen.

Die älteste und wichtigste Methode gründet sich auf den Joule-Thomsonschen Drosselversuch mit realen Gasen (Abschnitt 5.13). Wenn sich ein Gas unterhalb seiner Inversionstemperatur befindet, kann man durch Drosselung eine Abkühlung des Gases erreichen. Diese Drosselung, im Gegenstromprinzip durchgeführt, kann dazu benutzt werden, das Gas bis zu seiner Verflüssigung abzukühlen (*Linde*, 1895). Auf diese Weise läßt sich z.B. Luft verflüssigen. Durch fraktionierte Destillation ist Luft in Sauerstoff (Siedepunkt 90 K) und Stickstoff (Siedepunkt 77 K) trennbar. Flüssiger Stickstoff wird heute kommerziell hergestellt, so daß physikalisch-chemische Untersuchungen bei Temperaturen um 77 K kein Problem sind.

Etwas tiefere Temperaturen als 77 K sind nach der gleichen Methode durch Verflüssigung von Wasserstoff erreichbar (Siedepunkt 20,3 K). Der Wasserstoff wird zunächst durch flüssigen Stickstoff unter seine Inversionstemperatur von 193 K abgekühlt und dann gedrosselt. Schließlich kann flüssiger Wasserstoff noch dazu benutzt werden, um Helium, das bei 4 K siedet, zu verflüssigen. Temperaturen von etwas unter 1 K lassen sich erzielen, indem man Helium adiabatisch verdampft. Auch diese Heliumtemperaturen bieten keine allzu großen Schwierigkeiten, da flüssiges Helium ebenfalls kommerziell hergestellt wird.

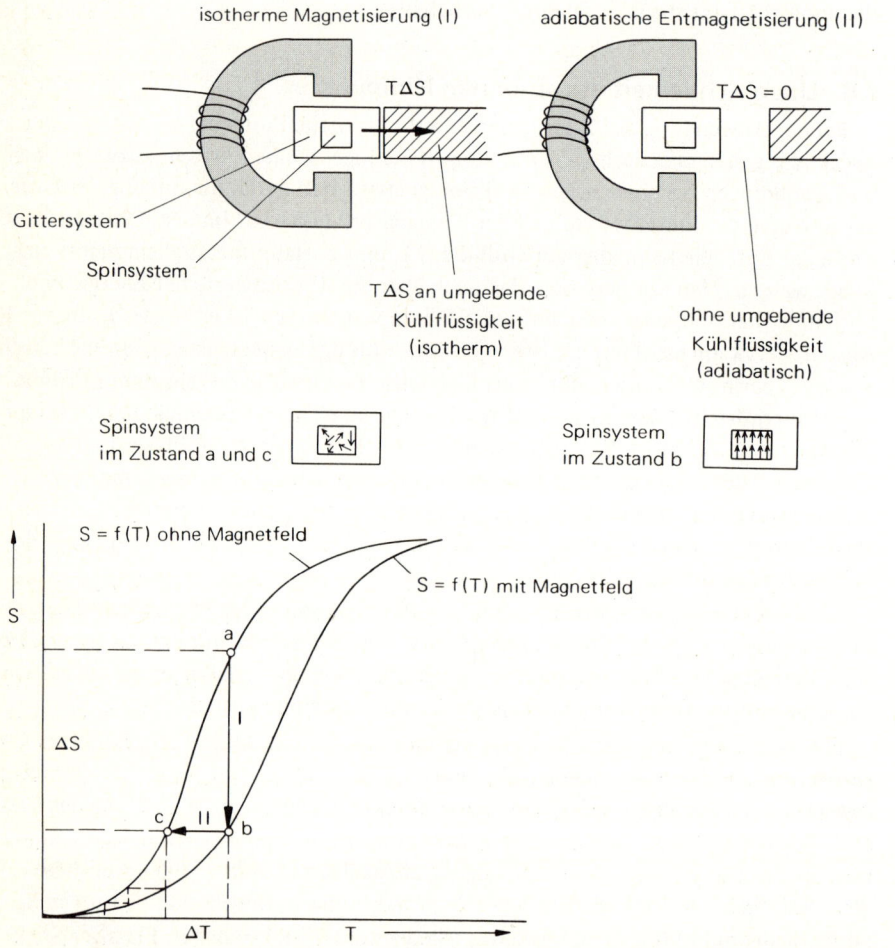

Bild 7.8. Schematische Darstellung der isothermen Magnetisierung und adiabatischen Entmagnetisierung eines paramagnetischen Salzes und der dabei erfolgenden Entropie- bzw. Temperaturänderung

Temperaturen wesentlich unter 1 K erreicht man nach einer völlig anderen Methode. Sie beruht auf der adiabatischen Entmagnetisierung von paramagnetischen Substanzen und stammt von *Debye* und *Giauque*. Diese Methode soll kurz diskutiert werden. Die Ionen paramagnetischer Salze sind dadurch ausgezeichnet, daß sich Spin- und Bahndrehimpuls ihrer Elektronen nicht zu Null kompensieren, wie das bei nichtparamagnetischen Salzen der Fall ist. Ist der Bahndrehimpuls Null, so resultiert der Gesamtdrehimpuls nur aus dem Spin der Elektronen. Da man jedem Drehimpuls ein magnetisches Moment zuordnen kann, das dem Drehimpuls proportional ist, wird sich das gesamte magnetische Moment der Elektronen eines Ions in einem homogenen Magnetfeld orientieren. Wenn sich alle Momente der Ionen orientieren, äußert sich dies in einer makroskopisch beobachtbaren Magnetisierung des Salzes. Das gesamte System aller Spins bezeichnet man gewöhnlich als *Spinsystem,* das restliche Gitter als *Gittersystem.* Wenn sich die magnetischen Momente der Elektronen im Feld ausgerichtet haben, befindet sich das Spinsystem in einem Zustand geringerer Wahrscheinlichkeit und Entropie als vorher. Schaltet man dann das Magnetfeld ab, so verliert die paramagnetische Substanz ihre Magnetisierung, weil sich die Momente der Spins wieder regellos über alle Raumrichtungen verteilen. Da diese Entmagnetisierung spontan erfolgt, muß sich die Entropie des Spinsystems vergrößern. Das kann aber nur auf Kosten der Wärme des Gittersystems geschehen, wenn die Probe von der Umgebung wärmeisoliert ist (Bild 7.8). Diese Wärme wird der Schwingungsenergie entnommen, so daß sich das Gittersystem abkühlt. Mit dieser Technik gleang es bisher, Temperaturen bis zu 10^{-2} K zu erreichen.

Trotz aller modernen Hilfsmittel gelingt es aber aus prinzipiellen Gründen nicht, bis zum absoluten Nullpunkt zu kommen.

7.9. Entropie und dritter Hauptsatz

Bei der Methode der adiabatischen Entmagnetisierung wird die Entropiedifferenz des geordneten und ungeordneten Spinsystems dazu benutzt, um dem Kristallgitter Wärme zu entziehen und so dessen Temperatur zu senken. Im allgemeinen könnte jeder Kreisprozeß, der zwischen zwei verschiedenen Entropiezuständen durchgeführt wird, zur Abkühlung eines Systems hergenommen werden. Wenn Entropiedifferenzen auch bei Annäherung an den absoluten Nullpunkt existierten, könnte man durch einen solchen Kreisprozeß die Temperatur bis zum absoluten Nullpunkt senken. Da dieser aber erfahrungsgemäß nicht erreichbar ist, bedeutet das, daß die Entropien aller Substanzen am absoluten Nullpunkt den gleichen Wert besitzen müssen. Diese Aussage muß aber auf solche chemischen Substanzen eingeschränkt werden, die in diesem Temperaturbereich thermodynamisch stabil sind, d.h. sich eindeutig durch Zustandsvariable beschreiben lassen. Es gibt nämlich auch Substanzen, die beim Einfrieren nicht in den stabilen kristallinen Zustand, sondern in einen glasartigen, amorphen Zustand mit höherer Entropie übergehen können. Wäre zwischen diesen beiden Zuständen ein reversibler Kreisprozeß durchführbar, dann könnte die Entropiedifferenz dazu benutzt werden,

den absoluten Nullpunkt zu erreichen, was aber erfahrungsgemäß nicht realisierbar ist. Außerdem ist ein reversibler Kreisprozeß zwischen einem thermodynamisch stabilen und einem thermodynamischen instabilen Zustand eines Systems nicht möglich. Man muß daher fordern, daß die Entropie aller thermodynamisch stabilen Substanzen am absoluten Nullpunkt gleich groß ist, d.h. daß alle Entropieunterschiede verschwinden.

Diese Forderung (3. Hauptsatz der Thermodynamik), wurde ursprünglich, obwohl anders formuliert, von *Nernst* bei der Absolutberechnung von chemischen Gleichgewichten erhoben. *Nernst* vermutete, daß die Reaktionsentropien am absoluten Nullpunkt gegen Null gehen, weil die experimentell gemessenen Differenzen der Molwärmen von Reaktanten und Produkten bei Annäherung an den absoluten Nullpunkt verschwinden. *Planck* erweiterte dieses Postulat und sagte, daß die Entropie selbst, und nicht nur ihre Unterschiede, bei idealen Festkörpern verschwinden müsse.

In dieser letzten Fassung ist der 3. Hauptsatz für die chemische Thermodynamik von großer Bedeutung. Wenn nämlich die Entropie am absoluten Nullpunkt verschwindet, können aus kalorischen Messungen ihre Absolutwerte bestimmt werden. Durch Integration von Gl. (26) erhält man nämlich für die Entropie bei einer Temperatur T:

$$S_T = \int_0^q \frac{\delta q}{T} + S_0 \tag{41}$$

und weil bei isochoren Prozessen nach dem 1. Hauptsatz $dU = \delta q$ ist, kann man weiter schreiben:

$$S_T = \int_0^T \frac{C_V}{T} dT + S_0 \ . \tag{42}$$

Da nach der Planckschen Formulierung des 3. Hauptsatzes die Entropien von idealen, thermodynamisch stabilen Festkörpern bei $T = 0\,K$ verschwinden ($S_0 = 0$), werden auch die Molwärmen am absoluten Nullpunkt Null. Bei Kenntnis der Temperaturabhängigkeit der Molwärme läßt sich dann nach Gl. (42) die Entropie absolut bestimmen. Jede chemische Verbindung besitzt demnach bei einer endlichen Temperatur eine positive Entropie.

Molekularstatistisch läßt sich der 3. Hauptsatz wie folgt deuten: Aus der statistischen Thermodynamik ergibt sich für C_V (vgl. Abschnitt 5.17)

$$C_V = \frac{d}{dT}\left(kT^2 \frac{\partial}{\partial T} \ln Z\right) \ . \tag{43}$$

Setzt man diesen Ausdruck für C_V in Gl. (42) ein, so bekommt man:

$$S_T - S_0 = \int_0^T \frac{C_V}{T} dT = \int_0^T \frac{1}{T}\left[\frac{d}{dT}\left(kT^2 \frac{\partial}{\partial T} \ln Z\right)\right] dT \ . \tag{44}$$

7.9. Entropie und dritter Hauptsatz

Durch partielle Integration von Gl. (44) gelangt man zu

$$S_T - S_0 = \frac{1}{T} kT^2 \frac{\partial}{\partial T} \ln Z + k \int_0^T \left(\frac{\partial}{\partial T} \ln Z\right) dT \tag{45}$$

und

$$S_T - S_0 = \frac{\bar{E}}{T} + k \ln Z - \left| k \ln Z \right|_{T=0} . \tag{46}$$

S_0 kann in Gl. (46) nur mit dem Term $\left| k \ln Z \right|_{T=0}$ identisch sein. Berücksichtigt man, daß für die unterscheidbaren Moleküle eines Festkörpers $Z = Q^N$ ist (Abschnitt 4.5 und 9.1), so findet man bei Ausschluß von Translationen:

$$S_0 = \left| k \ln Q^N \right|_{T=0} = kN \ln g_0 . \tag{47}$$

Liegt keine Entartung vor $(g_0 = 1)$, d.h. gibt es nur eine Gesamteigenfunktion zum Grundzustand, dann ist $S_0 = 0$. Gehören zwei Gesamteigenfunktionen zum Grundzustand, dann ist $g_0 = 2$, usw.

Aus der statistischen Thermodynamik folgt somit zwanglos, daß die Entropie am absoluten Nullpunkt von der Entartung des Grundzustandes abhängt. Da nun Festkörpermoleküle normalerweise nur Schwingungen ausführen und diese nicht entartet sind, liegt bei diesen keine Entartung vor und die Nullpunktsentropie S_0 ist Null. Diese statistische Aussage ist also mit der Formulierung von *Planck* vollkommen identisch. Abweichungen vom 3. Hauptsatz, die thermodynamisch nicht erklärbar sind und sich in einer endlichen Nullpunktsentropie äußern, können somit statistisch einfach erklärt werden.

Zum Abschluß dieses Kapitels soll noch einmal auf die Möglichkeit der thermodynamischen Absolutberechnung von Entropien zurückgekommen werden. Mit dem 3. Hauptsatz gilt nach Gl. (42) bei konstantem Druck für 1 mol Substanz:

$$S_T = \int_0^T \frac{C_p}{T} dT . \tag{48}$$

Wenn $C_p(T)$ von $T = 0\,K$ an bekannt ist, kann die Integration entweder graphisch oder analytisch durchgeführt werden. Da es im allgemeinen zwischen 0 K und Zimmertemperatur Phasenumwandlungen gibt, die sich in einer sprunghaften Änderung der Molwärme äußern, muß man zur Bestimmung des Integrals in Gl. (48) abschnittsweise vorgehen. Die Entropieänderungen bei den Phasenumwandlungen hat man zusätzlich hinzuzufügen. Die Entropieänderungen bei solchen Phasenumwandlungen kann man aus der experimentell bestimmten Umwandlungswärme erhalten:

$$\Delta S_{Umw} = \frac{\Delta H_{Umw}}{T_{Umw}} . \tag{49}$$

204   7. Zweiter und dritter Hauptsatz der Thermodynamik

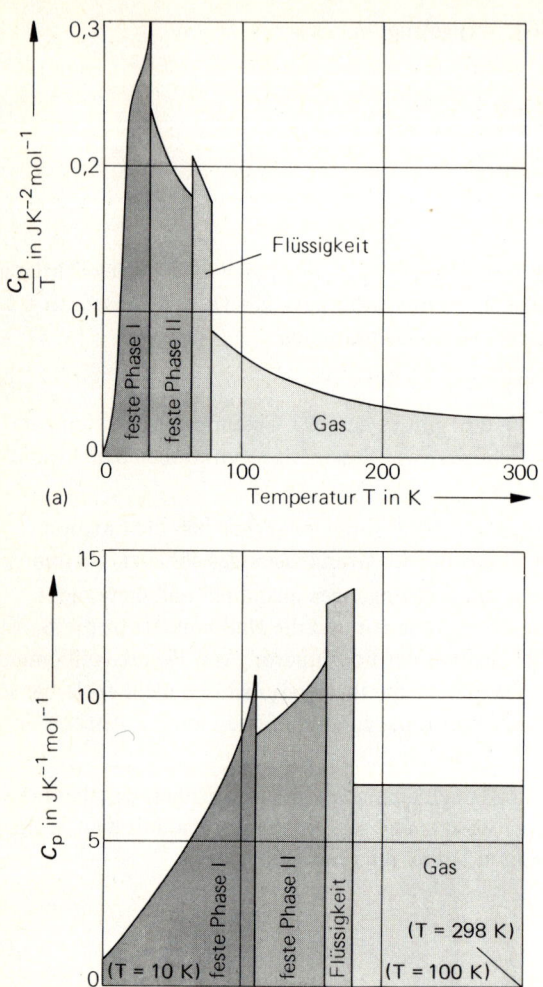

Bild 7.9
C_p/T, T - (a) und C_p, lg T - Diagramm (b) zur Berechnung der Entropie

Bei der abschnittsweisen Integration, die normalerweise graphisch vollzogen wird, hat man Integrale der Art

$$\int_{T_1}^{T_2} \frac{C_p}{T} dT = \int_{T_1}^{T_2} C_p \, d\ln T \tag{50}$$

auszuwerten. Man führt dies so durch, daß man C_p/T gegen T oder C_p gegen ln T in einem Diagramm aufträgt und die Fläche unter der Kurve von T_1 bis T_2 ausmißt (Bild 7.9). Da die Daten der Molwärme gewöhnlich nur bis 15 K tabelliert sind, muß man $C_p(T)$ bis zum absoluten Nullpunkt extrapolieren.

In Tabelle 7.2 sind z.B. alle Entropieanteile von 0 K bis Zimmertemperatur von Stickstoff bei 1 atm aufgezählt. Die Entropien werden normalerweise für den Standardzustand (25 °C und 1 atm) angegeben und tabelliert. Sie heißen *Standardentropien* (S_{298}°). Die Standardentropien für eine Reihe von Substanzen sind im Tabellenanhang zusammengestellt.

Den Chemiker interessieren solche Entropiedaten aus zweierlei Gründen. Erstens können diese Daten mit molekularen Entropieberechnungen verglichen und interpretiert werden, und zweitens bilden sie gemeinsam mit den Enthalpiedaten die Grundlage für die numerische Berechnung chemischer Gleichgewichte.

Tabelle 7.2: Standardentropie von N_2
(W. F. Giauque, J. O. Clayton: J. Am. Chem. Soc.; **55**, 4875 (1933)

0 bis 10 K (extrapoliert)	1,92
10 bis 35,61 K (graphisch integriert)	25,25
Umwandlung bei 35,61 K (Umwandlungswärme/Umwandlungstemperatur)	6,43
35,61 bis 63,14 K (graphisch integriert)	23,38
Schmelze bei 63,14 K (Schmelzwärme/Schmelztemperatur)	11,42
63,14 bis 77,32 K (graphisch integriert)	11,41
Verdampfung bei 77,32 K (Verdampfungswärme/Siedetemperatur)	72,13
77,32 bis 298,2 K (als ideales Gas berechnet)	39,20
Korrektur für nichtideales Verhalten	0,92
Summe: Standardentropie S_{298}°	192,06

Rechenbeispiele

1. Vergleichen Sie den theoretischen Wirkungsgrad einer bei 5 atm arbeitenden Dampfmaschine (Siedepunkt des Wassers bei diesem Druck: 152 °C) mit dem einer Maschine, die bei 100 atm arbeitet (Siedepunkt bei 100 atm: 312 °C). Das Kondensat besitze in beiden Fällen eine Temperatur von 30 °C. (29 % bei 5 atm; 48 % bei 100 atm)

2. Ein Carnotscher Kreisprozeß wird mit 1 mol idealem Gas, dessen Molwärme $C_V = 25,1 \, \text{JK}^{-1}\text{mol}^{-1}$ beträgt, durchgeführt. Im komprimierten Zustand beträgt der Druck 10 atm und die Temperatur 600 K. Danach wird isotherm auf einen Druck von 1 atm entspannt. Nach der adiabatischen Volumenänderung beträgt die Temperatur des Gases 300 K.
   a) Berechnen Sie die Werte für die Wärmeumsätze und Volumenarbeiten der vier Einzelschritte des Carnotschen Prozesses:
   ($w_1 = -11,50 \, \text{kJ}$; $w_2 = -7,53 \, \text{kJ}$; $w_3 = 5,75 \, \text{kJ}$; $w_4 = 7,53 \, \text{kJ}$; $q_b = 11,50 \, \text{kJ}$; $q_a = 5,75 \, \text{kJ}$)

b) Wie groß ist der Wirkungsgrad bei der Umwandlung von Wärme in Arbeit unter diesen Bedingungen?

c) Führen Sie die gleiche Rechnung für den Kompressionsdruck von 100 atm bei 600 K und den Expansionsdruck von 1 atm, und für die darauffolgenden adiabatischen Expansionen auf 300 K durch. Vergleichen Sie die beiden Wirkungsgrade.

3. Zeichnen Sie die zwei Carnotschen Kreisprozesse des Beispiels 2 in ein p,V-Diagramm ein.

4. Bestimmen Sie die gesamte Volumenarbeit der zwei in Beispiel 3 gezeichneten Kreisprozesse durch graphische Integration und vergleichen Sie die graphisch erhaltenen Werte mit den in Beispiel 2 berechneten Werten.

5. Eine Wärmekraftmaschine arbeite mit zwei Wärmereservoiren bei den Temperaturen T_b und T_a und besitze einen größeren Wirkungsgrad als eine Carnotsche Maschine. Die Maschine mit dem größeren Wirkungsgrad wird so an die Carnotsche gekoppelt, daß eine davon als Wärmekraftmaschine, die andere als Kühlmaschine arbeitet. Zeigen Sie, daß die Existenz einer Maschine mit einem größeren Wirkungsgrad als die Carnotsche den 2. Hauptsatz der Thermodynamik verletzt.

6. Zeichnen Sie in ein T,S-Diagramm den Carnotschen Kreisprozeß des Beispiels 2 ein.

7. Da für reversible Prozesse auch die Gleichung $\delta q = TdS$ gilt, beträgt die bei einem Carnotschen Kreisprozeß in Arbeit umgewandelte Wärme $\oint TdS$. Bestimmen Sie den Wert dieses Integrals für den in Beispiel 6 gezeichneten Prozeß durch graphische Integration, und vergleichen Sie den gefundenen Wert mit dem des Beispiels 2.

8. Kennzeichnen Sie das System und die Umgebung für den reversiblen Schmelzvorgang von 1 mol Benzol (Gefrierpunkt des Benzols bei 1 atm: 5,4 °C). Wie groß ist die Schmelzentropie des Benzols und die Entropieänderung der Umgebung (Schmelzenthalpie des Benzols: 126 kJ kg^{-1})?

9. Wie groß sind die Verdampfungsentropien folgender Substanzen:

	Siedepunkt °C	Verdampfungsenthalpie kJ mol^{-1}
Argon	−185,7	7,86
Quecksilber	356,6	64,85
CCl$_4$	76,7	30,00
Benzol	80,1	30,75

10. Berechnen Sie die Entropieänderung von 5 mol idealem Gas, wenn es isotherm und reversibel von 2 atm auf 1 atm bei 25 °C entspannt wird. Wie groß ist die Entropieänderung des Systems und der Umgebung? Wie groß ist die Entropieänderung des abgeschlossenen Systems, wenn die Expansion adiabatisch durchgeführt wird? ($\Delta S_{Gas} = 28{,}8$ JK^{-1})

11. 10 g Eis (0 °C) werden in ein Kalorimeter geworfen, in dem sich 20 g Wasser (90 °C) befindet. Die Schmelzwärme des Wassers beträgt 5980 J mol^{-1}, die Molwärme des Wassers soll temperaturunabhängig sein und die Wärmekapazität des Kalorimeters kann vernachlässigt werden.
a) Wie groß ist die Endtemperatur des Wassers? (33,5 °C)
b) Wie kann dieser Prozeß reversibel geführt werden und wie groß ist dann in diesem Fall die Entropieänderung des Systems und der Umgebung? ($\Delta S_{System} = 2{,}93$ JK^{-1}; $\Delta S_{Umgebung} = -2{,}93$ JK^{-1})
c) Wie groß ist die Entropieänderung des Systems (2,93 JK^{-1}) und die Entropieänderung der Umgebung bei diesem irreversiblen Mischungsvorgang?

12. Ein 276 cm^3 großer Gaskolben enthält 0,046 mol H$_2$ bei 25 °C, er ist über eine Klappe mit einem evakuierten 500 cm^3 großen Kolben verbunden. Wie groß ist die Entropieänderung, wenn die Klappe rasch geöffnet wird? H$_2$ soll sich ideal verhalten.

13. Wie groß ist die Entropie von 1 mol N$_2$ bei 1 atm und 150 °C, wenn die Molwärme 28,8 JK^{-1} mol^{-1} beträgt.

Rechenbeispiele

14. Berechnen Sie die Entropieänderung von 3 mol Methan, wenn die Temperatur von 300 K auf 1 000 K erhöht wird und der Druck bei 1 atm konstant bleibt. Die Molwärme von Methan ist in Tabelle 6.2 angegeben. (185 J K^{-1})

15. Bestimmen Sie durch eine geeignete graphische Integration die Standardentropie von metallischem Silber aus folgenden Daten für die Molwärme:

T K	C_p J K^{-1} mol^{-1}	T K	C_p J K^{-1} mol^{-1}
15	0,67	170	23,61
30	4,77	190	24,09
50	11,65	210	24,42
70	16,33	230	24,73
90	19,13	250	24,73
110	20,96	270	25,31
130	22,13	290	25,44
150	22,97	300	25,50

16. Die Standardentropie von Diamant und Graphit beträgt 2,45 J K^{-1} mol^{-1} bzw. 5,71 J K^{-1} mol^{-1}. Welche Phase des Kohlenstoffs ist die stabilere, wenn zwischen beiden Phasen in einem abgeschlossenem System thermisches Gleichgewicht herrscht? Welche Phase ist dann stabil, wenn ein Gleichgewicht herstellbar wäre, bei dem nur der energetische und kein entropischer Faktor eine Rolle spielt? Die Verbrennungswärme von Diamant bzw. Graphit beträgt 395,40 kJ mol^{-1} bzw. 393,51 kJ mol^{-1}.

17. Berechnen Sie die Molwärme von N_2 in einem Temperaturbereich von 77 K bis 298 K. In diesem Bereich spielen nur die Translation und die Rotation eine Rolle. Verwenden Sie die berechneten Daten der Molwärme zur Berechnung der Entropieänderung, wenn 1 mol N_2 von 77 K auf 298 K erwärmt wird. Vergleichen Sie den berechneten Wert mit dem in Tabelle 7.2 angegebenen. (39,4 J K^{-1} mol^{-1})

Kapitel 8

Freie Energie und freie Enthalpie

Aus den qualitativen Überlegungen des Kapitels 7 folgt, daß man bei Gleichgewichtsbetrachtungen von nichtabgeschlossenen Systemen sowohl Energie- als auch Entropieänderungen berücksichtigen muß. Nur bei Prozessen konstanter innerer Energie oder Enthalpie, d.h. in abgeschlossenen Systemen, stellen Entropieänderungen allein ein ausreichendes Maß für die Reaktionsfreudigkeit bzw. Stabilität des Systems dar. Umgekehrt sind Energie- bzw. Enthalpieänderungen nur bei konstanter Entropie ein solches Maß. Der letzte Fall trifft aber im allgemeinen bei chemischen Reaktionen nicht zu, so daß man gezwungen ist, mit Hilfe beider Größen ein Maß zur Beschreibung der Reaktionsfreudigkeit bzw. der Stabilität eines Systems zu definieren. Man wird beiden Aspekten dadurch gerecht, daß man die Entropie mit der inneren Energie bzw. Enthalpie zu einer neuen thermodynamischen Zustandsfunktion verknüpft. Man definiert also eine neue thermodynamische Eigenschaft, die *freie Energie* bzw. *freie Enthalpie*, und gewinnt dadurch eine exakte Definition des chemischen Gleichgewichtes.

8.1. Definitionsgleichungen der freien Energie und freien Enthalpie

Die freie Energie F und die freie Enthalpie G und ihre Änderungen werden durch folgende Gleichungen definiert:

$$\begin{aligned} F &= U - TS, & G &= H - TS, \\ dF &= dU - d(TS), & dG &= dH - d(TS), \\ \Delta F &= \Delta U - \Delta(TS), & \Delta G &= \Delta H - \Delta(TS). \end{aligned} \tag{1}$$

Dabei bedeuten dF und dG differentielle und ΔF und ΔG endliche Änderungen der freien Energie und freien Enthalpie eines beliebigen, nichtabgeschlossenen Systems. Hat man mit chemischen Reaktionen zu tun, so beziehen sich ΔF und ΔG auf die Differenz der Summen der freien Energien bzw. freien Enthalpien der Reaktionsteilnehmer; sie werden dann als *freie Reaktionsenergie* und *freie Reaktionsenthalpie* bezeichnet. Ihre Definition lautet (vgl. Abschnitt 6.2):

$$\begin{aligned} \Delta G &= \sum_{k=1}^{n} b_k G_k - \sum_{i=1}^{m} a_i G_i, \\ &= \sum_{k=1}^{n} b_k H_k - \sum_{i=1}^{m} a_i H_i - T \left[\sum_{k=1}^{n} b_k S_k - \sum_{i=1}^{m} a_i S_i \right]. \end{aligned} \tag{2}$$

Analog wird ΔF definiert. ΔF wird zur Beschreibung von isochoren Prozessen, ΔG zur Beschreibung von isobaren Prozessen verwendet.

8.1. Definitionsgleichungen der freien Energie und freien Enthalpie

ΔF und ΔG sind ein Maß für die bei einer Reaktion maximal nutzbare Arbeit, die auf Grund des 2. Hauptsatzes nicht so groß wie die Reaktionswärme ΔU bzw. ΔH sein kann, weil ja die Umwandlung von Wärme in Arbeit nicht vollständig erfolgt. Dies drückt sich darin aus, daß man den nicht in Arbeit umwandelbaren Teil der Reaktionswärme $T\Delta S$ von der Reaktionswärme ΔU bzw. ΔH abziehen muß, um die nutzbare Arbeit zu erhalten. Man bezeichnet deshalb $T\Delta S$ auch als *gebundene Energie*. *Die gesamte Reaktionsenergie ΔU bzw. die gesamte Reaktionsenthalpie ΔH setzt sich somit aus der freien Reaktionsenergie ΔF bzw. der freien Reaktionsenthalpie ΔG und der gebundenen Reaktionsenergie $T\Delta S$ zusammen.*

Aus den Definitionsgleichungen (1) folgt für den Zusammenhang von G und F, bzw. deren Änderungen:

$$G = F + pV, \tag{3}$$
$$dG = dF + d(pV), \tag{4}$$
$$\Delta G = \Delta F + \Delta(pV). \tag{5}$$

Der Unterschied zwischen G und F ist definitionsgemäß der gleiche wie zwischen H und U. Dasselbe gilt auch für die Änderungen von G und F. Es sind hier die gleichen Gründe maßgebend wie bei der Enthalpie, weshalb man nicht nur die Funktion F, sondern auch die Funktion G definiert und einführt (Abschnitt 5.11). Demnach dient G zur einfacheren Behandlung von isobaren und F zur Behandlung von isochoren Prozessen.

Warum hat man ausgerechnet G und F und nicht andere Funktionen zur Behandlung chemischer Gleichgewichte definiert? Zur Beantwortung dieser Frage betrachte man eine *reversible, isotherme* Zustandsänderung eines beliebigen Systems und untersuche die Änderung der inneren Energie bzw. der Enthalpie an Hand des 1. und 2. Hauptsatzes. Nach dem 1. Hauptsatz gilt:

$$dU = \delta w + \delta q, \qquad dH = \delta w + \delta q + d(pV) \tag{6}$$

und nach dem 2. Hauptsatz:

$$\delta q = TdS. \tag{7}$$

Da Gl. (7) für reversible Prozesse abgeleitet wurde (Abschnitt 7.4) und auch für diese gelten soll, wird das Symbol q mit dem Index rev (reversibel) versehen. Verknüpft man den 1. und 2. Hauptsatz, so bedeutet dies, daß w die bei einem reversiblen Prozeß maximal aus der zugeführten Wärme q_{rev} umwandelbare und damit nutzbare Arbeit ist. Zu einem bestimmten Wert q_{rev} gibt es also nur eine maximale Nutzarbeit w_{rev}. Aus den Gln. (6) erhält man dann mit Gl. (7):

$$\begin{aligned} dU &= \delta w_{rev} + \delta q_{rev} & dH &= \delta w_{rev} + \delta q_{rev} + d(pV) \\ &= \delta w_{rev} + TdS, & &= \delta w_{rev} + TdS + d(pV). \end{aligned} \tag{8}$$

Mit der Variation von TS

$$d(TS) = TdS + SdT \tag{9}$$

können die Gln. (8) umgeformt werden:

$$d(U-TS) = \delta w_{rev} - SdT, \qquad d(H-TS) = \delta w_{rev} - SdT + d(pV). \tag{10}$$

Bei isothermen reversiblen Prozessen wird w_{rev} eine Zustandsfunktion, da $dT = 0$ ist,
$$d(U-TS) = \delta w_{rev} = dw_{rev}, \qquad d(H-TS) = \delta w_{rev} + d(pV) = dw_{rev} + d(pV), \qquad (11)$$
und U, S und pV Zustandsfunktionen sind. Die maximal nutzbare Arbeit w_{rev} bezeichnet man als freie Energie und $w_{rev} + pV$ als freie Enthalpie:
$$d(U-TS) = dF, \qquad d(H-TS) = dF + d(pV) = dG,$$
$$U-TS = F, \qquad\qquad H-TS = G. \qquad (12)$$

Bei isothermen reversiblen Prozessen mit konstantem Volumen ist die maximal nutzbare Arbeit gleich w_{rev}, bei konstantem Druck hingegen ist sie um den Betrag von pV größer. Die eingangs gegebenen Definitionsgleichungen wurden also sinnvoll gewählt: ΔF und ΔG geben direkt die bei einer chemischen Reaktion maximal nutzbare Arbeit an, vorausgesetzt, die Reaktion wird auf reversiblem Weg durchgeführt.

Es ist diese maximal nutzbare Arbeit, d.h. ΔG bzw. ΔF, die zur Definition des chemischen Gleichgewichtes benutzt wird. Ist ein chemisches System in einem Zustand minimaler freier Reaktionsenergie oder freier Reaktionsenthalpie, so steht es im Gleichgewicht. Befindet es sich außerhalb dieses Gleichgewichts, wird es trachten, in dieses überzugehen. Dabei kann es auf reversiblem Weg die maximale Nutzarbeit leisten.

Zusammenfassung: Ist ΔG negativ, geht das System freiwillig und spontan in den Zustand minimaler freier Enthalpie ($\Delta G = 0$) über. Ist ΔG positiv, geht das System freiwillig und spontan in der anderen Richtung in den Gleichgewichtszustand über. Da keinerlei Einschränkungen bezüglich eines abgeschlossenen Systems gemacht wurden, gelten diese Aussagen für beliebige Systeme, ohne daß die Umgebung mit einbezogen werden muß. Chemisches Gleichgewicht bedeutet also, daß sich ein chemisches System unter gegebenen äußeren Bedingungen (Zustandsvariablen) bezüglich der betrachteten chemischen Reaktion nicht freiwillig ändert. Damit eine Reaktion freiwillig und spontan abläuft, muß $\Delta G \neq 0$ sein. Es dürfen dabei aber keine Reaktionshemmungen kinetischer Art vorhanden sein. Werden diese Hemmungen beseitigt, erfolgt die Reaktion spontan, bis sich der Gleichgewichtszustand eingestellt hat.

Da G und F eindeutige Funktionen der Zustandsvariablen sind, bedingt das chemische Gleichgewicht auch gleichzeitig das thermische Gleichgewicht und umgekehrt.

8.2. Beispiele zur numerischen Berechnung der Änderung der freien Enthalpie

1. Beispiel. Die Änderung der freien Enthalpie für die Verdampfung von 1 mol Wasser bei 100 °C und 1 atm soll berechnet werden.

Für die Änderung bei konstanter Temperatur gilt nach Definitionsgleichung (1):
$$\Delta G = \Delta H - T\Delta S. \qquad (13)$$
Da sich der Verdampfungsvorgang bei konstantem Druck abspielt, ist die Reaktionsenthalpie ΔH gleich der aus der Umgebung aufgenommenen Verdampfungswärme:
$$\Delta H = \Delta H_{Verd}. \qquad (14)$$

8.2. Beispiele zur numerischen Berechnung der Änderung der freien Enthalpie

Die Reaktionsentropie ΔS ist mit der Verdampfungsentropie identisch, wenn die Verdampfung im thermischen Gleichgewicht mit der Umgebung vor sich geht. Dies ist der Fall, denn die Verdampfung erfolgt ja bei konstanter Temperatur (100 °C). Der Verdampfungsvorgang ist also reversibel:

$$\Delta S_{Verd} = \frac{1}{T} \int_0^q \delta q_{rev} = \frac{\Delta H_{Verd}}{T} \quad . \tag{15}$$

Für die Änderung der freien Enthalpie erhält man daher nach Gl. (13)

$$\Delta G = \Delta H_{Verd} - T\Delta S_{Verd} = 0 \quad . \tag{16}$$

Das hätte man nach den Ausführungen des letzten Abschnitts auch sofort hinschreiben können, denn Wasser und Wasserdampf befinden sich im thermischen Gleichgewicht, so daß $\Delta G = 0$ sein muß.

Aus diesem Ergebnis kann man ersehen, daß die Reaktionsenthalpie ΔH dem Verdampfungsprozeß entgegenwirkt, während der Term $T\Delta S$ die Verdampfung begünstigt. Im Gleichgewicht sind beide Energieterme gleich groß.

2. Beispiel. Es soll die freie Reaktionsenthalpie für die Bildungsreaktion von Wasser aus den Elementen beim Standardzustand berechnet werden:

$$H_2(g) + \frac{1}{2} O_2(g) \longrightarrow H_2O(l) .$$

Für die freie Reaktionsenthalpie gilt wieder Gl. (13), nur bezieht sich jetzt das Symbol Δ auf die Änderung der freien Enthalpien der Reaktionsteilnehmer gemäß der Definitionsgleichung (2). Die Reaktionsenthalpie ΔH_{298}° ist mit der Standardbildungsenthalpie ΔH_f von Wasser identisch und besitzt einen Wert von $-285\,840$ J mol^{-1} (Tabellenanhang). Die Reaktionsentropie erhält man aus den Standardentropien der Reaktionsteilnehmer (Tabellenanhang):

$$\Delta S_{298}^\circ = S_{298}^\circ [H_2O(l)] - \frac{1}{2} S_{298}^\circ [O_2(g)] - S_{298}^\circ [H_2(g)]$$

$$= 69{,}94 - \frac{1}{2} 205{,}03 - 130{,}59 = -163{,}16 \text{ JK}^{-1} \tag{17}$$

Setzt man ΔS_{298}° und ΔH_{298}° in Gl. (13) ein, so folgt:

$$\Delta G_{298}^\circ = -285\,840 - (298{,}16)(-163{,}16) = -237\,190 \text{ JK}^{-1} .$$

Diese Reaktion ist also mit einer großen Abnahme der freien Reaktionsenthalpie verbunden: Die Reaktion sollte spontan ablaufen. H_2/O_2-Mischungen reagieren aber nie spontan. Sie sind kinetisch gehemmt und müssen durch eine Flamme oder einen Katalysator gezündet werden. Über die Ursachen dieser Hemmung kann die Thermodynamik keine Angaben machen; sie kann lediglich vorhersagen, daß die Reaktion in Richtung der Wasserbildung abläuft, wenn die Hemmung beseitigt ist.

3. Beispiel. Es soll der Unterschied der freien Enthalpie von n mol idealem Gas bei zwei Drücken, p_1 und p_2, berechnet werden, wenn $p_1 > p_2$ und die Temperatur konstant ist.

Der Unterschied der freien Enthalpie wird so berechnet, als ob sich das Gas in einem Zylinder befindet und der Druck isotherm und reversibel von p_1 auf p_2 geändert wird. Konstante Temperatur vorausgesetzt, ist ΔU und $\Delta(pV)$ und daher auch ΔH Null. Nach dem 1. Hauptsatz gilt dann:

$$q = -w = \int_{V_1}^{V_2} pdV = nRT \ln \frac{V_2}{V_1}. \tag{18}$$

Mit $p_1 V_1 = p_2 V_2$ erhält man:

$$q = nRT \ln \frac{p_1}{p_2}. \tag{19}$$

Mit Gl. (19) ergibt sich für die Änderung der Entropie (reversibler Prozeß):

$$\Delta S = \int_0^q \frac{\delta q}{T} = \frac{1}{T} \int_0^q \delta q = nR \ln \frac{p_1}{p_2}. \tag{20}$$

Der Unterschied der freien Enthalpie eines idealen Gases bei den Drücken p_1 und p_2 beträgt daher:

$$\Delta G = \Delta H - T \Delta S$$
$$= 0 - nRT \ln \frac{p_1}{p_2} = nRT \ln \frac{p_2}{p_1}. \tag{21}$$

Da $p_1 > p_2$, besitzt ΔG einen negativen Wert. In Worten: Die freie Enthalpie eines idealen Gases ist im komprimierten Zustand größer als im entspannten Zustand.

Da bei diesem Prozeß (isotherme und reversible Volumenänderung) $\Delta(pV) = 0$ wird, ist $\Delta G = \Delta F$: Die Änderung der freien Enthalpie ist gleich der Änderung der freien Energie.

8.3. Standardwerte der freien Enthalpie

Von großer Hilfe bei der numerischen Berechnung freier Reaktionsenthalpien bzw. freier Reaktionsenergien von chemischen Reaktionen ist die Einführung und Tabellierung von Standardwerten für die freien Enthalpien chemischer Verbindungen. Bei der Festlegung der *freien Standardbildungsenthalpien* wird genauso wie bei den Enthalpien vorgegangen. Man ordnet den freien Enthalpien der Elemente in ihren beim Standardzustand (25 °C und 1 atm) stabilen Formen den Wert Null zu. Daraus lassen sich wie bei der Enthalpie die freien Standardbildungsenthalpien (ΔG_f) ableiten. Im Tabellenanhang sind die freien Standardbildungsenthalpien einiger chemischer Verbindungen zusammengestellt.

8.4. Druck- und Temperaturabhängigkeit der freien Energie und freien Enthalpie

Den praktischen Nutzen solcher tabellierter freier Standardbildungsenthalpien zeigt folgendes Beispiel: Es soll geprüft werden, ob es sinnvoll ist, nach einem Katalysator zur Hydrierung von Äthylen bei 25 °C und 1 atm zu suchen.

Der Hydrierung liegt folgende Reaktionsgleichung zugrunde:

$$H_2C=CH_2(g) + H_2(g) \longrightarrow CH_3CH_3(g) .$$

Für diese Reaktion gilt unter den gegebenen Bedingungen:

$$\Delta G^o_{298} = \Delta G_f [CH_3CH_3(g)] - \Delta G_f [CH_2=CH_2(g)] - \Delta G_f [H_2(g)] .$$

Mit den im Tabellenanhang angegebenen freien Standardbildungsenthalpien erhält man dann für die freie Reaktionsenthalpie:

$$\Delta G^o_{298} = -32{,}89 - 68{,}12 - 0 = -101{,}01 \text{ kJ} .$$

Der große negative Wert für ΔG^o_{298} bedeutet, daß die Reaktion spontan abliefe, wenn man einen geeigneten Katalysator zur Aufhebung der Reaktionshemmung benutzte.

8.4. Druck- und Temperaturabhängigkeit der freien Energie und freien Enthalpie

Die Kenntnis der freien Standardbildungsenthalpien bzw. freien Standardbildungsenergien reicht natürlich nicht aus, um Reaktionen bei anderen Temperaturen und Drücken zu berechnen. Dazu muß man ΔG und ΔF als Funktion von T und p bzw. V kennen. F und G sind Zustandsfunktionen. Ihre totalen Differentiale lauten:

$$dF = \left(\frac{\partial F}{\partial V}\right)_T dV + \left(\frac{\partial F}{\partial T}\right)_V dT , \quad dG = \left(\frac{\partial G}{\partial p}\right)_T dp + \left(\frac{\partial G}{\partial T}\right)_p dT . \tag{22}$$

Welche Bedeutung kommt den partiellen Differentialen im einzelnen zu? Aus den Definitionsgleichungen für F und G folgt durch Variation:

$$dF = dU - TdS - SdT , \qquad dG = dU + pdV + Vdp - TdS - SdT . \tag{23}$$

Sollen die Änderungen dF und dG für reversible Prozesse gelten, so kann man $TdS = dq$ und $-pdV = dw$ setzen. Mit dem ersten Hauptsatz $dU - dq - dw = 0$ reduzieren sich dann die Gln. (23) zu

$$dF = -pdV - SdT , \qquad dG = Vdp - SdT . \tag{24}$$

Ein Vergleich der Gln. (24) mit den Gln. (22) ergibt für die gesuchten partiellen Differentiale:

$$\left(\frac{\partial F}{\partial T}\right)_V = -S , \qquad \left(\frac{\partial G}{\partial T}\right)_p = -S ,$$

$$\left(\frac{\partial F}{\partial V}\right)_T = -p , \qquad \left(\frac{\partial G}{\partial p}\right)_T = +V . \tag{25}$$

Es werden nun zuerst Prozesse bei konstanter Temperatur untersucht. Der Druckabhängigkeit von G liegt dann die Differentialgleichung

$$dG = Vdp \tag{26}$$

zugrunde. Da Flüssigkeiten und Festkörper schwer zusammendrückbar sind und relativ kleine Molvolumina haben, sind auch die Änderungen ihrer freien Enthalpien nur sehr klein. Anders ist es bei Gasen. Bei idealen Gasen sind p und V über das ideale Gasgesetz $pV = nRT$ verknüpft. Die Integration von Gl. (26) kann damit leicht durchgeführt werden:

$$G_2 - G_1 = \int_{p=p_1}^{p_2} Vdp = nRT \int_{p_1}^{p_2} \frac{dp}{p} = nRT \ln \frac{p_2}{p_1}. \tag{27}$$

Dies ist das gleiche Ergebnis wie das des Beispiels 3 aus Abschnitt 8.2. $G_2 - G_1$ wurde dort aus der Enthalpie- und Entropieänderung getrennt berechnet.

Von besonderem Interesse sind die Änderungen der freien Enthalpie mit dem Standarddruck (1 atm) als Anfangszustand. Ersetzt man daher in Gl. (27) G_1 durch G°, wobei die Temperatur einen beliebigen konstanten Wert besitzen darf, und läßt den Index 2 weg, so erhält man:

$$G - G^\circ = nRT \ln p. \tag{28}$$

Bezieht man diese Änderung außerdem auf 1 mol Gas, so ergibt sich mit n = 1:

$$G - G^\circ = RT \ln p. \tag{29}$$

p muß in atm angegeben werden, da sich G° auf 1 atm bezieht. Diese Druckabhängigkeit gilt allerdings nur für ideale Gase. Für nichtideale Gase muß man entweder statt $pV = nRT$ eine für reale Gase geltende Zustandsgleichung verwenden oder zu einem anderen Konzept greifen.

8.5. Druckabhängigkeit der freien Enthalpie von realen Gasen

Wollte man Gl. (26) auch für reale Gase verwenden, würde man als erstes versuchen, eine Zustandsgleichung realer Gase, z.B. die von *van der Waals*, zur Durchführung der Integration heranzuziehen. Dieser Versuch ergäbe aber für $G_2 - G_1$ viel zu komplizierte Ausdrücke. Man greift daher zu einer ganz anderen, aber in der Thermodynamik oft verwendeten Näherungsmethode. Diese Methode stützt sich hier auf den Begriff der *Fugazität* (f), definiert durch

$$G_2 - G_1 = RT \ln \frac{f_2}{f_1}. \tag{30}$$

8.5. Druckabhängigkeit der freien Enthalpie von realen Gasen

Anstelle des Druckes p wird die Fugazität f als Funktion von p eingeführt. Man setzt voraus, daß f proportional p ist und bei idealen Gasen mit p identisch wird. Mit dieser neuen Zustandsvariablen f kann man den bisherigen mathematischen Formalismus vollkommen erhalten. Es soll also gelten:

$$\lim_{p \to 0} \left(\frac{f}{p}\right) = 1 \ . \tag{31}$$

Da man in der chemischen Technologie sehr oft mit realen Gasen zu tun hat, soll gezeigt werden, wie die Fugazität eines bestimmten Gases vom Druck abhängt und für den Grenzfall $p \to 0$ Gl. (31) erfüllt. Für die Änderung der freien Enthalpie mit dem Druck folgt nach Gl. (27) für 1 mol Gas:

$$G_2 - G_1 = \int_{p_1}^{p_2} V \, dp \ . \tag{32}$$

Ergänzt man den Integranden mit $\frac{RT}{p}$, so kann man schreiben:

$$G_2 - G_1 = \int_{p_1}^{p_2} \left(\frac{RT}{p} + V - \frac{RT}{p}\right) dp = \int_{p_1}^{p_2} \frac{RT}{p} \, dp + \int_{p_1}^{p_2} \left(V - \frac{RT}{p}\right) dp ,$$

$$= RT \ln \frac{p_2}{p_1} + \int_{p_1}^{p_2} \left(V - \frac{RT}{p}\right) dp \ . \tag{33}$$

Ein Vergleich der Definitionsgleichung (30) mit dem letzten Ausdruck der Gl. (33) ergibt

$$RT \ln \frac{f_2}{f_1} = RT \ln \frac{p_2}{p_1} + \int_{p_1}^{p_2} \left(V - \frac{RT}{p}\right) dp \tag{34}$$

und

$$RT \ln \frac{f_2/p_2}{f_1/p_1} = \int_{p_1}^{p_2} \left(V - \frac{RT}{p}\right) dp \ . \tag{35}$$

Läßt man den Druck p_1 gegen Null gehen, findet man:

$$RT \ln \frac{f}{p} = \int_{p=0}^{p} \left(V - \frac{RT}{p}\right) dp , \tag{36}$$

wenn man gleichzeitig den Index 2 wegläßt. Dies ist der gesuchte Zusammenhang zwischen der Fugazität f und dem Druck p. Läßt man in Gl. (36) auch p gegen Null gehen, so bekommt man

$$\lim_{p \to 0}\left(\frac{f}{p}\right) = 1 \ .$$

Tabelle 8.1: Die Fugazität des Methans bei $-50\,°C$
(*R. H. Perry, C. H. Chilton, S. D. Kirkpatrick:* Chemical Engineers' Handbook; 3 rd ed., MacGraw Hill Book Co., New York 1950)

p atm	V dm^{3}mol^{-1}	RT/p dm^{3}mol^{-1}	$V - RT/p$ dm^{3}mol^{-1}	$\int_0^p (V - RT/p)\,dp$	f/p	f atm
1	18,3	18,3	0	0	1,000	1,00
10	1,747	1,830	−0,083	−0,41	0,980	9,80
20	0,830	0,915	−0,085	−1,54	0,920	18,40
40	0,366	0,458	−0,092	−3,27	0,835	33,40
60	0,208	0,305	−0,097	−5,16	0,722	45,30
80	0,129	0,229	−0,110	−7,28	0,672	53,80
100	0,092	0,183	−0,091	−9,35	0,600	60,00
120	0,076	0,153	−0,077	−11,03	0,548	65,80
160	0,064	0,114	−0,050	−13,49	0,479	76,60
200	0,059	0,0915	−0,0324	−15,15	0,436	87,20
300	0,0525	0,0610	−0,0085	−17,10	0,393	118,00
400	0,0491	0,0458	+0,0033	−17,27	0,388	155,00
600	0,0451	0,0305	+0,0146	−15,36	0,432	260,00
800	0,0427	0,0229	+0,0198	−11,89	0,522	418,00
1 000	0,0410	0,0183	+0,0227	−7,59	0,661	661,00

Gl. (36) diente dazu, die Druckabhängigkeit der Fugazität von Methan bei $-50\,°C$ zu berechnen (Tabelle 8.1 und Bild 8.1). Die Daten der Tabelle 8.1 wurden in einem $(V - \frac{RT}{p})$,p-Diagramm graphisch dargestellt und das Integral der Gl. (36) von p = 0 bis zu verschiedenen Werten für p graphisch bestimmt (Spalte 5 der Tabelle). Man kann nach dieser Methode die Fugazität beliebiger Gase berechnen, sofern die thermischen Zustandsdaten bekannt sind.

Sind diese nicht bekannt, kennt man aber dafür die kritischen Daten, so kann man mit Hilfe des Theorems der übereinstimmenden Zustände die Fugazität berechnen. Nach diesem Theorem (vgl. Abschnitt 2.12) müßten alle Gase durch eine einzige, reduzierte Zustandsgleichung beschreibbar sein. Das bedeutet, daß die Fugazität aller realer Gase bei einem bestimmten reduzierten Druck und bei einer bestimmten reduzierten Temperatur den gleichen Wert besitzen sollte.

8.5. Druckabhängigkeit der freien Enthalpie von realen Gasen

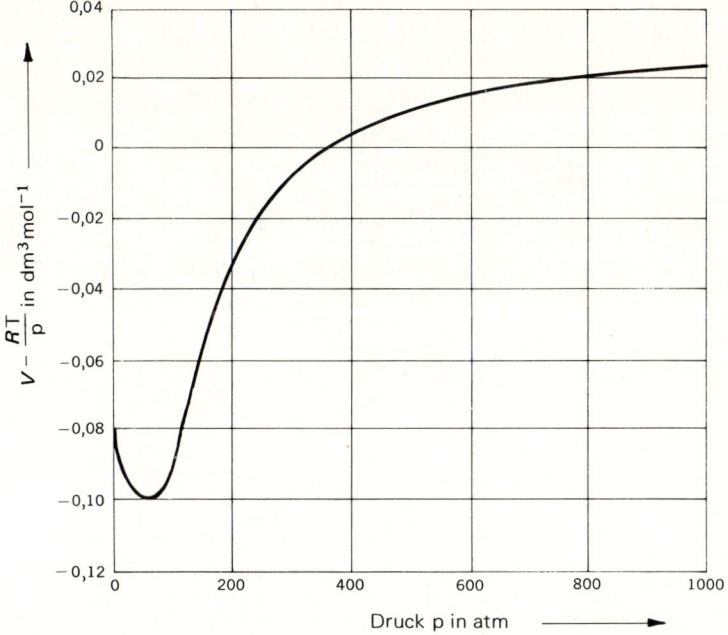

Bild 8.1. Druckabhängigkeit des Ausdruckes $(V - RT/p)$ für Methan bei $-50\,°C$

Um dieses Theorem auszunützen, führt man den Realfaktor z, dessen Abhängigkeit vom reduzierten Druck nach Voraussetzung bekannt ist, in Gl. (36) ein und ersetzt V durch $z\frac{RT}{p}$:

$$RT \ln \frac{f}{p} = \int_0^p \left(\frac{RT}{p} z - \frac{RT}{p}\right) dp = RT \int_0^p (z-1) \frac{dp}{p} \ . \tag{37}$$

Man erhält dann

$$\ln \frac{f}{p} = \int_0^p (z-1)\frac{dp}{p} = \int_0^{p_r} (z-1)\frac{dp_r}{p_r} \ . \tag{38}$$

Mit gegebenem $z(p_r)$ (vgl. Bild 1.8) ist eine graphische Integration leicht durchführbar (Bild 8.2).

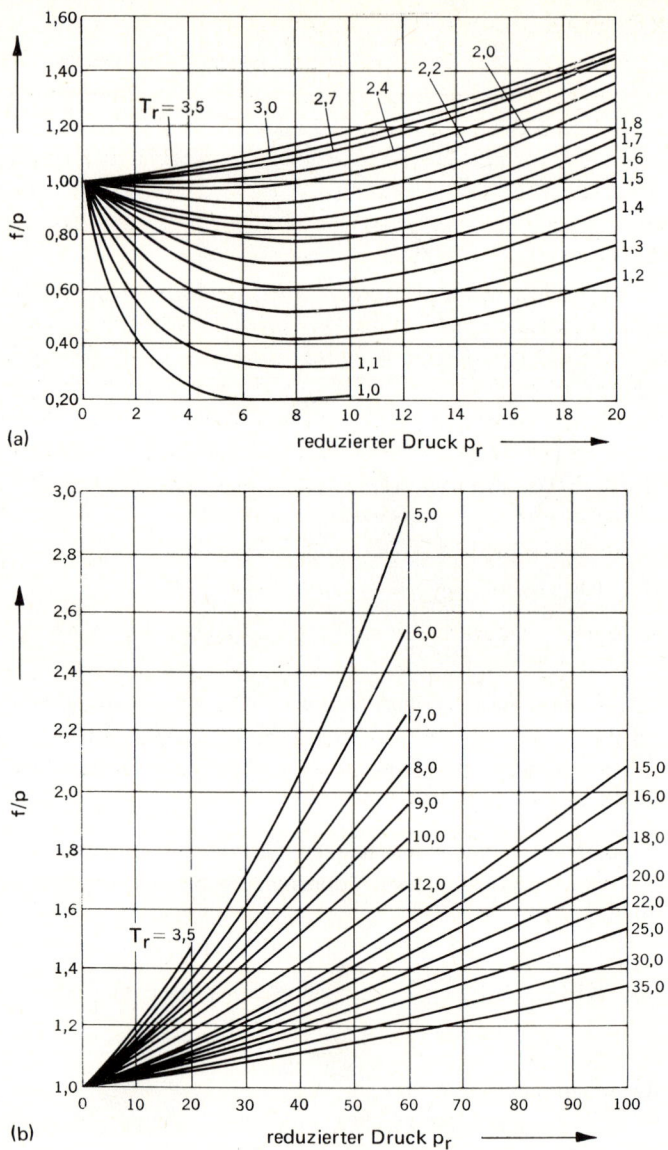

Bild 8.2. Abhängigkeit des Verhältnisses f/p vom reduzierten Druck bei verschiedenen reduzierten Temperaturen:

a) Bei Drücken und Temperaturen in der Nähe des kritischen Punktes,
b) bei hohen Drücken und hohen Temperaturen.

(R. H. *Newton:* Ind. Eng. Chem. **27**, 302 (1935) und R. H. *Perry:* Chemical Engineers, McGraw Hill Book Co., New York, 1950)

8.6. Standarddruck realer Gase

Zur numerischen Berechnung der Änderung freier Enthalpien durch Druckänderungen bei konstanter Temperatur genügt es, von diesen Relativwerte zu besitzen, die sich auf einen willkürlich gewählten Standarddruck bei der Temperatur T beziehen. Für die thermodynamische Beschreibung idealer Gase wählt man als Standarddruck den Druck von 1 atm. Will man aber einen Standarddruck für reale Gase festlegen, dann muß den zusätzlich vorhandenen zwischenmolekularen Wechselwirkungen in irgendeiner Weise Rechnung getragen werden.

Man könnte so vorgehen, daß man den Standarddruck z.B. bei 10^{-5} atm festlegt, wo sich die Gase sicherlich ideal verhalten. Es ließe sich weiter sagen, daß die Fugazität bei diesem Druck gleich dem Druck selbst ist und sich alle Änderungen auf diesen Zustand beziehen. Diese Festlegung wäre aber mit der bereits gegebenen Definition der Fugazität nicht konsistent. Man wählt deshalb den Standarddruck für reale Gase so, daß die Fugazität 1 atm würde, wenn sich das Gas ideal verhielte. Dieser Standardzustand ist also nur ein hypothetischer Bezugszustand (Bild 8.3), die freie Enthalpie aber eindeutig definiert:

$$G - G° = RT \ln f \quad \text{(reale Gase)}, \tag{39}$$
$$G - G° = RT \ln p \quad \text{(ideale Gase)}. \tag{40}$$

Bezeichnet man das Verhältnis f/p nach Gl. (31) als *Aktivitätskoeffizient* γ, so gilt für Gase allgemein:

$$G - G° = RT \ln \gamma p. \tag{41}$$

Der Aktivitätskoeffizient ist nichts anderes als ein Maß für die Abweichung vom idealen Gaszustand. Werte für diesen Koeffizienten γ, d.h. für das Verhältnis f/p, sind in Tabelle 8.1 für Methan angegeben.

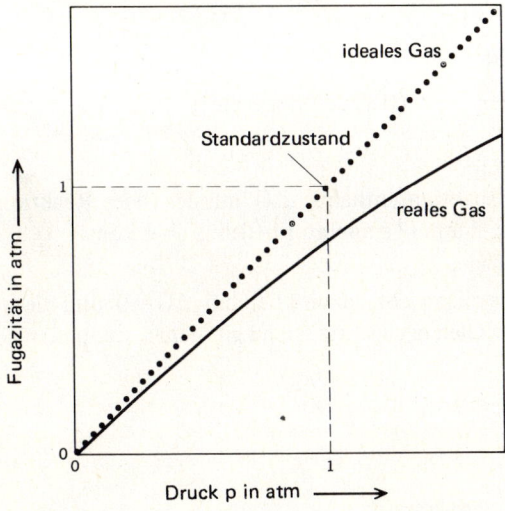

Bild 8.3
Schematische Darstellung der Druckabhängigkeit der Fugazität eines realen und idealen Gases

Ähnlich wie für reale Gase wird später der Standardzustand für nichtideal verdünnte Lösungen definiert.

8.7. Gleichgewichtskonstante

Durch Gl. (41) ist auch die Druckabhängigkeit der freien Reaktionsenthalpie von Gasen eindeutig definiert. Mit ΔG besitzt man dann ein Kriterium, ob eine Reaktion in die eine oder andere Richtung verläuft, je nachdem ob ΔG positiv oder negativ ist. Das chemische System reagiert solange, bis der Gleichgewichtszustand mit $\Delta G = 0$ erreicht ist. Es ist daher zu vermuten, daß die freie Reaktionsenthalpie im Gleichgewichtszustand direkt mit der Gleichgewichtskonstanten, die man nach dem Massenwirkungsgesetz definiert, verknüpft ist. Man betrachte folgende Gasreaktion:

$$a_1 A_1 + a_2 A_2 + \ldots a_i A_i + \ldots a_m A_m \longrightarrow b_1 B_1 + b_2 B_2 + \ldots b_k B_k + \ldots b_n B_n \,. \tag{42}$$

Die A_i und B_k seien ideale Gase mit ihren Koeffizienten a_i und b_k. Für die gesamte freie Enthalpie des i-ten Reaktanten läßt sich dann nach Gl. (40) schreiben:

$$a_i G_i = a_i G_i^o + a_i \, RT \ln p_i \,. \tag{43}$$

Analog gilt für die gesamte freie Enthalpie des k-ten Produktes:

$$b_k G_k = b_k G_k^o + b_k \, RT \ln p_k \,. \tag{44}$$

Die freie Reaktionsenthalpie ΔG ergibt sich nach ihrer Definitionsgleichung (2) zu

$$\Delta G = \sum_{k=1}^{n} b_k G_k^o - \sum_{i=1}^{m} a_i G_i^o + RT \ln \left[\frac{\prod\limits_{k=1}^{n} (p_k)^{b_k}}{\prod\limits_{i=1}^{m} (p_i)^{a_i}} \right] \tag{45}$$

bzw.

$$\Delta G = \Delta G^\circ + RT \ln \left[\frac{\prod\limits_{k=1}^{n} (p_k)^{b_k}}{\prod\limits_{i=1}^{m} (p_i)^{a_i}} \right] \quad (\Pi \text{ Produktoperator}) \,. \tag{46}$$

Diese Gleichung verknüpft die freie Reaktionsenthalpie ΔG mit der freien Reaktionsenthalpie ΔG^o beim Standarddruck 1 atm (Temperatur beliebig, aber konstant) und dem Verhältnis der vorgegebenen Drücke.

Verläuft die Reaktion bis zum Gleichgewicht, so wird bei ihm $\Delta G = 0$ und die freie Enthalpie ein Minimum sein. Für den Gleichgewichtszustand gilt daher, wenn man Gl. (46) Null setzt:

$$\Delta G^\circ = -RT \ln \left[\frac{\prod\limits_{k=1}^{n} (p_k)^{b_k}}{\prod\limits_{i=1}^{m} (p_i)^{a_i}} \right]_{\text{Gleichgewicht}} \tag{47}$$

8.7. Gleichgewichtskonstante

Der Index Gleichgewicht soll darauf hinweisen, daß sich nun die Drücke p_i und p_k nicht mehr auf die Anfangsdrücke, sondern auf die Gleichgewichtsdrücke beziehen, die sich durch die Reaktion eingestellt haben.

Da ΔG° für eine bestimmte chemische Reaktion bei gegebener Temperatur einen ganz bestimmten Wert besitzt, muß das Verhältnis der Gleichgewichtspartialdrücke konstant sein. Man bezeichnet dieses Verhältnis als *Gleichgewichtskonstante* (K_p):

$$K_p = \frac{\prod_{k=1}^{n} (p_k)^{b_k}}{\prod_{i=1}^{m} (p_i)^{a_i}} \quad . \tag{48}$$

K_p ist mit der nach dem Massenwirkungsgesetz für eine Gasreaktion definierten Gleichgewichtskonstanten identisch. Aus Gl. (47) ergibt sich daher weiter:

$$\Delta G^\circ = -RT \ln K_p \quad . \tag{49}$$

Mit $F = F^\circ + RT \ln c$ statt Gl. (40) und der Gleichgewichtsbedingung $\Delta F = 0$ für isochore Prozesse findet man nach analoger Ableitung:

$$\Delta F^\circ = -RT \ln K_c \quad . \tag{50}$$

Der Index $^\circ$ bezieht sich dabei auf die Standardkonzentration $1 \, \text{mol dm}^{-3}$. K_c und K_p sind auf folgende Weise miteinander verknüpft:

Schreibt man statt den Partialdrücken p_i und p_k (Abschnitt 1.4)

$$p_i = c_i RT$$

und

$$p_k = c_k RT \tag{51}$$

und setzt diese Ausdrücke in Gl. (48) ein, so erhält man:

$$K_p = \frac{\prod_{k=1}^{n} (c_k)^{b_k} (RT)^{b_k}}{\prod_{i=1}^{m} (c_i)^{a_i} (RT)^{a_i}} = K_c \frac{\prod_{k=1}^{n} (RT)^{b_k}}{\prod_{i=1}^{m} (RT)^{a_i}} \tag{52}$$

Die Gln. (49) und (50) stellen für die Chemie zwei der wichtigsten Ergebnisse der Thermodynamik dar. Durch sie wird die Gleichgewichtskonstante einer Reaktion mit einer thermodynamischen Eigenschaft verknüpft und der Gleichgewichtszustand der Reaktionsteilnehmer quantitativ beschrieben, wenn ΔG° bzw. ΔF° bekannt sind. Andererseits kann es oft viel einfacher sein, die Gleichgewichtskonstanten K_p bzw. K_c zu bestimmen und aus ihnen ΔG° bzw. ΔF° zu berechnen. Diese quantitativen Beziehungen stehen auch mit den bisherigen, qualitativ abgeleiteten Aussagen vollkommen in Übereinstimmung. Besitzt z.B. ΔG° einen großen negativen Wert, so bedeutet dies nach Gl. (49), daß im Gleichgewicht die Produkte der Reaktion überwiegen und umgekehrt.

$\Delta G°$ liegen die Standarddrücke von 1 atm, der Gleichgewichtskonstanten K_p aber die Gleichgewichtsdrücke zugrunde! Gleichgewichtsdrücke liefern eine freie Reaktionsenthalpie, die gleich groß ist wie die beim Standarddruck.

Die Ableitung von Gl. (49) und (50) gilt allerdings nur für ideale Gase, da reale Gase auf Grund der bereits oft zitierten zwischenmolekularen Wechselwirkungen eine andere freie Enthalpie besitzen. Zunächst genügt es so zu tun, als gelten beide Gleichungen streng, d.h. als wären alle Gase ideal.

Da sehr viele chemische Reaktionen auch in Lösungen durchgeführt werden, muß man hierfür ähnliche Gleichgewichtsbetrachtungen anstellen. Eine geringfügige Erweiterung des bisher aufgestellten Formalismus genügt, um eine analoge Verknüpfung von Gleichgewichten in Lösungen mit $\Delta G°$ herzustellen. Diese Erweiterung wird später, wenn speziell Lösungen zur Sprache kommen, durchgeführt.

Abschließend ein Beispiel zur praktischen Anwendung von Gl. (49): Es handelt sich dabei um den technisch sehr wichtigen Prozeß der Ammoniaksynthese. Dieser Synthese liegt folgende chemische Reaktionsgleichung zugrunde:

$$N_2 + 3H_2 \longrightarrow 2NH_3 \ .$$

Die freien Standardbildungsenthalpien der Reaktionsteilnehmer betragen:

$\Delta G_f°(N_2) = 0$,
$\Delta G_f°(H_2) = 0$,
$\Delta G_f°(NH_3) = -16,635 \text{ kJ mol}^{-1}$.

Die freie Reaktionsenthalpie für NH_3 beim Standardzustand berechnet sich damit zu:

$$\Delta G_{298}° = 2\Delta G_f°(NH_3) - 3\Delta G_f°(H_2) - \Delta G_f°(N_2) = -33,27 \text{ kJ} \ .$$

Mit Gl. (49) erhält man für die Gleichgewichtskonstante K_p:

$$\lg K_p = -\frac{\Delta G_{298}°}{2,303 \, RT} = \frac{33\,270}{2,303 \cdot 8,314 \cdot 298} = 5,83$$

und

$$K_p = \frac{[p(NH_3)]^2}{[p(N_2)][p(H_2)]^3} = 6,8 \cdot 10^5 \ .$$

Hätte man die Reaktionsgleichung anders angeschrieben, z.B.

$$\frac{1}{2}N_2 + \frac{3}{2}H_2 \longrightarrow NH_3 \ ,$$

so würde man für $\Delta G_{298}°$ einen Wert von $-16,635$ kJ und für K_p einen Wert von

$$K_p = \frac{[p(NH_3)]}{[p(N_2)]^{\frac{1}{2}} [p(H_2)]^{\frac{3}{2}}} = 8,2 \cdot 10^2$$

berechnen. Offensichtlich das gleiche Ergebnis wie das vorherige, nur ist die Gleichgewichtskonstante K_p jetzt durch die Quadratwurzel der ersteren gegeben.

Die Ammoniakbildung aus den Elementen ist demnach eine unter den Standardbedingungen freiwillig ablaufende Reaktion. In Wirklichkeit ist sie aber sehr stark kinetisch gehemmt; sie verläuft äußerst langsam. Mit zunehmender Temperatur wird diese Hemmung allmählich überwunden. Bei höheren Temperaturen verschiebt sich aber gleichzeitig das Gleichgewicht, weil die Reaktionsenthalpie und Reaktionsentropie, und somit auch die freie Reaktionsenthalpie temperaturabhängig sind. Von dieser Temperaturabhängigkeit ist in Abschnitt 8.9 die Rede.

8.8. Gleichgewichtskonstante bei realem Verhalten gasförmiger Reaktionsteilnehmer

Betrachtet man Gl. (49) genauer, so stellt man die Konstanz der Ausbeute einer Gasreaktion, also ein konstantes Verhältnis von gebildeten Endprodukten zu Ausgangsprodukten fest. Man könnte also vermuten, daß die Ausbeute um so größer wird, je größer der Anfangsdruck der Reaktanten ist. Dies ist zwar richtig, doch muß dabei berücksichtigt werden, daß sich die Gase dann nicht mehr ideal verhalten.

Man kann für reale Gase eine Beziehung wie Gl. (49) analog herleiten, wenn man statt der Drücke die Fugazitäten der Reaktionsteilnehmer einführt:

$$\Delta G^o = - RT \ln \frac{\prod_{k=1}^{n} (f_k)^{b_k}}{\prod_{i=1}^{m} (f_i)^{a_i}} \quad . \tag{53}$$

Diese Formulierung ist thermodynamisch für alle Gase gültig, da die Fugazität durch Gl. (39) definiert worden ist. Die Gleichgewichtskonstante wird nun als thermodynamische Gleichgewichtskonstante K_{th} bezeichnet:

$$K_{th} = \frac{\prod_{k=1}^{n} (f_k)^{b_k}}{\prod_{i=1}^{m} (f_i)^{a_i}} \quad . \tag{54}$$

Mit der Definition des Aktivitätskoeffizienten kann man dann auch schreiben:

$$K_{th} = K_p \frac{\prod_{k=1}^{n} (\gamma_k)^{b_k}}{\prod_{i=1}^{m} (\gamma_i)^{a_i}} \quad . \tag{55}$$

Bei realen Gasen ist K_p druckabhängig und nur K_{th} vom Gesamtdruck des Systems und den individuellen Gasdrücken der Reaktionsteilnehmer unabhängig.

Die Ammoniaksynthese soll wieder als Demonstrationsbeispiel dienen. Sie wird technisch gewöhnlich bei hohen Drücken und Temperaturen über 450 °C (katalytisch) durchgeführt. Unsere Frage gilt dem Gleichgewichtsdruck von NH_3 bei verschiedenen Drücken von N_2 und H_2.

Tabelle 8.2: Gleichgewichtskonstanten K_p und K_{th} für die Reaktion: $\frac{1}{2} N_2 + \frac{3}{2} H_2 = NH_3$ bei 450 °C
(*A. T. Larson:* J. Am. Chem. Soc., **46**, 367 (1924))

Gesamtdruck atm	Gleichgewichtsdruck atm			K_p	$\dfrac{\gamma_{NH_3}}{\gamma_{N_2}^{1/2} \gamma_{H_2}^{3/2}}$	K_{th}
	NH_3	N_2	H_2			
10	0,204	2,44	7,35	0,0066	0,99	0,0065
50	4,58	11,3	34,1	0,0068	0,94	0,0064
100	16,35	20,9	62,7	0,0072	0,88	0,0063
300	106,5	48,4	145	0,0088	0,69	0,0061
600	322	69,5	208	0,0129	0,50	0,0064
1000	694	76,5	229	0,0231	0,43	0,0099

In Tabelle 8.2 sind die Werte von K_p und K_{th}, berechnet aus den gemessenen Gleichgewichtspartialdrücken, zusammengestellt. Man erkennt, daß K_p sehr stark druckabhängig und als Gleichgewichtskonstante nicht brauchbar ist. Berechnet man hingegen K_{th} mit Hilfe der Aktivitätskoeffizienten, so findet man, daß K_{th} gegenüber einer Druckvariation weitgehend konstant ist.

Bei sehr hohen Drücken (über 1 000 atm) scheint auch diese Beschreibung nur eine Näherung zu sein. Dies deshalb, weil die Aktivitätskoeffizienten der individuellen Gase so bestimmt wurden, als wenn sie als reine Gase vorlagen. Um zu einer exakten Druckunabhängigkeit zu gelangen, müßte man zu ihrer Bestimmung Gasmischungen heranziehen.

8.9. Temperaturabhängigkeit der Gleichgewichtskonstanten

Da Energie und Enthalpie einer chemischen Verbindung temperaturabhängig sind, müssen auch freie Reaktionsenergie und freie Reaktionsenthalpie eine Funktion der Temperatur sein. Um einen allgemeinen Ausdruck für diese Temperaturabhängigkeit zu gewinnen, geht man am besten von den Gln. (25) aus:

$$\left(\frac{\partial \Delta F}{\partial T}\right)_V = -\Delta S, \qquad \left(\frac{\partial \Delta G}{\partial T}\right)_p = -\Delta S.$$

Ersetzt man ΔS durch

$$\Delta S = \frac{\Delta U - \Delta F}{T}, \qquad \Delta S = \frac{\Delta H - \Delta G}{T}, \tag{56}$$

so erhält man

$$\left(\frac{\partial \Delta F}{\partial T}\right)_V = \frac{-\Delta U + \Delta F}{T}, \qquad \left(\frac{\partial \Delta G}{\partial T}\right)_p = \frac{-\Delta H + \Delta G}{T}, \tag{57}$$

und

$$\left(\frac{\partial \Delta F}{\partial T}\right)_V - \frac{\Delta F}{T} = -\frac{\Delta U}{T}, \qquad \left(\frac{\partial \Delta G}{\partial T}\right)_p - \frac{\Delta G}{T} = -\frac{\Delta H}{T}. \tag{58}$$

8.9. Temperaturabhängigkeit der Gleichgewichtskonstanten

Die linken Seiten dieser Gleichungen sind aber identisch mit

$$T \frac{\partial}{\partial T}\left(\frac{\Delta F}{T}\right)_V \, , \qquad T \frac{\partial}{\partial T}\left(\frac{\Delta G}{T}\right)_p , \tag{59}$$

da für die Ableitung einer Funktion $\frac{u(T)}{w(T)}$ nach T

$$\frac{u'w - w'u}{w^2}$$

gilt. Man kann also für die Gln. (58) auch schreiben:

$$\frac{\partial}{\partial T}\left(\frac{\Delta F}{T}\right)_V = -\frac{\Delta U}{T^2} \, , \qquad \frac{\partial}{\partial T}\left(\frac{\Delta G}{T}\right)_p = -\frac{\Delta H}{T^2} \tag{60}$$

und findet mit den Gln. (49) und (50) bei Standardbedingungen:

$$\frac{d \ln K_c}{dT} = \frac{\Delta U°}{RT^2}, \qquad \frac{d \ln K_p}{dT} = \frac{\Delta H°}{RT^2}. \tag{61}$$

Diese beiden Gleichungen werden als *van't Hoffsche Gleichungen* (*Reaktionsisochore* und *Reaktionsisobare*) bezeichnet, obwohl sie bereits 1879 *Gibbs* erstmals ableitete. Da sie aber erst 1885 durch die van't Hoffschen Arbeiten allgemein bekannt wurden, tragen sie den Namen *van't Hoffs*. Sie geben direkt die Temperaturabhängigkeit der Gleichgewichtskonstanten K_c und K_p für ideale Gase an. Ersetzt man in den Gln. (61) K_c und K_p durch K_{th}, dann gelten die van't Hoffschen Gleichungen auch für reale Gase:

$$\left(\frac{\partial}{\partial T} \ln K_{th}\right)_V = \frac{\Delta U°}{RT^2}, \qquad \left(\frac{\partial}{\partial T} \ln K_{th}\right)_p = \frac{\Delta H°}{RT^2}. \tag{62}$$

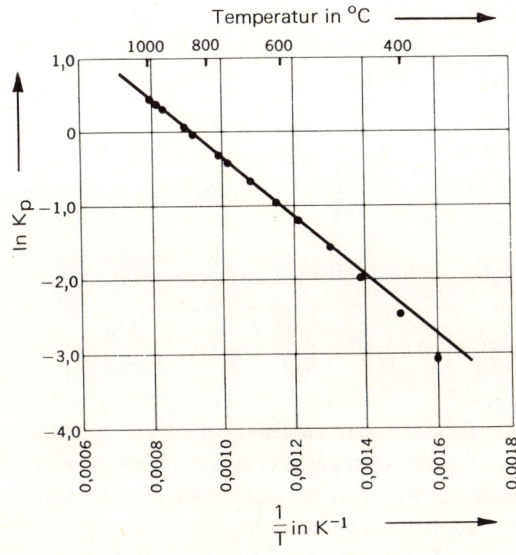

Bild 8.4
Temperaturabhängigkeit der Gleichgewichtskonstanten K_p für die Reaktion: $CO_2 + H_2 \rightarrow CO + H_2O$
(*L. P. Hammett*: Introduction to the Study of Physical Chemistry, McGraw Hill Book Co., New York, 1952)

Die Gleichgewichtskonstanten hängen somit bei den Standardbedingungen $c_k, c_i = 1$ bzw. $p_k, p_i = 1$ von den Reaktionswärmen ΔU° und ΔH° ab. ΔU° und ΔH° sind normalerweise stark temperaturabhängig; nur in erster Näherung trifft das Gegenteil zu. In diesem Fall kann man die van't Hoffschen Gleichungen integrieren und erhält für $\lg K_c$ bzw. $\lg K_p$:

$$\lg K_c = -\frac{\Delta U^\circ}{2{,}303\, RT} + \text{const}; \quad \lg K_p = -\frac{\Delta H^\circ}{2{,}303\, RT} + \text{const} \quad . \tag{63}$$

Trägt man in einem Diagramm z.B. $\lg K_p$ gegen $1/T$ auf, so sollte man eine Gerade mit der Steigung $-\Delta H^\circ/2{,}303\, R$ finden. Bild 8.4 zeigt ein solches Diagramm für die Reaktion

$$CO_2 + H_2 \longrightarrow CO + H_2O \,.$$

Die Gerade mit der theoretischen Steigung (ΔH° mit Hilfe des Tabellenanhangs berechnet), stimmt nur annähernd mit der experimentellen Kurve überein. Die Abweichungen rühren fast ausschließlich von der Temperaturabhängigkeit von ΔH° her.

Ist ΔH° stark temperaturabhängig, dann stellt Gl. (63) keine gute Näherung mehr dar. Außerdem bleibt noch die Integrationskonstante zu bestimmen, will man die Temperaturabhängigkeit der Gleichgewichtskonstanten absolut berechnen. Dazu muß man zuerst die Reaktionsenthalpie als Funktion der Temperatur ausdrücken, in die van't Hoffsche Gleichung einsetzen und diese integrieren:

$$\frac{d}{dT} \ln K_p = \frac{\Delta H_0^\circ + \int_0^T \Delta C_p\, dT}{RT^2} \,, \tag{64}$$

$$\ln K_p = -\frac{\Delta H_0^\circ}{RT} + \int_0^T \frac{dT}{RT^2} \int_0^T \Delta C_p\, dT + \text{const}$$

$$= -\frac{\Delta H_0^\circ}{RT} - \frac{1}{RT} \int_0^T \Delta C_p\, dT + \frac{1}{R} \int_0^T \frac{\Delta C_p}{T}\, dT + \text{const} \,. \tag{65}$$

Mit $\Delta G^\circ = \Delta H^\circ - T\, \Delta S^\circ$ kann man aber auch schreiben:

$$\ln K_p = -\frac{\Delta G^\circ}{RT} = -\frac{\Delta H_0^\circ}{RT} - \frac{1}{RT} \int_0^T \Delta C_p\, dT + \frac{1}{R} \int_0^T \frac{\Delta C_p}{T}\, dT + \frac{\Delta S_0^\circ}{R} \tag{66}$$

Durch Vergleich von Gl. (65) und Gl. (66) folgt, daß die Integrationskonstante mit $\Delta S_0^\circ/R$ identisch ist. Bei reinen, festen Phasen verschwindet ΔS_0° und besitzt sonst einen nach Kapitel 9 statistisch zu berechnenden Wert. Unter Zuhilfenahme statistischer Überlegungen läßt sich also ΔG° bzw. K_p absolut berechnen.

8.9. Temperaturabhängigkeit der Gleichgewichtskonstanten

Thermodynamisch geht man so vor, daß man mit Hilfe der experimentell bestimmten Molwärmen die Reaktionsenthalpie und Reaktionsentropie graphisch ermittelt und zum Standardwert ΔG_{298}° hinzunimmt:

$$\Delta G_T^\circ = \Delta H_{298}^\circ + \int_{298}^{T} \Delta C_p \, dT - T \int_{298}^{T} \frac{\Delta C_p}{T} \, dT - T \Delta S_{298}^\circ . \tag{67}$$

Bei einer Änderung der Temperatur verschiebt sich somit das Gleichgewicht:

$$\Delta G_T^\circ = -RT \ln K_p , \tag{68}$$

oder anders geschrieben:

$$RT \ln K_p = -\Delta H_T^\circ + T \Delta S_T^\circ . \tag{69}$$

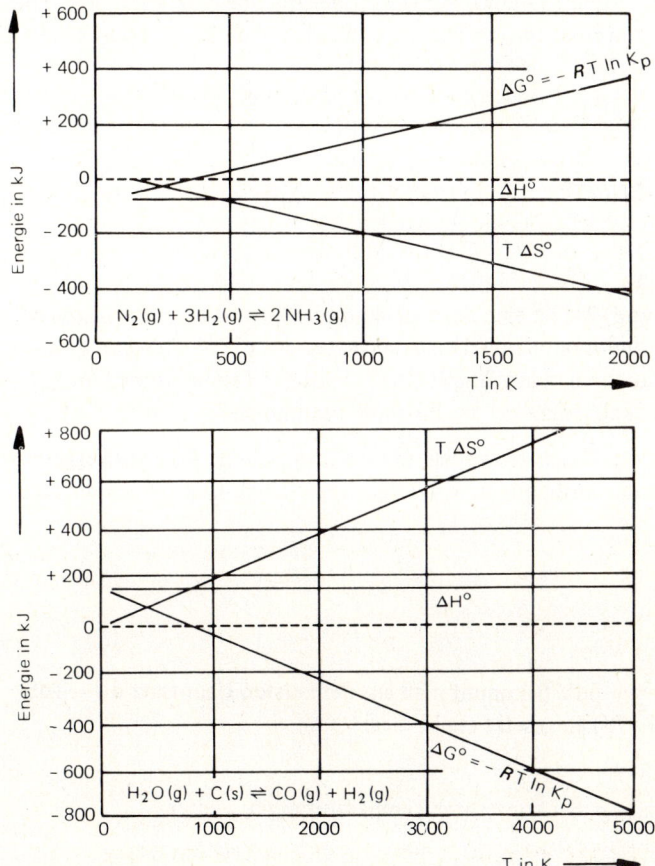

Bild 8.5. Beispiele zur Temperaturabhängigkeit von ΔG° bzw. K_p

Im allgemeinen ist der Term $T \Delta S_T^o$ stärker temperaturabhängig als der Term ΔH_T^o, weil darin die Temperatur T explizit auftritt. Bei hohen Temperaturen überwiegt sicherlich $T \Delta S_T^o$ und $RT \ln K_p$ wird dann je nach dem Wert für ΔS_T^o positiv oder negativ. Dies hat zur Folge, daß die Gleichgewichtskonstante bei positivem ΔS_T^o-Wert mit steigender Temperatur größer und bei negativem ΔS_T^o-Wert kleiner wird. Beispiele hierzu zeigt Bild 8.5.

8.10. Druckabhängigkeit der Energie bzw. Enthalpie

In diesem Abschnitt soll die Druckabhängigkeit der Energie bzw. Enthalpie, nur möglich mit Hilfe des zweiten Hauptsatzes, abgeleitet werden. Wendet man den Schwarzschen Satz (Abschnitt 5.2) auf die freie Enthalpie G an,

$$\frac{\partial}{\partial p}\left(\frac{\partial G}{\partial T}\right)_p = \frac{\partial}{\partial T}\left(\frac{\partial G}{\partial p}\right)_T , \qquad (70)$$

so bekommt man mit Gl. (25):

$$\left(\frac{\partial S}{\partial p}\right)_T = -\left(\frac{\partial V}{\partial T}\right)_p . \qquad (71)$$

Die Differentialgleichung (71) ist eine der sogenannten *Maxwellschen Beziehungen*, die für Berechnungen von thermodynamischen Funktionen aus pVT-Daten von großem Nutzen sein können. So kann man z.B. mit Gl. (71) aus der Temperaturabhängigkeit des Volumens die Druckabhängigkeit der Entropie bestimmen.

Gl. (71) kann auch dazu benützt werden, um die in Abschnitt 5.12 vorweggenommene Druckabhängigkeit der Enthalpie bzw. Energie herzuleiten. Gegeben ist die Definition der freien Enthalpie

$$H = U + pV \qquad (72)$$

und ihre Variation

$$dH = dU + pdV + Vdp . \qquad (73)$$

Mit $TdS = \delta q$ und $\delta w = -pdV$ bekommt man aus dem ersten Hauptsatz $dU = TdS - pdV$ (Abschnitt 8.4); in Gl. (73) eingesetzt ergibt dies:

$$dH = TdS + Vdp . \qquad (74)$$

Die Differentiation nach p bei konstanter Temperatur ergibt weiter:

$$\left(\frac{\partial H}{\partial p}\right)_T = T\left(\frac{\partial S}{\partial p}\right)_T + V \qquad (75)$$

oder mit Gl. (71) die gewünschte Beziehung für die Druckabhängigkeit der Enthalpie:

$$\left(\frac{\partial H}{\partial p}\right)_T = -T\left(\frac{\partial V}{\partial T}\right)_T + V. \tag{76}$$

In analoger Berechnung gewinnt man mit Hilfe der freien Energie die Volumenabhängigkeit der inneren Energie:

$$\left(\frac{\partial U}{\partial V}\right)_T = T\left(\frac{\partial p}{\partial T}\right)_V - p. \tag{77}$$

Mit beiden Ergebnissen kann man aus gemessenen pVT-Daten die Druckabhängigkeiten bestimmen, was meist leichter realisierbar ist als deren direkte Messung.

Rechenbeispiele

1. ΔH und ΔS haben für eine Reaktion die Werte $-94{,}5$ kJ und $-189{,}1$ JK^{-1}; ihre Temperaturabhängigkeit kann vernachlässigt werden. Wie groß ist ΔG bei 300 K und 1 000 K?
($\Delta G_{300} = -37{,}8$ kJ; $\Delta G_{1000} = 94{,}5$ kJ)

2. Berechnen Sie ΔH, ΔS und ΔG für die Verdampfung von 1 mol Wasser bei 100 °C und 1 atm. Diskutieren Sie den Einfluß von Entropie und Enthalpie auf den spontanen Ablauf der Reaktion.

3. Wie groß ist ΔG für die Verdampfung von 4,5 g Wasser bei 25 °C und $2 \cdot 10^{-5}$ atm, der Gleichgewichtsdampfdruck von Wasser beträgt bei 25 °C 23,8 Torr, und der Wasserdampf verhält sich ideal. Läuft die Reaktion spontan und freiwillig ab? ($\Delta G = -4560$ J)

4. Berechnen Sie ΔH, ΔS und ΔG für den Wärmeübergang von einem Körper höherer Temperatur zu einem Körper niedrigerer Temperatur und umgekehrt.

5. Bestimmen Sie aus den in diesem Buch tabellierten Daten die freie Standardbildungsenthalpie von CO_2 und vergleichen Sie den gefundenen Wert mit dem, der im Tabellenanhang angegeben ist.

6. Berechnen Sie die freie Enthalpie bei 25 °C von
a) Äthylen bei 10^{-5} atm,
b) Wasserstoff bei 10^{-5} atm und
c) Äthan bei 10^{-5} atm
aus den tabellierten freien Standardbildungsenthalpien. Wie groß ist die freie Reaktionsenthalpie von Äthan aus Wasserstoff und Äthylen bei den angegebenen Partialdrücken?

7. Berechnen Sie die freie Enthalpie von H_2, C_2H_4 und C_2H_6 bei 25 °C und 1 atm und den in Beispiel 6 angegebenen Partialdrücken. Verwenden Sie dazu die tabellierten Standardbildungsenthalpien und Standardentropien. Berechnen Sie dann ΔH, ΔS und ΔG für die Reaktion
$$H_2 + C_2H_4 \rightarrow C_2H_6$$
bei 1 atm und den angegebenen Anfangsdrücken. Welchen Einfluß besitzen Reaktionsentropie und Reaktionsenthalpie auf das Gleichgewicht der Reaktion?

8. n-Pentan besitzt eine Standardbildungsenthalpie und Standardentropie von $-146,44$ kJ mol^{-1} bzw. $349,0$ JK^{-1} mol^{-1}. Die entsprechenden Werte für Neopentan sind $-165,98$ kJ mol^{-1} bzw. $306,4$ JK^{-1} mol^{-1}.
a) Wie groß ist der Unterschied der freien Enthalpien dieser beiden Verbindungen?
b) Welchen Druck müßte Neopentan besitzen, um die gleiche Entropie wie n-Pentan bei 1 atm, bzw. die gleiche freie Standardbildungsenthalpie zu besitzen?   ($6 \cdot 10^{-3}$; 16 atm)
c) Eine bestimmte Menge n-Pentan steht mit Neopentan über einen Katalysator im Gleichgewicht. Wie groß sind die Drücke der beiden Isomeren bei 25 °C?
[p(n-Pentan) = 0,059 atm; p(Neopentan) = 0,94 atm]

9. Wie groß ist die Gleichgewichtskonstante bei 25 °C für die Trimerisierung von Acetylen zu Benzol. Wie groß sind die Gleichgewichtsdrücke, wenn der Anfangsdruck von Acetylen bei 25 °C 1 atm beträgt?

10. Die Reaktionsenthalpie der Trimerisierung von Acetylen zu Benzol sei im Temperaturbereich von 25 °C bis 500 °C temperaturunabhängig. Wie sieht K_p als Funktion der Temperatur aus? Wie groß ist K_p bei 500 °C?   ($K_p = 1,3 \cdot 10^{23}$)

11. Berechnen Sie K_p bei 25 °C für die Reaktion
$$CO_2(g) + H_2(g) \rightarrow CO(g) + H_2O(g)$$
und benutzen Sie dazu die freien Standardbildungsenthalpien des Tabellenanhangs. Leiten Sie einen allgemeinen Ausdruck für die Temperaturabhängigkeit der freien Reaktionsenthalpie aus den Standardbildungsenthalpien und den Molwärmen ab. Verwenden Sie diesen Ausdruck zur Berechnung der Gleichgewichtskonstanten in Abhängigkeit von der Temperatur in einem Bereich von 300 °C bis 1 000 °C. Tragen Sie in einem Diagramm lgK_p gegen $1/T$ auf und vergleichen Sie die Steigung der Geraden mit der von Bild 8.4.

12. Wie groß ist K_p bei 25 °C für die Bildungsreaktion von Wasser aus den Elementen, wenn gleiche Mengen H_2 und O_2 bei konstantem Volumen zur Reaktion gebracht werden? Wie groß ist der Gesamtdruck nach der Reaktion?

13. Bei 3000 K betragen die Gleichgewichtsdrücke von CO_2, CO und O_2 0,6 atm, 0,4 atm und 0,2 atm. Berechnen Sie $\Delta G^°_{3000}$ und K_p für die Reaktion
$$2CO_2 \rightarrow 2CO + O_2 .$$

14. Die Gleichgewichtskonstante für die Reaktion
$$\frac{3}{2} H_2 + \frac{1}{2} N_2 \rightarrow NH_3$$
hat den Wert 0,0129 bei 400 °C.
a) Berechnen Sie $\Delta G^°_{673}$.
b) Berechnen Sie die Temperaturabhängigkeit der Reaktionsenthalpie und verwenden Sie dazu die tabellierten Standardbildungsenthalpien (Tabellenanhang) und Molwärmen (Tabelle 6.2).
c) Berechnen Sie die Gleichgewichtskonstante und $\Delta G^°_{298}$.
d) Berechnen Sie mit dem Wert von $\Delta G^°_{298}$ und der Standardbildungsenthalpie $\Delta S^°_{298}$.
e) Vergleichen Sie diesen Wert für $\Delta S^°_{298}$ mit dem tabellierten Wert.

15. Bei nicht zu hohen Drücken besitzt O_2 folgende halbempirische Zustandsgleichung:
$$pV = RT - 0{,}0211\, p .$$
a) Berechnen Sie die Fugazität bei 1 atm.
b) Bei welchem Druck besitzt die Fugazität den Wert 1 atm?

16. Bestimmen Sie durch eine graphische Integration an Hand von Bild 1.8 einige Punkte der Kurve in Bild 8.2.

Rechenbeispiele

17. Erklären Sie mit Hilfe der van der Waalsschen Korrekturen für reale Gase, wann ein Aktivitätskoeffizient größer und wann kleiner als 1 sein kann.

18. Die kritischen Daten von H_2, N_2 und NH_3 sind in Tabelle 1.2 angegeben. Berechnen Sie mit diesen Daten an Hand von Bild 8.2 den Aktivitätskoeffizienten dieser Gase bei 1 000 atm und 250 °C bzw. 500 °C. Berechnen Sie das Verhältnis der Aktivitätskoeffizienten von K_p und vergleichen Sie das Ergebnis mit dem in Tabelle 8.2 angegebenen Wert bei 450 °C.

19. Wasserdampf besitzt bei 800 K folgende Werte der Dichte bei verschiedenen Drücken:

Druck atm	1	10	20	40	80
Dichte kg m^{-3}	0,27464	2,7648	5,571	11,31	23,344

Druck atm	120	160	200	240	280
Dichte kg m^{-3}	36,184	49,937	64,724	80,70	98,03

Wie groß sind die Fugazität und der Aktivitätskoeffizient von Wasserdampf bei 800 K und 280 atm? Vergleichen Sie das Ergebnis mit dem Wert, den man aus Bild 8.2 ablesen kann.

20. Die Gleichgewichtskonstante für die Reaktion

$$H_2 + CO_2 \rightarrow H_2O + CO$$

beträgt bei 986 °C und nicht zu hohen Drücken 1,6. Berechnen Sie K_p für einen Gesamtdruck von 500 atm bei 986 °C, unter der Voraussetzung, daß sich alle Reaktionsteilnehmer wie ideale Gase verhalten.

Kapitel 9
Statistische Interpretation und Berechnung der Entropie, der freien Enthalpie und der Gleichgewichtskonstanten

9.1. Molekulare Deutung der Entropie

In Abschnitt 7.9 wurde zur Interpretation des 3. Hauptsatzes der Ausdruck

$$S = \frac{\overline{E}}{T} + k \ln Z \tag{1}$$

abgeleitet. Dazu wurde der Ausdruck

$$C_V = \left[\frac{\partial}{\partial T} kT^2 \frac{\partial}{\partial T} \ln Z \right]_V \tag{2}$$

in die thermodynamische Beziehung

$$S = \int_0^T \frac{C_V}{T} dT + S_0 \tag{3}$$

eingeführt. Zum gleichen Ergebnis führt eine statistische Ableitung mit Hilfe von Wahrscheinlichkeitsüberlegungen, wie sie in Abschnitt 7.7 bereits qualitativ angedeutet wurden. Wie dort festgestellt, ist die Zahl der Gesamteigenfunktionen eines Vielteilchensystems, die sich durch Linearkombinationen der Moleküleigenfunktionen bilden lassen, gleich der Zahl der Realisierungsmöglichkeiten einer bestimmten Anordnung (vgl. Abschnitt 4.2). Diese Zahl ist mit der Wahrscheinlichkeit für das Auftreten einer bestimmten Molekülanordnung (Verteilung) identisch und ein Maß für die Entropie des Systems.

Es gilt folgender Zusammenhang zwischen der Entropie S eines Systems und der Wahrscheinlichkeit W, mit der eine Verteilung auftritt:

$$S = k \ln W \, . \tag{4}$$

W selbst kommt als Maß für S nicht in Betracht. Besteht nämlich ein System aus zwei voneinander unabhängigen Teilsystemen (a und b) der gleichen Molekülsorte, so ist die Gesamtwahrscheinlichkeit W durch das Produkt der Einzelwahrscheinlichkeiten der Teilsysteme gegeben:

$$W = W_a \cdot W_b \, . \tag{5}$$

Die Gesamtentropie muß sich aber aus den einzelnen Entropien der Teilsysteme additiv zusammensetzen:

$$S = S_a + S_b \, . \tag{6}$$

S kann also nicht direkt proportional W sein. Die einzige Funktion, die beiden Beziehungen gerecht wird, ist der Logarithmus:

$$S \sim \ln W \sim (\ln W_a + \ln W_b) \, . \tag{7}$$

9.1. Molekulare Deutung der Entropie

Um die Proportionalitätskonstante in Gl. (7) zu finden, erinnere man sich an die Ableitung der Maxwell-Boltzmannverteilung in Abschnitt 4.2. Es wurde dort für die partielle Änderung von $\ln W$ mit N_i (Molekülzahl mit dem Eigenwert ϵ_i) folgender Ausdruck abgeleitet:

$$\frac{\partial \ln W}{\partial N_i} = \ln \frac{g_i}{N_i} \quad . \tag{8}$$

Da sich die gesamte Änderung $d\ln W$ aus den partiellen Änderungen additiv zusammensetzt, kann man schreiben:

$$d\ln W = \sum_i \frac{\partial \ln W}{\partial N_i} dN_i = \sum_i \ln \frac{g_i}{N_i} dN_i \quad . \tag{9}$$

Mit der Maxwell-Boltzmannverteilung (der *wahrscheinlichsten* Verteilung)

$$N_i = g_i\, e^{-\alpha}\, e^{-\frac{\epsilon_i}{kT}} \tag{10}$$

erhält man dann für die Änderung der *maximalen Wahrscheinlichkeit* W_{max} mit den N_i:

$$d\ln W_{max} = \sum_i \frac{\epsilon_i}{kT} dN_i + \alpha \sum_i dN_i \quad . \tag{11}$$

Weil sich bei konstantem Volumen bei einer Änderung der Verteilung die Gesamtzahl der Moleküle nicht ändert, muß

$$\sum_i dN_i = 0 \tag{12}$$

sein. Da bei konstantem Volumen auch die Energieeigenwerte ϵ_i gleich bleiben, folgt wegen

$$E = \sum_i \epsilon_i N_i \tag{13}$$

gleichzeitig

$$dE = \sum_i \epsilon_i dN_i + \sum_i N_i d\epsilon_i = \sum_i \epsilon_i dN_i \quad . \tag{14}$$

Mit den Gln. (12) und (14) erhält man dann aus Gl. (11):

$$dE = kT\, d\ln W_{max} \quad . \tag{15}$$

Da die *Gesamtenergie* E eines N-Molekülsystems bei Vorliegen der *wahrscheinlichsten Verteilung* (M.B.-Verteilung) identisch mit der *mittleren Gesamtenergie*

$$\bar{E} = N\bar{\epsilon}$$

wird, weil die Relation

$$\overline{E} = N\overline{\epsilon} = N \frac{\sum_i \epsilon_i N_i}{N} = N \frac{E}{N} = E \qquad (16)$$

gilt, ergibt sich aus Gl. (15) für die Änderung der inneren Energie:

$$dU = kTd \ln W_{max} \qquad (U = \overline{E}) \ . \qquad (17)$$

Für eine reversible, isochore Änderung eines Systems gilt aber gleichzeitig nach dem 1. und 2. Hauptsatz der Thermodynamik:

$$\frac{dU}{T} = \frac{dq_{rev}}{T} = dS \ . \qquad (18)$$

Vergleicht man Gl. (17) und Gl. (18) miteinander, so findet man:

$$dS = k d \ln W_{max}$$

und

$$S = k \ln W_{max} \ . \qquad (19)$$

Die gesuchte Proportionalitätskonstante der Gl. (7) ist also identisch mit der Boltzmannkonstanten k. Die ad hoc angeschriebene Gl. (4) verknüpft eindeutig die thermodynamisch definierte Entropie mit der Wahrscheinlichkeit W_{max}, mit der die wahrscheinlichste Verteilung auftritt. Um die Entropie eines idealen Gases, das aus N Molekülen besteht, nach Gl. (4) berechnen zu können, muß man einen geeigneten Ausdruck für W_{max} suchen.

In Kapitel 4 wurden folgende Ausdrücke für die Wahrscheinlichkeit einer bestimmten Verteilung von Fermionen und Bosonen angegeben:

$$W = \prod_{i=1}^{n} \frac{g_i!}{N_i!(g_i - N_i)!} \qquad \text{(F.D.-Statistik)} \ , \qquad (20)$$

$$W = \prod_{i=1}^{n} \frac{(N_i + g_i - 1)!}{N_i!(g_i - 1)!} \qquad \text{(B.E.-Statistik)} \ . \qquad (21)$$

Außerdem stellte sich heraus, daß beide Statistiken in die M.B.-Statistik übergehen, wenn man die Ununterscheidbarkeit und Nichtunabhängigkeit der Teilchen aufhebt:

$$W = N! \prod_{i=1}^{n} \frac{g_i^{N_i}}{N_i!} \qquad \text{(M.B.-Statistik)}. \qquad (22)$$

Beim Vorhandensein von viel mehr Eigenfunktionen zu den verschiedenen Energieeigenwerten als zur Besetzung notwendig, verliert die Unterscheidung zwischen Fermionen und Bosonen ihren Sinn und die Gln. (20) und (21) gehen über in den Grenzfall

$$W = \prod_{i=1}^{n} \frac{g_i^{N_i}}{N_i!} \ . \qquad (23)$$

9.1. Molekulare Deutung der Entropie

Dieser Grenzfall unterscheidet sich von dem der M.B.-Statistik nur in der Prämisse der Ununterscheidbarkeit der Teilchen. Er ist immer gegeben, wenn mehr Moleküleigenfunktionen als Teilchen vorhanden sind, so daß ein Quantenzustand von höchstens einem Teilchen besetzt wird. Die Wahrscheinlichkeit nach der M.B.-Statistik unterscheidet sich daher von der Wahrscheinlichkeit dieses Grenzfalls nur um den Faktor N!. Für das quantenmechanische Gasmodell mit Translationen stellt dieser Grenzfall eine gute Näherung dar. Auf Grund der mit steigender Quantenzahl größer werdenden Entartung der Translationseigenwerte sind normalerweise viel mehr Eigenfunktionen, als zur Besetzung notwendig, vorhanden (Abschnitt 4.6).

Mit Gl. (4) und Gl. (23) soll nun die Entropie eines idealen Gases, das aus N Molekülen besteht, berechnet werden. Für $\ln W$ wurde bei der Ableitung der Maxwell-Boltzmannverteilung folgender Ausdruck gefunden:

$$\ln W = \ln N! + \sum_i N_i \left(1 + \ln \frac{g_i}{N_i}\right) . \tag{24}$$

Um diesen Ausdruck Gl. (23) anzupassen, braucht man in Gl. (24) nur den Term $\ln N!$ zu streichen:

$$\ln W = \sum_i N_i \left(1 + \ln \frac{g_i}{N_i}\right) . \tag{25}$$

Mit

$$\frac{N_i}{N} = \frac{g_i\, e^{-\frac{\epsilon_i}{kT}}}{Q} , \qquad \left(Q = \sum_i g_i\, e^{-\frac{\epsilon_i}{kT}}\right) \tag{26}$$

wobei i die Bedeutung von r (Abschnitt 4.5) haben und Q die Molekülzustandssumme sein soll, bekommt man:

$$\ln W_{max} = \sum_i N_i \left(1 + \frac{\epsilon_i}{kT} + \ln \frac{Q}{N}\right) \tag{27}$$

und für S

$$S = k \ln W_{max} = \frac{\bar{E}}{T} + kN \ln \frac{Q}{N} + kN \qquad (\bar{E} = E) \tag{28}$$

bzw.

$$S = \frac{\bar{E}}{T} + k \ln Z , \tag{29}$$

wenn man für Z bei Gültigkeit der Stirlingschen Näherung ($N! = N^N e^{-N}$) den Ausdruck

$$Z = \frac{Q^N}{N!} \tag{30}$$

setzt. Gl. (29) ist dann mit Gl. (1) identisch. Beweisführung: Gl. (30) in Gl. (29) einsetzen und für die Umformung von N! die Stirlingsche Näherung verwenden.

Gl. (29) ist demnach mit Gl. (1) nur dann identisch, wenn man bei der Berechnung der Systemzustandssumme aus der Molekülzustandssumme die *Ununterscheidbarkeit* der Teilchen berücksichtigt. In Abschnitt 4.5 wurde für *unterscheidbare* Teilchen

$$Z = Q^N \tag{31}$$

abgeleitet.

Bei der Berechnung der Entropie eines idealen Gases muß man also der *Ununterscheidbarkeit* der Moleküle durch Anwendung der Molekülzustandssumme nach Gl. (30) Rechnung tragen. Zur Ermittlung der mittleren Energie bzw. inneren Energie war dies nicht erforderlich. Nicht notwendig ist dies auch bei der Entropie fester Körper, weil deren Moleküle an Gitterplätzen *lokalisiert* und daher voneinander *unterscheidbar* sind. Bei Gasen sind die Moleküle auf Grund ihrer translatorischen Bewegung nicht lokalisierbar und daher nicht unterscheidbar.

9.2. Statistische Berechnung der Entropie eines idealen Gases

In diesem Abschnitt soll die Entropie eines idealen Gases mit Hilfe der Gln. (1) und (30) aus den Zustandssummen der Translation Q(t), der Rotation Q(r) und der Schwingung Q(v) bei Nichtberücksichtigung der Elektronenanregung berechnet werden. Das ideale Gas bestehe aus N_A zweiatomigen, heteronuklearen Molekülen (z.B. CO), die drei Translations-, zwei Rotations- und einen Schwingungsfreiheitsgrad besitzen. Eine Erweiterung auf mehratomige Moleküle ist sinngemäß durchzuführen.

In den Abschnitten 4.7 bis 4.9 wurden die Zustandssummen Q(t), Q(r) und Q(v) für ein zweiatomiges, heteronukleares Molekül bereits berechnet:

$$Q(t) = \frac{(2\pi mkT)^{\frac{3}{2}}}{h^3} V$$

$$Q(r) = \frac{8\pi^2 IkT}{h^2},$$

$$Q(v) = \frac{e^{-\frac{x}{2}}}{1 - e^{-x}} \qquad x = \frac{\epsilon}{kT} \tag{32}$$

Einen allgemeinen Ausdruck für Q(e) kann man nicht angeben, weil sich für Moleküle keine generelle Energieeigenwertbedingung angeben läßt. In den Abschnitten 4.7 bis 4.9 wurden auch schon die mittleren Energien $\bar{E}(t)$, $\bar{E}(r)$ und $\bar{E}(v)$ aus den Zustandssummen ermittelt:

$$\bar{E}(t) = \frac{3}{2} RT,$$

$$\bar{E}(r) = RT,$$

$$\bar{E}(v) = \frac{xRT}{e^x - 1} + E_0. \tag{33}$$

9.2. Statistische Berechnung der Entropie eines idealen Gases

Für die Molekülzustandssumme Q gilt nach Abschnitt 4.5:

$$Q = Q(t)\, Q(r)\, Q(v), \tag{34}$$

während sich die mittlere Gesamtenergie des Systems aus den einzelnen mittleren Energiebeiträgen additiv zusammensetzt:

$$\bar{E} = \bar{E}(t) + \bar{E}(r) + \bar{E}(v) + \bar{E}(e). \tag{35}$$

Nach Gl. (28) folgt für 1 mol Gas ($N = N_A$):

$$S = \frac{\bar{E}}{T} + kN_A \ln \frac{Q}{N_A} + kN_A. \tag{36}$$

Mit den Gln. (34) und (35) erhält man dann:

$$S = \frac{1}{T}[\bar{E}(t) + \bar{E}(r) + \bar{E}(v) + \bar{E}(e)] + R - R \ln N_A + \\ + R \ln Q(t) + R \ln Q(r) + R \ln Q(v) + R \ln Q(e). \tag{37}$$

Dieser Ausdruck für die Entropie ist aus den Beiträgen der Entropie für die einzelnen Bewegungsarten additiv zusammensetzbar:

$$S = S(t) + S(r) + S(v) + S(e). \tag{38}$$

Die Gln. (32) und (33) liefern für diese Entropiebeiträge:

$$S(t) = \frac{5}{2}R + R \ln \frac{(2\pi mkT)^{\frac{3}{2}}}{N_A h^3} V, \tag{39}$$

$$S(r) = R + R \ln \frac{8\pi^2 IkT}{h^2}, \tag{40}$$

$$S(v) = \frac{xR}{e^x - 1} + \frac{E_0}{T} + R \ln \frac{e^{-\frac{x}{2}}}{1 - e^x}. \tag{41}$$

Für $S(e)$ läßt sich aus den bereits mitgeteilten Gründen kein allgemeiner Ausdruck angeben.

Die Beziehungen (39) bis (41) sollen zur numerischen Berechnung der Entropie von idealen Gasen herangezogen werden, als erstes Gl. (39) zur Berechnung der Entropie von 1 mol Argon bei 87,3 K (Siedepunkt bei 1 atm). Hierzu genügt allein Gl. (39), da es sich um ein einatomiges Gas handelt und somit Rotationen und Schwingungen nicht vorhanden sind. Da bei dieser Temperatur auch kaum Elektronenanregungen stattfinden, ist der Beitrag $S(e)$ sicher vernachlässigbar klein. Folgende Daten werden benutzt:

$m = 6{,}63 \cdot 10^{-26}\,\text{kg}, \qquad h = 6{,}62 \cdot 10^{-34}\,\text{J},$

$k = 1{,}38 \cdot 10^{-23}\,\text{JK}^{-1}, \qquad V = \dfrac{87{,}3}{273}\, 0{,}0224 = 0{,}0716\,\text{m}^3\text{mol}^{-1}$

$T = 87{,}3\,\text{K}, \qquad N_A = 6{,}022 \cdot 10^{23}\,\text{mol}^{-1}.$

Für $S(t)$ ergibt sich damit:

$$S(t) = R\left(\frac{5}{2} + 2{,}303 \lg 4{,}61 \cdot 10^5\right),$$
$$= 8{,}314\,(2{,}5 + 13{,}045) = 129{,}2\ \mathrm{JK^{-1}\,mol^{-1}}.$$

$S(t)$ ist identisch mit $S^\circ_{87,3}$. Experimentell findet man für $S^\circ_{87,3} - S^\circ_0$ einen Wert von 129,1 $\mathrm{JK^{-1}\,mol^{-1}}$. Innerhalb der experimentellen Fehlergrenzen ist daher $S^\circ_0 = 0$ und der 3. Hauptsatz erfüllt. Anders ist es beim nächsten Beispiel, bei dem die Standardentropie S°_{298} von CO zu berechnen ist.

CO besitzt einen Atomabstand von 1,128 Å und ein Trägheitsmoment von $I = 1{,}45 \cdot 10^{-46}\ \mathrm{kgm^2}$. Für $S(r)$ bei 298 K berechnet man nach Gl. (40)

$$S(r) = R\,(1 + 2{,}303 \lg 107{,}5)$$
$$= R\,(1 + 4{,}680) = 47{,}2\ \mathrm{JK^{-1}\,mol^{-1}},$$

während man für $S(t)$ nach Gl. (39)

$$S(t) = 149{,}6\ \mathrm{JK^{-1}\,mol^{-1}}$$

erhält. Der Beitrag der Translation ist größer, weil die Quantenzustände der Translation dichter als die der Rotation liegen. Da CO einen Abstand der Schwingungsenergiezustände von $4{,}31 \cdot 10^{-20}\ \mathrm{J}$ besitzt, berechnet man für $S(v)$ bei Zimmertemperatur einen so kleinen Beitrag, daß er gegenüber $S(t)$ und $S(r)$ vernachlässigbar ist. Ähnlich verhält es sich mit dem Beitrag der Elektronenanregung. Im allgemeinen muß aber der Beitrag der Schwingung, besonders bei etwas höheren Temperaturen, berücksichtigt werden. Für CO kann man somit schreiben:

$$S^\circ_{298} = S(t) + S(r) = 149{,}6 + 47{,}2 = 196{,}8\ \mathrm{JK^{-1}\,mol^{-1}}.$$

Berechnet man die mittlere Energie der Rotation nicht mit der klassischen Näherung (Ersatz der Summen durch Integrale), sondern durch eine exakte Summation, so findet man für S°_{298} einen Wert von 198,0 $\mathrm{JK^{-1}\,mol^{-1}}$. Experimentell liefern kalorische Messungen $S^\circ_{298} - S^\circ_0 = 193{,}3\ \mathrm{JK^{-1}\,mol^{-1}}$. Die Differenz von 4,7 $\mathrm{JK^{-1}\,mol^{-1}}$ entspricht einer endlichen Nullpunktsentropie S°_0. Sie läßt sich nach *Clayton* und *Giauque* auf folgende Weise deuten: CO ist isoelektronisch mit N_2 und verhält sich daher wie ein symmetrisches Molekül, woraus zwei energetisch gleichwertige Anordnungsmöglichkeiten (Entartung) resultieren.

Wie hat man sich eine solche Entartung vorzustellen? In einem perfekten Kristallgitter sind die CO-Moleküle streng orientiert angeordnet:

    CO CO CO CO CO   (a)

In einem ungeordneten Kristallgitter hat man hingegen etwa folgende Molekülanordnung in einer Dimension:

    CO CO OC OC OC CO OC   (b)

Es gibt also prinzipiell zwei Anordnungsmöglichkeiten eines CO-Moleküls und damit eine zweifache Entartung des Grundzustands; denn zu jeder Anordnung gibt es eine eigene Moleküleigenfunktion.

Der Entropieunterschied zwischen beiden Anordnungen beträgt daher nach Gl. (47) (Kapitel 7)

$$S_0(b) - S_0(a) = R \ln 2 - R \ln 1 = 5{,}8 \text{ JK}^{-1}\text{mol}^{-1}. \tag{42}$$

Dieser Entropieunterschied ist von der gleichen Größenordnung wie der oben bestimmte. Aus diesem Ergebnis darf man schließen, daß die statistische Thermodynamik in der Lage ist, endliche Nullpunktsentropien befriedigend zu erklären.

Ähnlich kann man die endlichen Nullpunktsentropien deuten, die bei glasartigen oder amorphen Festkörpern auftreten. Solche Festkörper befinden sich in einem thermodynamisch metastabilen (ungeordneten) Zustand, so daß die Einschränkung des 3. Hauptsatzes ($S_0 = 0$) auf perfekte, geordnete Festkörper verständlich ist.

In der Tabelle 9.1 werden berechnete Standardentropien mit den thermodynamisch bestimmten Standardentropien verglichen. Die Unterschiede, die bei einigen Substanzen vorhanden sind, lassen sich auf endliche Nullpunktsentropien und ungeordneten Kristallbau zurückführen.

Tabelle 9.1: Vergleich der statistisch und thermodynamisch berechneten Standardentropien verschiedener Gase

Gas	Standardentropie $\text{JK}^{-1}\text{mol}^{-1}$		Abweichung $\text{JK}^{-1}\text{mol}^{-1}$
	molekular	thermodynamisch	
Cl_2	223,1	223,0	0,0
CO	197,9	193,3	4,6
HCl	186,7	186,2	0,5
H_2O	188,7	185,4	2,3
N_2O	178,2	173,2	5,0
NO(121,4 K)	183,1	179,9	3,2
CH_4	186,2	185,4	0,8
C_2H_4	219,7	219,7	0,0

9.3. Mischungsentropie

Mischt man zwei miteinander nicht reagierende, ideale Gase, die sich unter gleichen äußeren Bedingungen (Druck, Temperatur) zuerst in getrennten Behältern befinden, etwa durch Öffnen eines Verbindungshahnes, so stellt dies einen irreversiblen Vorgang dar. Moleküle des einen Gases diffundieren in den Behälter des anderen Gases und umgekehrt. Dieser Vorgang geht solange vor sich, bis eine homogene Mischung beider Gase entstanden ist. Da er nicht umkehrbar ist, muß die damit verbundene Entropieänderung größer als Null sein. Diese Entropieänderung (*Mischungsentropie*) soll auf statistischem Weg berechnet werden. Es wird dabei zuerst die Entropie des gesamten Systems, bestehend aus den getrennten Gasen (Ausgangszustand a) und dann die Entropie des Systems, bestehend aus den gemischten Gasen (Endzustand b), berechnet. Die Differenz der Entropie des Endzustandes und des Ausgangszustandes ist dann die Mischungsentropie. Die Entropie des Ausgangszustandes setzt sich additiv aus den Entropien der getrennten Gase zusammen:

$$S_a = S_1 + S_2 \; . \tag{43}$$

Läßt man nicht nur zwei Gase, sondern mehrere (n) verschiedene, ideale Gase ineinander diffundieren, so gilt für die Entropie des Ausgangszustandes:

$$S_a = \sum_{i=1}^{n} S_i \; . \tag{44}$$

Für die Entropie eines idealen Gases wurde in Abschnitt 9.2 der Ausdruck (28) abgeleitet, der sich folgendermaßen umformen läßt:

$$S_i = \frac{\overline{E}_i}{T} + kN_i \ln Q_i - kN_i(\ln N_i - 1) \; . \tag{45}$$

Der Index i bezieht sich auf das i-te Gas, das aus N_i Molekülen besteht. Gl. (28) wurde gewählt, weil die Moleküle der verschiedenen Gase nicht unterscheidbar sind. Wären sie unterscheidbar, dann fiele der dritte Term in Gl. (45) weg. Aus Gl. (44) erhält man mit Gl. (45) für S_a:

$$S_a = \sum_{i=1}^{n} \frac{\overline{E}_i}{T} + k \sum_{i=1}^{n} N_i \ln Q_i - k \sum_{i=1}^{n} N_i(\ln N_i - 1) \; . \tag{46}$$

Zur Berechnung der Entropie des Endzustandes dient wieder Gl. (28) als Ausgangspunkt. Da man es aber mit einem einzigen System (Gasmischung) zu tun hat, setzt sich die Entropie nicht einfach additiv aus den Gasbestandteilen zusammen. Es soll nun der Reihe nach jeder Term der Gl. (28) für die Gasmischung untersucht werden.

Der erste Term betrifft die mittlere Energie $\overline{E}$. Diese setzt sich additiv aus den einzelnen mittleren Energiebeiträgen der verschiedenen Gaskomponenten zusammen, da es sich voraussetzungsgemäß um ideale Gase handelt. Es gilt also auch für die Gasmischung:

$$\frac{\overline{E}}{T} = \sum_{i=1}^{n} \frac{\overline{E}_i}{T} \; . \tag{47}$$

Der zweite Term betrifft die Zustandssummen Q_i und bezieht sich jetzt auf die Molekülzustandssumme der einzelnen Komponenten in der Gasmischung. Da die Q_i aber vom Volumen abhängen (vgl. Abschnitte 4.7 und 9.5) und sich das Volumen bei der Mischung im Verhältnis $V/V_i = N/N_i$ ändert, muß man statt der Q_i nun die Zustandssummen

$$Q_i \frac{N}{N_i} \tag{48}$$

9.3. Mischungsentropie

setzen, so daß für die Gasmischung gilt:

$$k \sum_{i=1}^{n} N_i \ln Q_i \frac{N}{N_i} . \tag{49}$$

Der dritte Term in Gl. (28) betrifft nur die Anzahl der Moleküle und bleibt gleich:

$$-k \sum_{i=1}^{n} N_i (\ln N_i - 1) . \tag{50}$$

Die Entropie der Gasmischung, d.h. die Entropie des Endzustandes, ist also:

$$S_b = \sum_{i=1}^{n} \frac{\overline{E}_i}{T} + k \sum_{i=1}^{n} N_i \ln Q_i \frac{N}{N_i} - k \sum_{i=1}^{n} N_i (\ln N_i - 1). \tag{51}$$

Für die Mischungsentropie $\Delta S_{Mischung}$ erhält man dann aus Gl. (51) und Gl. (46):

$$\Delta S_{Mischung} = S_b - S_a = k \sum_{i=1}^{n} N_i \ln \frac{N}{N_i}$$

$$= - \sum_{i=1}^{n} kN \frac{N_i}{N} \ln \frac{N_i}{N} . \tag{52}$$

Mit dem Molenbruch $x_i = N_i/N$ (vgl. Abschnitt 1.6) gelangt man zum gesuchten Ergebnis für die Mischungsentropie:

$$\Delta S_{Mischung} = - \sum_{i=1}^{n} kNx_i \ln x_i . \tag{53}$$

Da die Molenbrüche x_i immer kleiner als 1 sind, ist nach Gl. (53) die Mischungsentropie immer positiv. Sie charakterisiert die *Irreversibilität* des betrachteten Mischungsvorganges. Man kann Gl. (53) auch auf Mischungsvorgänge von ideal verdünnten Lösungen anwenden, da bei diesen die gleichen Voraussetzungen wie bei idealen Gasen gelten.

Will man die Mischungsentropie von realen Gasen und konzentrierten Lösungen berechnen, so sind die Voraussetzungen der Gln. (47) und (48) nicht mehr erfüllt und die Mischungsentropie ist nicht mehr allein durch Gl. (53) gegeben. In diesem Fall berechnet man die Mischungsentropie besser auf thermodynamischem Weg.

Läßt man Gase mit verschiedenen Gasmolekülen ineinander diffundieren, dann ist die Mischungsentropie positiv (Gl. (53)). Läßt man hingegen Gase, die aus den gleichen Molekülen aufgebaut sind, ineinander diffundieren, so ist die Mischungsentropie Null, weil der Molenbruch 1 wird.

9.4. Statistische Deutung der freien Energie und freien Enthalpie

Mit Hilfe der statistischen Thermodynamik gelingt es, die Zustandsfunktionen F und G, zur thermodynamischen Behandlung des chemischen Gleichgewichtes eingeführt, molekular zu deuten. Ausgangspunkt ist der statistisch abgeleitete Ausdruck für die Entropie (Gl. (1)):

$$S = \frac{\overline{E}}{T} + k \ln Z \ .$$

Da F und G thermodynamisch durch

$$F = U - TS \ , \qquad G = H - TS \tag{54}$$

definiert sind, kann auch für S geschrieben werden:

$$S = \frac{U - F}{T} \ , \qquad S = \frac{H - G}{T} \ . \tag{55}$$

Vergleicht man die Gln. (55) mit Gl. (1), so findet man mit der Näherung für ideale Gase

$$H = U + pV = \overline{E} + NkT \tag{56}$$

für die freie Energie F und für die freie Enthalpie G

$$F = -kT \ln Z \ , \qquad G = NkT - kT \ln Z \ . \tag{57}$$

Führt man in diese Gleichungen den Ausdruck (30) für die Systemzustandssumme Z ein, so ergibt sich:

$$F = -kTN \ln \frac{Q}{N} - NkT \ , \qquad G = -kTN \ln \frac{Q}{N} \ . \tag{58}$$

Zur Eliminierung von N! wurde dabei wieder die Stirlingsche Näherung verwendet. Einsetzen der bereits in Kapitel 4 berechneten Molekülzustandssumme $Q = Q(t) Q(r) Q(v) Q(e)$ liefert einen Weg, um F und G unabhängig von thermodynamischen Daten für ideale Gase zu berechnen.

Aus den Gln. (58) folgt außerdem, daß die freie Energie und die freie Enthalpie am absoluten Nullpunkt gleich werden, da der Term NkT Null wird:

$$F_0 = G_0 = -kTN \ln \frac{Q}{N} \bigg|_{T=0} \ . \tag{59}$$

Setzt man hierin die Molekülzustandssumme ein und läßt T gegen Null gehen, dann wird $F_0 = G_0 = E_0$:

$$G_0 = -kTN \left[\ln \frac{Q(t)}{N} + \ln Q(r) + \ln Q(v) + \ln Q(e) \right] \bigg|_{T=0} \ . \tag{60}$$

Mit den Zustandssummen Q(t), Q(r) und Q(v) folgt dann für zweiatomige Moleküle:

$$G_0(t) = \left[-kTN \frac{3}{2} \ln 2\pi mkT - kTN \ln \frac{V}{Nh^3} \right] \bigg|_{T=0} = 0, \quad \begin{pmatrix} \lim T \ln T = 0 \\ T \to 0 \end{pmatrix} \tag{61}$$

$$G_0(r) = \left[-kTN \ln \frac{8\pi^2 I kT}{h^2} \right] \bigg|_{T=0} = 0 \ , \tag{62}$$

$$G_0(v) = \left[-kTN \left(-\frac{\epsilon_v}{2kT} \right) + kTN \ln \left(1 - e^{-\frac{\epsilon_v}{kT}} \right) \right] \bigg|_{T=0} = \frac{N\epsilon}{2} = N\epsilon_0 \ . \tag{63}$$

G_0 ist demnach bei Vernachlässigung der Elektronenanregung und anderer Energieformen mit der Energie des Schwingungsgrundzustandes eines Gasmoleküls identisch.

Aus thermodynamischen Überlegungen allein kann man nur schließen, daß F_0 und G_0 mit U_0 bzw. H_0 identisch sind. Zerlegt man nämlich F und G in einen temperaturabhängigen und temperaturunabhängigen Anteil und berücksichtigt, daß $S_0 = 0$ (3. Hauptsatz), so kann man schreiben:

$$F - F_0 = U - U_0 - T(S - S_0), \quad G - G_0 = H - H_0 - T(S - S_0),$$
$$F - F_0 = F - U_0, \qquad\qquad G - G_0 = G - H_0. \tag{64}$$

Will man die freie Energie bzw. freie Enthalpie von Festkörpern berechnen, so muß man anstelle von Gl. (58)

$$F = -kT \ln Z, \qquad G = pV - kT \ln Z \tag{65}$$

mit $Z = Q^N$ verwenden. Bei realen Gasen und Flüssigkeiten ist weder Gl. (30) noch Gl. (31) zur Berechnung der Systemzustandssumme verwendbar, da die Voraussetzungen, die zur Ableitung dieses Zusammenhanges mit der Molekülzustandssumme notwendig waren, fehlen. Man kann dann nur eine von Fall zu Fall verschiedene Näherung für Z wählen:

$$Q^N > Z > \frac{Q^N}{N!}. \tag{66}$$

Praktisch sind solche Berechnungen kaum durchführbar, weil schon die Bestimmung der Energieeigenwerte und Eigenfunktionen für solche Systeme ein kaum lösbares mathematisches Problem darstellt.

9.5. Statistische Deutung des chemischen Gleichgewichtes

Mit der Definition der freien Reaktionsenthalpie (Abschnitt 8.1)

$$\Delta G = \sum_{k=1}^{n} b_k G_k - \sum_{i=1}^{m} a_i G_i \tag{67}$$

und der freien Enthalpie (Gl. (58))

$$a_i G_i = -kT N_i \ln \frac{Q_i}{N_i} \qquad (N_i = a_i N_A) \tag{68}$$

des i-ten Reaktanten (N_i Zahl der Moleküle des i-ten Reaktanten) und der freien Enthalpie

$$b_k G_k = -kT N_k \ln \frac{Q_k}{N_k} \qquad (N_k = b_k N_A) \tag{69}$$

des k-ten Reaktionsproduktes (N_k Zahl der Moleküle des k-ten Reaktionsproduktes) erhält man:

$$\Delta G = -kT \sum_{k=1}^{n} b_k N_A \ln \frac{Q_k}{N_k} + kT \sum_{i=1}^{m} a_i N_A \ln \frac{Q_i}{N_i}. \tag{70}$$

Durch Umformen ergibt sich weiter:

$$\Delta G = -kTN_A \ln \frac{\prod_{k=1}^{n} \left(\frac{Q_k}{N_k}\right)^{b_k}}{\prod_{i=1}^{m} \left(\frac{Q_i}{N_i}\right)^{a_i}} \quad . \tag{71}$$

Je nachdem ob ΔG positiv oder negativ ist, erfolgt die Reaktion in die eine oder andere Richtung. Dabei ändern sich natürlich die Molekülzahlen N_i und N_k.
Wenn die Reaktion abgelaufen ist und sich das chemische System im Gleichgewicht befindet, muß definitionsgemäß $\Delta G = 0$ sein. Für das Gleichgewicht gilt dann:

$$-kTN_A \ln \frac{\prod_k (Q_k)^{b_k}}{\prod_i (Q_i)^{a_i}} + kTN_A \ln \frac{\prod_k (N_k)^{b_k}}{\prod_i (N_i)^{a_i}} \bigg|_{\text{Gleichgewicht}} = 0 \, . \tag{72}$$

Der Index (Gleichgewicht) soll kennzeichnen, daß sich die Molekülzahlen N_k und N_i geändert haben und sich jetzt auf den Gleichgewichtszustand beziehen. Sie stehen zueinander in einem ganz bestimmten konstanten Verhältnis:

$$\frac{\prod_k (Q_k)^{b_k}}{\prod_i (Q_i)^{a_i}} = \frac{\prod_k (N_k)^{b_k}}{\prod_i (N_i)^{a_i}} \bigg|_{\text{Gleichgewicht}} \tag{73}$$

Bezieht man die Molekülzahlen N_i und N_k auf die Gesamtmolekülzahl N des chemischen Systems, wobei N durch

$$N = \sum_{i=1}^{m} N_i + \sum_{k=1}^{n} N_k \bigg|_{\text{Gleichgewicht}} \tag{74}$$

gegeben ist, so kann man mit den Molenbrüchen

$$x_i = \frac{N_i}{N}$$

und

$$x_k = \frac{N_k}{N} \tag{75}$$

schreiben:

$$\frac{\prod_k \left(\frac{Q_k}{N}\right)^{b_k}}{\prod_i \left(\frac{Q_i}{N}\right)^{a_i}} = \frac{\prod_k (x_k)^{b_k}}{\prod_i (x_i)^{a_i}} = K \, . \tag{76}$$

9.5. Statistische Deutung des chemischen Gleichgewichtes

K ist die statistisch definierte Gleichgewichtskonstante einer chemischen Reaktion. Sie hängt mit der thermodynamisch definierten Gleichgewichtskonstanten K_p über folgende Beziehung zusammen ($x_i = p_i/p$ bzw. $x_k = p_k/p$):

$$K = \frac{\prod_k (x_k)^{b_k}}{\prod_i (x_i)^{a_i}} = \frac{\prod_k \left(\frac{p_k}{p}\right)^{b_k}}{\prod_i \left(\frac{p_i}{p}\right)^{a_i}} = K_p \frac{\prod_k \left(\frac{1}{p}\right)^{b_k}}{\prod_i \left(\frac{1}{p}\right)^{a_i}} \quad . \tag{77}$$

Für die thermodynamisch definierte freie Reaktionsenthalpie $\Delta G^\circ = -RT \ln K_p$ gilt daher:

$$\Delta G^\circ = -RT \ln \frac{\prod_k \left(\frac{Q_k}{N}\right)^{b_k}}{\prod_i \left(\frac{Q_i}{N}\right)^{a_i}} - RT \ln \frac{\prod_k p^{b_k}}{\prod_i p^{a_i}} \quad . \tag{78}$$

Berücksichtigt man, daß $Q(t)$ proportional dem Volumen V, $Q(r)$ und $Q(v)$ hingegen vom Volumen unabhängig sind, so kann man das Volumen aus der Molekülzustandssumme Q herausziehen:

$$Q = qV \qquad \text{(q um V reduzierte Molekülzustandssumme)}$$

bzw.
$$Q_i = q_i V = q_i \frac{N_i kT}{p_k} \qquad (V = \frac{NkT}{p})$$

und

$$Q_k = q_k V = q_k \frac{N_k kT}{p_k} \quad . \tag{79}$$

Einsetzen dieser Beziehungen in Gl. (78) und Zusammenziehen der beiden logarithmischen Terme liefert

$$\Delta G^\circ = -RT \ln \frac{\prod_k \left(q_k \frac{N_k kT}{p_k} \frac{p}{N}\right)^{b_k}}{\prod_i \left(q_i \frac{N_i kT}{p_i} \frac{p}{N}\right)^{a_i}} = -RT \ln \frac{\prod_k (q_k kT)^{b_k}}{\prod_i (q_i kT)^{a_i}} \tag{80}$$

und

$$K_p = \frac{\prod_k (q_k kT)^{b_k}}{\prod_i (q_i kT)^{a_i}} \tag{81}$$

Daraus folgt für die molare freie Enthalpie eines idealen Gases beim Standarddruck:

$$G^\circ = -RT \ln qkT \quad . \tag{82}$$

9.6. Statistische Berechnung der Gleichgewichtskonstanten

Bei der numerischen Berechnung der Gleichgewichtskonstanten einer chemischen Reaktion mit Hilfe der Molekülzustandssumme hat man besondere Beachtung der Wahl des Energienullpunktes zu schenken. Den Grund hierfür erkennt man am einfachsten an Hand eines konkreten Beispiels. Folgendes Gleichgewicht zwischen den hypothetischen Molekülen A und B sei gegeben:

$A \rightleftharpoons B$.

Unter den Molekülen A und B sind etwa zwei gasförmige Isomere einer chemischen Verbindung vorstellbar. Sie sollen die in Bild 9.1 gezeichneten Energieschemata mit den Molekülenergieeigenwerten $^A\epsilon_r$ und $^B\epsilon_r$ besitzen. Werden insgesamt N Moleküle der chemischen Verbindung auf diese Energieniveaus, die der Einfachheit halber nicht entartet sein sollen, verteilt, so werden sich nach der Einstellung des Gleichgewichts ^AN Moleküle über die Zustände $^A\epsilon_r$ und ^BN Moleküle über die Zustände $^B\epsilon_r$ verteilen. Das Verhältnis $^BN/^AN$ ist dabei konstant und durch die Gleichgewichtskonstante K bestimmt. Da es sich um eine Reaktion mit

$$\Delta n = \sum_{k=1}^{n} b_k - \sum_{i=1}^{m} a_i = 0 \qquad (n, m = 1; \ a, b = 1) \tag{83}$$

handelt, ist die statistisch definierte Gleichgewichtskonstante K gleich den thermodynamisch definierten Gleichgewichtskonstanten K_c und K_p:

$$K = \frac{^BN}{^AN} = K_c = K_p \quad . \tag{84}$$

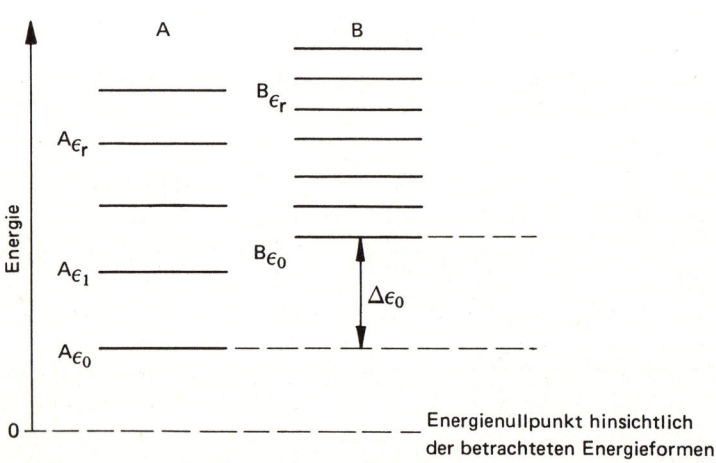

Bild 9.1 Energieschemata zweier Moleküle A und B

9.5. Statistische Deutung des chemischen Gleichgewichtes

Mit Gl. (80) und (81) ergibt sich:

$$K = \frac{^Bq}{^Aq} \tag{85}$$

bzw.

$$\Delta G^\circ = -RT \ln \frac{^Bq}{^Aq} \quad . \tag{86}$$

Um K bzw. ΔG° numerisch berechnen zu können, hat man die Molekülzustandssummen ^Aq und ^Bq explizit auszurechnen:

$$qV = \sum_{r=0}^{\infty} e^{-\frac{\epsilon_r}{kT}} = e^{-\frac{\epsilon_0}{kT}} + e^{-\frac{\epsilon_1}{kT}} + \ldots \tag{87}$$

Man könnte dabei einfach die Energieeigenwerte aus dem Energieschema ablesen und die Molekülzustandssummen nach Gl. (87) berechnen. Dies würde bedeuten, daß der Energienullpunkt dort läge, wo er durch die Molekülenergieeigenwerte

$$\epsilon_r = \epsilon_i + \epsilon_J + \epsilon_v + \epsilon_n \tag{88}$$

festgelegt wird. Für das Energieschema eines Moleküls einer anderen Sorte, (z.B. das des Moleküls B) gilt dann der gleiche Energienullpunkt. Die Kenntnis der absoluten Energieeigenwerte ist aber nicht notwendig, wenn man damit thermodynamische Daten berechnen will, da es sich bei diesen immer nur um Energiedifferenzen handelt. Man darf also genauso gut zu diesem Zweck den Energienullpunkt (Bild 9.1) in den Grundzustand der Moleküle verlegen und erhält dann für das Verhältnis die zwei Molekülzustandssummen:

$$\frac{^Bq}{^Aq} = \frac{e^{-\frac{^B\epsilon_0}{kT}} \sum_{r=0}^{\infty} e^{-\frac{(^B\epsilon_r - {}^B\epsilon_0)}{kT}}}{e^{-\frac{^A\epsilon_0}{kT}} \sum_{r=0}^{\infty} e^{-\frac{(^A\epsilon_r - {}^A\epsilon_0)}{kT}}} \quad ,$$

$$\frac{^Bq}{^Aq} = \frac{^Bq'}{^Aq'} e^{-\frac{(^B\epsilon_0 - {}^A\epsilon_0)}{kT}} = \frac{^Bq'}{^Aq'} e^{-\frac{\Delta\epsilon_0}{kT}} \quad , \tag{89}$$

Die Molekülzustandssummen q' werden nur aus praktischen Gründen eingeführt. Sie unterscheiden sich natürlich in ihren Werten von den Molekülzustandssummen q. Könnte man für alle interessierenden Moleküle die Molekülenergieeigenwerte quantenmechanisch berechnen, dann erübrigte sich die Einführung der Zustandssumme q'. Aus dem gleichen Grund werden auch die statistisch berechneten thermodynamischen Funktionen nicht absolut angegeben, sondern immer auf den Grundzustand bezogen.

Aus den Gln. (80) und (89) folgt dann weiter:

$$\Delta G^\circ - \Delta E_0^\circ = -RT \ln \frac{^Bq'}{^Aq'} \quad . \tag{90}$$

Handelt es sich um Reaktionen mit idealen Gasen, so kann man (die Energie ist druckunabhängig) den Index ^{o} im Term E_0^o weglassen:

$$\Delta G^o = \Delta E_0 - RT \ln \frac{^Bq'}{^Aq'}. \tag{91}$$

Was man demnach zur Berechnung von ΔG^o wirklich braucht, sind nicht die absoluten Energieeigenwerte, sondern nur ihre relativen Werte, einschließlich $\Delta E_0^{(o)}$.

Ein einfaches Beispiel für die Anwendung von Gl. (91): Es sei wiederum ein Gleichgewicht

$$A \rightleftharpoons B$$

gegeben. Das Energieschema der Moleküle A bestehe aus einem einzigen, zweifach entarteten Energieniveau ($^Ag_0 = 2$) und das der Moleküle B aus einem einzigen, dreifach entarteten Energieniveau ($^Bg_0 = 3$), das 1 200 J mol^{-1} höher liegt (Bild 9.2). Die Molekülzustandssummen $^Aq'$ und $^Bq'$ berechnen sich nach Gl. (89) wie folgt:

$$^Aq' = \sum_{r=0}^{\infty} {^Ag_r}\, e^{-\frac{(^A\epsilon_r - {^A\epsilon_0})}{kT}} = {^Ag_0} = 2,$$

$$^Bq' = \sum_{r=0}^{\infty} {^Bg_r}\, e^{-\frac{(^B\epsilon_r - {^B\epsilon_0})}{kT}} = {^Bg_0} = 3.$$

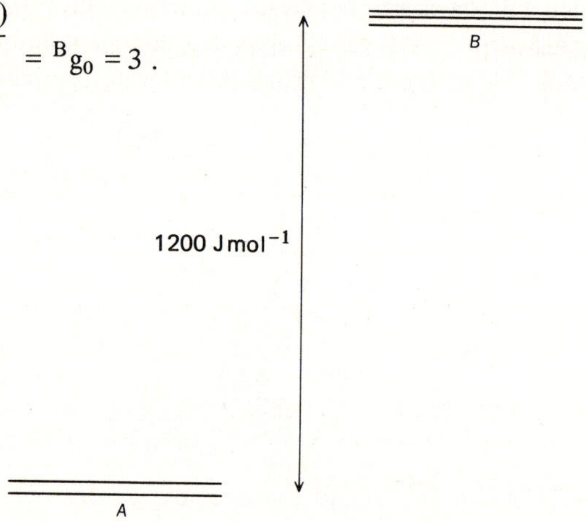

Bild 9.2
Energieschemata zweier Moleküle
A und B; $^Ag_0 = 2$, $^Bg_0 = 3$,
$\Delta E_0 = 1\,200$ J mol^{-1}

Mit Gl. (91) erhält man ΔG^o für beliebige Temperaturen. Es soll z.B. ΔG^o_{298} und ΔG^o_{1273} berechnet werden:

$$\Delta G^o_{298} = 1\,200 - 8{,}314 \cdot 298 \cdot 2{,}303 \lg \frac{3}{2} = 1\,200 - 1\,000 = 200 \text{ J},$$

$$\Delta G^o_{1273} = 1\,200 - 8{,}314 \cdot 1\,273 \cdot 2{,}303 \lg \frac{3}{2} = 1\,200 - 4\,300 = -3\,100 \text{ J}.$$

9.5. Statistische Deutung des chemischen Gleichgewichtes

Für die Gleichgewichtskonstanten bei diesen Temperaturen ergibt sich dann:

$$K_{298} = \frac{3}{2} \cdot e^{-\frac{1200}{8,314 \cdot 298}} = 0,92,$$

$$K_{1273} = \frac{3}{2} \cdot e^{-\frac{1200}{8,314 \cdot 1273}} = 1,33.$$

Man erkennt, daß bei 298 K ^{A}N größer als ^{B}N ist (K < 1) und daß bei 1 273 K ^{B}N größer als ^{A}N ist (K > 1). Die Verschiebung dieses Gleichgewichts mit der Temperatur nach rechts, d.h. in Richtung des Reaktionsproduktes, ist eine Folge der mit zunehmender Temperatur größer werdenden Besetzungswahrscheinlichkeit des stärker entarteten Energieniveaus der Moleküle B.

Es liegt nahe, $(G° - E_0°)$-Werte für chemische Verbindungen zu ermitteln und zu tabellieren, indem man $(G° - E_0°)$ nach

$$G° - E_0° = -RT \ln q' kT \tag{92}$$

mit Hilfe der aus spektroskopischen Daten gewonnenen Molekülzustandssummen q' berechnet. Stehen quantenmechanisch berechnete Daten zur Verfügung, kann man $(G° - E_0°)$ natürlich auf gleiche Weise berechnen. Hat man einmal eine Tabelle mit genügend Daten für verschiedene Verbindungen zusammengestellt, so ist mit ihnen $\Delta(G° - E_0°)$ für beliebige chemische Reaktionen gegeben. Bei Kenntnis von $\Delta E_0°$ (vgl. Abschnitt 5.15) läßt sich daraus $\Delta G°$ und damit die Gleichgewichtskonstante K_p finden.

Es soll z.B. $\Delta G°_{298}$ und $\Delta G°_{1500}$ für das Gleichgewicht der Reaktion

$$2 CO(g) + O_2(g) \longrightarrow 2 CO_2(g)$$

berechnet werden. Die Werte für $(G° - E_0)$, die man für die Reaktionsteilnehmer bekommt, sind in Tabelle 9.2 zusammengestellt. Mit diesen Daten folgt für $\Delta(G° - E_0)$ bei 298 K und 1 500 K:

$$\Delta(G° - E_0)_{298} = 2 \cdot 58,07 - 2 \cdot 50,17 - 61,09 = -45,29 \text{ kJ},$$
$$\Delta(G° - E_0)_{1500} = 2 \cdot 363,70 - 2 \cdot 325,00 - 346,40 = -269,00 \text{ kJ}.$$

ΔE_0 bestimmt man nach der in Abschnitt 6.9 skizzierten Methode aus dem statistisch berechneten Wert für $\Delta(H - E_0)$ und der kalorisch bestimmten Reaktionswärme bei irgendeiner Temperatur zu:

$$\Delta E_0 = -558,69 \text{ kJ}.$$

Mit diesem Wert für ΔE_0 ergibt sich für die freie Reaktionsenthalpie bei 298 K und 1 500 K $(\Delta G° = \Delta(G° - E_0°) + \Delta E_0°)$

$$\Delta G°_{298} = -603,98 \text{ kJ},$$
$$\Delta G°_{1500} = -827,69 \text{ kJ}$$

und für die Gleichgewichtskonstanten:

$$K_{298} = 6 \cdot 10^{105},$$
$$K_{1500} = 6 \cdot 10^{28}.$$

Tabelle 9.2: Werte für $G° - E_0$ von CO, O_2 und CO_2 bei 298 K und 1500 K

	$G° - E_0$ kJ mol^{-1}	
	298 K	1500 K
CO	50,17	325,97
O_2	61,09	346,35
CO_2	58,07	363,67

Rechenbeispiele

1. Berechnen Sie $\Delta G°$ sowie die Gleichgewichtskonstante bei 25 °C und 1000 °C für das Gleichgewicht der Reaktion

$A \rightleftharpoons B$,

wenn das Energieschema von A und B aus je einem Energieniveau besteht. Das Energieniveau von A sei nicht entartet, das von B sei zweifach entartet und liege um 2000 J mol^{-1} höher.

2. Man betrachte ein hypothetisches Molekül, das statt der wirklichen Translations-, Rotations- und Schwingungsenergieschemata ein Energieschema mit nur zwei Niveaus besitzt. Der Energieabstand beider Niveaus betrage 2500 J mol^{-1}. Zeichnen Sie als Funktion der Temperatur
a) die thermische Energie $\bar{E} - E_0$,
b) den thermischen Anteil der freien Enthalpie $G - E_0$,
c) die Entropie $S - S_0$ und
d) die Molwärmen C_p in einem Temperaturbereich von 0 K bis 2000 K.
Diskutieren Sie die Tief- und Hochtemperaturgrenzwerte dieser Funktionen.

3. Berechnen Sie ΔH, ΔS, ΔG und K bei 298 K und 1500 K für das Reaktionsgleichgewicht:

$A \rightleftharpoons B$.

Das Energieschema der Moleküle A sei durch Energieniveaus bestimmt, die voneinander den Abstand 4000 J mol^{-1} besitzen. Die Moleküle B besitzen ein ähnliches Schema, doch mit einem Niveauabstand von 8000 J mol^{-1}. Der Abstand der beiden Energiegrundzustände sei 800 J mol^{-1}.

4. Berechnen Sie die Entropie von He bei 25 °C und 1 atm. Vergleichen Sie das Ergebnis mit dem thermodynamisch bestimmten Wert von 124,7 J K^{-1} mol^{-1}.

5. Zeichnen Sie den Entropiebeitrag eines Schwingungsfreiheitsgrades als Funktion des Abstands ϵ der Energieeigenwerte für 298 K und 1500 K. ϵ sei spektroskopisch zu $8 \cdot 10^{-20}$ J bestimmt worden. Diskutieren Sie beide Kurven hinsichtlich der in Kapitel 8 gemachten Feststellung, daß die Entropie proportional der Zustandsdichte ist.

6. Zeichnen Sie den Entropiebeitrag eines Rotationsfreiheitsgrades als Funktion des Trägheitsmomentes eines Moleküls für 298 K und 1500 K.

7. Berechnen Sie die Entropie von N_2O bei 25 °C und 1 atm. N_2O ist linear gebaut und besitzt ein Trägheitsmoment von $6,69 \cdot 10^{-46}$ kg m^2. Die zu den vier Normalschwingungen gehörenden Energieschemata haben Niveauabstände von 1,17, 1,17, 2,56 und $4,45 \cdot 10^{-20}$ J. Vergleichen Sie den berechneten Entropiewert mit dem thermodynamisch bestimmten von 220,1 JK^{-1} mol^{-1} unter Berücksichtigung der Nullpunktsentropie von $R \ln 2$.

8. $_3$He^4-Kerne besitzen einen Kernspin von $\frac{3}{2}\hbar$ und sind zum Unterschied von $_2$He^4-Kernen mit dem ganzzahligen Kernspin von $1\hbar$ Fermionen. Es soll untersucht werden, unter welchen Bedingungen sich $_3$He^4-Kerne noch mit dem Verteilungsgesetzen der Maxwell-Boltzmannstatistik beschreiben lassen. Es sei $_3$He^4-Gas in einem kubischen Behälter vom Volumen 22,4 dm^3 gegeben. Berechnen Sie mit Hilfe der in Kapitel 4 abgeleiteten Verteilungen (M.B. und F.D.) die mittlere Energie als Funktion der Temperatur und vergleichen Sie die beiden Resultate miteinander.

Anhang I

Bestimmung der Integrale vom Typ $\int_{x=0}^{\infty} x^n e^{-ax^2} dx$

a) Reduktion

Durch partielle Integration nach

$$\int_{x=0}^{\infty} u'v\, dx = uv \Big|_{x=0}^{\infty} - \int_{x=0}^{\infty} uv'\, dx \qquad (u' = xe^{-ax^2},\ v = x^{n-1}) \tag{1}$$

lassen sich Integrale vom Typ

$$\int_{x=0}^{\infty} x^n e^{-ax^2}\, dx, \tag{2}$$

wo n eine positive ganze Zahl und a eine Konstante größer als Null ist, auf Integrale vom Typ

$$\frac{n-1}{2a} \int_0^{\infty} x^{n-2} e^{-ax^2}\, dx \tag{3}$$

reduzieren. Ist n eine ungerade Zahl, so kann man durch fortgesetztes Reduzieren alle Integrale vom genannten Typ auf Ausdrücke bringen, die das Integral

$$\int_0^{\infty} x e^{-ax^2}\, dx \tag{4}$$

enthalten. Dieses Integral läßt sich direkt berechnen und besitzt den Wert:

$$\int_0^{\infty} x e^{-ax^2}\, dx = \frac{1}{2a}. \tag{5}$$

Ist n eine gerade Zahl, so führt fortgesetztes Reduzieren auf Ausdrücke, die das Integral

$$\int_0^{\infty} e^{-ax^2}\, dx \tag{6}$$

enthalten. Durch eine Transformation läßt es sich auswerten, es besitzt den Wert:

$$\int_0^{\infty} e^{-ax^2}\, dx = \frac{1}{2}\sqrt{\frac{\pi}{a}}. \tag{7}$$

b) Einige spezielle Integrale

Nach der in a) skizzierten Methode kann man die Integrale vom genannten Typ für beliebige positive ganze Zahlen n bestimmen. Die Werte für einige oft gebrauchte Integrale seien angeführt:

$$\int_{-\infty}^{+\infty} e^{-ax^2} dx = 2 \int_{0}^{\infty} e^{-ax^2} dx = \sqrt{\frac{\pi}{a}} \ .$$

$$\int_{-\infty}^{+\infty} x^2 e^{-ax^2} dx = 2 \int_{0}^{\infty} x^2 e^{-ax^2} dx = \frac{1}{2a} \sqrt{\frac{\pi}{a}} \ .$$

$$\int_{-\infty}^{+\infty} x^4 e^{-ax^2} dx = 2 \int_{0}^{\infty} x^4 e^{-ax^2} dx = \frac{3}{4a^2} \sqrt{\frac{\pi}{a}} \ .$$

$$\int_{0}^{\infty} x e^{-ax^2} dx = \frac{1}{2a} \ .$$

$$\int_{0}^{\infty} x^3 e^{-ax^2} dx = \frac{1}{2a^2} \ .$$

Anhang II

Ersatz von Summen durch Integrale

Eine Größe A sei durch folgende Summe gegeben:

$$A = a_1 + a_2 + \ldots a_i + \ldots a_n = \sum_{i=1}^{n} a_i \ . \tag{1}$$

Jeder Term dieser Summe sei dabei durch den Wert der Funktion

$$a_i = a(i) \tag{2}$$

gegeben, wobei i nur die positiven ganzzahligen Werte 1, 2, 3 ... n besitzt. Da die aufeinanderfolgenden Werte von i immer denselben Abstand

$$\Delta i = 1 \tag{3}$$

haben, kann man für die Summe (1) auch schreiben:

$$A = a_1 \Delta i + a_2 \Delta i + \ldots a_i \Delta i + \ldots a_n \Delta i \ . \tag{4}$$

Wenn nun der Wert a_i von a_{i-1} und a_{i+1} nicht sehr verschieden ist, darf man a_i an dieser Stelle durch den Funktionswert $a(i)$ approximieren:

$$A = a(1)\Delta i + a(2)\Delta i + \ldots a(i)\Delta i + \ldots a(n)\Delta i \tag{5}$$

und Δi durch di ersetzen; muß aber, damit der Abstand $\Delta i = 1$ erhalten bleibt, von $i-1$ bis i integrieren:

$$A = \int_0^1 a(1)di + \int_1^2 a(2)di + \ldots \int_{i-1}^i a(i)di + \ldots \int_{n-1}^n a(n)di . \tag{6}$$

Gl. (6) ist aber nichts anderes als das Integral:

$$A = \int_0^n a(i)di . \tag{7}$$

Die wesentlichste Voraussetzung für den Ersatz einer Summe durch ein Integral ist dabei die Bedingung, daß a_i im Vergleich zum gesamten Bereich in dem $a(i)$ variiert von den benachbarten Werten a_{i-1} und a_{i+1} nicht sehr verschieden ist. Handelt es sich bei den a_i um Energieeigenwerte ϵ_i und sind die Abstände dieser Eigenwerte sehr klein im Vergleich zur mittleren Energie kT, so darf man bei der Berechnung von Zustandssummen die Summe durch ein Integral ersetzen. Man approximiert also das diskrete Energieschema durch ein Energiekontinuum.

Anhang III

Die Stirlingsche Näherungsformel

Zur Umwandlung des Ausdruckes $N!$ benutzt man meist die Stirlingsche Näherung:

$$N! = N^N e^{-N} . \tag{1}$$

Gl. (1) läßt sich wie folgt herleiten:

$$\ln N! = \ln N + \ln(N-1) + \ln(N-2) + \ldots \ln 2 + \ln 1 \tag{2}$$

$$= \sum_{i=1}^N \ln i .$$

Für große Zahlen N darf man nun die Summe durch ein Integral ersetzen (Anhang II):

$$\ln N! = \int_0^N \ln i \, di . \qquad (u' = 1, \; v = \ln i) \tag{3}$$

Durch partielle Integration erhält man weiter:

$$\ln N! = i\ln i \Big|_0^N - \int_0^N i\frac{1}{i}\, di$$

$$= N \ln N - N \tag{4}$$

bzw.

$$N! = N^N e^{-N}.$$

Ein genaueres Verfahren liefert anstelle von Gl. (4) bzw. Gl. (1):

$$N! = N^N e^{-N} (2\pi N)^{\frac{1}{2}}. \tag{5}$$

Anhang IV

Die Methode der Lagrangeschen Multiplikatoren

Eine Funktion $f(x_1, x_2, \ldots x_i, \ldots x_n)$ besitzt dann ein Extremum, wenn die Variation df bezüglich aller x_i Null ist:

$$df = \sum_{i=1}^{n} \frac{\partial f}{\partial x_i}\, dx_i = 0\,; \tag{1}$$

df ist aber nur dann Null, wenn alle partiellen Ableitungen gleichzeitig Null sind:

$$\frac{\partial f}{\partial x_1} = 0$$

$$\frac{\partial f}{\partial x_2} = 0$$

$$\vdots$$

$$\frac{\partial f}{\partial x_i} = 0$$

$$\vdots$$

$$\frac{\partial f}{\partial x_n} = 0\,. \tag{2}$$

Um das Extremum zu finden, muß man also alle partiellen Ableitungen null setzen und das Gleichungssystem (2) nach den x_i auflösen. Wenn nun aber nicht alle x_i voneinander unabhängig sind, sondern Nebenbedingungen existieren, z.B.

$$g(x_1, x_2, \ldots x_i, \ldots x_n) = 0$$

und

$$h(x_1, x_2, \ldots x_i, \ldots x_n) = 0\,, \tag{3}$$

so muß man anders vergehen, um das Extremum zu finden. Zur Berücksichtigung dieser beiden Nebenbedingungen löst man das folgende System von n + 2 Gleichungen:

$$\frac{\partial f}{\partial x_i} + \alpha \frac{\partial g}{\partial x_i} + \beta \frac{\partial h}{\partial x_i} = 0$$

$$g(x_1, x_2, \ldots x_i, \ldots x_n) = 0$$

$$h(x_1, x_2, \ldots x_i, \ldots x_n) = 0 \ . \tag{4}$$

α und β sind die sogenannten Lagrangeschen Multiplikatoren. Diese sind unbestimmte konstante Faktoren. Durch die Einführung der Lagrangeschen Multiplikatoren kann man sich die Funktion

$$F(x_1, \ldots x_n, \alpha, \beta) = f(x_1, \ldots x_n) - \alpha g(x_1, \ldots x_n) - \beta h(x_1, \ldots x_n) \tag{5}$$

aus den nun voneinander unabhängigen Variablen $x_1, \ldots x_n, \alpha, \beta$ gebildet denken und nun nach dem Extremum suchen. Man findet dann nach der eingangs angeführten Methode das Gleichungssystem (4). Durch die Bildung der Funktion $F(x_1, \ldots x_n, \alpha, \beta)$ hat man sich also von den Nebenbedingungen befreit und findet n + 2 Gleichungen für n + 2 Unbekannte. Ob an jenen Stellen, die man auf diese Weise findet, wirklich ein Extremum vorliegt, insbesondere ein Maximum oder Minimum, bedarf einer besonderen Untersuchung, falls diese Frage nicht durch die Anschauung beantwortet wird.

Anhang V

Kombinationen ohne und mit Wiederholung

Kombinationen zur N_i-ten Klasse (Zahl der besetzten Eigenfunktionen) von g_i Elementen (Zahl der Eigenfunktionen) sind alle möglichen Gruppen von N_i Elementen, die man aus den g_i Elementen bilden kann ($g_i > N_i$). Es gibt Kombinationen *ohne* und *mit* Wiederholung. Die Anzahl der Kombinationen, die man z.B. aus den vier Elementen (a, b, c, d) zur 2. Klasse, findet beträgt 6:

ab, ac, ad, bc, bd, cd .

Allgemein gilt für die Zahl der Kombinationen $W_{g_i}^{N_i}$:

$$W_{g_i}^{N_i} \text{ (ohne Wiederholung)} = \binom{g_i}{N_i} = \frac{g_i \cdot (g_i - 1) \cdot (g_i - 2) \ldots (g_i - N_i + 1)}{1 \cdot 2 \cdot 3 \ldots N_i} =$$

$$= \frac{g_i \cdot (g_i - 1) \cdot (g_i - 2) \ldots (g_i - N_i + 1) \cdot (g_i - N_i)!}{N! (g_i - N_i)!} = \frac{g_i !}{N_i ! (g_i - N_i)!} \tag{1}$$

Für die Anzahl der Kombinationen aus den gleichen vier Elementen des genannten Beispiels *mit* Wiederholung ergibt sich 10:

aa bb cc dd
ab bc cd
ac bd
ad

Anhang

Allgemein gilt:

$$W_{g_i}^{N_i}(\text{mit Wiederholung}) = \binom{g_i + N_i - 1}{N_i} =$$

$$= \frac{(g_i + N_i - 1)(g_i + N_i - 2) \ldots (g_i + N_i - 1 - N_i + 1)}{1 \cdot 2 \cdot 3 \ldots N_i}$$

$$= \frac{(g_i + N_i - 1)(g_i + N_i - 2) \ldots g_i \cdot (g_i - 1)!}{N_i!(g_i - 1)!} = \frac{(N_i + g_i - 1)!}{N_i!(g_i - 1)!} \quad . \tag{2}$$

Tabellenanhang

Basisgrößen und Basiseinheiten des SI-Systems

Basisgröße	Basiseinheit	Symbol
Länge	Meter	m
Masse	Kilogramm	kg
Zeit	Sekunde	s
elektr. Stromstärke	Ampere	A
Temperatur	Kelvin	K
Stoffmenge	Mol	mol

Dezimale Vielfache der Basiseinheiten

	Präfix	Symbol
10^{12}	Tera	T
10^{9}	Giga	G
10^{6}	Mega	M
10^{3}	Kilo	k
10^{-3}	Milli	m
10^{-6}	Mikro	μ
10^{-9}	Nano	n
10^{-12}	Piko	p

Definitionen der SI-Basiseinheiten

1 m ist das 1 650 763,73-fache der Wellenlänge der von ^{86}Kr-Atomen beim Übergang vom Zustand $5d^5$ zum Zustand $2p^{10}$ ausgesandten, sich im Vakuum ausbreitenden Strahlung.

1 kg ist die Masse des internationalen Prototyps, eines Pt-Zylinders im Bureau International des Poids et Mesures in Sevres bei Paris.

1 s ist das 9 192 631 770-fache der Periode einer Strahlung, die dem Übergang zwischen den beiden Hyperfeinstrukturniveaus des Grundzustandes von ^{133}Cs entspricht.

1 A ist die Stärke eines konstanten elektrischen Stromes, der, durch zwei im Vakuum parallel im Abstand 1 m voneinander angeordnete, geradlinige unendlich lange Leiter von vernachlässigbar kleinem, kreisförmigem Querschnitt fließend, zwischen diesen Leitern je 1 m Länge elektrodynamisch eine Kraft von $2 \cdot 10^{-7}$ kg m s^{-2} ($= 2 \cdot 10^{-7}$ N) hervorrufen würde.

1 K ist der 273,16-te Teil der thermodynamischen Temperatur des ersten Tripelpunktes des Wassers.

1 mol ist die Stoffmenge in einem System bestimmter Zusammensetzung, das aus ebensovielen Teilchen besteht, wie Atome in 0,012 000 kg ^{12}C enthalten sind.

Abgeleitete SI-Einheiten

Größe	Einheit	Beziehung zur Basiseinheit
Fläche		m^2
Volumen		m^3
Dichte		kg m^{-3}
Geschwindigkeit		m s^{-1}
Winkelgeschwindigkeit		rad s^{-1}
Beschleunigung		m s^{-2}
Kraft	Newton (N)	kg m s^{-2} = J m^{-1}
Druck	Pascal (Pa) = 10^5 bar	N m^{-2}
Energie	Joule (J)	kg m^2 s^{-2} = N m
Leistung	Watt (W)	kg m^2 s^{-3} = J s^{-1}
elektr. Ladung	Coulomb (C)	A s
elektr. Spannung	Volt (V)	kg m^2 s^{-3} A^{-1} = J A^{-1} s^{-1}
elektr. Feldstärke		V m^{-1}
elektr. Widerstand	Ohm (Ω)	kg m^2 s^{-3} A^{-2} = V A^{-1}
elektr. Kapazität	Farad (F)	A^2 s^4 kg^{-1} m^{-2} = A s V^{-1}
Molmasse	(M)	kg mol^{-1}
molare Konzentration	(c)	mol m^{-3} oder mol dm^{-3} (in diesem Buch bzw. mol l^{-1} verwendet)

Anhang

SI-fremde Einheiten

Größe	Einheit	Beziehung zur SI-Basiseinheit	
Länge	Angstrom (Å)	10^{-10} m	(in diesem Buch
Volumen	Liter (l)	10^{-3} m^3 = 1 dm^{-3}	verwendet)
Kraft	Dyn (dyn)	10^{-5} N	
Druck	Atmosphäre (atm)	$1{,}01325 \cdot 10^5$ N m^{-2}	(in diesem Buch
	Torr (mm Hg)	$1{,}33322 \cdot 10^2$ N m^{-2}	verwendet)
Energie	erg	10^{-7} J	
	Kalorie (cal)	$4{,}1840$ J	
	Elektron Volt (eV)	$1{,}6021 \cdot 10^{-19}$ J	
Viskosität	Poise (p)	10^{-1} kg m^{-1} s^{-1}	
Dipolmoment	Debye (deb)	$3{,}338 \cdot 10^{-30}$ m C	

Umrechnungsfaktoren von SI-fremden Energieeinheiten in SI-Einheiten

	J	kJ mol^{-1}	erg	kcal mol^{-1}	eV
1 J	1	$1{,}6603 \cdot 10^{-21}$	10^7	$1{,}4395 \cdot 10^{20}$	$6{,}2420 \cdot 10^{18}$
1 kJ mol^{-1}	$6{,}0229 \cdot 10^{20}$	1	$1{,}6603 \cdot 10^{-14}$	$2{,}3900 \cdot 10^{-1}$	$1{,}0363 \cdot 10^{-2}$
1 erg	10^{-7}	$6{,}0229 \cdot 10^{-13}$	1	$1{,}4395 \cdot 10^{13}$	$6{,}2420 \cdot 10^{11}$
1 kcal mol^{-1}	$6{,}9467 \cdot 10^{-21}$	$4{,}184$	$6{,}9467 \cdot 10^{-13}$	1	$4{,}3361 \cdot 10^{-2}$
1 eV	$1{,}6022 \cdot 10^{-19}$	$9{,}6490 \cdot 10$	$1{,}6022 \cdot 10^{-11}$	$2{,}3068 \cdot 10$	1

Wichtige physikalische Konstanten in SI-Einheiten

Avogadrosche Zahl N_A	$6{,}0222 \cdot 10^{23}$ mol^{-1}
Boltzmannkonstante k	$1{,}3806 \cdot 10^{-23}$ J K^{-1} mol^{-1}
Gaskonstante R	$8{,}3143$ J K^{-1} mol^{-1}
	($8{,}2056 \cdot 10^{-5}$ atm m^3 K^{-1} mol^{-1})
Vakuumlichtgeschwindigkeit c	$2{,}9979 \cdot 10^8$ m s^{-1}
Plancksches Wirkungsquantum h	$6{,}6256 \cdot 10^{-34}$ J s^{-1}
Elektrische Elementarladung e	$1{,}6021 \cdot 10^{-19}$ C
Ruhemasse des Elektrons m_e	$9{,}1091 \cdot 10^{-31}$ kg
Ruhemasse des Protons m_p	$1{,}6725 \cdot 10^{-27}$ kg
Ruhemasse des Neutrons m_n	$1{,}6748 \cdot 10^{-27}$ kg
Faradaysche Konstante F = N_Ae	$9{,}6487 \cdot 10^4$ C mol^{-1}
Bohrsches Magneton μ_B	$9{,}2731 \cdot 10^{-24}$ J T^{-1}
Kernmagneton μ_K	$5{,}0504 \cdot 10^{-27}$ J T^{-1}
Dielektrizitätskonstante des Vakuum ϵ_0	$8{,}859 \cdot 10^{-12}$ C V^{-1} m^{-1}
$4\pi\epsilon_0$	$1{,}1126 \cdot 10^{-10}$ C V^{-1} m^{-1}

Thermodynamische Eigenschaften einiger Substanzen beim Standardzustand (p = 1 atm, T = 298 K), geordnet nach den Hauptgruppen des Periodischen Systems

ΔH_f° Standardbildungsenthalpie
S° Standardentropie
ΔG_f° Freie Standardbildungsenthalpie
C_p° Molwärme

g gasförmig, *l* flüssig, c kristallin

Literatur: Selected Values of Chemical Thermodynamic Properties, Natl. Bur. Std. Circ. 500, 1952

	Element oder Verbindung	ΔH_f° (kJ mol^{-1})	S° (JK^{-1}mol^{-1})	ΔG_f° (kJ mol^{-1})	C_p° (JK^{-1}mol^{-1})
	H$_2$(g)	0,0	130,59	0,0	28,84
	H(g)	217,94	114,61	203,24	20,79
Gruppe 0	He(g)	0,0	126,06	0,0	20,79
	Ne(g)	0,0	144,14	0,0	20,79
	Ar(g)	0,0	154,72	0,0	20,79
	Kr(g)	0,0	163,97	0,0	20,79
	Xe(g)	0,0	169,58	0,0	20,79
	Rn(g)	0,0	176,15	0,0	20,79
Gruppe 1	Li(c)	0,0	28,03	0,0	23,64
	Li(g)	155,10	138,67	122,13	20,79
	Li$_2$(g)	199,2	196,90	157,32	35,65
	Li$_2$O(c)	−595,8	37,91	−560,24	
	LiH(g)	128,4	170,58	105,4	29,54
	LiCl(c)	−408,78	(55,2)	−383,7	
	Na(c)	0,0	51,0	0,0	28,41
	Na(g)	108,70	153,62	78,11	20,79
	Na$_2$(g)	142,13	230,20	103,97	
	NaO$_2$(c)	−259,0		−194,6	
	Na$_2$O(c)	−415,9	72,8	−376,6	68,2
	Na$_2$O$_2$(c)	−504,6	(66,9)	−430,1	
	NaOH(c)	−426,73	(523)	−377,0	80,3
	NaCl(c)	−411,00	72,4	−384,0	49,71
	NaBr(c)	−359,95		−347,6	
	Na$_2$SO$_4$(c)	−1384,49	149,49	−1266,83	127,61
	Na$_2$SO$_4$·10H$_2$O(c)	−4324,08	592,87	−3643,97	587,4
	NaNO$_3$(c)	−466,68	116,3	−365,89	93,05
	Na$_2$CO$_3$(c)	−1130,9	136,0	−1047,7	110,50
	K(c)	0,0	63,6	0,0	29,16
	K(g)	90,0	160,23	61,17	20,79
	K$_2$(g)	128,9	249,75	92,5	

	Element oder Verbindung	ΔH_f° (kJ mol^{-1})	S° (JK^{-1}mol^{-1})	ΔG_f° (kJ mol^{-1})	C_p° (JK^{-1}mol^{-1})
	K$_2$O(c)	− 361,5		− 318,8	
	KOH(c)	− 425,85		− 374,5	
	KCl(c)	− 435,87	82,67	− 408,32	51,50
	KMnO$_4$(c)	− 813,4	171,71	− 713,79	119,2
Gruppe 2	Be(c)	0,0	9,54	0,0	17,82
	Mg(c)	0,0	32,51	0,0	23,89
	MgO(c)	− 601,83	26,8	− 569,57	37,40
	Mg(OH)$_2$(c)	− 924,66	63,14	− 833,74	77,03
	MgCl$_2$(c)	− 641,82	89,5	− 592,32	71,30
	Ca(c)	0,0	41,63	0,0	26,27
	CaO(c)	− 635,09	39,7	− 604,2	42,80
	CaF$_2$(c)	−1214,6	68,87	−1161,9	67,02
	CaCO$_3$(c, Calcit)	−1206,87	92,9	−1128,76	81,88
	CaSiO$_3$(c)	−1584,1	82,0	−1498,7	85,27
	CaSO$_4$(c, Anhydrit)	−1432,68	106,7	−1320,30	99,6
	CaSO$_4 \cdot \frac{1}{2}$H$_2$O(c)	−1575,15	130,5	−1435,20	119,7
	CaSO$_4 \cdot$2H$_2$O(c)	−2021,12	193,97	−1795,73	186,2
	Ca$_3$(PO$_4$)$_2$(c)	−4137,5	236,0	−3899,5	227,82
Gruppe 3	B(c)	0,0	6,53	0,0	11,97
	B$_2$O$_3$(c)	−1263,6	54,02	−1184,1	62,26
	B$_2$H$_6$(g)	31,4	232,88	82,8	56,40
	B$_5$H$_9$(g)	62,8	275,64	165,7	80
	Al(c)	0,0	28,32	0,0	24,34
	Al$_2$O$_3$(c)	−1669,79	50,99	−1576,41	78,99
Gruppe 4	C(c, Diamant)	1,90	2,44	2,87	6,06
	C(c, Graphit)	0,0	5,69	0,0	8,64
	C(g)	718,38	159,99	672,97	20,84
	CO(g)	− 110,52	197,91	− 137,27	29,14
	CO$_2$(g)	− 393,51	213,64	− 394,38	37,13
	CH$_4$(g)	− 74,85	186,19	− 50,79	35,71
	C$_2$H$_2$(g)	226,75	200,82	209,2	43,93
	C$_2$H$_4$(g)	52,28	219,45	68,12	43,55
	C$_2$H$_6$(g)	− 84,67	229,49	− 32,89	52,65
	C$_6$H$_6$(g)	82,93	269,20	129,66	81,67
	C$_6$H$_6$(l)	49,03	124,50	172,80	
	CH$_3$OH(g)	− 201,25	237,6	− 161,92	
	CH$_3$OH(l)	− 238,64	126,8	− 166,31	81,6
	C$_2$H$_5$OH(l)	− 277,63	160,7	− 174,76	111,46
	CH$_3$CHO(g)	− 166,35	265,7	− 133,72	62,8
	HCOOH(l)	− 409,2	128,95	− 346,0	99,04

	Element oder Verbindung	ΔH_f° (kJ mol^{-1})	S° (JK^{-1}mol^{-1})	ΔG_f° (kJ mol^{-1})	C_p° (JK^{-1}mol^{-1})
	(COOH)$_2$(c)	− 826,7	120,1	− 697,9	109
	HCN(g)	130,5	201,79	120,1	35,90
	CO(NH$_2$)$_2$(c)	− 333,19	104,6	− 197,15	93,14
	CS$_2$(l)	87,9	151,04	63,6	75,7
	CCl$_4$(g)	− 106,69	309,41	− 64,22	83,51
	CCl$_4$(l)	− 139,49	214,43	− 68,74	131,75
	CH$_3$Cl(g)	− 81,92	243,18	− 58,41	40,79
	CH$_3$Br(g)	− 34,3	245,77	− 24,69	42,59
	CHCl$_3$(g)	− 100	296,48	− 67	65,81
	CHCl$_3$(l)	− 131,8	202,9	− 71,5	116,3
	Si(c)	0,0	18,70	0,0	19,87
	SiO$_2$(c, Quartz)	− 859,4	41,84	− 805,0	44,43
Gruppe 5	N$_2$(g)	0,0	191,49	0,0	29,12
	N(g)	472,64	153,19	455,51	20,79
	NO(g)	90,37	210,62	86,69	29,86
	NO$_2$(g)	33,85	240,45	51,84	37,91
	N$_2$O(g)	81,55	219,99	103,60	
	N$_2$O$_4$(g)	9,66	304,30	98,29	38,71
	N$_2$O$_5$(c)	− 41,84	113,4	133	79,08
	NH$_3$(g)	− 46,19	192,51	− 16,63	35,66
	NH$_4$Cl(c)	− 315,39	94,6	− 203,89	84,1
	HNO$_3$(l)	− 173,23	155,60	− 79,91	109,87
	P(c, weiß)	0,0	44,0	0,0	23,22
	P(c, rot)	− 18,4	(29,3)	− 13,8	
	P$_4$(g)	54,89	279,91	24,35	66,9
	P$_4$O$_{10}$(c)	− 3012,5			
	PH$_3$(g)	9,25	210,0	18,24	
Gruppe 6	O$_2$(g)	0,0	205,03	0,0	29,36
	O(g)	247,52	160,95	230,09	21,91
	O$_3$(g)	142,2	237,6	163,43	38,16
	H$_2$O(g)	− 141,83	188,72	− 228,59	33,58
	H$_2$O(l)	− 285,84	69,94	− 237,19	75,30
	H$_2$O$_2$(l)	− 187,61	(92)	− 113,97	
	S(c, rhombisch)	0,0	31,88	0,0	22,59
	S(c, monoklinsch)	0,30	32,55	0,10	23,64
	SO(g)	79,58	221,92	53,47	
	SO$_2$(g)	− 296,06	248,52	− 300,37	39,79
	SO$_3$(g)	− 395,18	256,22	− 370,37	50,63
	H$_2$S(g)	− 20,15	205,64	− 33,02	33,97
	SF$_6$(g)	− 1096	290,8	− 992	

	Element oder Verbindung	ΔH_f° (kJ mol^{-1})	S° (JK^{-1}mol^{-1})	ΔG_f° (kJ mol^{-1})	C_p° (JK^{-1}mol^{-1})
Gruppe 7	F$_2$(g)	0,0	203,3	0,0	31,46
	HF(g)	268,6	173,51	− 270,7	29,08
	Cl$_2$(g)	0,0	222,95	0,0	33,93
	HCl(g)	− 92,31	186,68	− 95,26	29,12
	Br$_2$(l)	0,0	152,3	0,0	
	Br$_2$(g)	30,71	245,34	3,14	35,98
	HBr(g)	− 36,23	198,48	− 53,22	29,12
	J$_2$(c)	0,0	116,7	0,0	54,98
	J$_2$(g)	62,24	260,58	19,37	36,86
	HI(g)	25,9	206,33	1,30	29,16
Übergangs-metalle	Pb(c)	0,0	64,89	0,0	26,82
	Zn(c)	0,0	41,63	0,0	25,06
	ZnS(c, Sphalerit)	− 202,9	57,74	− 198,3	45,2
	ZnS(c, Wurtzit)	− 189,5	(57,74)	− 242,5	
	Hg(l)	0,0	77,4	0,0	27,82
	HgO(c, rot)	− 90,71	72,0	− 58,53	45,73
	HgO(c, gelb)	− 90,21	73,2	− 58,40	
	HgCl$_2$(c)	− 230,1	(144,3)	− 185,8	
	Hg$_2$Cl$_2$(c)	− 264,93	195,8	− 210,66	101,7
	Cu(c)	0,0	33,30	0,0	24,47
	CuO(c)	− 155,2	43,51	− 127,2	44,4
	Cu$_2$O(c)	− 166,69	100,8	− 146,36	69,9
	CuSO$_4$(c)	− 769,86	113,4	− 661,9	100,8
	CuSO$_4 \cdot$5H$_2$O(c)	− 2277,98	305,4	− 1879,9	281,2
	Ag(c)	0,0	42,70	0,0	25,49
	Ag$_2$O(c)	− 30,57	121,71	− 10,82	65,56
	AgCl(c)	− 127,03	96,11	− 109,72	50,79
	AgNO$_3$(c)	− 123,14	140,92	− 32,17	93,05
	Fe(c)	0,0	27,15	0,0	25,23
	Fe$_2$O$_3$(c, Hämatit)	− 822,2	90,0	− 741,0	104,6
	Fe$_3$O$_4$(c, Magnetit)	− 1120,9	146,4	− 1014,2	
	Mn(c)	0,0	31,76	0,0	26,32
	MnO$_2$(c)	− 519,6	53,1	− 466,1	54,02

Thermodynamische Eigenschaften einiger Substanzen und Ionen in wäßriger Lösung beim Standardzustand (a = 1, T = 298 K), geordnet nach den Hauptgruppen des Periodischen Systems

ΔH_f° Standardbildungsenthalpie
S° Standardentropie
ΔG_f° Freie Standardbildungsenthalpie

Daten bezogen auf $\Delta H_f^{\circ} [H^+(aq)] = 0$, $S^{\circ} [H^+(aq)] = 0$ und $\Delta G_f^{\circ} [H^+(aq)] = 0$; aq gelöst in Wasser

Literatur: Selected Values of Chemical Thermodynamic Properties, Natl. Bur. Std. Circ. 500, 1952

	gelöste Spezies	ΔH_f° (kJ mol^{-1})	S° (JK^{-1}mol^{-1})	ΔG_f° (kJ mol^{-1})
	H^+(aq)	0,0	0,0	0,0
	H_3O^+(aq)	− 285,85	69,96	− 237,19
	OH^-(aq)	− 229,95	−10,54	− 157,27
Gruppe 1	Li^+(aq)	− 278,44	14,2	− 293,80
	Na^+(aq)	− 239,66	60,2	− 261,88
	K^+(aq)	− 251,21	102,5	− 282,25
Gruppe 2	Be^{++}(aq)	− 380		− 356,48
	Mg^{++}(aq)	− 461,95	−118,0	− 456,01
	Ca^{++}(aq)	− 542,96	− 55,2	− 553,04
Gruppe 3	H_3BO_3(aq)	−1067,8	159,8	− 963,32
	$H_2BO_3^-$(aq)	−1053,5	30,5	− 910.44
Gruppe 4	CO_2(aq)	− 412,92	121,3	− 386,22
	H_2CO_3(aq)	− 698,7	191,2	− 623,42
	HCO_3^-(aq)	− 691,11	95,0	− 587,06
	CO_3^{--}(aq)	− 676,26	− 53,1	− 528,10
	CH_3COOH(aq)	− 488,44		− 399,61
	CH_3COO^-(aq)	− 488,86		− 372,46
Gruppe 5	NH_3(aq)	− 80,83	110,0	− 26,61
	NH_4^+(aq)	− 132,80	112,84	− 79,50
	HNO_3(aq)	− 206,56	146,4	− 110,58
	NO_3^-(aq)	− 206,56	146,4	− 110,58
	H_3PO_4(aq)	−1289,5	176,1	−1147,2
	$H_2PO_4^-$(aq)	−1302,5	89,1	−1135,1
	HPO_4^{--}(aq)	−1298,7	− 36,0	−1094,1
	PO_4^{3-}(aq)	−1284,1	−218	−1025,5

	gelöste Spezies	ΔH_f° (kJ mol^{-1})	S° (JK^{-1}mol^{-1})	ΔG_f° (kJ mol^{-1})
Gruppe 6	H$_2$S(aq)	− 39,3	122,2	− 27,36
	HS$^-$(aq)	− 17,66	61,1	12,59
	S^{--}(aq)	41,8		83,7
	H$_2$SO$_4$(aq)	− 907,51	17,1	− 741,99
	HSO$_4^-$(aq)	− 885,75	126,85	− 752,86
	SO$_4^{--}$(aq)	− 907,51	17,1	− 741,99
Gruppe 7	F$^-$(aq)	− 329,11	− 9,6	− 276,48
	HCl(aq)	− 167,44	55,2	− 131,17
	Cl$^-$(aq)	− 167,44	55,2	− 131,17
	ClO$^-$(aq)		43,1	− 37,2
	ClO$_2^-$(aq)	− 69,0	100,8	− 10,71
	ClO$_3^-$(aq)	− 98,3	163	− 2,60
	ClO$_4^-$(aq)	− 131,42	182,0	− 8
	Br$^-$(aq)	− 120,92	80,71	− 102,80
	J$_2$(aq)	20,9		16,44
	J$_3^-$(aq)	− 51,9	173,6	− 51,50
	J$^-$(aq)	− 55,94	109,36	− 51,67
Übergangs-	Cu$^+$(aq)	(51,9)	(26,4)	50,2
metalle	Cu^{++}(aq)	64,39	− 98,7	64,98
	Cu(NH$_3$)$_4^{++}$(aq)	(− 334,3)	806,7	− 256,1
	Zn^{++}(aq)	− 152,42	−106,48	− 147,19
	Pb^{++}(aq)	1,63	21,3	− 24,31
	Ag$^+$(aq)	105,90	73,93	77,11
	Ag(NH$_3$)$_2^+$(aq)	− 111,80	241,8	− 17,40
	Ni^{++}(aq)	(− 64,0)		− 48,24
	Ni(NH$_3$)$_6^{++}$(aq)			− 251,4
	Ni(CN)$_4^{--}$(aq)	363,6	(138,1)	489,9
	Mn^{++}(aq)	− 218,8	− 84	− 223,4
	MnO$_4^-$(aq)	− 518,4	189,9	− 425,1
	MnO$_4^{--}$(aq)			− 503,8
	Cr^{++}(aq)			− 176,1
	Cr^{3+}(aq)		−307,5	− 215,5
	Cr$_2$O$_7^-$(aq)	−1460,6	213,8	−1257,3
	CrO$_4^{--}$(aq)	− 894,33	38,5	− 736,8

Atomgewichte (bezogen auf C^{12})

Die in Klammern gesetzten Werte beziehen sich auf die stabilsten Isotope, die übrigen auf die natürlich vorkommenden Isotopengemische.

Element	Symbol	Atomzahl	Atomgewicht	Element	Symbol	Atomzahl	Atomgewicht
Aktinium	Ac	89	(227)	Indium	In	49	114,82
Aluminium	Al	13	26,98	Iridium	Ir	77	192,2
Americium	Am	95	(243)				
Antimon	Sb	51	121,75	Jod	J	53	126,90
Argon	Ar	18	39,95				
Arsen	As	33	74,92	Kalium	K	19	39,10
Astatin	At	85	(210)	Kobalt	Co	27	58,93
				Kohlenstoff	C	6	12,011
Barium	Ba	56	137,34	Krypton	Kr	36	83,80
Berkelium	Bk	97	(249)	Kupfer	Cu	29	63,54
Beryllium	Be	4	9,012				
Blei	Pb	82	207,19	Lanthan	La	57	138,91
Bor	B	5	10,81	Lawrencium	Lw	103	(257)
Brom	Br	35	79,91	Lithium	Li	3	6,939
				Lutetium	Lu	71	174,97
Cadmium	Cd	48	112,40				
Caesium	Cs	55	132,91	Magnesium	Mg	12	24,31
Calcium	Ca	20	40,08	Mangan	Mn	25	54,94
Californium	Cf	98	(251)	Mendelevium	Md	101	(256)
Cer	Ce	58	140,12	Molybdän	Mo	42	95,94
Chlor	Cl	17	35,45				
Chrom	Cr	24	52,00	Natrium	Na	11	22,990
Curium	Cm	96	(247)	Neodym	Nd	60	144,24
				Neon	Ne	10	20,18
Dysprosium	Dy	66	162,50	Neptunium	Np	93	(237)
				Nickel	Ni	28	58,71
Einsteinium	Es	99	(254)	Niob	Nb	41	92,91
Eisen	Fe	26	55,85	Nobelium	No	102	(253)
Erbium	Er	68	167,26				
Europium	Eu	63	151,96	Osmium	Os	76	190,2
Fermium	Fm	100	(253)				
Fluor	F	9	19,00	Palladium	Pd	46	106,4
Francium	Fr	87	(223)	Phosphor	P	15	30,97
				Platin	Pt	78	195,09
Gadolinium	Gd	64	157,25	Plutonium	Pu	94	(242)
Gallium	Ga	31	69,72	Polonium	Po	84	(210)
Germanium	Ge	32	72,59	Praseodym	Pr	59	140,91
Gold	Au	79	196,97	Promethium	Pm	61	(147)
Hafnium	Hf	72	178,49	Protactinium	Pa	91	(231)
Helium	He	2	4,003				
Holmium	Ho	67	164,93	Quecksilber	Hg	80	200,59

Element	Symbol	Atomzahl	Atomgewicht	Element	Symbol	Atomzahl	Atomgewicht
Radium	Ra	88	(226)	Thallium	Tl	81	204,37
Radon	Rn	86	(222)	Thorium	Th	90	232,04
Rhenium	Re	75	186,23	Thulium	Tl	69	168,93
Rhodium	Rh	45	102,91	Titan	Ti	22	47,90
Rubidium	Rb	37	85,47				
Ruthenium	Ru	44	101,1	Uran	U	92	238,03
Samarium	Sm	62	150,35	Vanadium	V	23	50,94
Sauerstoff	O	18	15,999				
Selen	Se	34	78,96	Wasserstoff	H	1	1,0080
Scandium	Sc	21	44,96	Wismuth	Bi	83	208,98
Schwefel	S	16	32,06	Wolfram	W	74	183,85
Silber	Ag	47	107,87				
Silizium	Si	14	28,09	Xenon	Xe	54	131,30
Stickstoff	N	7	14,007				
Strontium	Sr	38	87,62	Ytterbium	Yb	70	173,04
				Yttrium	Y	39	88,91
Tantal	Ta	73	180,95				
Technetium	Tc	43	(99)	Zink	Zn	30	65,37
Tellur	Te	52	127,60	Zinn	Sn	50	118,69
Terbium	Tb	65	158,92	Zirkon	Zr	40	91,22

Einführende Literatur

H. Margenau und *G. M. Murphy:* Die Mathematik für Physik und Chemie; Verlag Harri Deutsch, Frankfurt 1965/1967.

S. G. Krein und *V. N. Uschakowa:* Vorstufe zur höheren Mathematik; Friedr. Vieweg & Sohn, Braunschweig, 1958.

B. Baule: Die Mathematik des Naturforschers und Ingenieurs; S. Hirzel-Verlag, Leipzig, 1956.

H. Dallmann und *K.-H. Elster:* Einführung in die höhere Mathematik; Friedr. Vieweg & Sohn, Braunschweig, 1968.

H. Sirk: Einführung in die Vektorrechnung; Dr. Dietrisch Steinkopff-Verlag, Darmstadt, 1958.

J. H. Hildebrand: An Introduction to Kinetic Theory; Reinhold Pub. Co., New York, 1963.

L. B. Loeb: Kinetic Theory of Gases; Dover Pub., New York, 1961.

W. Heitler: Elementare Wellenmechanik; **Friedr. Vieweg & Sohn, Braunschweig, 1961.**

W. Finkelnburg: Einführung in die Atomphysik; Springer-Verlag, Berlin-Göttingen-Heidelberg, 1958.

C. W. Sherwin: Introduction to Quantummechanics; Holt-Rinehart-Winston, New York, 1960.

H. Eyring, J. Walter and *G. E. Kimball:* Quantum Chemistry; J. Wiley & Sons Inc., New York-London, 1961.

R. W. Gurney: Introduction to Statistical Mechanics; McGraw-Hill Book Co., New York, 1962.

N. Davidson: Statistical Mechanics; McGraw-Hill Book Co., New York, 1962.

G. N. Lewis and *Randall:* Thermodynamics; 2nd ed. rev. by *K. S. Pitzer* and *L. Brewer,* McGraw-Hill Book Co., New York, 1961.

K. Denbigh: The Principles of Chemical Equilibria, Cambridge University Press, New York, 1961.

B. H. Mahan: Elementary Chemical Thermodynamics; Benjamin Inc., New York, 1963.

G. Kortüm: Einführung in die chemische Thermodynamik; Vandenhoeck & Ruprecht, Göttingen, 1949.

R. Becker: Theorie der Wärme; Springer-Verlag, Berlin-Göttingen-Heidelberg, 1955.

H. A. Bent: The Second Law, An Introduction to Classical and Statistical Thermodynamics; Oxford University Press, Fair Lawn N. J., 1965.

I. Wilks: Der dritte Hauptsatz; Friedr. Vieweg & Sohn, Braunschweig, 1963.

C. N. Hinshelwood: The Structure of Physical Chemistry, Oxford University Press, Fair Lwan N. J., 1958.

W. C. Sherwin: Basic Concepts of Physics; Holt-Rinehart-Winston Inc., New York, 1961.

E. A. Moelwyn-Hughes: **Physikalische Chemie**; **Thieme Verlag, Stuttgart, 1970.**

F. Daniels and *R. A. Alberty:* Physical Chemistry; 3rd ed., J. Wiley & Sons Inc., New York-London, 1966.

W. J. Moore/Hummel: **Physikalische Chemie**; **de Gruyter & Co., Berlin.**

E. A. Guggenheim: Boltzmann's Distribution Law; Interscience Pub. Inc., New York, 1955.

J. C. Slater: Introduction to Chemical Physics; McGraw-Hill Book Co., New York, 1939.

A. Eucken: Lehrbuch der Chemischen Physik; Akad. Verlagsgesellschaft, Geest und Portig K.G., Leipzig, 1948.

J. D'Ans und *E. Lax* (Hrsg.): Taschenbuch für Chemiker und Physiker; 3. Aufl., Springer-Verlag, Berlin-Heidelberg-New York, 1967.

R. C. Weast, S. M. Selby (Hrsg.): Handbook of Chemistry and Physics; 48th ed., The Chemical Rubber Co., Cleveland, 1967.

P. Ander and *J. Sonnessa:* Principles of Chemistry; McMillan Co., New York, 1965.

H. R. Christen: Grundlagen der allgemeinen und anorganischen Chemie; Sauerländer-Salle, Aarau-Frankfurt, 1968.

Chr. Gerthsen: Physik; 9. Aufl., Springer-Verlag, Berlin-Heidelberg-New York, 1966.

W. H. Westphal: Physik; 24. Aufl., Springer-Verlag, Berlin-Göttingen-Heidelberg, 1963.

L. Bergmann und *Cl. Schäfer:* Lehrbuch der Experimentalphysik; 4 Bände, Walter de Gruyter & Co., Berlin.

G. Joos: Lehrbuch der theoretischen Physik; 11. Aufl., Akademische Verlagsgesellschaft, Leipzig, 1964.

F. Hund: Theoretische Physik; 3 Bände, B. G. Teubner, Stuttgart.

L. D. Landau und *E. M. Lifschitz:* Lehrbuch der theoretischen Physik; 8 Bände, Akademie-Verlag, Berlin. Bd. I: Mechanik; Friedr. Vieweg & Sohn, Braunschweig, 1968.

C. Kittel et al.: Berkeley Physics Course; 5 Bände, McGraw-Hill Book Co., New York.

Sachwortverzeichnis

absolute Temperaturskala 5
absoluter Nullpunkt 6, 29, 199–202
Absorptionsspektroskopie 63
adiabatische Entmagnetisierung 201
– Prozesse 147
Aktivitätskoeffizient 219
Antisymmetrieprinzip 108
Atomgewicht 8
Atommodell, *Rutherford* 58
–, *Bohr* 67
Atomspektren 63
Ausdehnungskoeffizient 129
Avogadroscher Satz 7
Avogadrosche Zahl 7

Balmerserie 66
Bindungsenergie 176
Bohr, Atommodell 67
–, Energie 70
–, Frequenzbedingung 71
–, Radius 69
Boltzmannkonstante 30
Boltzmannverteilung 33, 97–106
Bose-Einsteinstatistik 106–109
Boson 107
Boyle-Mariottesches Gesetz 1
Brackettserie 66
de Broglie, Materiewellen 73

Carnot, Kreisprozeß 82, 187
Celsius, Temperaturskala 4
Coulombsches Gesetz 69

Dalton, Partialdruckgesetz 10
Dielektrizitätskonstante des Vakuums 69
Differential, exaktes 128
Dissoziationsenergie 176
Drehimpuls 68, 88
Drosselversuch 145
Druck, Einheiten 10
–, gaskinetisch 26
–, kritischer 15
–, Partialdruck 10
–, reduzierter 16, 53

–, Standarddruck 214, 219
–, van der Waalssche Druckkorrektur 48–50

Eigendrehimpuls 107
Eigenfrequenz 62, 91
Eigenfunktion 77
Eigenwert 77
Eigenwertgleichung 77
Einstein, Energieäquivalenzprinzip 73
–, Frequenzgesetz 62
elektromagnetische Wellen 59
Elektron, Ladung 58
–, Masse 58
–, Spin 107
Elektronenvolt 61
elektronisch angeregter Zustand 71
Emissionsspektroskopie 63
endotherme Reaktion 161
Energie, elektronische 71, 81
– Nullpunkts 93, 150
–, freie, gebundene 209
–, innere 131, 132
– der Rotation 87
– der Schwingung 90
–, thermische 150
– der Translation 85
Energieeigenwerte 77
–, Oszillator 92
–, Rotator 89
–, Translation 83
Energieerhaltungssatz 131
Entartung 84, 98
Enthalpie, Definition 142
–, statistische Interpretation und Berechnung 149–152
Entropie, Definition 187
–, Mischungsentropie 239–241
–, statistische Berechnung 236
–, statistische Interpretation 196
– und dritter Hauptsatz 201
Entropieänderung bei irreversiblen Prozessen 194
– bei reversiblen Prozessen 190
Erwartungswert 75, 77
exaktes Differential 128
exotherme Reaktion 161

Fermi-Diracstatistik 106–109
Fermion 107
Festkörper am absoluten Nullpunkt 202, 203
freie Energie und freie Enthalpie 208, 242
– Reaktionsenergie und freie Reaktionsenthalpie 208
– Standardbildungsenthalpie 212
Freiheitsgrad 32, 93
Fugazität 214

Gase, empirische Gasgesetze 1
–, ideale Gase 1–11
–, kinetisches Gasmodell 25
–, Kondensation 14
–, reale Gase 12–14
Gaskonstante 8, 9
Gasthermometer 17
Gasverflüssigung 199
Gay-Lussacsches Gesetz 4
Geschwindigkeitsverteilung 26, 35, 37
Gleichgewicht, chemisches 210, 220, 243
–, mechanisches 137
–, thermisches 190
Gleichgewichtskonstante 221, 223, 243
–, Temperaturabhängigkeit 224–228
Gleichverteilungssatz 33
Grahamsches Ausströmungsgesetz 19

Hagen-Poiseuillesches Gesetz 21
Hamiltonoperator 76
H-Atom, Bohrmodell 67–72
–, Spektrum 65, 66
Hauptsatz der Thermodynamik, erster 132
– – –, zweiter 182, 186
– – –, dritter 201–203
Heisenberg, Unschärferelation 75
Hess, Wärmesatz 163
Van t'Hoff, Gleichungen 225
Hooksches Gesetz 90
Hydrierungswärme 160

ideale Lösungen 167
ideales Gas, Kriterien 4, 6, 8
––, innere Energie 138, 149
––, Enthalpie 142, 149
––, Entropie 235, 236
ideales Gasgesetz 8
Impuls 27
innere Energie, Definition 131, 132
––, statistische Interpretation 149
Integration der Van t'Hoffschen Gleichungen 226
Inversionstemperatur 147
Ionen, Standardbildungsenthalpie 167
irreversible Prozesse 137
isenthalpiesche Prozesse 146
isobare Prozesse 9, 142
isochore Prozesse 141
isotherme Prozesse 9

Joulescher Expansionsversuch 138
Joule-Thomsonkoeffizient 147
Joule-Thomsonscher Drosselversuch 146

Kalorie 10
Kalorimeter 159
Kältemaschine 187
Kelvin, absolute Temperaturskala 5
kinetisches Gasmodell 25
Kirchhoffscher Satz 169
kombiniertes Gasgesetz 6
Kompressibilität 129, 145
Kondensation der Gase 14
kritischer Punkt 15, 51
kritische Daten 15

latente Wärme 131
Licht 59–63
Lymanserie 66

Massenwirkungsgesetz 221
Materiewellen 73
maximale Arbeit bei isothermen reversiblen Prozessen 209
Maxwell-Boltzmann, Geschwindigkeitsverteilung 33
––, Energieverteilung 116, 117
––, Statistik 97–106

Maxwellsche Beziehungen 228
Mischungsentropie 239–241
Mittelwert 39
mittlere freie Weglänge 42, 46
– Gesamtenergie eines idealen Gases 124
– Geschwindigkeit 40
– Molmasse 20
– quadratische Geschwindigkeit 31, 39
mittleres Geschwindigkeitsquadrat 28
Mol 8
molare Größen 29
– Konzentration 8
Moleküldurchmesser 47
Molekülzustandssumme 112
Molenbruch 11
Molmasse 8
Molvolumen 8
Molwärme 141, 143
–, Temperaturabhängigkeit 171
–, statistische Interpretation und Berechnung 152–156
Molwärmedifferenz 143

Nernst, dritter Hauptsatz 202
Normalschwingung 93
Normierung 34, 75
Nullpunktsenergie 93, 150

Operatoren 75
Oszillator 90

Partialdruck 10
partielle molare Größen 129
Paschenserie 66
Perpetuum mobile, erster Art 131
––, zweiter Art 182
Pfundserie 66
Phasenintegral 68
Planck, Quantentheorie der Strahlung 62
–, Wirkungsquantum 62
–, dritter Hauptsatz 202

Quanten 62
Quantenmechanik 74
quantenmechanische Postulate 75
Quantenstatistik 106
Quantenzahl 69

Radius, Bohrscher 69, 71
Reaktionen, endotherme und exotherme 161
Reaktionsenergie und Reaktionsenthalpie 160–162, 173
Reaktionsgleichung, thermochemische 162
Reaktionswärme 158, 163
reale Gase 12
Realfaktor 14
reduzierte Masse 88
– Zustandsgleichung 54
– Zustandsvariable 16, 53
reversible Prozesse 137, 210
Rotation, Energieeigenwertbedingung 89
–, Entropie 237
–, mittlere Energie 119
–, Zustandssumme 119
Rotator 88
Rydbergformel 66
Rydbergkonstante 70

Schrödingergleichung 75, 76
Schwarzscher Satz 128
Schwingung, Energieeigenwertbedingung 92
–, Entropie 237
–, Freiheitsgrade 93
–, mittlere Energie 120
–, Zustandssumme 120
Sommerfeld 67
Spektroskopie 63
spezifische Wärme 141
Spin 107
Spinsystem 201
Standarddruck 165, 214, 219
Standardenthalpie und Standardbildungsenthalpie 165–168
Standardzustand 165
Stoßquerschnitt 42
Stoßzahlen 43
Systemzustandssumme 112

Teilchen in einem eindimensionalen Potentialtopf 77
––– dreidimensionalen Potentialtopf 82
Temperatur, absolute 5
–, kritische 15, 51
–, reduzierte 16, 53
–, statistische 99

Temperaturabhängigkeit,
  Molwärme 171
–, freie Enthalpie 213, 224
–, Gleichgewichtskonstante 224
–, Reaktionsenthalpie 168–173
Theorem der übereinstimmenden Zustände 15, 53
thermische Energie 150
– Zustandsgleichung 8
Thermochemie 158
thermochemische Reaktionsgleichung 162
Thermodynamik 126
Translation, Energie klassisch 29
–, Energie quantenmechanisch 85, 112
–, Entropie 237

–, mittlere Energie 118
–, Zustandssumme 118

Ununterscheidbarkeit 107, 234

Verbrennungswärme 158
Verdampfung 190, 210
Verteilungsfunktion 34
Virialgleichung 13
Virialkoeffizient 13
Viskosität 20, 43
Volumen, Druckabhängigkeit 3
–, Temperaturabhängigkeit 6

van der Waalssche Zustandsgleichung 48–50
Wahrscheinlichkeit 100, 232–235

wahrscheinlichste Geschwindigkeit 40
– Verteilung 100
Wärmekapazität 141
Wärmekraftmaschine 187
Wellenfunktion 74
Wellengleichung 75
Wellenzahl 61
Wirkungsgrad 185
Wirkungsquantum 62

Zustandsänderung 8
Zustandsdichte 117
Zustandsfunktion 8, 126
Zustandsgleichung 8, 12
Zustandssumme 110
Zustandsvariable 8

G. M. Barrow, **Physikalische Chemie II**
Aufbau und Eigenschaften der Kerne, Atome und Moleküle
VIII, 272 Seiten

Inhalt

10. Theorie des Atomaufbaues
11. Theorie der chemischen Bindung und des Molekülaufbaues
12. Molekülspektren
13. Strukturuntersuchungen mit Beugungsmethoden
14. Elektrische und magnetische Eigenschaften der Moleküle
15. Aufbau der Atomkerne

G. M. Barrow, **Physikalische Chemie III**
Mischphasenthermodynamik, Elektrochemie, Reaktionskinetik
VIII, 353 Seiten

Inhalt

16. Eigenschaften kristalliner Festkörper
17. Eigenschaften von Flüssigkeiten
18. Zustandsdiagramme ein- und mehrkomponentiger Systeme
19. Mischphasenthermodynamik und Phasengleichgewichte
20. Eigenschaften von Elektrolytlösungen
21. Die Debye-Hückeltheorie verdünnter Elektrolytlösungen
22. Die EMK elektrochemischer Zellen
23. Makromoleküle
24. Chemische Reaktionskinetik
25. Adsorption und heterogene Katalyse

BOHMANN-NOLTEMEYER VERLAG
Dossenheim-Heidelberg

FACHBUCHREIHE ELEKTRONIK

W. Benz:

ELEKTRISCHE UND ELEKTRONISCHE SCHALTELEMENTE

Band 1, Aufbau – Funktion – Grundschaltungen
Ein Nachschlagebuch für Schule und Praxis.

1973, 4., erweiterte und verbesserte Auflage, VIII/344 S.,
345 Abb., Tabellen, Schaltzeichen-Übersicht und Stichwortverzeichnis,
Linson geb. DM 28,–

W. Benz – U. Jülly:

ELEKTRISCHE UND ELEKTRONISCHE SCHALTELEMENTE

Band 2, Berechnungsgrundlagen und Beispiele

1972, 391 S., 266 Abb., 58 S. Tabellenanhang, Stichwortverzeichnis,
DM 30,–

W. Benz:

ELEKTRISCHE MESSTECHNIK

Meßgeräte – Meßmethoden – Meßübungen

1972, VIII/176 S., 199 Abb., Tabellen und Stichwortverzeichnis,
DM 26,–.

– Die Reihe wird fortgesetzt. –

6901 Dossenheim,
Am Kronenburger Hof 9
Postfach 47, Tel.: 0 62 21 / 8 57 55